新世纪普通高等教育电子信息类课程规划教材

信号与系统

Signals and Systems

主　编　邱天爽

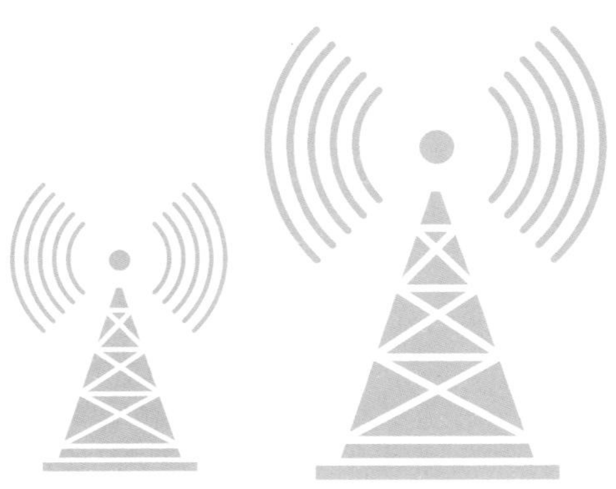

大连理工大学出版社

图书在版编目(CIP)数据

信号与系统 / 邱天爽主编. --大连 ：大连理工大学出版社，2023.11(2023.11 重印)
新世纪普通高等教育电子信息类课程规划教材
ISBN 978-7-5685-4380-4

①信… Ⅱ. ①邱… Ⅲ. ①信号系统一高等学校一教材 Ⅳ. ①TN911.6

中国国家版本馆 CIP 数据核字(2023)第 102858 号

XINHAO YU XITONG
信号与系统

大连理工大学出版社出版
地址:大连市软件园路 80 号　邮政编码:116023
电话:0411-84708842　邮购:0411-84708943　传真:0411-84701466
E-mail:dutp@dutp.cn　URL:https://www.dutp.cn

沈阳市永鑫彩印厂印刷　　大连理工大学出版社发行

幅面尺寸:185mm×260mm　印张:17.25　字数:420 千字
2023 年 11 月第 1 版　　2023 年 11 月第 2 次印刷

责任编辑:王晓历　　责任校对:白　露
封面设计:张　莹

ISBN 978-7-5685-4380-4　　定　价:56.80 元

前 言

“信号与系统”课程是国内外高等学校电子信息类各学科专业本科生必修的一门专业基础课，也是国内相关专业硕士研究生入学考试的必考科目之一。

《信号与系统》面向电子信息类各专业本科生，围绕“信号与系统”课程的要求和培养目标，全面系统地介绍了信号与系统时域、频域与复频域的表示、分析与处理的基本理论和基本方法，旨在使读者掌握并提升对信号与系统进行表示与分析的能力，进而为后续学习打下坚实的理论与实践基础。

本教材在编写过程中，结合了编者多年的教学实践，针对国内高等院校学生的实际情况，借鉴了国内外优秀教材的编写思路，并引用了其中的部分内容。

本教材共分为 9 章，包括信号与系统的概念、线性时不变系统、连续时间信号的傅里叶级数与傅里叶变换、拉普拉斯变换与连续时间系统的复频域分析、信号的采样与插值、离散时间信号的傅里叶级数与傅里叶变换、z 变换与离散时间系统的复频域分析、线性反馈系统、线性系统的状态变量分析。

本教材具有以下特点：

第一，内容丰富，结构合理。涵盖了信号与系统分析的主要理论和知识点，并且编写的逻辑结构既符合体系内容，又适合学生学习。

第二，文字简练，体系完备。力图用简洁的文字、精练的例题和清晰的图表来描述信号与系统这个庞大的专题，做到既简洁又完备。

第三，注重理论，联系实际。力图为教师和学生提供一个优秀的教材，既把复杂的理论知识解释清楚，又能密切联系实际和实践，为学生的进一步学习与深造奠定基础。

本教材编写的逻辑结构如下所示，相关专业可以根据教学需要有所取舍。

新世纪

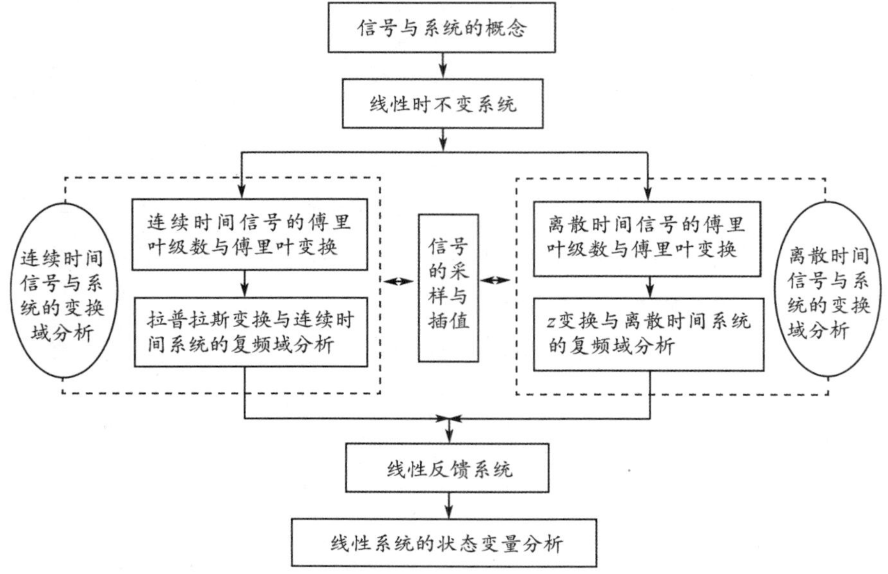

本教材可用作高等院校电子信息类各学科专业本科生"信号与系统"课程的教材或教学参考书，也可以供有关教师和工程技术人员参考。

编者感谢大连理工大学电子信息与电气工程学部对本教材编写工作给予的支持，感谢大连理工大学汪淼、戴江安、孙天星、赵泽航、付晗和王梓屹等同学为本教材的编写提供的计算机仿真、资料搜集、习题编写整理和书稿校对等帮助。

在编写本教材的过程中，编者参考、引用和改编了国内外出版物中的相关资料以及网络资源，在此表示深深的谢意！相关著作权人看到本教材后，请与出版社联系，出版社将按照相关法律的规定支付稿酬。

限于水平，书中仍有疏漏和不妥之处，敬请各位专家和读者批评指正，以使教材日臻完善。

编　者

2023 年 11 月

所有意见和建议请发往：dutpbk@163.com

欢迎访问高教数字化服务平台：https://www.dutp.cn/hep/

联系电话：0411-84708445　84708462

目 录

第1章 信号与系统的概念

内容提要

本章主要介绍信号与系统的基本概念、定义与分类等基本问题，重点介绍连续时间信号与系统和离散时间信号与系统的基本概念、特点与表示方法，特别是连续时间与离散时间复指数信号与连续时间与离散时间单位冲激信号与单位阶跃信号的特性。此外，还重点介绍连续时间与离散时间系统的几个重要特性，包括系统的线性、时不变性、因果性、稳定性、记忆性与可逆性等。

学习重点

- 信号的概念；
- 信号的数学函数表示与曲线表示及信号的分类与特性；
- 连续时间信号与离散时间信号的概念与表示；
- 几种重要信号的表示与特性，包括连续时间复指数信号、离散时间复指数信号、连续时间单位冲激信号与单位阶跃信号、离散时间单位冲激信号与单位阶跃信号等；
- 信号的自变量变换与信号的运算；
- 系统的概念；
- 连续时间系统与离散时间系统的概念与表示；
- 系统的几个重要特性：线性、时不变性、因果性、稳定性、记忆性与可逆性的特点与判定方法。

教学目标

理解信号与系统的基本概念，特别是关于连续时间信号与系统和离散时间信号与系统的表示与特点；

理解并掌握信号的周期性、奇偶性、不同维度特性，掌握功率信号与能量信号的概念与表示；

深刻理解并熟练掌握几个重要信号的概念、表示与特点，包括连续时间与离散时间复指数信号、连续时间与离散时间单位冲激信号、连续时间与离散时间单位阶跃信号等；

熟练掌握信号自变量变换的方法，特别是多种变换组合的解题能力；

深刻理解并熟练掌握连续时间与离散时间系统的主要特性与判定方法，包括系统的记忆性、可逆性、因果性、稳定性、线性与时不变性等。

1.1 信号与系统的基本概念

信号与系统的概念和理论方法是电子信息技术的重要基石，是对信息进行进一步获取、分析处理、传输与存储以及应用的理论基础。实际上，信号与系统的概念和理论方法不仅仅局限在电子信息领域，在许多不同的领域，尽管信号与系统的表现形式千差万别，但有两个本质特点是各领域的信号与系统共同具备的，即信号中都包含了相关事物性质的信息，而系统则总是对给定的信号做出响应，从而产生另外的信号，或产生某些所需要的特性。图 1.1 给出了信号与系统的一般性原理框图。

图 1.1 信号与系统的原理框图

图 1.1 概略地表示了信号与系统的概念结构和作用。图中左边的箭头指向"系统"，表示把"输入信号"送入系统进行分析处理；而图中右边的箭头由"系统"指向外面，表示系统对信号进行分析处理后所得到的新信号或提取出的信息，称为"输出信号"。显然，图中"系统"的作用是连接"输入信号"与"输出信号"，对输入信号进行加工处理，并得到"输出信号"。

通过信号与系统理论方法的学习，我们会看到，信号与系统构成了一个完整的分析体系，其中包含了描述信号与系统的语言模型和强有力的分析方法，而这种描述和分析是相互密切关联的。

1.1.1 信号的概念

1. 信息与信号

(1) 信息的概念与特点

我们学习信号与系统的理论方法，首先需要了解和掌握"信息"这个概念。究竟什么是信息呢？

信息一词在我国历史悠久，早在南唐时期，诗人李中《暮春怀故人》诗云："梦断美人沉信息，目穿长路倚楼台。"宋陈亮《梅花》诗云："欲传春信息，不怕雪埋藏。"在这里，信息泛指音讯和消息。

在世界上常用的语言体系中，例如英文、法文、德文、西班牙文等，"信息"一词均表示为"Information"。20 世纪 40 年代，信息论的奠基人香农(C. E. Shannon，1916—2001) 对信息的概念给出了明确的定义，即信息是用来消除随机不确定性的东西。

继香农之后，许多研究者从各自的研究领域出发，对信息这个概念给出了许多不同的定义。本书采纳下列关于信息概念的科学定义，即：信息是对客观世界中各种事物运动状态和存在方式不确定性的描述，是客观事物之间相互联系和相互作用的表征，它所表现的是客观事物运动状态和变化的实质内容。另外，还需要强调的是，信息是指对消息的接受者来说预先不知道的报道。

信息与消息(Message)这两个概念既有相似性，又有区别。人们通常把来自外界的报道称为消息，而把消息中属于消息接受者原来不知道的且具有意义的内容称为信息。例如，在"考研"之后焦虑的等待中，考生甲得到来自报考学校的通知："你已经被我校录取了"，那么考生甲就获得了信息而消除了能否考取的不确定性。如果考生甲在这以后又从另一渠道获得相同的通知，则对于考生甲来说，他只是得到了一条消息，并没有获得其他任何信息。

与消息相比，信息具有可以计量的特点，通常用信息量(Amount of Information)来表示。事件 x 的信息量 $I(x)$ 定义为

$$I(x)=\log_a\left(\frac{1}{P(x)}\right)=-\log_a P(x) \tag{1.1}$$

式中，$P(x)$ 表示事件 x 出现的概率，对数的底数 a 可有不同的取值。若 $a=2$，则信息量 I 的单位为比特(Bit)；若 $a=\mathrm{e}$，则 I 的单位为奈特(Nat)；若 $a=10$，则 I 的单位为哈特莱(Hartley)。信息量的大小与事件发生的概率成相反的关系。事件发生的概率越大，其信息量越小。反之，事件发生的概率越小，其信息量越大。在极端情况下，当事件发生的概率为1时，其信息量为0。此外，信息量的大小与消息的种类和事件的重要程度无关。并且信息量是可以累加计算的。即当一个事件由多个独立的小事件组成时，则该事件的信息量为各小事件所含信息量之和。

例1.1　据统计，英语语言文字中最常出现的字母是 e，其出现的概率约为 $P(e)=0.105$；而最不常出现的字母为 q，其出现的概率约为 $P(q)=0.001$。试分别计算字母 e 和字母 q 出现时的信息量。

解　分别把 $P(e)=0.105$ 和 $P(q)=0.001$ 代入式(1.1)，并选择 $a=2$，可得

$$I(e)=3.24 \quad \text{比特}$$

$$I(q)=9.97 \quad \text{比特}$$

这表明，字母 e 每出现一次所携带的信息量为3.24比特，而字母 q 每出现一次所携带的信息量为9.97比特。当然，这里信息量的大小，并不能表示其重要程度。

(2) 信号的概念与举例

信号(Signal)是信息的载体，是信息的表示方式，信息是通过信号来进行交流和传输的。打个比方，用汽车或火车把一批货物从大连运送到北京。把这个运输问题与信号传输问题即通信问题做一个类比：通信问题中要传递的信息就好比运输问题中要运送的货物，而通信中的信号，就对应于运输问题中的汽车或火车。也就是说，信号是信息传递中的运载工具。

一般认为，在人类语言产生之前，人们思想的表达和相互之间的交流主要是通过人体的头、眼、颈、手、肘、臂、身、胯、足等部位的协调活动来完成的，这种肢体语言实际上是信号这个概念最早的形式。

自从产生了人类语言，人们的思想表达和相互沟通就变得更加方便且更加精准了。实际上，语言也是信号的一种形式，是信息的载体。

据了解，人类的文字是在约数千年至一万年前出现的。文字的使用，更加促进了人们的思想表达和相互之间的交流，且更适合把社会和自然现象以及人类历史记录下来。在这里，文字也用作承载信息的信号。

中国古时候，常用烽火来表示敌寇入侵的紧急军事报警信息，按照约定，一旦诸侯见了烽火，可知京城告急，必起兵勤王，前来救驾。这里的烽火实际上是信号的一种形式。由这种烽火信号，读者不免会想起“千金一笑”的成语和“烽火戏诸侯”的千古笑谈。

在现代社会中，信号几乎无处不在。手机的铃声告诉我们有电话呼叫或有短信或微信到达，这里的铃声是用作声音信号的。城市里的交通灯，用红、黄、绿三种不同的颜色告诉车辆和行人的禁止和通行，这里交通灯的颜色是用作光信号的。人们更多遇到的是电磁信号，例如电信号可以通过幅度、频率、相位的变化来表示不同的消息。常用的电磁信号包括电视信号、广播信号、雷达信号和通信信号等。另外，人体本身也在无时无刻产生着各种不同的生理信号，例如心电信号、脑电信号、胃电信号、肌电信号和心音信号等。上述各种声、光、电信号都各自承载着不同的信息，表示着事物不同的运动状态或存在方式。人们通过对声、光、电信号进行接收和分析处理，才知道对方要表达的信息。

当然，信息的承载方式远不止声、光、电这几种信号模式，各种物理量、化学与生物反应都可能成为承载、记录或传输信息的信号。不过，现代电子信息技术要获取或分析这些信息，通常是先把这些非电量信号转变为电信号再进行分析处理。在电子信息科学技术领域，最常见的信号形式是电信号的形式，即随时间、空间或其他独立变量变化的电流或电压，也可以是电荷、磁通量或电磁波等。因此，本书主要关注电信号的特性及其分析处理问题的方法。

2. 信号的表示

信号的表示有多种方式，最常用的方式是数学函数描述方式和曲线表示方式。一个信号可以用一个随时间、空间或其他独立变量变化的数学函数描述，例如，用正弦函数表示一个随时间按照正弦规律变化的信号

$$x(t) = A\sin(\Omega_0 t + \varphi) \tag{1.2}$$

式中，t 为连续时间变量，$x(t)$ 则表示随时间 t 按照正弦规律变化的信号。式中三个参数 A、Ω_0 和 φ 分别表示信号的振幅(Amplitude)、角频率(Angular Frequency)和初始相位(Initial Phase)。实际上，信号的振幅又常称为信号的幅度，角频率表示单位时间内变化的相角弧度值，单位为弧度/秒(rad/s)。角频率在数值上是频率的 2π 倍。初始相位是指正弦量在 $t=0$ s 时的相位，其单位为弧度(rad)。

式(1.2)所示信号也可以用曲线的方式来表示。以时间 t 为自变量，以 $x(t)$ 为函数，可以逐点描绘 $x(t)$ 的函数曲线，称为信号波形(Waveform)。图 1.2 给出了 $x(t) = A\sin(\Omega_0 t + \varphi)$ 的信号波形。

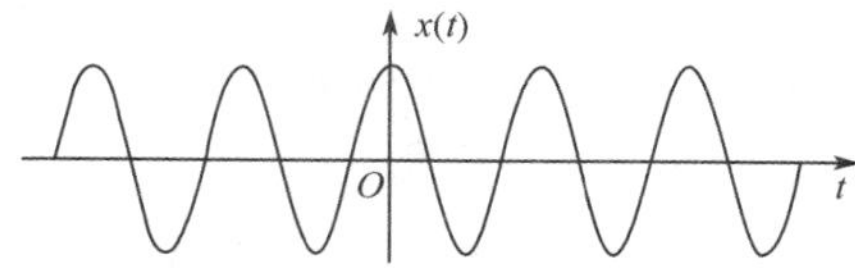

图 1.2 正弦信号的波形图

从数学的角度来看，图 1.2 给出的并不是正弦函数的曲线，而是余弦函数的曲线。但是在电子信息技术领域，往往并不严格区分正弦信号与余弦信号，而往往笼统地将这类信号称为正弦类信号或正弦信号(Sinusoidal Signal)。

此外，信号还有许多其他表示方式，例如信号的频谱(Spectrum)表示方式、信号的时频(Time-frequency)表示方式以及信号的空间(Space)表示方式等。这些表示方式将在本书的后面章节或后续课程陆续介绍。

1.1.2　系统的概念

1. 系统的概念

中文中“系统”这个词源于英文“System”的音译。而英文“System”则源于古希腊语，意为由部分组成的整体。严格地说，系统的概念可以定义为：系统是由相互作用和相互依赖的若干组成部分结合而成的，是具有特定功能的有机整体，而且这个有机整体又是它从属的更大系统的组成部分。简洁地说，系统是由若干相互作用和相互依赖的事物组合而成的具有特定功能的整体。

系统具有两个要素，即系统至少包含两个不同元素，且这些元素按一定的方式联系。系统具有三个特性：一是多元性，即系统是多样性的统一，差异性的统一；二是相关性，即系统不存在孤立元素组分，所有元素或组分间相互依存、相互作用、相互制约；三是整体性，系统是所有元素构成的复合统一整体。

在电子信息技术中，信号总是与系统紧密联系的。信号总是在系统中或系统之间传输、存储、处理或运行的，离开了系统，信号很难完成信息传递的工作，甚至难以存在。而系统则可看作信号变换器，其目的是削弱或消除信号中无用的或多余的内容，滤除噪声和干扰，或者将信号变换为容易分析识别的形式，以便于估计和选择其特征参数。

举例来说，通信技术中信源、发送设备、信道、接收设备和信宿构成一个通信系统，从而将信源的信息以信号的形式传递给信宿。在计算机应用中，传感器、前置放大器、A/D 转换器和计算机组成一个数据采集与处理系统，其目的是将以各种形态存在的原始信息以电信号的形式采集到计算机系统，并进行后续分析处理。

2. 系统的表示

对系统进行表示，就是对系统的输入信号与输出信号之间的关系进行描述与表示。两种最基本的系统表示方法是系统的数学函数表示法和系统的方框图表示法。

一个简单的 RC 电路所构成的系统，如图 1.3 所示。

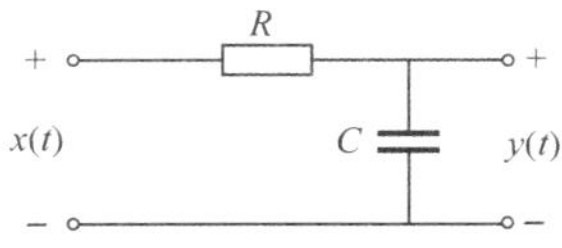

图 1.3　一个简单的 RC 电路

图中，输入信号和输出信号分别用 $x(t)$ 和 $y(t)$ 表示，该电路系统的数学表达式可以用一阶线性微分方程表示为

$$RC\frac{\mathrm{d}y(t)}{\mathrm{d}t}+y(t)=x(t) \tag{1.3}$$

在许多情况下，系统还常用 $y(t)$ 与 $x(t)$ 的函数关系表示，例如

$$y(t)=ax(t)+bx(t-1) \tag{1.4}$$

式中，$x(t)$ 和 $y(t)$ 分别表示系统的输入信号和输出信号，a 和 b 为常数系数。这种函数关系，可以进一步抽象为 $x(t)\rightarrow y(t)$ 或 $y(t)=T[x(t)]$。其中"$\rightarrow$"和"T"均表示系统对输入信号的作用。

系统的方框图表示法如图 1.1 所示。实际上，对于每一个特定的系统，其方框图表示要更为复杂。关于系统方框图表示法的详细介绍，本书将在后续章节安排。

1.2 信号的分类与特性

信号的形式是多种多样的，而且对于信号的分类也有多种不同的方法。本节简要介绍信号的分类与各种不同信号的特性。

1.2.1 确定性信号与随机信号

若信号可以表示为一个或几个自变量的确定性函数，则称这种信号为确定性信号(Deterministic signal)。对于确定性信号来说，若给定自变量的取值，则一定可以得到一个相应的函数值，称为信号值。式(1.2) 所示的正弦信号，是确定性信号的典型例子。

实指数信号

$$x(t)=\mathrm{e}^{-at},a>0 \tag{1.5}$$

和周期性方波信号

$$x(t)=\begin{cases}1, & 若\ |t|<T_1\\ 0, & 若\ T_1<|t|<T/2\end{cases} \tag{1.6}$$

都是典型的确定性信号。在上面两式中，$a>0$ 表示该指数函数具有随时间衰减的特性，T 和 T_1 分别表示周期性方波信号的周期和非零值取值范围。

与确定性信号不同，随机信号(Random Signal) 不是自变量的确定性函数。给定自变量的一个取值，随机信号的取值并不确定，或者说随机信号具有某种不可预知的不确定性。进一步讲，随机信号是不能预测其未来任何瞬时值的，任何一次观测只代表其在变动范围中可能产生的结果之一，其值的变动服从统计规律。它不是时间的确定函数，其在定义域内的任意时刻没有确定的函数值。图 1.4 给出了一个由电脑产生的随机信号一次实现波形的例子，或称为随机信号的一次样本实现。

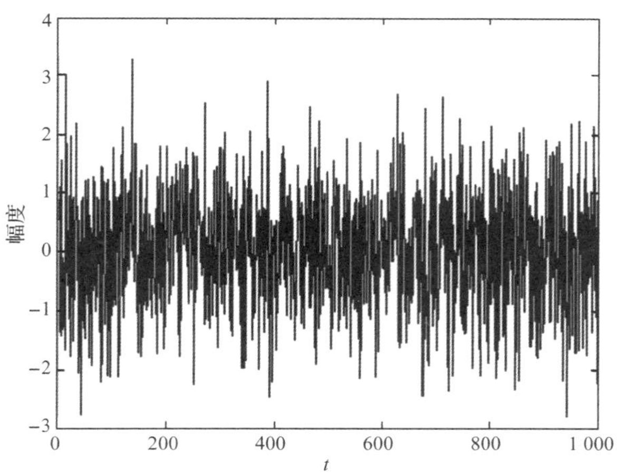

图 1.4 随机信号的一次样本实现

在本章前文关于信息概念的介绍中，我们知道信息的本质是描述事物的运动状态与存在方式，是用于消除不确定性的东西，信息往往是存在于不确定性中的。在电子信息技术中，所传输与处理的信号往往是随机信号，例如常见的语音信号、视频信号、通信信号、生理信号等等，都是随机信号，或具有某种随机特性。传输与处理这些随机信号的目的是从中获取需要的信息。有关随机信号分析处理的理论与方法，将在后续课程中学习。

尽管大多数信息是蕴藏于随机信号中的，但是对于确定性信号的研究和分析依然是非常重要的。这是因为在实际应用中，随机信号可能会与确定性信号具有某些相近的特性，或者可以简化为特定的确定性信号，从而使问题的分析得到简化。因此，对确定性信号的分析与处理，是进一步学习随机信号分析理论方法的基础。

1.2.2 连续时间信号与离散时间信号

按照信号自变量取值的连续与否，可以将信号划分为连续时间信号和离散时间信号两类。

连续时间与离散时间信号
知识点

连续时间信号(Continuous-time Signal)是指在给定的时间间隔内，除若干不连续点之外，对于任意时间值都可给出确定性的函数值即信号值的信号，常记为 $x(t)$。

连续时间信号的波形一般为随时间变量 t 连续变化的曲线，式(1.2)、式(1.5)和式(1.6)表示的正弦信号、实指数信号和周期性方波信号都是典型的连续时间信号。在实际应用中，测温仪器连续测量的温度信号、由电极测量得到的心电图信号、由麦克风转换的语音信号等，都是连续时间信号。一般来说，自然界和工程技术中的大多数原始信号都是以连续时间信号的形态存在的。

离散时间信号(Discrete-time Signal)仅定义在离散的时间点上，即其时间变量仅在一个离散集上取值，常记为 $x(n)$。也有的书中使用方括号，记为 $x[n]$。需要注意的是，离散时间信号 $x(n)$ 仅仅在自变量 n 的整数值上有定义，在 n 和 $n+1$ 之间的非整数值上是无定义的(这里需要注意的是，无定义并不表示信号取 0 值)。

离散时间信号的波形表示为随离散时间 n 变化的离散曲线。与式(1.2)、式(1.5)和式

(1.6) 表示的正弦信号、实指数信号和周期性方波信号相对应，离散时间的正弦信号、实指数信号和周期性方波信号等也可以分别表示在式(1.7) 中。

$$
\begin{aligned}
x(n) &= A\sin(\omega_0 n + \varphi) \\
x(n) &= \mathrm{e}^{-an}, a > 0 \\
x(n) &= \begin{cases} 1, 若\ |n| \leqslant N_1 \\ 0, 若\ N_1 < |n| < N/2 \end{cases}
\end{aligned}
\tag{1.7}
$$

式中，离散时间正弦信号的振幅 A 的含义与连续时间正弦信号的情况相同，若取 n 无量纲，则数字角频率(常简称为数字频率)ω_0 和初始相位 φ 的单位均为弧度(rad)。实际上，数字角频率 ω_0 与式(1.2) 所示的角频率 Ω_0(也称为模拟角频率) 是相对于采样频率的归一化。式中，参数 a、N 和 N_1 的含义与式(1.5) 和式(1.6) 中的对应参数 a、T 和 T_1 的含义相同，不再赘述。

在实际应用中，离散时间信号常来源于两个方面：一个来源是信号原本为离散时间信号，例如逐年人口统计的数据、工厂产品逐月产量、股票市场指数等均属于这种情况；另一个来源是对连续时间信号 $x(t)$ 进行离散化采样而得到的离散时间信号 $x(n)$。例如数字音频系统把原本的连续时间信号转变为离散时间信号再进行加工处理，可实现高保真性能；脑电图仪器把原本连续时间的脑电信号离散化，再进行数字信号处理，可以对信号进行更加深入细致的分析；机械振动模态分析仪器，把原本连续时间的振动信号转变为离散时间信号，可以更有效地捕捉振动信号中的故障模态，实现更加精准的设备诊断。

图 1.5 给出了连续时间信号与离散时间信号的示意图。

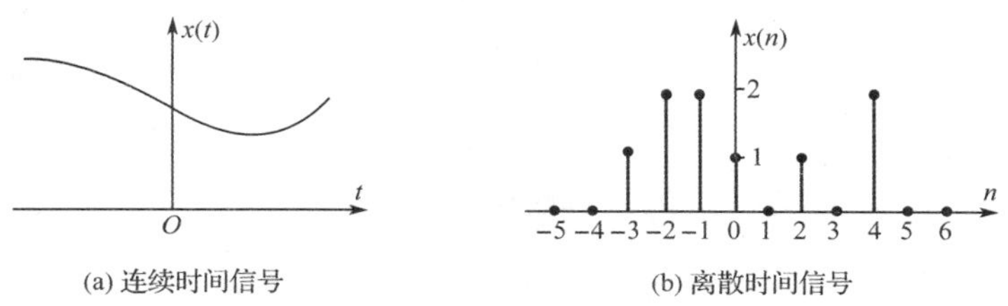

(a) 连续时间信号

(b) 离散时间信号

图 1.5 连续时间信号与离散时间信号

1.2.3 周期信号与非周期信号

定义在(−∞，+∞) 区间的连续时间信号 $x(t)$，若存在一个最小的正值 T，对于全部 t 使得式(1.8) 成立，即满足

$$x(t) = x(t + mT), m = 0, \pm 1, \pm 2, \cdots \tag{1.8}$$

则称 $x(t)$ 为连续时间周期信号，简称周期信号(Periodic Signal)，T 为信号的基本周期(Fundamental Period)。$2T$，$3T$ 等也是信号 $x(t)$ 的周期(Period)。

同理，可以定义离散时间周期信号 $x(n)$，其在(−∞，+∞) 区间存在一个最小的正整数 N，对于全部 n 使得式(1.9) 成立，即满足

$$x(n) = x(n + mN), m = 0, \pm 1, \pm 2, \cdots \tag{1.9}$$

则称 $x(n)$ 为离散时间周期信号，也简称为周期信号，N 为信号的基本周期。$2N$，$3N$ 等也为信号的周期。

不满足式(1.8)和式(1.9)的信号为非周期信号(Aperiodic Signal)。此外，若周期信号的周期 $T \to \infty$(或 $N \to \infty$)，则周期信号也可以看作非周期信号。

图1.6给出了连续时间周期信号和非周期信号的示意图。

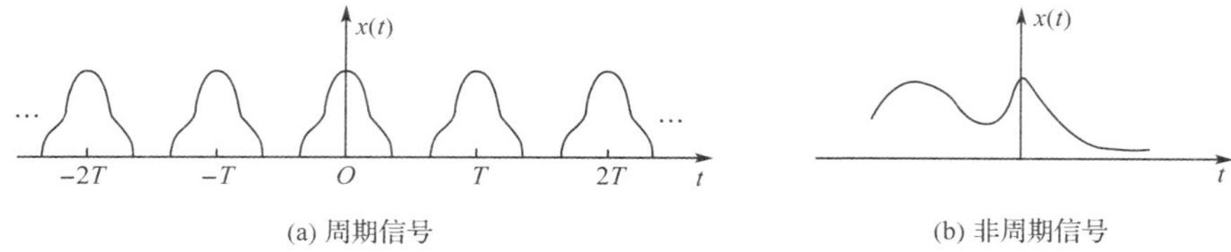

(a) 周期信号　　(b) 非周期信号

图1.6　连续时间周期信号和非周期信号

1.2.4　能量有限信号与功率有限信号

1. 信号的能量与功率

在许多实际应用中，信号不仅是一个数学函数的概念，而且还会与应用中特定系统的物理量有关联，而这些物理量是具有能量和功率的。因而，信号也常表示出其具有的能量和功率特性。

信号的能量和功率通常用信号施加在电阻上所产生的能量或功率来度量。当把信号 $x(t)$ 施加在 1Ω 电阻上时，则信号提供的瞬时功率为

$$p(t)=|x(t)|^2 \tag{1.10}$$

在时间间隔 $[t_1,t_2]$ 中，信号消耗的总能量为

$$E=\int_{t_1}^{t_2} p(t)\mathrm{d}t=\int_{t_1}^{t_2}|x(t)|^2\mathrm{d}t \tag{1.11}$$

其平均功率为

$$P=\frac{1}{t_2-t_1}\int_{t_1}^{t_2} p(t)\mathrm{d}t=\frac{1}{t_2-t_1}\int_{t_1}^{t_2}|x(t)|^2\mathrm{d}t \tag{1.12}$$

对于离散时间信号 $x(n)$，可以分别得到完全类似的瞬时功率 $p(n)$、$[n_1,n_2]$ 范围总能量 E 和平均功率 P。

$$\begin{aligned} p(n)&=|x(n)|^2 \\ E&=\sum_{n=n_1}^{n_2} p(n)=\sum_{n=n_1}^{n_2}|x(n)|^2 \\ P&=\frac{1}{n_2-n_1+1}\sum_{n=n_1}^{n_2} p(n)=\frac{1}{n_2-n_1+1}\sum_{n=n_1}^{n_2}|x(n)|^2 \end{aligned} \tag{1.13}$$

需要注意的是，信号的能量和功率并不一定总是与真正的物理量相联系。因此在许多信号分析与处理问题中，我们并不真正关心信号能量或功率的量纲，而往往只注意其相对的数值关系。

2. 能量有限信号

考虑信号的能量问题，若信号 $x(t)$ 或 $x(n)$ 在无穷区间($-\infty<t<+\infty$ 或 $-\infty<n<+\infty$)内的总能量是有限的，即满足

$$E_\infty=\lim_{T\to\infty}\int_{-T}^{T}|x(t)|^2\mathrm{d}t=\int_{-\infty}^{+\infty}|x(t)|^2\mathrm{d}t<\infty \tag{1.14}$$

或

$$E_{\infty}=\lim_{N\to\infty}\sum_{n=-N}^{N}|x(n)|^{2}=\sum_{n=-\infty}^{+\infty}|x(n)|^{2}<\infty \tag{1.15}$$

则称信号 $x(t)$ 或 $x(n)$ 为能量有限信号，常简称为能量信号(Energy Signal)。

由于能量信号在无穷区间的总能量为有限值，根据信号平均功率的定义，可知能量信号在无穷区间的平均功率必为零值。

3. 功率有限信号

考虑信号的平均功率问题，若信号 $x(t)$ 或 $x(n)$ 在无穷区间的功率是有限的，即满足

$$P_{\infty}=\lim_{T\to\infty}\frac{1}{2T}\int_{-T}^{T}|x(t)|^{2}\mathrm{d}t \tag{1.16}$$

或

$$P_{\infty}=\lim_{N\to\infty}\frac{1}{2N+1}\sum_{n=-N}^{N}|x(n)|^{2} \tag{1.17}$$

具有非零有限值，则称信号 $x(t)$ 或 $x(n)$ 为功率有限信号，常简称为功率信号(Power Signal)。

由于功率信号在无穷区间的平均功率为有限值，根据无穷区间信号总能量的定义，可知功率信号在无穷区间的总能量必为无穷大。

简言之，能量信号的平均功率必为 0，而功率信号的总能量必为无穷大。

在信号与系统理论上和实际应用中，关于信号的能量和功率问题，我们常遇到三种不同的信号：第一种为能量信号，有界的有限时宽信号为能量信号，例如在有限定义域范围内的指数衰减信号 $x(t)=\mathrm{e}^{-t}, 0\leqslant t\leqslant 10$，其在无穷区间的总能量为有限值，平均功率为 0。第二种为功率信号，连续时间正弦信号 $x(t)=A\sin(\Omega_0 t+\varphi)$ 是功率信号的典型例子，其在无穷区间的总能量为无穷大，而平均功率为有限值。此外，还有第三种信号，其既不是能量信号，也不是功率信号，例如无穷区间的指数衰减信号 $x(t)=\mathrm{e}^{-t}$，其在无穷区间的总能量和平均功率均趋于无穷大。

1.2.5 偶对称信号与奇对称信号

与数学上函数的对称性类似，信号也有对称性的问题，信号的对称性在对信号进行时间反转时是很有意义的。

考察信号 $x(t)$ 或 $x(n)$ 在直角坐标系下的波形曲线。若信号绕坐标系纵轴反转后保持不变，即满足

$$x(-t)=x(t),\quad 或\quad x(-n)=x(n) \tag{1.18}$$

则称信号 $x(t)$ 或 $x(n)$ 为偶对称信号，简称为偶信号(Even Signal)。

若信号绕坐标系纵轴反转后信号值求反，即满足

$$x(-t)=-x(t),\quad 或\quad x(-n)=-x(n) \tag{1.19}$$

则称信号 $x(t)$ 或 $x(n)$ 为奇对称信号，简称为奇信号(Odd Signal)。奇信号的特点是其信号波形必过坐标系原点，即满足 $x(t)|_{t=0}=0$ 或 $x(n)|_{n=0}=0$。

除了偶信号和奇信号之外，还存在非奇非偶信号。实际上，自然界和工程技术中遇到的大多数信号是非奇非偶的。

图 1.7 给出了连续时间偶信号和连续时间奇信号的示意图。

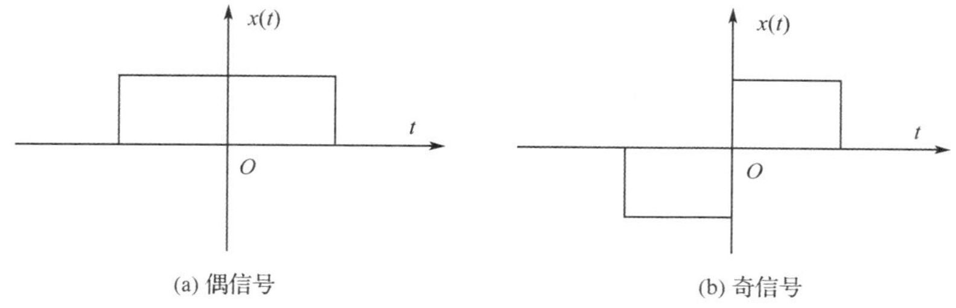

图 1.7 连续时间偶信号和连续时间奇信号的

可以证明，任意信号 $x(t)$ 可以表示为其偶部 $\mathrm{Ev}\{x(t)\}$ 和奇部 $\mathrm{Od}\{x(t)\}$ 之和的形式，即

$$x(t)=\mathrm{Ev}\{x(t)\}+\mathrm{Od}\{x(t)\} \tag{1.20}$$

式中的 $\mathrm{Ev}\{x(t)\}$ 和 $\mathrm{Od}\{x(t)\}$ 如式(1.21) 所示。

$$\begin{aligned}\mathrm{Ev}\{x(t)\}&=\frac{1}{2}[x(t)+x(-t)]\\ \mathrm{Od}\{x(t)\}&=\frac{1}{2}[x(t)-x(-t)]\end{aligned} \tag{1.21}$$

实际上，信号的偶部就是一个偶信号，而奇部就是一个奇信号。因此可以说，任意信号可以分解为一个偶信号和一个奇信号之和的形式。上述结论也适用于离散时间信号的情况。

1.2.6 一维信号与多维信号

本书所涉及的信号，大部分为单一自变量的信号，通常是以连续时间 t 或离散时间 n 作为自变量的信号，表示为 $x(t)$ 或 $x(n)$。这种由单一自变量确定的信号称为一维信号(One-dimensional Signal)，即这种信号是单一自变量的函数。若信号是由两个或多个自变量确定的函数，则称为二维信号(Two-dimensional Signal) 或多维信号(Multidimensional Signal)。图像信号 $x(u,v)$ 是常见的二维信号，其中 u,v 表示图像像素的位置，而 $x(u,v)$ 则表示在 u,v 位置上该像素或整个图像的灰度或颜色等信息。视频信号可看作三维信号，它的自变量除了位置信息 u,v 之外，还有时间变量 t，因此，视频信号可以表示为 $x(u,v,t)$。

1.3 信号的运算

在信号的很多运算中，连续时间信号 $x(t)$ 与离散时间信号 $x(n)$ 的运算规则是基本相同的，故本节以连续时间信号的运算为例进行介绍，仅当出现二者规则不同时才分别介绍。

1.3.1 信号的自变量变换

所谓信号的自变量变换，是指这类变换只涉及自变量(即时间变量) 的简单变换，即时间轴的变换。主要包括信号的时移、信号的尺度变换和信号的时间反转。

1. 信号的时移

信号的时移(Time Shift)表示信号波形沿时间轴平移的运算，可以表示为

$$x(t) \to x(t-t_0) \tag{1.22}$$

式中，t_0 表示信号时移量，若 $t_0>0$，信号波形沿时间轴向右移动，表示 $x(t-t_0)$ 相对于 $x(t)$ 延迟；若 $t_0<0$，则信号波形沿时间轴向左移动，表示 $x(t-t_0)$ 相对于 $x(t)$ 超前。符号“→”表示信号的自变量变换。图 1.8 给出了信号时移的示意图。

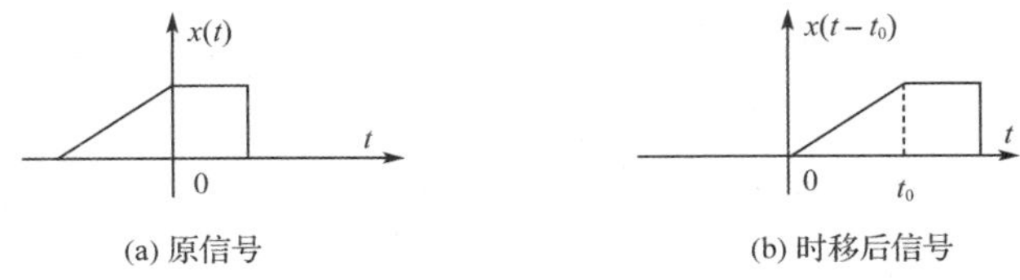

(a) 原信号　　(b) 时移后信号

图 1.8　信号时移

在实际应用中，时移运算可用来表示信号传输所经历的时间延迟，而这种时间延迟，在通信和雷达、声呐等应用中受到普遍的关注。依据接收信号来确定这种时间延迟，是目标定位技术的一个关键环节。

2. 信号的时间反转

信号的时间反转(Time Reversal)表示信号波形围绕直角坐标系的纵轴进行反转的变换，表示为

$$x(t) \to x(-t) \tag{1.23}$$

时间反转的示意图如图 1.9 所示。

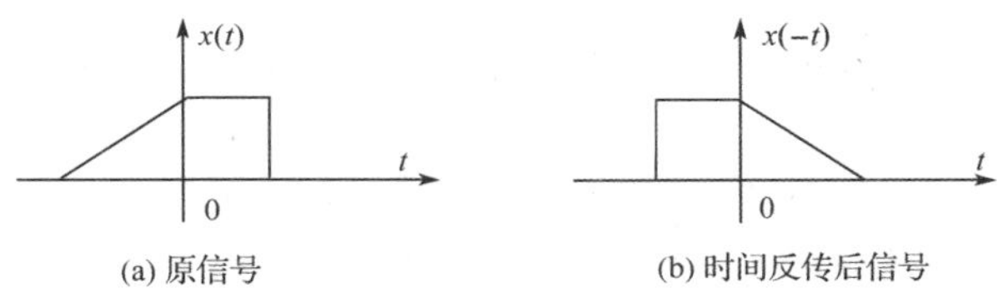

(a) 原信号　　(b) 时间反传后信号

图 1.9　信号时间反转变换

把一段录制的语音信号或视频信号从后向前倒过来播放，是时间反转变换的一个应用实例。

3. 信号的尺度变换

信号的尺度变换(Time Scaling)用于表示信号在时间轴上的压缩或扩展运算，表示为

$$x(t) \to x(at) \tag{1.24}$$

根据尺度变换参数 a 的取值不同，式(1.24)所表示的变换可表示不同的含义。

若 $a=1$，有 $x(at)=x(t)$，这表明没有进行信号的尺度变换；

若 $a=-1$，则 $x(at)=x(-t)$，这实际上是信号的时间反转变换；

若 $a>1$，则 $x(at)$ 在时间轴上压缩为原信号 $x(t)$ 的 $1/a$；

若 $0<a<1$，则 $x(at)$ 在时间轴上扩展为原信号 $x(t)$ 的 a 倍。

在实际应用中，经常会见到信号尺度变换的例子。例如，在跳水比赛的实况转播中，把摄像机拍摄的跳水动作以较慢的速度重播出来，可以使电视观众更清晰地看到选手的优美动

作，这实际上就是对原视频信号进行时间扩展。再如，记录一朵鲜花开放的过程可能需要几个小时甚至几天时间，但经过对信号的时间压缩，我们可以在几秒钟之内欣赏到鲜花开放的过程，这实际上是对信号的时间压缩。

图 1.10 给出了 $a=2>1$ 和 $a=1/2<1$ 两种情况下信号尺度变换的示意图。

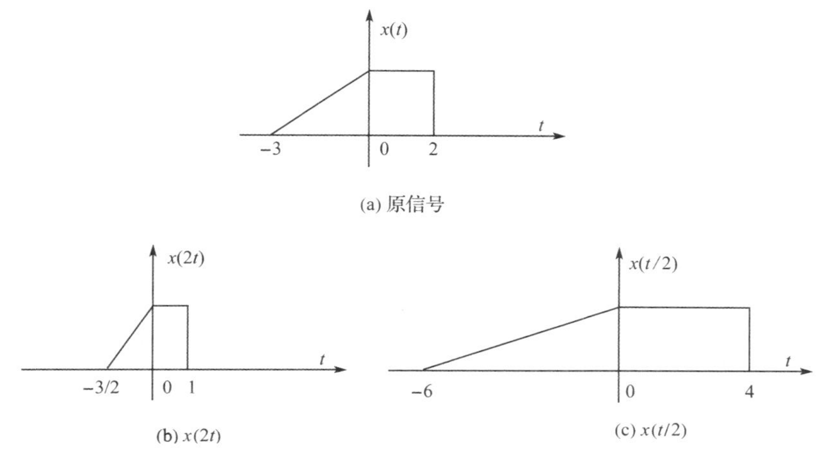

图 1.10 $a=2$ 和 $a=1/2$ 两种情况下信号尺度变换

需要注意的是，上述三种信号的自变量变换，均与信号的纵坐标无关。

例 1.2 给定信号 $x(t)$ 的波形如图 1.11(a) 所示。试画出该信号经过时移、时间反转和尺度变换后得到的 $x(t+1)$、$x(-t+1)$、$x\left(\frac{3}{2}t\right)$和 $x\left(\frac{3}{2}t+1\right)$的信号波形。

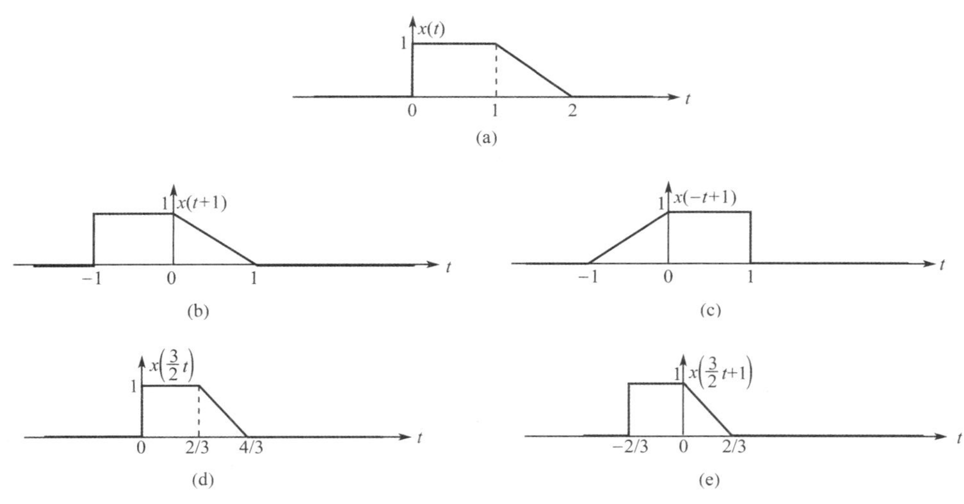

图 1.11 信号综合变换举例

解 (i) 信号 $x(t+1)$ 是将信号 $x(t)$ 向左移动一个时间单位，如图 1.11(b) 所示。

(ii) 信号 $x(-t+1)$ 是将信号 $x(t)$ 先反转，再向右移动一个时间单位，或者直接对 $x(t+1)$ 做时间反转得到，如图 1.11(c) 所示。

(iii) 信号 $x\left(\frac{3}{2}t\right)$ 可通过对信号 $x(t)$ 做尺度变换得到，如图 1.11(d) 所示。

(iv) 信号 $x\left(\frac{3}{2}t+1\right)$ 可以在信号 $x\left(\frac{3}{2}t\right)$ 的基础上，将信号向左移动 2/3 个时间单位，如图 1.11(e) 所示。

1.3.2 信号的数学运算

信号的数学运算主要包括信号的加法(含减法)运算、信号的乘法运算、连续时间信号的微分和积分运算以及离散时间信号的差分与累加运算等。信号的数学运算在对信号与系统的分析和信号处理中具有重要的作用。

1. 信号的加法运算

与数学上的函数运算相类似。设两个信号 $x_1(t)$ 与 $x_2(t)$ 的加法(或减法)运算会产生一个新信号，记为 $y(t)$，这个新信号任意时刻的取值等于参与运算的两个信号在该时刻取值之和(或之差)，表示为

$$y(t) = x_1(t) \pm x_2(t) \tag{1.25}$$

在实际的信号检测应用中，常把传感器检测到的信号 $x(t)$ 表示为纯净信号 $s(t)$ 和噪声干扰 $v(t)$ 之和，即 $x(t) = s(t) + v(t)$。检测得到的信号 $x(t)$ 需要经过信号处理(Signal Processing) 的过程，以消除或削弱信号中的噪声干扰 $v(t)$，从而提取出纯净信号 $s(t)$。

2. 信号的乘法运算

两个信号 $x_1(t)$ 与 $x_2(t)$ 的乘法运算也会产生一个新信号，记为 $y(t)$。$y(t)$ 在任意时刻的取值等于参与运算的两个信号在该时刻取值之乘积，表示为

$$y(t) = x_1(t) \cdot x_2(t) \tag{1.26}$$

信号的乘法运算是一种非常重要的运算，通信技术中常用的信号调制(Modulation) 技术，其本质上是待传输信号 $m(t)$ 与载波(Carrier) 信号 $c(t) = C_0\cos(\Omega_c t + \varphi_0)$ 的乘积，从而得到幅度调制信号为

$$s_{\mathrm{AM}}(t) = C_0 m(t)\cos(\Omega_c t + \varphi_0)$$

式中，C_0、Ω_c 和 φ_0 分别表示载波信号的振幅、频率和初始相位。

3. 连续时间信号的微分和积分运算

在信号与系统分析中，经常会遇到对信号进行微分运算和积分运算。实际上在前文的式(1.3) 所表示的微分方程中，我们已经看到对信号的微分运算可以用于构成微分方程，进而建立系统的模型。连续时间信号 $x(t)$ 的微分运算是指对 $x(t)$ 相对于自变量 t 求导数的运算，表示为

$$y(t) = \frac{\mathrm{d}x(t)}{\mathrm{d}t} \tag{1.27}$$

连续时间信号 $x(t)$ 的积分运算是指对 $x(t)$ 在给定区间求定积分的运算，例如

$$y(t) = \int_{-\infty}^{t} x(\tau)\mathrm{d}\tau \tag{1.28}$$

信号经过微分运算会突出信号中变化显著的成分，在信号与图像处理边缘检测中得到广泛应用；而信号的积分运算则会使信号变得更为平滑，常用于消除信号或图像中的噪声。

4. 离散时间信号的差分与累加

离散时间信号 $x(n)$ 的差分运算可分为前向差分和后向差分两类，分别定义为

$$y(n)=x(n+1)-x(n) \tag{1.29}$$

和

$$y(n)=x(n)-x(n-1) \tag{1.30}$$

$x(n)$ 的累加运算则定义为

$$y(n)=\sum_{k=-\infty}^{n}x(k) \tag{1.31}$$

实际上，离散时间信号 $x(n)$ 的差分与累加运算是与连续时间信号 $x(t)$ 的微分与积分运算相对应的。我们知道，连续时间信号的微分运算实际上是信号的增量 $\Delta x(t)$ 与自变量增量 Δt 之比当 $\Delta t\to 0$ 时的极限表示，即

$$\frac{\mathrm{d}x(t)}{\mathrm{d}t}=\lim_{\Delta t\to 0}\frac{\Delta x(t)}{\Delta t}=\lim_{\Delta t\to 0}\frac{x(t+\Delta t)-x(t)}{t+\Delta t-t}=\lim_{\Delta t\to 0}\frac{x(t+\Delta t)-x(t)}{\Delta t} \tag{1.32}$$

而对于离散时间信号 $x(n)$ 而言，其差分在本质上也是信号的增量 $\Delta x(n)$ 与自变量的增量 Δn 之比，只不过在离散时间信号的体系下，不能对这个比值求取极限而已（需要说明的是，Δn 这个符号是不严谨的，这里只是借用这个符号来表示 n 的增量与 t 的增量之间的类同性质）。为了进一步说明差分概念与微分概念的相似性，请参见图 1.12 所示的离散时间信号差分示意图。

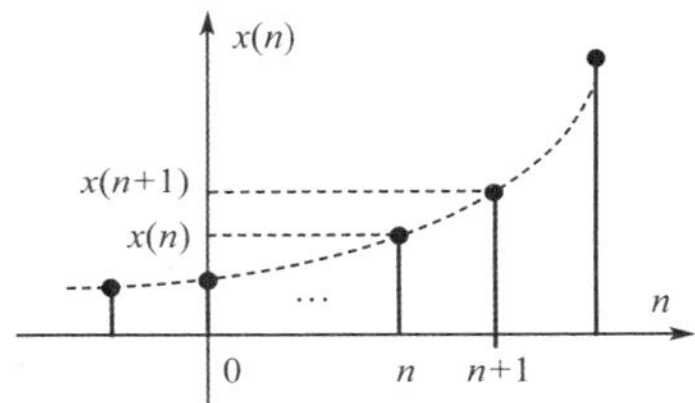

图 1.12 离散时间信号差分

可见，离散时间信号的差分可以表示为

$$y(n)=\frac{\Delta x(n)}{\Delta n}=\frac{x(n+1)-x(n)}{n+1-n}=x(n+1)-x(n)$$

其表示的是曲线中过点 $x(n+1)$ 与点 $x(n)$ 的直线的斜率，与连续时间信号导数的几何意义相似。

1.4 几个重要信号

1.4.1 连续时间复指数信号

1. 连续时间复指数信号的一般形式

连续时间复指数信号(Continuous-time Complex Exponential Signal)定义为

$$x(t)=Ce^{st} \tag{1.33}$$

式中，参数 C 和 s 一般为复数，通常写为 $C=|C|e^{j\theta}$ 和 $s=\sigma+j\Omega_0$。式中，$|C|$ 和 θ 分别表示复参数 C 的模与相位，σ 和 Ω_0 分别表示复参数 s 的实部和虚部。由欧拉公式(Euler's Relation)

$$\begin{aligned}&e^{j\theta}=\cos\theta+j\sin\theta\\&\sin\theta=\frac{1}{2j}[e^{j\theta}-e^{-j\theta}],\cos\theta=\frac{1}{2}[e^{j\theta}+e^{-j\theta}]\end{aligned} \tag{1.34}$$

式(1.33)可以进一步分解为正弦项和余弦项的线性组合形式，即

连续时间复指数信号与正弦信号知识点

$$x(t)=Ce^{st}=|C|e^{\sigma t}e^{j(\Omega_0 t+\theta)}$$
$$=|C|e^{\sigma t}\cos(\Omega_0 t+\theta)+j|C|e^{\sigma t}\sin(\Omega_0 t+\theta) \tag{1.35}$$

式(1.35)中，若 $\sigma>0$，则 $x(t)$ 的实部和虚部均为包络(Envelope)呈指数上升的正弦类信号；若 $\sigma<0$，则 $x(t)$ 的实部和虚部均为包络呈指数衰减的正弦类信号。如图 1.13 所示。

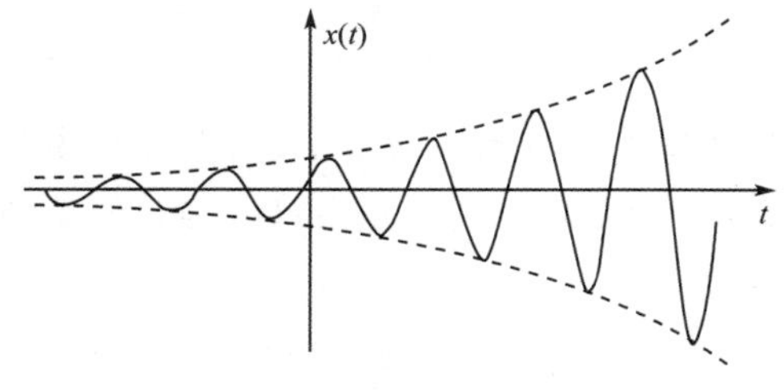

(a) 指数上升正弦类信号

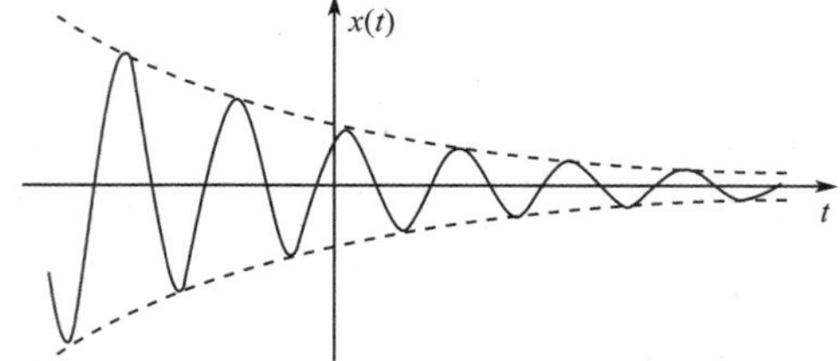

(b) 指数衰减正弦类信号

图 1.13 指数上升与指数衰减的连续时间正弦类信号

而若 $\sigma=0$，则上述复指数信号的实部和虚部均退化为正弦类信号。

2. 连续时间实指数信号

在式(1.30)中，若参数 C 和 s 均取实值，则 $x(t)=Ce^{st}$ 表示的是实指数信号，根据 C 和 s 取不同的实值，该信号可以分别表示指数上升、指数下降、负向指数上升和负向指数下降 4 种不同的信号。若指数参数 $\sigma=0$，则实指数信号 $x(t)$ 恒为常数 C。

3. 连续时间周期性复指数信号与正弦信号

在式(1.33)中，若令 $C=1$，且 $s=j\Omega_0$，则有

$$x(t)=e^{j\Omega_0 t} \tag{1.36}$$

对于式(1.36)所示纯虚指数复指数信号，通过选取

$$T=\frac{2\pi}{\Omega_0} \tag{1.37}$$

有 $x(t+T)=e^{j\Omega_0(t+T)}=e^{j\Omega_0 t}\cdot e^{j\Omega_0 T}=e^{j\Omega_0 t}\cdot e^{j\Omega_0\frac{2\pi}{\Omega_0}}=e^{j\Omega_0 t}=x(t)$，表明 $x(t)=e^{j\Omega_0 t}$ 是一个周期性信号。

连续时间正弦信号的定义式如式(1.2)所示。由式(1.34)可知，欧拉公式把连续时间复指数信号与正弦信号紧密联系起来，连续时间周期性复指数信号的许多特性与连续时间正弦信号的特性是一致的。例如这两个信号的周期是相同的，都可以表示为 $T=2\pi/\Omega_0$。实际上，mT，$m=\pm1,\pm2,\cdots$ 均为这两个信号的周期，其中，$m=1$ 的周期是最小的周期，称为基波周期(Fundamental Period)，常记为 T_0。与 T_0 对应的频率称为基波频率(Fundamental Frequency)，记为 Ω_0。

例 1.3 试确定以下信号的周期性。若是周期的，请确定其周期 T。(a) $x(t)=e^{j8t}$；(b) $x(t)=e^{(-1+j2)t}$

解 (a) 由式 $x(t)=e^{j8t}$ 知该信号满足式(1.36)的模式，是周期性信号。且因 $\Omega_0=8$，根据式(1.37)可以确定该信号的周期为 $T=\frac{1}{4}\pi$。

(b) 由于 $x(t)=\mathrm{e}^{(-1+\mathrm{j}2)t}=\mathrm{e}^{-t}\mathrm{e}^{\mathrm{j}2t}$，不符合式(1.36)的模式，因此该信号不是周期性信号。

1.4.2　离散时间复指数信号

1. 离散时间复指数信号的一般形式

离散时间复指数信号(Discrete-time Complex Exponential Signal)的一般形式定义为

$$x(n)=C\alpha^n \tag{1.38}$$

式中，参数 C 和 α 一般均为复数，常写为极坐标形式，即 $C=|C|\mathrm{e}^{\mathrm{j}\theta}$ 和 $\alpha=|\alpha|\mathrm{e}^{\mathrm{j}\omega_0}$。由欧拉公式，式(1.38)可以进一步分解为正弦项和余弦项的线性组合形式，即

离散时间复指数信号与正弦信号知识点

$$x(n)=C\alpha^n=|C||\alpha|^n\cos(\omega_0 n+\theta)+\mathrm{j}|C||\alpha|^n\sin(\omega_0 n+\theta) \tag{1.39}$$

图1.14分别给出了 $|\alpha|>1$ 和 $|\alpha|<1$ 时上述信号实部(或虚部)的曲线形式。

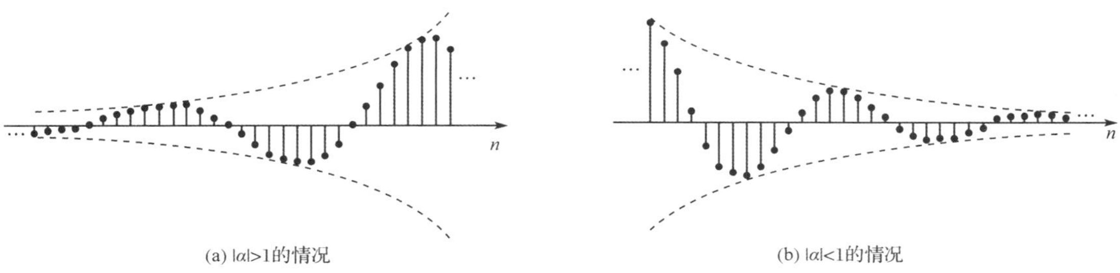

图1.14　$|\alpha|>1$ 和 $|\alpha|<1$ 时离散时间复指数信号实部(或虚部)的曲线形式

2. 离散时间实指数信号

在式(1.35)所示的离散时间复指数信号中，若 C 和 α 都取实数，则 $x(n)=C\alpha^n$ 表示实指数信号。为了简化分析，不失一般性，假定 $C=1$。在这种条件下，若 $|\alpha|>1$，则信号随 n 的变化指数增长；若 $|\alpha|<1$，则信号随 n 的变化指数衰减。信号的形式还与 α 取正值还是负值有关。若 $\alpha>0$，则 $x(n)$ 的取值具有相同的符号；若 $\alpha<0$，则 $x(n)$ 的符号交替变化，如图1.15所示。

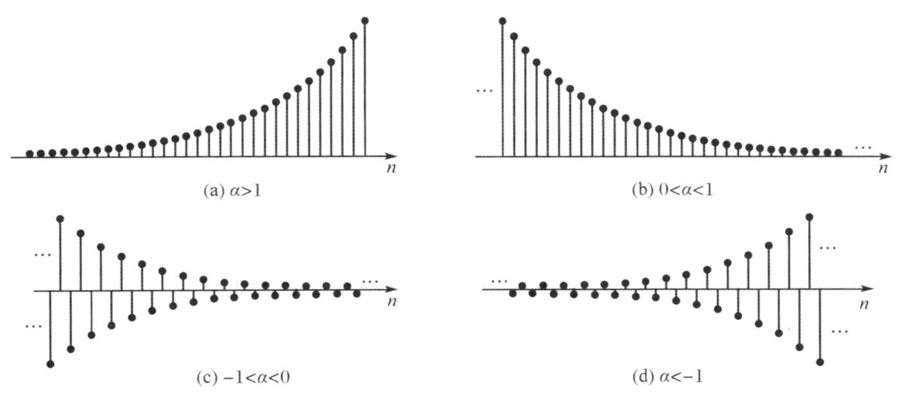

图1.15　离散时间实指数信号

3. 离散时间纯虚指数复指数信号

若设式(1.38)中 $C=1, \alpha=e^{j\omega_0}$，则有

$$x(n)=e^{j\omega_0 n} \tag{1.40}$$

式中，ω_0 为信号的数字角频率(常简称为频率)，单位为弧度(rad)。该信号有两个主要特点：即信号随频率变化的周期性和随时间变化的周期性。

(1) 随频率变化的周期性

对于任意整数 k，有

$$e^{j(\omega_0+2k\pi)n}=e^{j\omega_0 n}\cdot e^{j2k\pi n}=e^{j\omega_0 n} \tag{1.41}$$

显然，$x(n)=e^{j\omega_0 n}$ 是随频率 ω_0 变化的周期性信号。

(2) 随时间变化的周期性

对于式(1.40)所示的信号 $x(n)$，若满足

$$\frac{\omega_0}{2\pi}=\frac{m}{N} \tag{1.42}$$

为一有理数，则其为随时间变化的周期性信号，即

$$x(n+N)=e^{j\omega_0(n+N)}=e^{j\omega_0 n}\cdot e^{j\omega_0 N}=x(n) \tag{1.43}$$

式中，N 表示信号的基波周期，$2\pi/N$ 为基波频率。

4. 离散时间正弦信号

由欧拉公式，式(1.40)所示的离散时间复指数信号可以转化为正弦信号与余弦信号之和的形式。由此可见，离散时间正弦信号与离散时间复指数信号是紧密联系的。离散时间正弦信号的一般形式可以写为

$$x(n)=A\cos(\omega_0 n+\varphi) \tag{1.44}$$

式中，ω_0 为信号的数字角频率，A 和 φ 分别表示离散时间正弦信号的振幅和初始相位。图1.16给出了离散时间正弦信号的波形示意图。

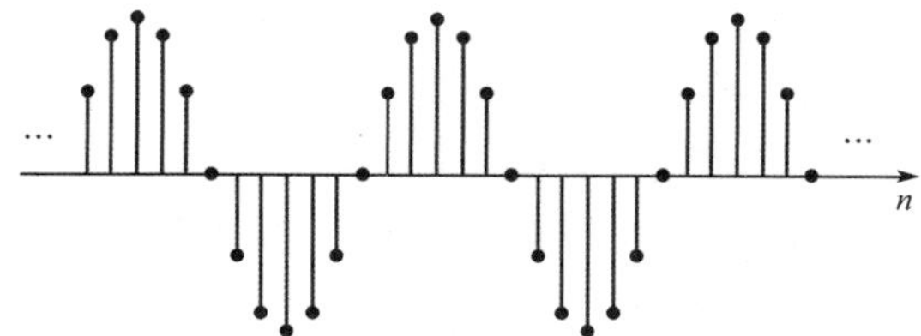

图 1.16 离散时间正弦信号的波形

需要注意的是，与连续时间正弦信号不同，离散时间信号仅当满足式(1.42)条件时才是周期性的。

例 1.4 试确定下列离散时间信号是否为周期性信号。若为周期性信号，试求其基波周期。(a)$x(n)=e^{j7\pi n}$；(b)$x(n)=\sin(5n)$。

解 (a) 由于 $\omega_0=7\pi$，由式(1.42)有 $\omega_0/(2\pi)=7\pi/(2\pi)=7/2$ 为有理数，故可以判定 $x(n)=e^{j7\pi n}$ 为周期性信号。进一步计算其基波周期，有 $N=\frac{2\pi}{\omega_0}m=\frac{2\pi}{7\pi}m=\frac{2}{7}m$。取 m 为最小的正整数，使得 N 为最小的正整数，则所得 N 为基波周期。这样，当 $m=7$ 时，$N=2$ 为该信号的基波周期。

(b) 由式(1.42),有 $\omega_0/(2\pi)=5/(2\pi)$ 为无理数,故信号 $x(n)=\sin(5n)$ 为非周期性信号。

1.4.3 连续时间单位阶跃信号与单位冲激信号

1. 连续时间单位阶跃信号

定义 1.1 连续时间单位阶跃信号 连续时间单位阶跃信号(Unit Step Signal)定义为

$$u(t)=\begin{cases}1, t>0\\0, t<0\end{cases} \tag{1.45}$$

显然,$u(t)$ 在 $t=0$ 处是不连续的。图 1.17 给出了连续时间单位阶跃信号 $u(t)$ 的波形图。

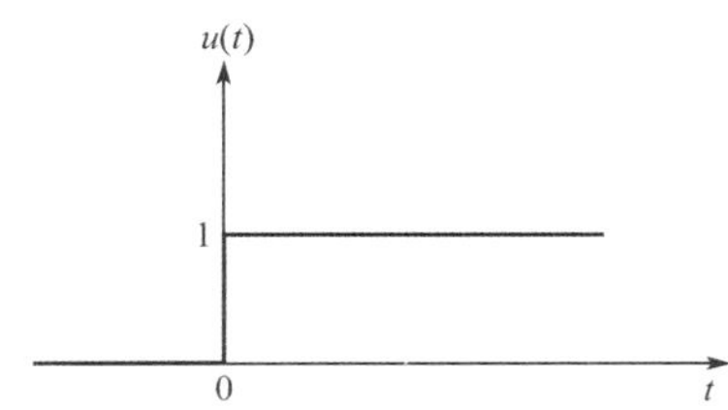

图 1.17 连续时间单位阶跃信号波形图

单位阶跃信号常用来表示信号的非零取值范围,也常用于确定信号的积分区间。

2. 连续时间单位冲激信号

(1) 连续时间单位冲激信号的定义

定义 1.2 连续时间单位冲激信号 连续时间单位冲激信号(Unit Impulse Signal)定义为

$$\delta(t)=\frac{\mathrm{d}u(t)}{\mathrm{d}t} \tag{1.46a}$$

$$\int_{-\infty}^{+\infty}\delta(t)\mathrm{d}t=1, \delta(t)=0(若\ t\neq 0) \tag{1.46b}$$

$$u(t)=\int_{-\infty}^{t}\delta(\tau)\mathrm{d}\tau \tag{1.46c}$$

定义 1.2 中的三个定义是从不同的侧面定义了单位冲激信号 $\delta(t)$:式(1.46a)表示单位冲激信号是单位阶跃信号的一阶导数,反映了 $\delta(t)$ 与 $u(t)$ 的关系。因 $u(t)$ 在 $t=0$ 处不连续,其在该处导数不存在,故 $\delta(t)$ 实际上是一种奇异信号(Singularity Signal)。当 $t\neq 0$ 时,其值为 0;当 $t=0$ 时,其值为无穷大,其强度为 1;式(1.46b)表示单位冲激信号在区间 $(-\infty,+\infty)$ 的积分为 1;式(1.46c)表示单位冲激信号的游程积分(Running Integral)即为单位阶跃信号,进一步反映了 $\delta(t)$ 与 $u(t)$ 的关系。

连续时间单位冲激信号 $\delta(t)$ 的波形图如图 1.18 所示。需要特别注意的是,在 $t=0$ 处,$\delta(t)$ 表示为一个箭头,箭头旁边的(1)表示其强度(不是幅度)为 1。

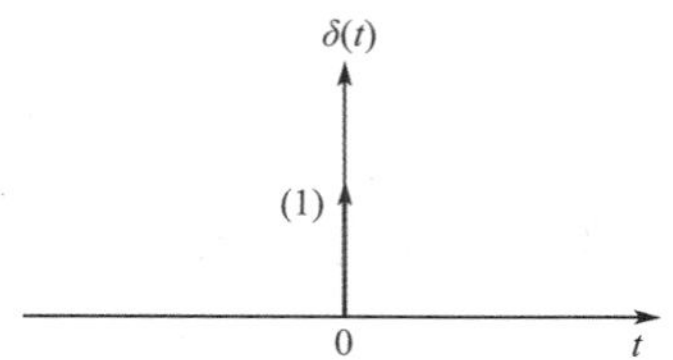

图 1.18 连续时间单位冲激信号的波形图

(2) 连续时间单位冲激信号的性质与应用

性质 1.1 连续时间单位冲激信号的采样性质(Sampling Property) 任意连续时间信号 $x(t)$ 与 $\delta(t-t_0)$ 相乘,其结果是取出信号 $x(t)$ 在 t_0 处的值。即

$$x(t)\delta(t-t_0)=x(t_0)\delta(t-t_0) \tag{1.47a}$$

特别地,若 $t_0=0$,则有

$$x(t)\delta(t)=x(0)\delta(t) \tag{1.47b}$$

性质 1.2 连续时间单位冲激信号的筛选性质(Sifting Property) 任意连续时间信号 $x(t)$ 与 $\delta(t-t_0)$ 相乘后再在 $(-\infty,+\infty)$ 区间积分,其结果是取出信号 $x(t)$ 在 t_0 处的值并将其复制到整个 $(-\infty,+\infty)$ 区间。

$$\int_{-\infty}^{+\infty}x(t)\delta(t-t_0)\mathrm{d}t=x(t_0)\int_{-\infty}^{+\infty}\delta(t)\mathrm{d}t=x(t_0) \tag{1.48a}$$

特别地,若 $t_0=0$,则有

$$\int_{-\infty}^{+\infty}x(t)\delta(t)\mathrm{d}t=x(0)\int_{-\infty}^{+\infty}\delta(t)\mathrm{d}t=x(0) \tag{1.48b}$$

需要注意的是,式(1.48a)和式(1.48b)中的 $x(t_0)$ 和 $x(0)$ 均为与时间变量 t 无关的常数信号。

性质 1.3 连续时间单位冲激信号的尺度变换性质 设常数 $a\neq 0$,则有

$$\delta(at)=\frac{1}{|a|}\delta(t) \tag{1.49}$$

性质 1.4 连续时间单位冲激信号的奇偶性 连续时间单位冲激信号的一阶导数称为冲激偶信号,记为 $\delta'(t)=\frac{\mathrm{d}\delta(t)}{\mathrm{d}t}$。单位冲激信号 $\delta(t)$ 满足偶对称性,而冲激偶信号 $\delta'(t)$ 则满足奇对称性,即

$$\begin{aligned}\delta(-t)&=\delta(t)\\ \delta'(-t)&=-\delta'(t)\end{aligned} \tag{1.50}$$

例 1.5 计算下列各题:(a) $x(t)=\int_{-\infty}^{t}\frac{\sin 2023t}{t}\cdot\delta(t)\mathrm{d}t$;(b) $\int_{-\infty}^{+\infty}\mathrm{e}^{-\mathrm{j}\omega t}[\delta(t)-\delta(t-t_0)]\mathrm{d}t$;(c) $\int_{-\infty}^{+\infty}x(t+t_0)\delta(t-t_0)\mathrm{d}t$。

解 (a) $x(t)=\int_{-\infty}^{t}\frac{\sin 2023t}{t}\cdot\delta(t)\mathrm{d}t=\int_{-\infty}^{t}2023\cos 2023t\cdot\delta(t)\mathrm{d}t=2023u(t)$

(b) $\int_{-\infty}^{+\infty}\mathrm{e}^{-\mathrm{j}\omega t}[\delta(t)-\delta(t-t_0)]\mathrm{d}t=\int_{-\infty}^{+\infty}\mathrm{e}^{-\mathrm{j}\omega t}\delta(t)\mathrm{d}t-\int_{-\infty}^{+\infty}\mathrm{e}^{-\mathrm{j}\omega t}\delta(t-t_0)\mathrm{d}t=1-\mathrm{e}^{-\mathrm{j}\omega t_0}$

(c) $\int_{-\infty}^{+\infty}x(t+t_0)\delta(t-t_0)\mathrm{d}t=x(2t_0)$

1.4.4 离散时间单位阶跃信号与单位冲激信号

1. 离散时间单位阶跃信号

定义 1.3 离散时间单位阶跃信号 离散时间单位阶跃信号定义为

$$u(n) = \begin{cases} 1, & n \geq 0 \\ 0, & n < 0 \end{cases} \tag{1.51}$$

离散时间单位阶跃信号 $u(n)$ 的波形图如图 1.19 所示。

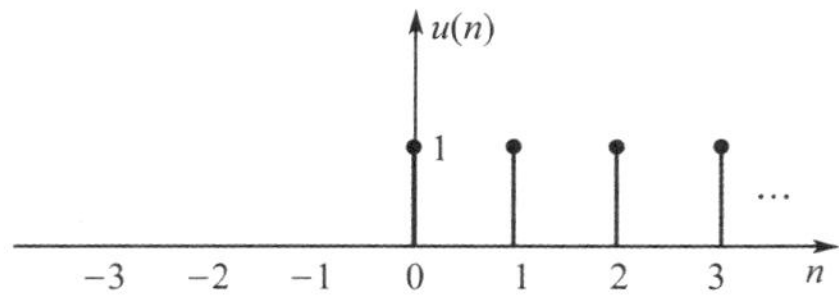

图 1.19 离散时间单位阶跃信号的波形图

2. 离散时间单位冲激信号

(1) 离散时间单位冲激信号的定义

定义 1.4 离散时间单位冲激信号 离散时间单位冲激信号定义为

$$\delta(n) = \begin{cases} 1, & n = 0 \\ 0, & n \neq 0 \end{cases} \tag{1.52}$$

离散时间单位冲激信号 $\delta(n)$ 的波形图如图 1.20 所示。

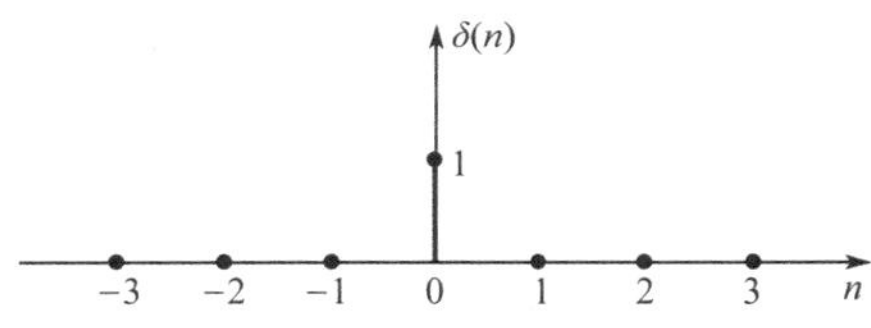

图 1.20 离散时间单位冲激信号的波形图

(2) 离散时间单位冲激信号的性质与应用

性质 1.5 离散时间单位冲激信号与单位阶跃信号的关系 离散时间单位冲激信号 $\delta(n)$ 是离散时间单位阶跃信号 $u(n)$ 的一阶差分，即

$$\delta(n) = u(n) - u(n-1) \tag{1.53}$$

反过来，$u(n)$ 是 $\delta(n)$ 的动态累加，即

$$u(n) = \sum_{m=-\infty}^{n} \delta(m) \tag{1.54}$$

式(1.54) 还可以表示为

$$u(n) = \sum_{k=0}^{+\infty} \delta(n-k) \tag{1.55}$$

性质 1.6 离散时间单位冲激信号的采样性质 与 $\delta(t)$ 的采样性质相似，离散时间单位冲激信号 $\delta(n)$ 的采样性质表示为

$$x(n)\delta(n-n_0) = x(n_0)\delta(n-n_0) \tag{1.56a}$$

特别地，若 $n_0 = 0$，则有

$$x(n)\delta(n) = x(0)\delta(n) \tag{1.56b}$$

性质 1.7 离散时间单位冲激信号的筛选性质 离散时间单位冲激信号 $\delta(n)$ 的筛选性质表示为

$$\sum_{n=-\infty}^{+\infty} x(n)\delta(n-n_0) = \sum_{n=-\infty}^{+\infty} x(n_0)\delta(n-n_0) = x(n_0) \tag{1.57a}$$

特别地，若 $n_0 = 0$，则有

$$\sum_{n=-\infty}^{+\infty} x(n)\delta(n) = \sum_{n=-\infty}^{+\infty} x(0)\delta(n) = x(0) \tag{1.57b}$$

需要注意的是，式(1.57a) 和式(1.57b) 中的 $x(n_0)$ 和 $x(0)$ 均为与时间变量 n 无关的常数序列。

1.4.5 其他常用连续时间信号

在后面章节中，我们会遇到信号的许多表示形式，本小节以连续时间信号为例，介绍几种常用的信号形式。对应的离散时间信号，则与这里介绍的连续时间信号的情形类似。

1. 门信号

波形形状类似一个门的信号称为门信号，表示为

$$g(t) = u(t+T_1) - u(t-T_1) \tag{1.58}$$

式中，$2T_1$ 表示门信号的宽度。门信号的波形如图 1.21(a) 所示。

2. 单边指数信号

单边指数信号是由实指数信号与单位阶跃信号乘积构成的，表示为

$$x(t) = \mathrm{e}^{-at}u(t), \quad a > 0 \tag{1.59}$$

单边指数信号的波形如图 1.21(b) 所示。

3. 双边指数信号

双边指数信号是单边指数信号与其反转信号之和，定义为

$$x(t) = \mathrm{e}^{-a|t|}, \quad a > 0 \tag{1.60a}$$

其波形图如图 1.21(c) 所示。双边指数信号也常写为

$$x(t) = \mathrm{e}^{at}u(-t) + \mathrm{e}^{-at}u(t), \quad a > 0 \tag{1.60b}$$

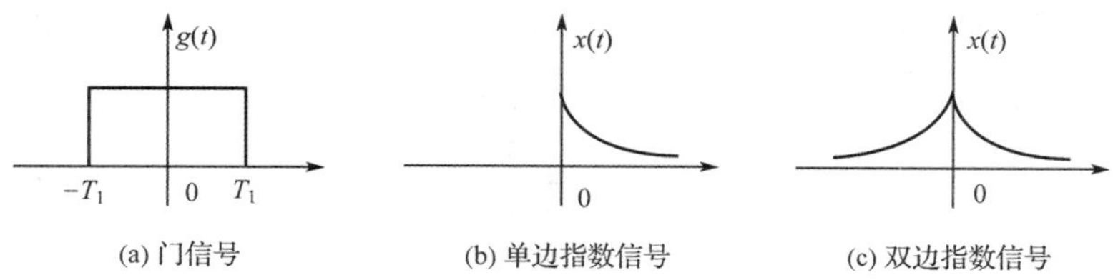

图 1.21 门信号、单边指数信号与双边指数信号波形图

4. sinc 函数

sinc 函数是后续学习傅里叶分析理论常用的函数或信号。sinc 函数的定义为

$$\mathrm{sinc}(\theta) = \frac{\sin(\pi\theta)}{\pi\theta} \tag{1.61}$$

sinc 函数是一个偶函数，当 $\theta \to 0$ 时，$\mathrm{sinc}(\theta) = 1$。图 1.22 给出了 sinc 函数的曲线形式。

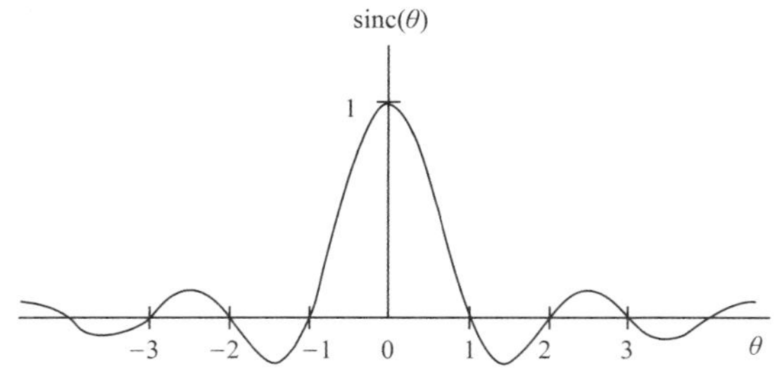

图 1.22　sinc 函数的曲线形式

1.5　系统的分类与特性

1.5.1　连续时间系统与离散时间系统

在本章 1.2.2 节，我们初步介绍了系统的概念和系统的表示方法。本小节进一步介绍连续时间系统和离散时间系统这两个概念。

1. 连续时间系统

若系统的输入信号(Input Signal)和输出信号(Output Signal)均为连续时间信号，则称这种系统为连续时间系统(Continuous-time System)。常用式(1.62)表示连续时间系统的输入-输出关系

$$x(t) \rightarrow y(t) \tag{1.62}$$

式中，$x(t)$ 和 $y(t)$ 分别表示连续时间系统输入信号和输出信号，符号"→"则表示系统对输入信号 $x(t)$ 的操作而产生输出信号 $y(t)$ 的过程。系统的输入信号又常称为系统的激励(Excitation)，系统的输出信号又常称为系统的响应(Response)。

图 1.3 是一个由简单 *RC* 电路所构成的连续时间系统的例子，式(1.3)和式(1.4)分别给出了用微分方程表示的连续时间系统和用输入-输出关系表示的连续时间系统的例子。实际上，用输入-输出关系表示的连续时间系统是用微分方程表示的连续时间系统的特例，即其微分项的阶数为 0 阶。

2. 离散时间系统

类似地，若系统的输入信号和输出信号均为离散时间信号，则称这种系统为离散时间系统(Discrete-time System)。常用式(1.63)表示离散时间系统的输入-输出关系

$$x(n) \rightarrow y(n) \tag{1.63}$$

式中，$x(n)$ 和 $y(n)$ 分别表示离散时间系统的输入信号和输出信号，符号"→"则表示系统对输入信号 $x(n)$ 的操作而产生输出信号 $y(n)$ 的过程。

例 1.6　讨论银行储蓄账户的存款余额问题。设 $x(n)$ 为本月净储蓄额，$y(n)$ 为本月储蓄余额，$y(n-1)$ 表示上月余额，$K=0.01$ 为储蓄月利率。该离散时间系统的差分方程表示为

$$y(n)=(1+K)y(n-1)+x(n)$$

上式表明，本月存款余额 $y(n)$ 为本月净储蓄额 $x(n)$ 与包含利息的上月存款余额 $(1+K)y(n-1)$ 之和。

式(1.64)给出了两种常见的离散时间系统的表达式

$$y(n)=3x(n)+4x(n-1) \tag{1.64a}$$

$$y(n)=2y(n-1)+x(n) \tag{1.64b}$$

其中，式(1.64a)中没有输出项到输入项的反馈，称为非递归(Non-recursive)结构，而式(1.64b)中含有输出项到输入项的反馈，称为递归(Recursive)结构。

3. 混合系统

除了上面介绍的连续时间系统与离散时间系统之外，还有一类系统，称为混合系统(Hybrid system)。所谓混合系统是指系统的输入信号和输出信号包含了连续时间信号和离散时间信号两种信号，或者说尽管系统的输入信号和输出信号都是连续时间信号(或离散时间信号)，但在系统内部含有连续时间信号与离散时间信号之间的转换。例如大多数现代测量仪器，仪器的输入信号往往是由前端传感器检测拾取的连续时间信号，经过 A/D 转换器转变为离散时间信号或数字信号，在仪器内部对这些信号进行数字处理，输出信号可能有不同的方式，例如数字显示、数字量输出、模拟量输出等。这是一个典型的混合系统的例子。

1.5.2 系统的主要分类与特性

本小节以连续时间系统为例讨论系统的分类与特性，离散时间系统与连续时间系统有相同的分类与特性。

系统的基本性质知识点

1. 线性系统与非线性系统

(1) 线性系统

具有叠加性和齐次性的系统称为线性系统(Linear System)，反之则称为非线性系统。

所谓叠加性(Additive)，是指系统对多个输入信号之和的响应等于该系统对这些输入信号的各自响应之和。所谓齐次性(Homogeneity)，又称为比例性(Scaling)，是指系统对某一输入信号响应的 a 倍等于该系统对该输入信号 a 倍的响应。系统的叠加性和齐次性，构成了系统的线性性质。表示为，若 $x_1(t)\rightarrow y_1(t)$，且 $x_2(t)\rightarrow y_2(t)$，则有

$$ax_1(t)+bx_2(t)\rightarrow ay_1(t)+by_2(t) \tag{1.65}$$

线性性质是系统最重要的性质之一，本书所研究的系统大部分为线性系统。

例 1.7　设系统 A 的输入-输出关系表示为 $y(t)=tx(t)$，试确定该系统是否为线性系统。

解　考虑任意两个输入信号 $x_1(t)$ 和 $x_2(t)$，根据系统 A 的输入-输出关系，有 $y_1(t)=tx_1(t)$ 和 $y_2(t)=tx_2(t)$。设 $x_3(t)=ax_1(t)+bx_2(t)$ 是 $x_1(t)$ 和 $x_2(t)$ 的加权线性组合，其中，a，b 均为任意常数。这样，有

$$x_3(t)\rightarrow y_3(t)=tx_3(t)=t[ax_1(t)+bx_2(t)]=atx_1(t)+btx_2(t)=ay_1(t)+by_2(t)$$

因把两输入信号 $x_1(t)$ 和 $x_2(t)$ 的加权线性组合 $x_3(t)$ 送入该系统所得到的输出 $y_3(t)$ 与这两个输入信号分别加权后送入同一系统再求和所得到的输出相等，同时满足系统的叠加性和齐次性，故该系统为线性系统。

例 1.8　设系统 B 的输入-输出关系为 $y(t)=x^2(t)$，试确定该系统是否为线性系统。

解　考虑任意两个输入信号 $x_1(t)$ 和 $x_2(t)$，根据系统 B 的输入-输出关系，有 $y_1(t)=x_1^2(t)$ 和 $y_2(t)=x_2^2(t)$。设 $x_3(t)=ax_1(t)+bx_2(t)$ 是 $x_1(t)$ 和 $x_2(t)$ 的加权线性组合，其中，a,b 均为任意常数。这样，有

$$\begin{aligned}y_3(t)&=x_3^2(t)=[ax_1(t)+bx_2(t)]^2=a^2x_1^2(t)+b^2x_2^2(t)+2abx_1(t)x_2(t)\\&=a^2y_1(t)+b^2y_2(t)+2abx_1(t)x_2(t)\\&\neq a^2y_1(t)+b^2y_2(t)\end{aligned}$$

显然，系统 B 不满足系统的线性条件，是非线性系统。

(2) 线性增量系统

所谓线性增量系统(Incrementally Linear System)是指系统响应对于系统输入的变化是线性的。线性增量系统本身为非线性系统，但是该系统对任意两个输入信号的响应之差与这两个输入信号之差成线性关系，即系统的总输出是由对一个线性系统的响应与对一个零输入响应的叠加而构成的。图 1.23 给出了线性增量系统的原理框图。

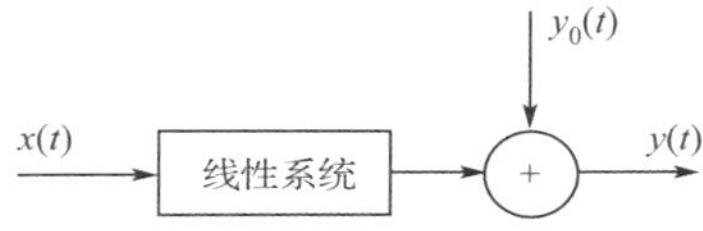

图 1.23　线性增量系统的原理框图

图中 $y_0(t)$ 是系统的零输入响应(Zero-input Response)，表示当输入信号 $x(t)=0$ 时系统的输出，这个响应通常由系统的初始状态构成。若 $y_0(t)=0$，系统的输出称为零状态响应(Zero-state Response)，则系统转变为线性系统，即输出信号与输入信号是线性关系。

例 1.9　设系统 C 的输入-输出关系为 $y(t)=x(t)+2$，试确定该系统是否为线性系统。

解　考虑任意两个输入信号 $x_1(t)$ 和 $x_2(t)$，根据系统 C 的输入-输出关系，有 $y_1(t)=x_1(t)+2$ 和 $y_2(t)=x_2(t)+2$。设 $x_3(t)=ax_1(t)+bx_2(t)$ 是 $x_1(t)$ 和 $x_2(t)$ 的加权线性组合，其中，a,b 均为任意常数。这样，有

$$\begin{aligned}y_3(t)&=x_3(t)+2=ax_1(t)+bx_2(t)+2\\&\neq y_1(t)+y_2(t)=ax_1(t)+bx_2(t)+4\end{aligned}$$

显然，系统 C 为非线性系统。但是，考虑系统对两输入信号 $x_1(t)$ 和 $x_2(t)$ 对应的输出信号 $y_1(t)$ 和 $y_2(t)$ 之差，则有

$$y_1(t)-y_2(t)=[x_1(t)+2]-[x_2(t)+2]=x_1(t)-x_2(t)$$

由上式可见，该系统满足线性增量系统的条件，即该系统对两输入信号的响应之差 $y_1(t)-y_2(t)$ 与这两个输入信号之差 $x_1(t)-x_2(t)$ 是成线性关系的，故该系统是一个线性增量系统。

2. 时变系统与时不变系统

若系统的参数不随时间变化，则该系统为时不变系统(Time-invariant System)。若系统的参数随时间变化，则该系统为时变系统(Time-varying System)。

设时不变系统的输入信号和输出信号分别为 $x(t)$ 和 $y(t)$。若满足 $x(t)\to y(t)$，则必有

$$x(t-t_0)\to y(t-t_0) \tag{1.66}$$

例 1.10　设连续时间系统定义为 $y(t)=\mathrm{e}^{x(t)}$，试确定该系统是否为时不变系统。

解　做4个步骤的准备：① 设 $x_1(t)$ 为系统的任意输入信号，则对应的输出信号为：$y_1(t)=e^{x_1(t)}$。② 将 $x_1(t)$ 时移，得到 $x_2(t)=x_1(t-t_0)$。③ 将 $x_2(t)=x_1(t-t_0)$ 送入系统，得到输出信号 $y_2(t)=e^{x_2(t)}=e^{x_1(t-t_0)}$。④ 将 $y_1(t)$ 做相同的时移，得到 $y_1(t-t_0)=e^{x_1(t-t_0)}$。

判断：由于 $y_2(t)=y_1(t-t_0)$，则该系统为时不变系统。

例 1.11　设连续时间系统定义为 $y(t)=tx(t)$，试确定该系统是否为时不变系统。

解　① 设 $x_1(t)$ 为系统的任意输入信号，则对应的输出信号为：$y_1(t)=tx_1(t)$。② 将 $x_1(t)$ 时移，得到 $x_2(t)=x_1(t-t_0)$。③ 将 $x_2(t)=x_1(t-t_0)$ 送入系统，得到输出信号 $y_2(t)=tx_1(t-t_0)$。④ 将 $y_1(t)$ 做相同的时移，得到 $y_1(t-t_0)=(t-t_0)x_1(t-t_0)$。

判断：因 $y_2(t)\neq y_1(t-t_0)$，故该系统为时变系统。

系统的线性和时不变特性是系统最重要的特性。通常，将系统的线性性质与时不变性质联合起来考虑，即同时满足线性性质和时不变性质的系统，称为线性时不变系统（Linear Time-invariant System），简称为 LTI 系统。

3. 因果系统与非因果系统

若系统当前时刻的输出只与系统当前时刻和过去时刻的输入有关，则称系统为因果系统（Causal System）。反之，则系统是非因果系统（Non-causal System）。因果系统是实时（Real Time）物理可实现系统，在信号分析与处理技术中占有重要地位，而非因果系统则是实时物理不可实现系统。但是实际上，并非所有信号处理系统都是由因果系统构成的。例如，在数字图像处理中，由于图像信号是空间坐标的函数而非时间的函数，因此非因果系统是经常被使用的。再如，在实时性要求不是十分严格的数字信号处理问题中，非因果数字滤波器也是经常被使用的。

例 1.12　试确定下列系统的因果性：(a) $y(t)=3x(t)+4x(t-1)$；(b) $y(n)=3x(n)+4x(n+1)$。

解　(a) 因输出信号只与当前时刻和以前时刻的输入信号有关，故该系统为因果系统。

(b) 因输出信号与将来时刻的输入信号有关，故该系统为非因果系统。

4. 稳定系统与不稳定系统

若有界的输入信号导致系统的输出有界，则该系统为稳定系统（Stable System）。例如，

$$y(t)=2x(t)+3x(t-1)$$

所表示的系统为稳定系统。这是因为若输入信号 $x(t)$ 有界，则输出信号 $y(t)$ 必有界。反之，则系统为不稳定系统（Unstable System）。例如，

$$y(n)=(n+1)x(n)$$

这样的系统是典型的不稳定系统。这是因为即使 $x(n)$ 是有界的，但当 $n\to\infty$ 时，系统的输出 $y(n)$ 也会趋于无穷，不会是有界的。

系统的稳定性是保证系统有效工作的前提和必要条件，需要引起足够的重视。

5. 有记忆系统与无记忆系统

若系统某时刻的输出信号仅取决于系统同时刻的输入信号，则该系统为无记忆系统（Memoryless System）。反之，若系统某时刻的输出信号与系统其他时刻的输入信号有关，则称该系统为有记忆系统（Memory System）。例如，

$$y(t)=2x(t)$$

是典型的无记忆系统，而

$$y(t) = 2x(t+1) + 3x(t-1)$$

则显然是有记忆系统。

实际上，系统的记忆功能相当于系统具有能够保留或存储非当前时刻输入信息或能量的能力。常见的有记忆系统的例子包括电路中的储能元件、计算机中的寄存器和存储器等。正是由于系统具有记忆性，才使得系统能对输入信号进行更有效的加工与处理。而纯电阻电路则是典型的无记忆系统例子。

6. 可逆系统与不可逆系统

若系统在不同的输入激励下产生不同的输出响应，则该系统称为可逆系统(Invertible System)。反之，则称为不可逆系统。若一系统为可逆系统，则该系统一定存在一个逆系统(Inverse System)。

考虑系统 A 的输入-输出关系为 $y(t) = 2x(t)$，该系统满足可逆系统的条件，即无论输入信号 $x(t)$ 取任何不同值，输出信号 $y(t)$ 都是不同的。对于该可逆系统，可以确定其逆系统 B 为 $z(t) = \frac{1}{2}y(t)$。这样，若把系统 A 和系统 B 顺次级联起来，可以得到

$$z(t) = \frac{1}{2}y(t) = \frac{1}{2}[2x(t)] = x(t)$$

即级联后系统的最终输出与原始输入相等。这也是判定系统可逆性的一种方法。

1.5.3 系统的建模与求解

在实际应用中，系统往往呈现出各种各样的形态。要对不同的系统展开研究，就必须对其建立数学模型，得到系统的数学描述或图形描述。所谓系统模型，即系统物理特性的数学抽象，是以数学表达式或具有理想特性的符号组合图形来表征的系统。

一般来说，所建立的系统模型常为系统的近似模型，这是因为系统模型的建立是有条件的，对于同一个物理系统，在不同的条件下可以得到不同形式的数学模型。例如，在低频条件下由电阻、电容和电感组成的 RLC 串联电路，是用集总参数形式描述的系统。但是在高频乃至射频条件下，则需要考虑电路中的寄生参量，需要用分布参数模型来描述。

此外，不同性质的物理系统，经过抽象和近似，有可能得到形式上完全相同的数学模型。实际上，许多机械系统的数学模型常与电路系统的数学模型相同。这表明，同一数学模型可以用来描述物理形式完全不同的系统。

较为复杂的系统常用一个高阶微分方程来描述，通常把该微分方程的阶数定义为对应系统的阶数。另外，这种高阶微分方程也可以表示为联立的一阶微分方程组的形式，这是同一个系统的两种不同的模型形式。常称高阶微分方程的形式为系统的输入-输出方程，而称联立一阶微分方程组的形式为系统的状态方程。由此得到系统模型建立的输入-输出法和状态变量法。

建立系统的模型是系统分析的第一步。需要对系统模型进一步地进行求解，以确定在特定输入条件下系统的输出，并可对所得结果做出物理解释。因此，系统分析的过程，可简化为从实际物理问题抽象为数学模型，经过数学分析求解，再回到物理实际的过程。实际上，上述过程也是信号与系统课程所要关注的问题。

当然，系统的描述方式除了数学表达式之外，还常用方框图的形式。本书在后面章节陆

续介绍用系统的方框图描述问题。

1. 系统模型的建立

(1) 系统模型建立的输入-输出法

输入-输出法注重系统的激励与响应(即系统的输入与输出)之间的关系,而并不关心系统内部变量的情况,并且常用于单输入-单输出(Single-input Single-output,SISO) 系统。对于连续时间线性时不变系统,输入-输出法的系统模型通常用线性常系数微分方程来描述,对于离散时间线性时不变系统,输入-输出法的系统模型则通常用线性常系数差分方程来描述。上述两种系统也常用单位冲激响应(Unit Impulse Response) 来表示。

(2) 系统模型建立的状态变量法

状态变量(State Variable) 法通过系统的状态方程和输出方程来描述系统的状态与特性,不仅可以描述系统输入与输出之间的关系,还可以描述系统内部的状况,常用于描述多输入-多输出(Multiple-input Multiple-output,MIMO) 系统。

2. 系统模型的求解

(1) 系统的时域解法

系统的时域(Time Domain) 解法是系统分析的最基本的方法。这种方法直接在时域分析研究系统的响应特性,具有物理概念明确清晰的特点。对于由输入-输出模型描述的系统,常采用求解线性常系数微分方程或差分方程,或利用卷积(Convolution) 方法求解系统的输出。对于状态变量法描述的系统,则一般需要以线性代数方法求解状态方程与输出方程。

(2) 系统的变换域解法

系统分析的变换域(Transform Domain) 解法将信号与系统的时域模型变换到某个变换域再进行求解。变换的目的是为了简化计算。例如在时域表示为微分方程的线性时不变系统,经拉普拉斯变换变成了代数方程,可以显著简化计算。常用的变换方法包括:傅里叶变换(Fourier Transform,FT)、拉普拉斯变换(Laplace Transform,LT)、z 变换(z-transform,ZT) 等。其中,FT 适合于对信号与系统进行频域分析,而 LT 和 ZT 则适合于对系统进行零极点分析以及稳定性和因果性等分析。此外,另一些正交变换,例如离散傅里叶变换(Discrete Fourier Transform,DFT)、快速傅里叶变换(Fast Fourier Transform,FFT) 等也都广泛应用于信号与系统的分析和处理之中。相对于系统的时域解法,系统的变换域解法往往更为简便和快速,因而得到广泛的重视和应用。

本章小结

本章系统介绍了信号与系统的基本概念,主要包括信号的分类与特性以及信号的运算,重点介绍了连续时间和离散时间复指数信号的概念与特性,介绍了连续时间与离散时间单位阶跃信号和单位冲激信号的概念与应用,还介绍了诸如门信号、单边与双边实指数信号等常用信号。关于系统方面,介绍了连续时间系统和离散时间系统的概念与特点,重点介绍了系统的线性、时不变性、因果性、稳定性、记忆性和可逆性等特性与判定方法。对于本章内容的学习,将为读者后续进一步地深入学习打下必要的基础。

习　题

1.1　判断下列信号的周期性：

(a)$x(t)=2\sin(t+\pi/4)u(t)$；(b)$x(t)=e^{j2t}$；(c)$x(t)=e^{j2t}u(t)$；(d)$x(n)=2\sin(n+\pi/4)$；(e)$x(n)=2\cos(2\pi n)$；(f)$x(n)=e^{j3\pi n}$

1.2　求信号 $x(t)=2\sin(10t+1)+\sin(4t-1)$ 的基波周期。

1.3　求信号 $x(n)=1+e^{j4\pi n/7}-e^{j2\pi n/5}$ 的基波周期。

1.4　计算下列信号的 P_∞ 和 E_∞：

(a)$x(t)=e^{-2t}u(t)$；(b)$x(t)=e^{j(2t+\pi/4)}$；(c)$x(t)=\cos t$；(d)$x(n)=(1/2)^n u(n)$

1.5　求信号 $x(t)=2\cos(10t+1)-\sin(4t-1)$ 的基波周期。

1.6　设一连续时间信号 $x(t)$ 的波形如图 1.24 所示，试画出下列各信号的波形。

(a)$x(t-1)$；(b)$x(2-t)$；(c)$x(2t+1)$；(d)$x(\frac{2}{3}t-1)$

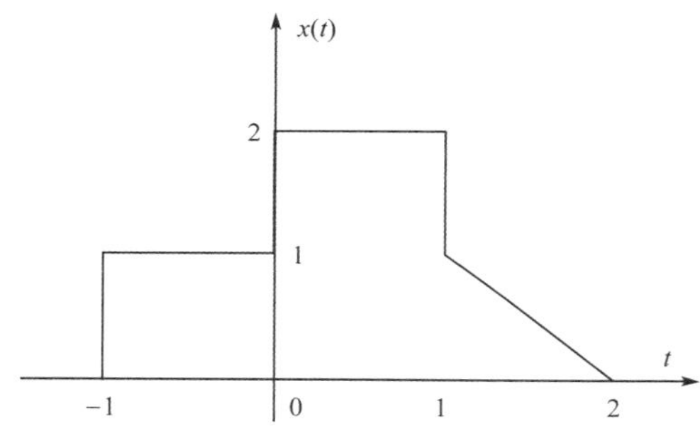

图 1.24　习题 1.6 图

1.7　试判断下列结论是否正确。(a) 两个周期信号之和必仍为周期信号；(b) 非周期信号一定是能量信号；(c) 能量信号一定是非周期信号；(d) 两个功率信号之和仍为功率信号；(e) 两个功率信号之积必仍为功率信号；(f) 能量信号与功率信号之积必为能量信号。

1.8　求下列各表达式的函数值：

(a) $\int_{-\infty}^{+\infty} x(t_0-t)\delta(t)dt$；(b) $\int_{-\infty}^{+\infty}\delta(t-t_0)u(t-2t_0)dt$；

(c) $\int_{-\infty}^{+\infty} e^{-j\Omega t}[\delta(t)-\delta(t-t_0)]dt$

1.9　试证明单位冲激信号的尺度变换性质 $\delta(at)=\frac{1}{|a|}\delta(t)$。

1.10　试确定下列系统的 (1) 记忆性；(2) 时不变性；(3) 线性；(4) 因果性；(5) 稳定性。

(a)$y(t)=x(t-2)+x(1-t)$；(b)$y(t)=x(t/2)$；(c)$y(t)=[\sin(2t)]x(t)$；(d)$y(n)=x(-n)$；(e)$y(n)=(n+1)x(n)$；(f)$y(n)=x(n-2)-2x(n-8)$

1.11 已知系统输入 $x(t)$ 和输出 $y(t)$ 间的关系为 $y(t)=\int_{-\infty}^{t}x(\tau)\mathrm{d}\tau+3$，试判断该系统是否为线性系统、因果系统、稳定系统。

1.12 设连续时间系统 A 的输入-输出关系为 $y(t)=\sin[x(t)]$，试确定该系统是否为时不变系统。

1.13 设离散时间系统为 $y(n)=nx(n)$，试判定该系统是否为时不变系统。

1.14 考虑一个连续时间系统，其输入-输出关系为 $y(t)=\sin[x(t)]$。(a) 试确定该系统是否为因果系统；(b) 试确定该系统是否为线性系统。

1.15 一个离散时间系统，其输入输出关系为 $y(n)=\sum_{k=n-n_0}^{n+n_0}x(k)$，其中 n_0 为一有限正整数。试确定：

(a) 该系统是否为线性系统；(b) 该系统是时不变的吗？(c) 该系统是因果系统吗？

1.16 一离散时间系统 $y(n)=x(n)x(n-1)$。试确定

(a) 该系统是否无记忆；(b) 该系统是否可逆；(c) 若系统的输入信号为 $A\delta(n)$，求系统的输出。

1.17 一因果 LTI 系统，其输入-输出关系由 $y(n)=\frac{1}{4}y(n-1)+x(n)$ 给出。若 $x(n)=\delta(n-1)$，试求 $y(n)$。

1.18 试求信号 $x(n)=2\cos\left(\frac{n\pi}{4}\right)+\sin\left(\frac{n\pi}{8}\right)-2\cos\left(\frac{n\pi}{2}+\frac{\pi}{6}\right)$ 的周期 N。

1.19 试判断下列信号是否为能量信号或功率信号：

(a)$x(t)=\mathrm{e}^{-at}u(t),a>0$；(b)$x(t)=A\cos(\Omega_0t+\theta)$；(c)$x(t)=tu(t)$。

1.20 设连续时间系统表示为 $y(t)=u(-t)$，试确定该系统的因果性。

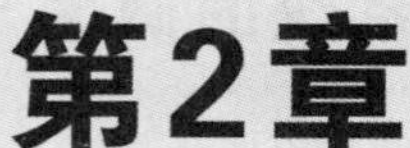

第2章 线性时不变系统

内容提要

本章主要介绍线性时不变(Linear Time-invariant, LTI)系统的概念、表示与时域分析计算方法，重点介绍连续时间和离散时间LTI系统单位冲激响应的概念、定义与特性，重点介绍连续时间LTI系统的卷积积分表示与计算，重点介绍离散时间LTI系统卷积和的表示与计算。此外，还要强调连续时间与离散时间LTI系统的主要特性，特别是LTI系统的因果性、稳定性、记忆性与可逆性的概念与判定方法。本章还介绍了系统的零输入响应、零状态响应和完全响应的概念与基本求解方法。

学习重点

- LTI系统的概念；
- LTI系统的微分方程与差分方程表示；
- 连续时间LTI系统的单位冲激响应与卷积积分的定义和计算；
- 离散时间LTI系统的单位冲激响应与卷积和的定义和计算；
- LTI系统的性质，包括：交换律、结合律、分配率、因果性、稳定性、记忆性与可逆性；
- LTI系统的单位阶跃响应；
- 系统的零输入响应、零状态响应和完全响应。

教学目标

深刻理解LTI系统的概念；

深刻理解LTI系统的微分方程与差分方程表示；

熟练掌握连续时间LTI系统单位冲激响应的概念，熟练掌握卷积积分的定义与计算方法；

熟练掌握离散时间LTI系统单位冲激响应的概念，熟练掌握卷积和的定义与计算方法；

熟练掌握LTI系统的主要性质和判定方法；

掌握LTI系统单位阶跃响应的概念、定义及与单位冲激响应的关系；

掌握系统的零输入响应、零状态响应和完全响应的概念。

2.1 线性时不变系统的概念与表示

2.1.1 线性时不变系统的概念

所谓线性时不变(LTI) 系统,就是既满足线性性质,又同时满足时不变性质的系统。本书 1.5.2 节分别给出了系统的线性性质和时不变性质,并说明若将系统线系统性和时不变这两个性质结合起来,就构成了线性时不变系统的概念。

LTI系统的微分方程与差分方程描述

知识点

连续时间 LTI 系统的特性描述如下:若 $x_1(t) \to y_1(t)$,且 $x_2(t) \to y_2(t)$,则

$$ax_1(t-t_1)+bx_2(t-t_2) \to ay_1(t-t_1)+by_2(t-t_2) \tag{2.1}$$

同理,对于离散时间 LTI 系统,若 $x_1(n) \to y_1(n)$,且 $x_2(n) \to y_2(n)$,则

$$ax_1(n-n_1)+bx_2(n-n_2) \to ay_1(n-n_1)+by_2(n-n_2) \tag{2.2}$$

式(2.1) 和式(2.2) 中,a 和 b 为任意常数,t_1,t_2 和 n_1,n_2 分别表示连续时间和离散时间的时移。显然,对于输入信号的叠加、乘系数和时移等变换,LTI 系统对其输出信号有相同的影响。上面两式中,$x_1(t)$,$x_2(t)$ 和 $x_1(n)$,$x_2(n)$ 分别表示连续时间 LTI 系统和离散时间 LTI 系统的任意输入信号,而 $y_1(t)$,$y_2(t)$ 和 $y_1(n)$,$y_2(n)$ 则表示在 $x_1(t)$,$x_2(t)$ 和 $x_1(n)$,$x_2(n)$ 输入情况下 LTI 系统对应的输出信号。

LTI 系统的特性和对于 LTI 系统的分析,是本书关注的主要研究内容之一。这是因为在真实世界中,很多物理过程都具有或近似具有线性和时不变的特性,都可以用 LTI 系统这种模型来表征。并且,对于 LTI 系统的分析可以比对其他系统的分析更为详尽。通过对 LTI 系统的分析,我们可以进一步深入理解系统的性质,并可以更为完整地形成对信号与系统进行分析处理的一整套方法。

2.1.2 线性时不变系统的微分方程与差分方程表示

1. 连续时间 LTI 系统的微分方程描述

连续时间 LTI 系统时域分析的基本方法归结为建立并求解线性常系数微分方程的问题,这种微分方程中包含有表示激励和响应(输入信号和输出信号) 的时间函数以及它们对于时间的各阶导数的线性组合。式(2.3) 给出了 N 阶 LTI 系统微分方程的一般形式

$$\sum_{k=0}^{N} a_k \frac{\mathrm{d}^k y(t)}{\mathrm{d}t^k} = \sum_{k=0}^{M} b_k \frac{\mathrm{d}^k x(t)}{\mathrm{d}t^k} \tag{2.3}$$

式中,$x(t)$ 和 $y(t)$ 分别表示 LTI 系统的输入信号和输出信号,b_k 和 a_k 分别表示输入和输出项第 k 阶的加权系数,M 和 N 分别表示输入项和输出项的阶数,通常满足 $N \geqslant M$。

式(2.3) 所示的线性常系数微分方程是系统输入与输出之间的一种约束关系。为了完全表征这个系统,还必须同时给出附加条件。若这些附加条件不同,则系统会有不同的输入与输出关系。由于本书主要考虑因果 LTI 系统,其附加条件相对简单,常称为松弛初始条件

(Initial Rest Condition)。对于一阶因果 LTI 系统，松弛初始条件可表示为：若 $x(t)=0, t<0$，则有 $y(t)=0, t<0$。

要分析一个系统，一般需要先建立该系统的数学模型，再用数学方法求解。下面举例介绍 LTI 系统的模型建立和求解方法。

例 2.1　已知 RLC 串联电路如图 2.1 所示，试用线性常系数微分方程描述该系统。

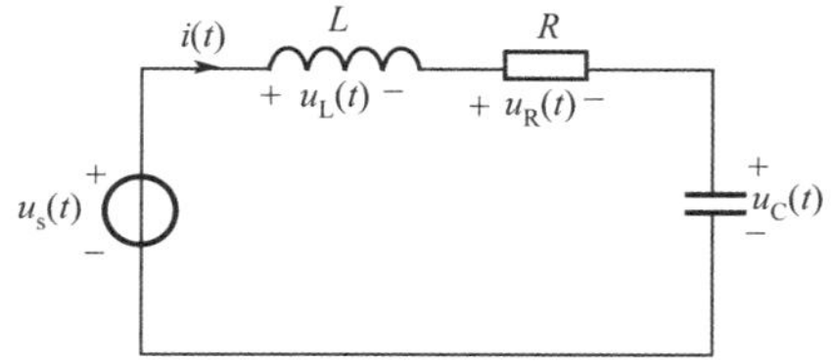

图 2.1　给定 RLC 串联电路

解　如图 2.1 所示，根据电路理论中的基尔霍夫定律和各元器件上电压与电流之间的关系，可得 $u_s(t)=u_L(t)+u_R(t)+u_C(t)$，且有 $i(t)=C\dfrac{du_C(t)}{dt}$，$u_R=Ri(t)=RC\dfrac{du_C(t)}{dt}$ 和 $u_L(t)=L\dfrac{di(t)}{dt}=LC\dfrac{d^2u_C(t)}{dt^2}$。经整理，可得

$$\frac{d^2u_C(t)}{dt^2}+\frac{R}{L}\frac{du_C(t)}{dt}+\frac{1}{LC}u_C(t)=\frac{1}{LC}u_s(t)$$

若用输入信号 $x(t)$ 表示图中电压源 $u_s(t)$，用输出信号 $y(t)$ 表示电容器 C 上的输出电压，并用通用的常数 a_0、a_1、a_2 和 b_0 表示上式各项的系数，则上式所示微分方程可以改写为更一般的形式为

$$a_2\frac{d^2y(t)}{dt^2}+a_1\frac{dy(t)}{dt}+a_0y(t)=b_0x(t)$$

显然，上式所示微分方程是式(2.3)所示一般性线性常系数微分方程的二阶特例。要求解该二阶常系数微分方程，还需要给定系统的初始条件，并采用特定的数学方法进行。

例 2.2　给定一阶线性常系数微分方程为

$$\frac{dy(t)}{dt}+2y(t)=x(t)$$

其中输入信号为 $x(t)=Ke^{3t}u(t)$，K 为实值常数。假定系统满足初始松弛条件，即满足 $x(t)=0, t<0$ 和 $y(t)=0, t<0$。试求解该微分方程的完全解。

解　给定微分方程的完全解 $y(t)$ 由一个特解 $y_p(t)$ 和一个齐次解 $y_h(t)$ 组成，即

$$y(t)=y_p(t)+y_h(t) \tag{2.4}$$

式中，齐次解是满足齐次微分方程式(2.5)的解

$$\frac{dy(t)}{dt}+2y(t)=0 \tag{2.5}$$

先求特解，即寻找一个与输入信号形式相同的信号。设该特解的形式为 $y_p(t)=Ae^{3t}$，$t>0$，其中 A 为待定系数。将这个设定的特解代入给定微分方程式，有

$$3Ae^{3t}+2Ae^{3t}=Ke^{3t}$$

将上式消去因子 e^{3t}，可得到 $3A+2A=K$，即 $A=K/5$。这样，得到特解为

$$y_p(t)=\frac{K}{5}e^{3t}, t>0$$

通常，称微分方程的特解为系统的受迫响应(Forced Response)。

再求齐次解。假定齐次解的形式为 $y_h(t)=Be^{st},t>0$，其中 B 为待定系数。将其代入齐次方程式(2.5)，有

$$Bse^{st}+2Be^{st}=Be^{st}(s+2)=0$$

由此可得 $s=-2$。这样，齐次解为

$$y_h(t)=Be^{-2t},t>0$$

通常，称微分方程的齐次解为系统的自然响应(Natural Response)。

再求取方程的完全解。把特解和齐次解代入式(2.4)，有 $y(t)=Be^{-2t}+\frac{K}{5}e^{3t},t>0$。根据给定的初始条件 $x(t)=0,t<0$ 和 $y(t)=0,t<0$，可以确定待定系数 $B=-K/5$。这样，有 $y(t)=\frac{K}{5}[e^{3t}-e^{-2t}],t>0$。而对于 $t<0$，有 $y(t)=0$，这样，给定微分方程的完全解为

$$y(t)=\frac{K}{5}[e^{3t}-e^{-2t}]u(t)$$

由例 2.2 可见，在时域求解一阶线性微分方程需要根据给定的输入信号形式求一个特解，再求对应齐次方程的齐次解，最后将特解和齐次解组成完全解，并根据给定的初始条件确定待定系数。总的来说是比较麻烦的。

对于如式(2.3) 所示的 N 阶线性微分方程，要在时域对其进行求解，并不是一件轻松的事情。实际上，本书并不重点关注和介绍微分方程的时域求解问题，而对于由微分方程描述的 LTI 系统，将在后续章节介绍变换域求解方法，即采用不同的正交变换，把微分方程转换为代数方程再进行求解，从而可以显著降低求解线性微分方程的难度。

此外，本章还要引入系统的单位冲激响应的概念，依据单位冲激响应的概念与理论方法，可以更方便地在时域对 LTI 系统进行分析和计算。

2. 离散时间 LTI 系统的差分方程描述

(1) 离散时间 LTI 系统的差分方程

与连续时间 LTI 系统的时域分析相对应，离散时间 LTI 系统的时域分析方法归结为建立并求解线性常系数差分方程的问题，差分方程中包含了表示激励和响应的离散时间信号以及它们各阶差分的线性组合。式(2.6) 给出了 N 阶离散时间 LTI 系统差分方程的一般形式

$$\sum_{k=0}^{N}a_k y(n-k)=\sum_{k=0}^{M}b_k x(n-k) \tag{2.6}$$

式中，$x(n)$ 和 $y(n)$ 分别表示离散时间 LTI 系统的输入信号和输出信号，b_k 和 a_k 分别为输入项和输出项第 k 阶差分的加权系数，M 和 N 分别表示输入项和输出项的阶数，通常满足 $N\geqslant M$。

与连续时间系统一样，式(2.6) 所示的 N 阶线性常系数差分方程并未完全表征对应的 LTI 系统，还需给定一些附加条件。不同的附加条件会导致系统不同的输入-输出关系，不过在大多数情况下均采用初始松弛条件，即若 $n<n_0$，有 $x(n)=0,y(n)=0$。在初始松弛条件下，式(2.6) 所描述的系统是因果 LTI 系统。

(2) 递归方程与非递归方程的概念

式(2.6)所示 N 阶常系数差分方程可以改写为

$$y(n)=\frac{1}{a_0}\left[-\sum_{k=1}^{N}a_k y(n-k)+\sum_{k=0}^{M}b_k x(n-k)\right] \tag{2.7}$$

上式是系统输出信号 $y(n)$ 的显式表达式。可以看出，系统在当前时刻 n 的输出是系统在当前和以前时刻输入信号与以前时刻输出信号的线性组合。把以前时刻的输出信号反馈回来与输入信号相加的过程称为递归(Recursive)过程，称式(2.7)所示的差分方程为递归方程(Recursive Equation)。递归方程需满足 $a_0\neq 0$，且至少有一个 $a_k\neq 0, k=1,2,\cdots,N$。

在式(2.6)或式(2.7)中，若 $a_0\neq 0$(不失一般性，设 $a_0=1$)，且所有的 $a_k=0, k=1,2,\cdots,N$，则式(2.7)变为

$$y(n)=\sum_{k=0}^{M}b_k x(n-k) \tag{2.8}$$

式(2.8)所示差分方程称为非递归方程(Non-recursive Equation)。实际上，常称式(2.8)所示系统为有限冲激响应(Finite Impulse Response, FIR)系统，而称式(2.7)所示系统为无限冲激响应(Infinite Impulse Response, IIR)系统。

(3) 离散时间系统差分方程的建立与时域求解

例 2.3　试设计一个滑动平均系统，对输入离散时间信号进行滑动平均。当前时刻 n 的输出信号由当前时刻 n 以及前一时刻 $n-1$ 和后一时刻 $n+1$ 的输入信号的平均值确定。

解　设输入信号表示为 $x(n)$，输出信号表示为 $y(n)$。根据题意要求，可得描述上述过程的差分方程为

$$y(n)=\frac{1}{3}[x(n+1)+x(n)+x(n-1)]=\frac{1}{3}\sum_{k=-1}^{1}x(n-k)$$

这个滑动平均系统可用于对带噪信号 $x(n)$ 进行噪声抑制，通过滑动窗在时间轴上的滑动，可实现对整个信号的处理。

例 2.4　讨论银行存款余额问题。设银行某账户存款月余额用 $y(n)$ 表示，月净存款额用 $x(n)$ 表示，存款月利率为 $K=0.01$。(a) 试建立该账户存款余额与存款之间关系的差分方程；(b) 若设 $x(n)=a\delta(n)$，试求解该差分方程(假定初始松弛条件)。

解　(a) 经分析，可知该账户第 n 月的存款余额为三项之和，即第 $n-1$ 月的账户余额 $y(n-1)$；第 $n-1$ 月账户余额的利息 $Ky(n-1)$；第 n 月的净存款额 $x(n)$。这样，有 $y(n)=y(n-1)+Ky(n-1)+x(n)$。经整理，可得该账户月存款余额的差分方程表达式为

$$y(n)=(1+K)y(n-1)+x(n)$$

(b) 采用递推法求解。由于假定初始松弛条件，则当 $n\leqslant -1$ 时，有 $y(n)=0$。对于 $n\geqslant 0$，可递推得到对应的 $y(n)$ 值为

$$\begin{aligned}
y(0)&=(1+K)y(-1)+x(0)=a\\
y(1)&=(1+K)y(0)+x(1)=a(1+K)\\
y(2)&=(1+K)y(1)+x(2)=a(1+K)^2\\
&\vdots\\
y(n)&=(1+K)y(n-1)+x(n)=a(1+K)^n
\end{aligned}$$

若 $K=0.01$，$a=100$ 元，则经过 100 个月之后，该账户的余额为 270.48 元。

因给定系统满足初始松弛条件，故系统的输出完全由其输入引起。若令 $a=1$，则 $x(n)=\delta(n)$，这样可得系统的单位冲激响应为

$$h(n)=(1+K)^n u(n)$$

一般来说，式(2.6)所示的差分方程可以仿照求解微分方程相类似的方法进行求解，也可以用例 2.4 所示的递推方式求解，即用输入信号和以前时刻的输出信号来推出当前时刻的输出信号值。不过，上述两种求解差分方程的方法并不常用。本章后面部分引入的单位冲激响应的概念与方法，是时域分析求解 LTI 系统的主要工具。另外，与连续时间 LTI 系统的求解问题类似，离散时间 LTI 系统也通常是在某个变换域(Transform Domain)进行求解的。当然，也可以再变换到时间域通过单位冲激响应来对系统进行分析与计算。

2.2 连续时间LTI系统与卷积积分

连续时间LTI系统与卷积知识点

本章 2.2 节介绍了连续时间和离散时间 LTI 系统的概念、基于微分方程和差分方程的系统描述以及经典的基于时域微分方程或差分方程求解方法。可以看到，这类经典的时域求解方法具有以下局限性：第一，若描述系统的激励项比较复杂，则难以设定相应的特解形式；第二，若激励信号发生变化，则系统的响应需要全部重新求解；第三，若系统的初始条件发生变化，则系统的响应也要重新求解。第四，这种经典方法不易突出系统响应的物理特性。

本节详细介绍连续时间 LTI 系统的另一类时域分析求解方法，即 LTI 系统的卷积积分(Convolution integral)法。我们可以看到，依据卷积积分法分析和求解 LTI 系统，会比 2.2 节中的经典方法更为简洁、方便，且其物理意义更加明确。

2.2.1 单位冲激信号用于表示任意连续时间信号

设任意连续时间信号 $x(t)$，其波形如图 2.2 中的光滑曲线所示。

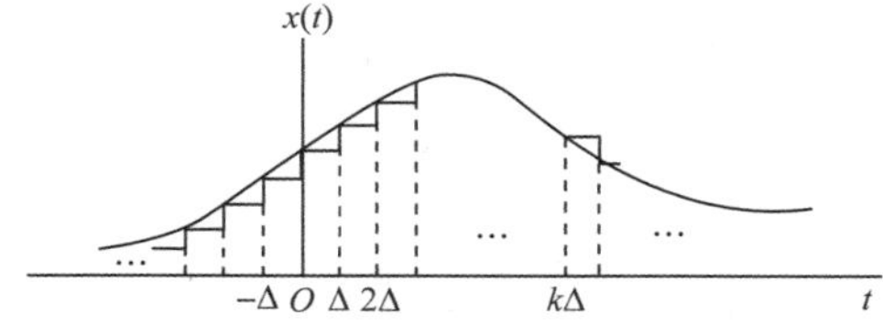

图 2.2 任意连续时间信号 $x(t)$ 的波形图

图中，阶梯状折线表示用一系列间隔为 Δ 的阶梯信号 $\hat{x}(t)$ 来近似 $x(t)$。若定义 $\delta_\Delta(t)$ 为

$$\delta_\Delta(t)=\begin{cases}\dfrac{1}{\Delta}, & 0\leqslant t\leqslant \Delta \\ 0, & 其余\ t\end{cases} \tag{2.9}$$

则有 $\Delta \cdot \delta_\Delta(t) = 1$。这样，折线信号 $\hat{x}(t)$ 可表示为 $\hat{x}(t) = \sum_{k=-\infty}^{+\infty} x(k\Delta) \cdot \delta_\Delta(t-k\Delta) \cdot \Delta$。当 $\Delta \to 0$ 时，有 $\delta_\Delta(t) \to \delta(t)$，且阶梯状折线信号 $\hat{x}(t)$ 趋于连续光滑的曲线 $x(t)$，可表示为 $\lim_{\Delta \to 0} \hat{x}(t) = x(t)$。这样，有

$$x(t) = \int_{-\infty}^{+\infty} x(\tau)\delta(t-\tau)\mathrm{d}\tau \tag{2.10}$$

由式(2.10)可见，任意连续时间信号 $x(t)$ 可以表示为单位冲激信号 $\delta(t)$ 及其时移的线性组合的形式。也就是说，单位冲激信号 $\delta(t)$ 可用于表示任意连续时间信号 $x(t)$。实际上，式(2.10)表示了单位冲激信号 $\delta(t)$ 的筛选性质。特别地，若 $x(t) = u(t)$，则有 $u(t) = \int_{-\infty}^{+\infty} u(\tau)\delta(t-\tau)\mathrm{d}\tau = \int_{0}^{+\infty} \delta(t-\tau)\mathrm{d}\tau$。

2.2.2　连续时间 LTI 系统的单位冲激响应

对于连续时间LTI系统，若输入信号为 $\delta_\Delta(t)$，输出信号定义为 $h_\Delta(t)$，即 $\delta_\Delta(t) \to h_\Delta(t)$，其中"→"表示把信号送入系统进行运算，则由 LTI 系统的线性和时不变性质，有

$$\begin{cases} \vdots \\ x(-\Delta)\delta_\Delta(t+\Delta) \to x(-\Delta)h_\Delta(t+\Delta) \\ x(0)\delta_\Delta(t) \to x(0)h_\Delta(t) \\ x(\Delta)\delta_\Delta(t-\Delta) \to x(\Delta)h_\Delta(t-\Delta) \\ \vdots \end{cases} \tag{2.11}$$

上式可以解释为 LTI 系统对 $\delta_\Delta(t)$ 信号线性组合的响应。对上式左边求和并求 $\Delta \to 0$ 的极限，可得式(2.10)，即用单位冲激信号的线性组合可表示任意连续时间信号 $x(t)$。对上式右边在 $(-\infty, +\infty)$ 区间求和，有 $\hat{y}(t) = \sum_{k=-\infty}^{+\infty} x(k\Delta)h_\Delta(t)\Delta$。再对 $\hat{y}(t)$ 求取 $\Delta \to 0$ 的极限，则可得到

$$y(t) = \int_{-\infty}^{+\infty} x(\tau)h(t-\tau)\mathrm{d}\tau \tag{2.12}$$

上式表示LTI系统对任意连续时间信号 $x(t)$ 的响应。在这个过程中，由于求取了 $\Delta \to 0$ 的极限，相应地有 $\delta_\Delta(t) \to \delta(t)$ 和 $h_\Delta(t) \to h(t)$。

在式(2.12)中，$x(t)$ 表示任意连续时间信号作为 LTI 系统的输入，$y(t)$ 表示系统的输出，$h(t)$ 则定义为系统的单位冲激响应(Unit Impulse Response)，即LTI系统对单位冲激信号 $\delta(t)$ 的响应。单位冲激响应完全是由系统本身的特性决定的，它完全刻画了 LTI 系统的特性，而与系统的激励源无关，是用时间函数表示系统特性的一种常用方式。在实际应用中，若用一个持续时间很短但幅度很大的电压脉冲通过一个电阻给电容器充电，则电容器两端的电压变化就近似于这个系统的单位冲激响应。有了单位冲激响应的概念，使得在时域对信号与系统进行分析和处理变得更加简便，且物理意义更加明确。

2.2.3 连续时间 LTI 系统的卷积积分

1. 卷积积分的概念

实际上，式(2.12)所表示的连续时间 LTI 系统对任意连续时间信号的响应，称为连续时间 LTI 系统的卷积积分(Convolution Integral)，简称为连续卷积或卷积，记为

$$y(t)=x(t)*h(t)=\int_{-\infty}^{+\infty}x(\tau)h(t-\tau)\mathrm{d}\tau \tag{2.13}$$

式中，"$*$"为卷积运算符，$x(t)$ 表示 LTI 系统的输入信号，$h(t)$ 表示系统的单位冲激响应，$y(t)$ 则表示系统的输出信号。

由式(2.13)可以看出，LTI系统卷积运算的物理意义，是在给定系统输入信号和单位冲激响应的条件下，通过卷积运算求得系统的输出信号。当然，卷积运算也可以表示两个系统的级联运算，即

$$h(t)=h_1(t)*h_2(t) \tag{2.14}$$

式中，$h_1(t)$ 和 $h_2(t)$ 分别表示参与级联运算的两个系统(常称为子系统)，而 $h(t)$ 则表示两系统级联运算的结果。

容易证明，LTI 系统的卷积运算服从交换律(Commutative Property)、结合律(Associative Property)和分配律(Distributive Property)，即

$$\begin{aligned}&x(t)*h(t)=h(t)*x(t)\\&x(t)*[h_1(t)*h_2(t)]=[x(t)*h_1(t)]*h_2(t)\\&[x_1(t)+x_2(t)]*h(t)=x_1(t)*h(t)+x_2(t)*h(t)\end{aligned} \tag{2.15}$$

卷积运算是时域求解 LTI 系统输出响应最常用的基本方法。如果已知系统的单位冲激响应 $h(t)$，并给定系统的输入信号 $x(t)$，则根据式(2.14)就可以计算得到系统的输出信号 $y(t)$，常把系统的输出信号称为系统的响应。

2. 卷积积分的计算

设连续时间 LTI 系统的输入信号为 $x(t)$，系统的单位冲激响应为 $h(t)$，则依据式(2.13)计算该系统输出信号 $y(t)$ 的卷积积分可按照以下步骤进行：

(a) 自变量变换。将给定输入信号 $x(t)$ 和系统单位冲激响应 $h(t)$ 的自变量由 t 改变为 τ。例如：$x(t)\to x(\tau)$ 和 $h(t)\to h(\tau)$。

(b) 反褶。把两个参与卷积运算的信号或系统中的任意一个反褶，即把该信号绕纵轴反转。例如，将 $h(\tau)$ 反褶得到 $h(-\tau)$。

(c) 时移。把反褶后的信号在时间轴上位移 t，即由 $h(-\tau)$ 得到 $h(t-\tau)$。此时 t 为参变量。在 τ 为横坐标、$h(-\tau)$ 为纵坐标的坐标系中，$t>0$ 表示波形右移，$t<0$ 表示波形左移。

(d) 重叠相乘。把 $x(\tau)$ 与 $h(t-\tau)$ 的重叠部分相乘，可得 $x(\tau)h(t-\tau)$。

(e) 积分。计算在各个时间段相乘波形的积分，即计算 $\int_{-\infty}^{+\infty}x(\tau)h(t-\tau)\mathrm{d}\tau$，并把各时间段积分的结果相加求和，可得系统的输出信号 $y(t)$。

例 2.5　设 LTI 系统的单位冲激响应为 $h(t)=u(t)$，系统的输入信号为 $x(t)=\mathrm{e}^{-2t}u(t)$。试求该系统的输出信号 $y(t)$。

解　根据前文给定的计算卷积积分的步骤，有

(a) 自变量变换。将 $x(t)=\mathrm{e}^{-2t}u(t)$ 写为 $x(\tau)=\mathrm{e}^{-2\tau}u(\tau)$，将 $h(t)=u(t)$ 写为 $h(\tau)=u(\tau)$。

(b) 反褶。选择 $h(\tau)$ 反褶为 $h(-\tau)=u(-\tau)$。

(c) 时移。即由 $h(-\tau)$ 得到 $h(t-\tau)=u(t-\tau)$。控制时移是卷积运算的一个重要环节，一般需要根据参加卷积运算两信号的具体情况进行分段计算。在本例题中，可以分为 2 段。一段取 $t<0$ 的区间，即反褶后的 $u(-\tau)$ 向左时移；另一段取 $t>0$ 的区间，即 $u(-\tau)$ 向右时移。

(d) 重叠相乘。要根据步骤(c) 的分段分别进行重叠相乘计算。在本例题的两个分段中，由于 $t<0$ 这一段两信号无重叠部分，因此乘积为 0；在 $t>0$ 的这一段中，两信号重叠，即有 $\mathrm{e}^{-2\tau}u(\tau)u(t-\tau)$。根据 $u(\tau)$ 和 $u(t-\tau)$ 这两个单位阶跃信号可以确定两信号的重叠区间为 $(0,t)$，其中 $t\in(0,+\infty)$。

(e) 积分。在区间 $(0,t)$ 对 $\mathrm{e}^{-2\tau}$ 进行积分，得到 $y(t)=\int_0^t \mathrm{e}^{-2\tau}\mathrm{d}\tau=\frac{1}{2}[1-\mathrm{e}^{-2t}]u(t)$。

图 2.3 给出了本例题中输入信号 $x(t)$、系统单位冲激响应 $h(t)$ 和系统输出信号 $y(t)$ 的波形图。

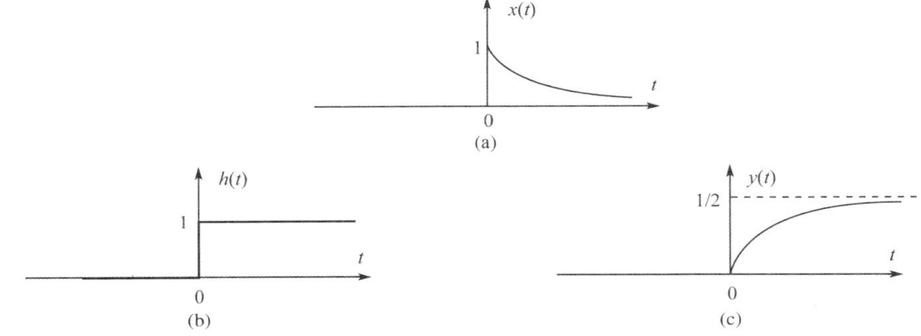

图 2.3　例 2.5 中输入信号、系统单位冲激响应和系统输出信号的波形图

例 2.6　给定 LTI 系统的单位冲激响应为 $h(t)=t[u(t)-u(t-2T)]$，系统的输入信号为 $x(t)=u(t)-u(t-T)$。试求系统的输出信号 $y(t)$。

解　图 2.4(a) ～ 图 2.4(f) 给出了卷积积分运算过程中变量代换后 $x(\tau)$ 和不同时移 t 条件下 $h(t-\tau)$ 的波形图。显然，在不同时移条件下，$x(\tau)$ 与 $h(t-\tau)$ 的重叠部分乘积的积分，会具有不同的表达式或具有不同的积分区间，需要分段表示并求解。

(a) 设 $t<0$，即 $h(t-\tau)$ 左移，其右端 t 位于 $(-\infty,0)$ 区间，对应图 2.4(b)。因 $x(\tau)$ 与 $h(t-\tau)$ 没有重叠部分，故 $x(\tau)h(t-\tau)=0$，有 $y(t)=0,t<0$。

(b) 设 $0<t<T$，即 $h(t-\tau)$ 右移，其右端 t 位于 $(0,T)$ 区间，对应图 2.4(c)。$x(\tau)$ 与 $h(t-\tau)$ 有重叠部分。计算卷积可得 $y(t)=\frac{1}{2}t^2,0<t<T$。

(c) 设 $T<t<2T$，即 $h(t-\tau)$ 继续右移，其右端 t 位于 $(T,2T)$ 区间，对应图 2.4(d)。$x(\tau)$ 与 $h(t-\tau)$ 有重叠部分。计算卷积可得 $y(t)=Tt-\frac{1}{2}T^2,T<t<2T$。

(d) 设 $2T<t<3T$，即 $h(t-\tau)$ 继续右移，其右端 t 位于 $(2T,3T)$ 区间，对应图 2.4(e)。$x(\tau)$ 与 $h(t-\tau)$ 有重叠部分。计算卷积可得 $y(t)=-\frac{1}{2}t^2+Tt+\frac{3}{2}T^2,2T<t<3T$。

(e) 设 $t>3T$，即 $h(t-\tau)$ 继续右移，其右端 t 位于 $(3T,+\infty)$ 区间，对应于图 2.4(f)。

因 $x(\tau)$ 与 $h(t-\tau)$ 没有重叠部分，故 $x(\tau)h(t-\tau)=0$，有 $y(t)=0, t>3T$。

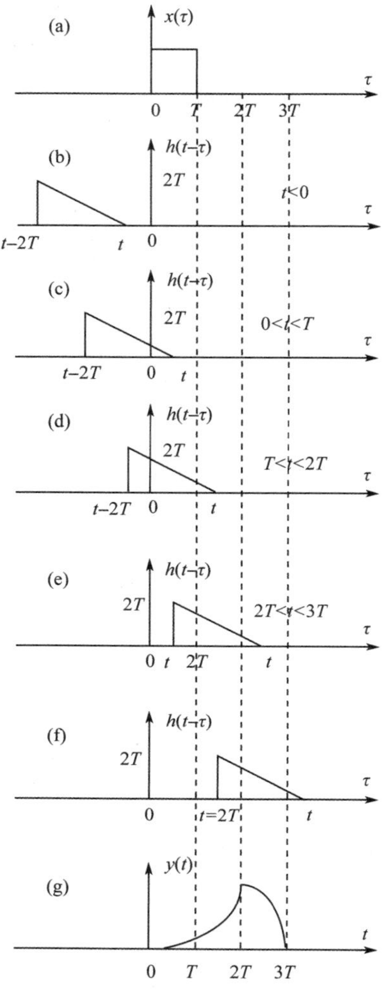

图 2.4 例 2.6 的卷积计算过程与结果

最后把上面各段卷积结果整理或分段相加，可得

$$y(t)=\begin{cases}0, & t<0\\ t^2/2, & 0<t<T\\ Tt-T^2/2, & T<t<2T\\ -t^2/2+Tt+3T^2/2, & 2T<t<3T\\ 0, & t>3T\end{cases}$$

绘出输出信号 $y(t)$ 的波形，如图 2.4(g) 所示。

例 2.7 设 LTI 系统的单位冲激响应和输入信号均为锯齿脉冲，即 $h(t)=t[u(t)-u(t-1)]$，$x(t)=t[u(t)-u(t-1)]$。试用 MATLAB 编程计算系统的输出信号 $y(t)$，并绘出 $y(t)$ 的波形。

解 利用 MATLAB 的数值积分函数计算两锯齿脉冲信号卷积的程序如下：

```
clear all;
for i = 1:100
    t(i) = (i-1)/40;    F = @(x)sawtooth(x).*sawtooth(t(i)-x);    y(i) = quad(F,0,t(i));
end
plot(t,y); xlabel('t /s'); ylabel('幅度'); title('卷积结果');
% 按照 MATLAB 数值积分函数的要求定义锯齿脉冲信号如下:
function R = sawtooth(t);   [M,N] = size(t);
for i = 1:N
    if t(i) < 0
        R(i) = 0;
elseif t(i) > 1
        R(i) = 0;
    else
        R(i) = t(i);
    end
end
```

图 2.5 给出了卷积积分的计算结果。

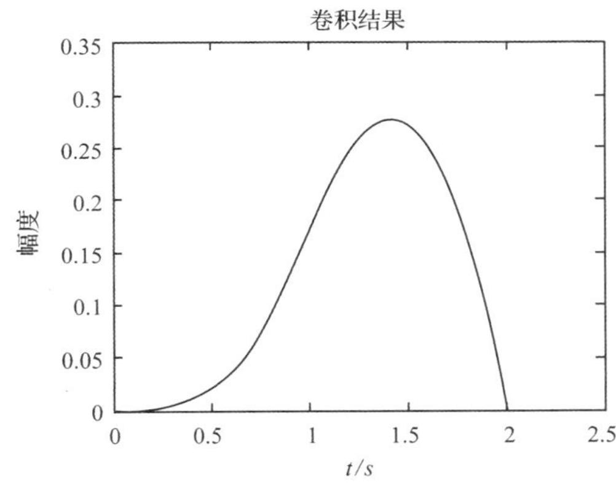

图 2.5　例 2.7 两锯齿脉冲信号卷积积分的结果

2.3　离散时间LTI系统与卷积和

2.3.1　单位冲激信号用于表示任意离散时间信号

与 2.2.1 节介绍的任意连续时间信号 $x(t)$ 用连续时间单位冲激信号 $\delta(t)$ 的线性组合表示的情形一样，任意离散时间信号 $x(n)$ 也可以用离散时间单位冲激信号 $\delta(n)$ 的线性组合表示。

离散时间LTI系统与卷积知识点

设任意离散时间信号 $x(n)$ 的示意图如图 2.6 所示。

由图可见，任意离散时间信号 $x(n)$ 可以表示为组成它的单位冲激信号 $\delta(n)$ 及其时移的加权线性组合的形式，即

$$x(n) = \cdots + x(-1)\delta(n+1) + x(0)\delta(n) + x(1)\delta(n-1) + \cdots$$

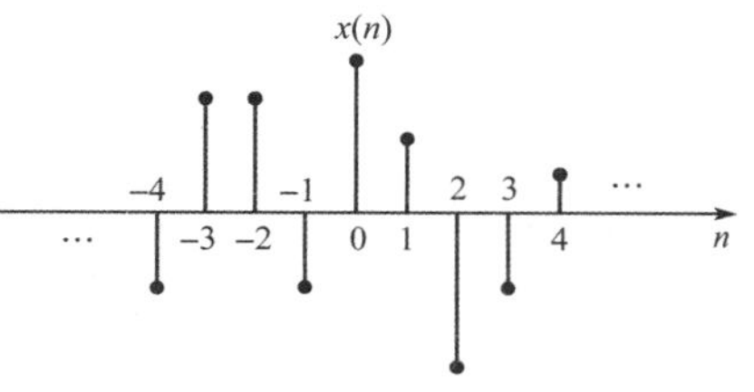

图 2.6　任意离散时间信号

经过整理，有

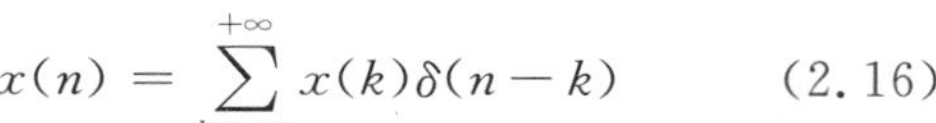

$$x(n) = \sum_{k=-\infty}^{+\infty} x(k)\delta(n-k) \qquad (2.16)$$

实际上，式(2.16)表示了离散时间单位冲激信号 $\delta(n)$ 的筛选性质。特别地，若设 $x(n) = u(n)$，则有 $u(n) = \sum_{k=-\infty}^{+\infty} u(k)\delta(n-k) = \sum_{k=0}^{+\infty}\delta(n-k)$。

2.3.2　离散时间 LTI 系统的单位冲激响应

对于任意离散时间 LTI 系统来说，若定义输入信号为 $\delta(n)$ 时的输出信号为 $h(n)$，即 $\delta(n) \to h(n)$，则根据系统的线性性质和时不变性质，有

$$\begin{cases} \vdots \\ x(-1)\delta(n+1) \to x(-1)h(n+1) \\ x(0)\delta(n) \to x(0)h(n) \\ x(1)\delta(n-1) \to x(1)h(n-1) \\ \vdots \end{cases} \qquad (2.17)$$

式(2.17)左边所表示的是输入信号 $\delta(n)$ 在不同延迟条件下的加权关系，对其求和，可以得到系统的输入信号 $x(n)$，如式(2.16)所示。式(2.17)右边所表示的是 LTI 系统在单位冲激信号 $\delta(n)$ 不同延迟和加权条件下的输出信号，对其求和，可以得到系统完整的输出信号 $y(n)$，表示为

$$y(n) = \cdots + x(-1)h(n+1) + x(0)h(n) + x(1)h(n-1) + \cdots$$

经整理，有

$$y(n) = \sum_{k=-\infty}^{+\infty} x(k)h(n-k) \qquad (2.18)$$

式中，$x(n)$ 表示作为LTI系统输入的任意离散时间信号，$y(n)$ 表示该系统的输出信号，$h(n)$ 则定义为离散时间 LTI 系统的单位冲激响应，即系统对单位冲激信号 $\delta(n)$ 的响应。

与连续时间 LTI 系统的单位冲激响应 $h(t)$ 的特性相同，离散时间系统的单位冲激响应 $h(n)$ 完全是由系统本身的特性决定的，它完全刻画了 LTI 系统的特性，而与系统的激励源无关，是用时间函数表示系统特性的一种常用方式。

2.3.3　离散时间 LTI 系统的卷积和

与连续时间 LTI 系统的情况相同，式(2.18)称为离散时间 LTI 系统的卷积和(Convolution sum)，简称为离散卷积或卷积，记为

$$y(n) = x(n) * h(n) = \sum_{k=-\infty}^{+\infty} x(k)h(n-k) \qquad (2.19)$$

式中,“$*$”为卷积运算符,$x(n)$、$y(n)$ 和 $h(n)$ 分别为LTI系统的输入信号、输出信号和单位冲激响应。

同样,离散时间LTI系统的卷积运算也服从交换律、结合律和分配律,即

$$
\begin{aligned}
&x(n) * h(n) = h(n) * x(n) \\
&x(n) * [h_1(n) * h_2(n)] = [x(n) * h_1(n)] * h_2(n) \\
&[x_1(n) + x_2(n)] * h(n) = x_1(n) * h(n) + x_2(n) * h(n)
\end{aligned}
\tag{2.20}
$$

离散卷积是离散时间LTI系统分析的最常用的基本方法。若已知系统的单位冲激响应 $h(n)$,给定系统的输入信号 $x(n)$,则根据式(2.19)就可以求解得出系统的输出信号 $y(n)$。

离散卷积的计算方法与连续卷积相似,包括自变量变换、反褶、时移、重叠相乘和求和五个步骤,不再赘述。

例2.8　给定一离散时间LTI系统,其单位冲激响应 $h(n)$ 和输入信号 $x(n)$ 如图2.7(a)和(b)所示。试计算系统输出 $y(n)$,并绘出 $y(n)$ 的波形图。

解　根据卷积和的定义式(2.18),有

$$
\begin{aligned}
y(n) &= x(n) * h(n) = x(0)h(n-0) + x(1)h(n-1) \\
&= 0.5h(n) + 2h(n-1)
\end{aligned}
$$

由上式,并考虑图2.7给出的 $h(n)$ 的样本值,可知在 $0 \leqslant n \leqslant 3$ 区间,有

$$
\begin{cases}
y(0) = 0.5 \times 1 + 2 \times 0 = 0.5, & n = 0 \\
y(1) = 0.5 \times 1 + 2 \times 1 = 2.5, & n = 1 \\
y(2) = 0.5 \times 1 + 2 \times 1 = 2.5, & n = 2 \\
y(3) = 0.5 \times 0 + 2 \times 1 = 2.0, & n = 3
\end{cases}
$$

而当 $n \leqslant -1$ 或 $n \geqslant 4$ 时,由于 $h(n) = 0$,有 $y(n) = 0$。这样 $y(n)$ 可以写为

$$
y(n) = [0.5 \quad 2.5 \quad 2.5 \quad 2]
$$

或写为

$$
y(n) = 0.5\delta(n) + 2.5\delta(n-1) + 2.5\delta(n-2) + 2\delta(n-3)
$$

由此可绘出 $y(n)$ 的波形图,如图2.7(c)所示。

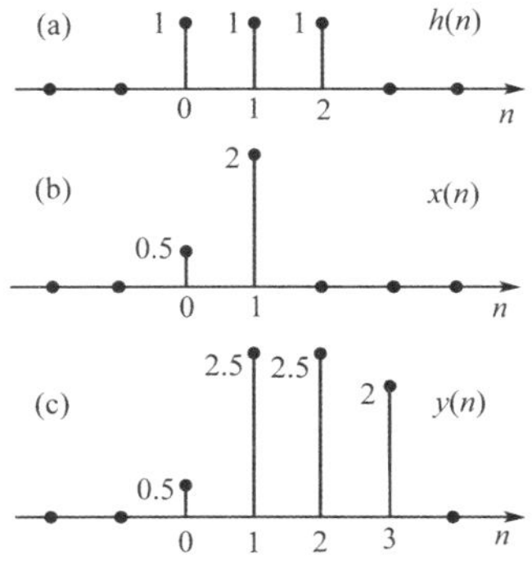

图2.7　例2.8给定系统的单位冲激响应、输入信号和输出信号

离散时间信号与系统的卷积可以采用图解法或表格法进行求解。这两种方法的计算过程与连续时间信号与系统的卷积类似,也要经过自变量变换、反褶、时移、重叠相乘和求和五个步骤,分别举例介绍如下。

例 2.9 给定系统的单位冲激响应与输入信号与例 2.8 相同。试用图解法求输出信号 $y(n)$。

解 图 2.8 给出了图解法求取系统输出信号的图示。

图 2.8(a) 为给定输入信号 $x(n)$ 经变量代换后的 $x(k)$ 的波形图。

图 2.8(b) 所示为系统单位冲激响应 $h(n)$ 经变量代换和反褶并左移的曲线 $h(n-k)$，$n<0$，显然，$x(k)$ 与 $h(n-k)$ 没有重合，故输出 $y(n)=0, n<0$。

图 2.8(c) 表示 $h(0-k)$ 的波形，$x(k)$ 与 $h(0-k)$ 在 $k=0$ 点重合，输出为 $y(0)=x(0)\times h(0)=0.5$。

图 2.8(d) 表示 $h(1-k)$ 的波形，$x(k)$ 与 $h(1-k)$ 在 $k=0,1$ 有两点重合，输出 $y(1)=x(0)\times h(0)+x(1)\times h(1)=2.5$。

图 2.8(e) 表示 $h(2-k)$ 的波形，$x(k)$ 与 $h(2-k)$ 在 $k=1,2$ 有两点重合，输出 $y(2)=2.5$。

图 2.8(f) 表示 $h(3-k)$ 的波形，$x(k)$ 与 $h(3-k)$ 在 $k=1$ 有一点重合，输出 $y(3)=2.0$。

若 $n>3$，则 $x(k)$ 与 $h(n-k)$ 没有重合，如图 2.8(g) 所示，故输出 $y(n)=0, n>3$。

合并上面每次运算的结果，可以得到完整的输出信号 $y(n)$ 的曲线如图 2.8(h) 所示。

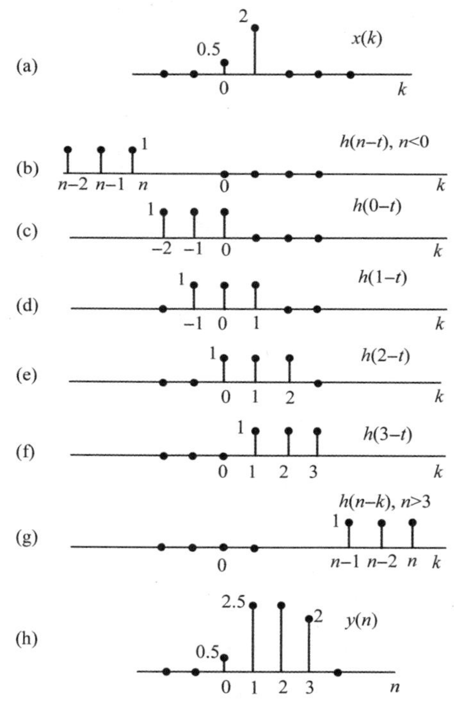

图 2.8 例 2.9 图解法求取离散时间卷积

例 2.10 设给定系统单位冲激响应与输入信号与例 2.8 相同。试采用表格法求输出信号 $y(n)$。

解 列出计算离散卷积的表格见表 2.1。

表 2.1　　例 2.10 表格法计算离散时间卷积

k	-3	-2	-1	0	1	2	3	4	$y(n)$	n
$x(k)$				0.5	2.0					
$h(-k)$		1	1	1					0.5	$n=0$
$h(1-k)$			1	1	1				2.5	$n=1$
$h(2-k)$				1	1	1			2.5	$n=2$
$h(3-k)$					1	1	1		2.0	$n=3$

由表 2.1 可以方便地得到 $y(n)=[0.5\quad 2.5\quad 2.5\quad 2]$。

例 2.11　利用 MATLAB 编程计算例 2.8 给定条件的输出信号 $y(n)$。

解　利用 MATLAB 中的 conv 函数计算卷积，程序段如下：

```
% 计算 x(n) 与 h(n) 的卷积
x = [0.5 2]; h = [1 1 1]; y = zeros(1,8); y1 = conv(x,h);
for i = 1:4
    y(i+2) = y1(i)
end
nn =-2:1:5; stem(nn,y,'filled');  axis([-2 5 0 3]); xlabel('n'); ylabel('幅度'); title('卷积结果');
```

图 2.9 给出了卷积计算的结果。显然，与例 2.8、例 2.9 和例 2.10 得到的结果相同。

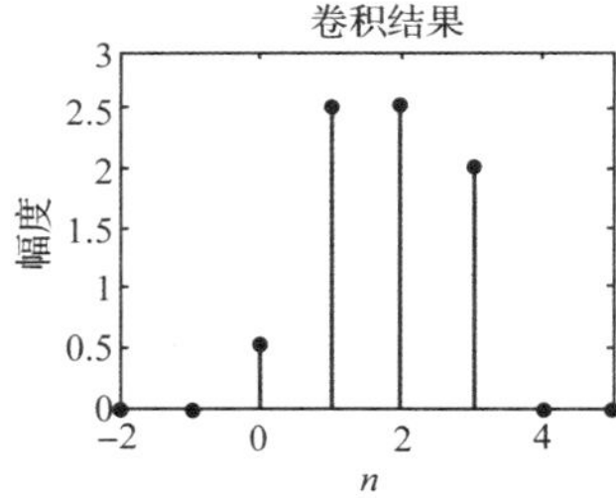

图 2.9　例 2.11 采用 MATLAB 编程进行卷积计算的结果

例 2.12　给定 $x(n)=a^nu(n)$，$h(n)=b^nu(n)$，且 $b\neq a$。试计算 $x(n)$ 与 $h(n)$ 的离散卷积。

解　根据离散时间卷积的定义式(2.19)，有

$$\begin{aligned} y(n) &= x(n)*h(n) \\ &= \sum_{k=-\infty}^{+\infty} a^k u(k) b^{n-k} u(n-k) \\ &= b^n \sum_{k=0}^{n} (a/b)^k \\ &= b^n \frac{1-(a/b)^{n+1}}{1-(a/b)} u(n) \\ &= \frac{b^{n-1}-a^{n-1}}{b-a} u(n)。\end{aligned}$$

2.4 线性时不变系统的性质

线性时不变系统是满足线性和时不变性的系统，记为 LTI 系统。本书 1.6 节已经从 6 个方面介绍了系统的性质，包括系统的线性、时不变性、因果性、稳定性、记忆性和可逆性。在那里，我们是根据系统的输入-输出关系来确定系统的分类和特性的。本书第 2 章专门讨论 LTI 系统的问题，即系统的线性和时不变性问题是已经事先确定的。这样，本节主要介绍 LTI 系统的因果性、稳定性、记忆性和可逆性的特性及其判定方法。由于 LTI 系统的特性可以由其单位冲激响应来完全表达，因此本节关于 LTI 系统的性质的介绍，是基于系统单位冲激响应来进行的。

线性时不变系统的性质
知识点

2.4.1 LTI 系统的因果性

系统的因果性是指系统当前时刻的输出仅取决于系统当前时刻和以前时刻的输入，而与系统未来时刻的输入无关。若 LTI 系统是因果的，需要满足

$$h(t)=0, \quad t<0 \tag{2.21}$$

或等效地

$$h(n)=0, \quad n<0 \tag{2.22}$$

式(2.21) 和式(2.22) 可以用作判定 LTI 系统是否为因果系统的判定依据。这意味着，对于 LTI 系统而言，若系统单位冲激响应的全部非零值仅出现在其特性曲线坐标原点的右半边，则该系统是因果的。或者说，若 LTI 系统是因果的，则其单位冲激响应的全部非零值必仅出现在其特性曲线坐标原点的右半边。

进一步分析，可知线性系统的因果性是与系统的初始松弛条件等价的。这就是说，若一个因果系统的输入在某个时刻之前为 0，则在该时刻其输出也必为 0。需要强调的是，这种因果性与初始松弛条件的等价性只适合于线性系统。若系统不满足线性特性，则系统的因果性与初始松弛条件不满足等价性。

对于因果 LTI 系统，系统的卷积积分和卷积和可以改写为

$$y(t)=\int_{-\infty}^{t} x(\tau)h(t-\tau)d\tau=\int_{0}^{+\infty} h(\tau)x(t-\tau)\mathrm{d}\tau \tag{2.23}$$

和

$$y(n)=\sum_{k=-\infty}^{n} x(k)h(n-k)=\sum_{k=0}^{+\infty} h(k)x(n-k) \tag{2.24}$$

例 2.13 试确定下列系统的因果性。(a)$h_1(t)=u(t)-u(t-1)$；(b)$h_2(n)=(1/2)^n u(n+1)$。

解 (a) 因 $h_1(t)=0, t<0$，故该系统为因果系统。

(b) 因 $h_2(n)\neq 0, n=-1<0$，故该系统为非因果系统。

此外，还需要说明的是，对于连续时间信号 $x(t)$ 或离散时间信号 $x(n)$，若满足 $x(t)=0, t<0$ 或 $x(n)=0, n<0$，则习惯上称 $x(t)$ 或 $x(n)$ 为因果信号。

2.4.2 LTI 系统的稳定性

若有界的输入仅引起有界的输出，则这样的系统是稳定系统。对于 LTI 系统而言，若系统的单位冲激响应满足绝对可积（Absolutely Integrable）或绝对可和（Absolutely Summable）条件，则系统是稳定的。绝对可积和绝对可和条件分别如式(2.25)和式(2.26)所示

$$\int_{-\infty}^{+\infty} |h(\tau)|\, d\tau < \infty \tag{2.25}$$

$$\sum_{k=-\infty}^{+\infty} |h(k)| < \infty \tag{2.26}$$

实际上，式(2.25)和式(2.26)是保证一个 LTI 系统稳定性的充分必要条件，可以用作确定 LTI 系统是否满足稳定性的判断条件。

例 2.14　试确定下列系统的稳定性：(a) $h(t) = e^{-2t}u(t)$；(b) $h(n) = u(n)$。

解　(a) 将 $h(t) = e^{-2t}u(t)$ 代入式(2.25)所示的绝对可积条件，有

$$\int_{-\infty}^{+\infty} |h(\tau)|\, d\tau = \int_{0}^{+\infty} |e^{-2\tau}|\, d\tau = \frac{1}{2} < \infty$$

满足绝对可积条件，故系统 $h(t) = e^{-2t}u(t)$ 是稳定系统。

(b) 将 $h(n) = u(n)$ 代入式(2.26)所示的绝对可和条件，有

$$\sum_{k=-\infty}^{+\infty} |h(k)| = \sum_{k=0}^{+\infty} |u(k)| = \infty$$

不满足绝对可和条件，故系统 $h(n) = u(n)$ 是不稳定系统。

2.4.3 LTI 系统的记忆性

系统的记忆性表示系统对以前(或以后)时刻输入的记忆能力。若系统当前时刻的输出仅与系统当前时刻的输入有关，则称该系统是无记忆的，或称为无记忆系统；反之则是有记忆的，称为记忆系统。

对于 LTI 系统而言，若系统满足 $t \neq 0$ 时 $h(t) = 0$[或 $n \neq 0$ 时 $h(n) = 0$]，则该系统为无记忆系统。若不满足上述条件，则为记忆系统。用单位冲激信号来表示，无记忆系统为

$$h(t) = K\delta(t) \tag{2.27}$$

或

$$h(n) = K\delta(n) \tag{2.28}$$

上面两式中，K 为非 0 常数。若 $K = 1$，该 LTI 系统的单位冲激响应满足 $h(t) = \delta(t)$ 或 $h(n) = \delta(n)$，则表明该系统为恒等系统(Identity System)。这样，对于无记忆系统，连续时间和离散时间的卷积公式式(2.13)和式(2.19)可以分别改写为

$$x(t) = x(t) * \delta(t) \tag{2.29}$$

和

$$x(n) = x(n) * \delta(n) \tag{2.30}$$

由式(2.29)和式(2.30)可知，任意连续时间信号 $x(t)$ 或离散时间信号 $x(n)$ 与单位冲激信号 $\delta(t)$ 或 $\delta(n)$ 的卷积等于任意信号本身。这也是单位冲激信号的重要特性之一。

在常见电路中，电阻两端的电压与流经电阻的电流的关系是一个无记忆系统的情形。而储能元件电容和电感上的电压与电流关系则是记忆系统的情形。

2.4.4 LTI 系统的可逆性

系统的可逆性定义为该系统经由与一个逆系统的级联，使得级联后总的输出与系统的输入相等。对于 LTI 系统而言，若某一 LTI 系统是可逆的，则一定存在一个 LTI 逆系统。

设 $h(t)$ 和 $h_1(t)$ 均为 LTI 系统，图 2.10 给出了 LTI 系统可逆性的图示。

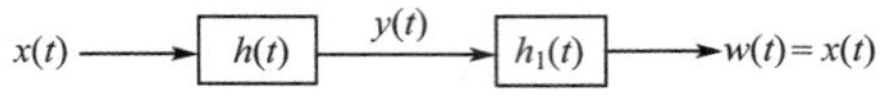

$$x(t) \longrightarrow \boxed{h(t)} \xrightarrow{y(t)} \boxed{h_1(t)} \longrightarrow w(t)=x(t)$$

图 2.10 LTI 系统可逆性

如图 2.10 所示，$h(t)$ 与 $h_1(t)$ 的级联使得最终的输出等于原始的输入，即 $w(t) = x(t)$。这样，称 $h(t)$ 满足可逆性条件，且 $h_1(t)$ 是 $h(t)$ 的逆系统。由于 $w(t) = x(t)$，这表明 $h(t)$ 与 $h_1(t)$ 的级联等效于一个恒等系统 $\delta(t)$，因此，对于 LTI 可逆系统有

$$h(t) * h_1(t) = \delta(t) \tag{2.31}$$

或等效地有

$$h(n) * h_1(n) = \delta(n) \tag{2.32}$$

例 2.15 两个系统级联，其中系统 A 是 LTI 系统，若其输入为 $x_1(t)$，则其输出为 $y_1(t)$；若其输入为 $x_2(t)$，则其输出为 $y_2(t)$。系统 B 是系统 A 的逆系统。(a) 若系统 B 的输入为 $ay_1(t)+by_2(t)$，其中 a 和 b 为常数，试求系统 B 的响应。(b) 若系统 A 的输入为 $y_1(t-t_0)$，试求系统 B 的响应。

解 (a) 由于系统 B 是系统 A 的逆系统，因此二者的单位冲激响应满足 $h_A(t) * h_B(t) = \delta(t)$。又根据给定条件，有 $y_1(t) = x_1(t) * h_A(t)$ 和 $y_2(t) = x_2(t) * h_B(t)$，因此，系统 B 对 $ay_1(t) + by_2(t)$ 的响应为

$$\begin{aligned}[ay_1(t) + by_2(t)] * h_B(t) &= ay_1(t) * h_B(t) + by_2(t) * h_B(t) \\ &= ax_1(t) * \delta(t) + bx_2(t) * \delta(t) \\ &= ax_1(t) + bx_2(t)\end{aligned}$$

(b) 由于 $y_1(t) = x_1(t) * h_A(t)$，因此 $y_1(t-t_0) = x_1(t-t_0) * h_A(t)$。系统 B 对 $y_1(t-t_0)$ 的响应为

$$y_1(t-t_0) * h_B(t) = x_1(t-t_0) * h_A(t) * h_B(t) = x_1(t-t_0) * \delta(t) = x_1(t-t_0)$$

2.4.5 LTI 系统的单位阶跃响应

对于 LTI 系统来说，使用单位冲激响应 $h(t)$ 或 $h(n)$ 来表征系统的特性是非常简洁而清晰的方法。依据 $h(t)$ 或 $h(n)$，可以完全确定一个 LTI 系统的特性，包括系统的因果性、稳定性、记忆性和可逆性等。依据 $h(t)$ 或 $h(n)$，也可以方便地表示 LTI 系统的交换律、结合律和分配律等基本特性。

前面章节已经介绍，单位冲激响应是 LTI 系统对单位冲激信号 $\delta(t)$ 或 $\delta(n)$ 的响应。若考虑 LTI 系统对单位阶跃信号 $u(t)$ 或 $u(n)$ 的响应，可以定义另一种与单位冲激响应类似、可用于描述 LTI 系统特性的响应，称为单位阶跃响应(Unit Step Response)。顾名思义，单位

阶跃响应就是 LTI 系统对单位阶跃信号的响应，表示为

$$s(t)=u(t)*h(t) \tag{2.33}$$

或

$$s(n)=u(n)*h(n) \tag{2.34}$$

由式(2.33)和式(2.34)可见，单位阶跃响应 $s(t)$ 或 $s(n)$ 是 LTI 系统当输入信号为 $u(t)$ 或 $u(n)$ 时的响应。

由式(2.33)和式(2.34)以及卷积的交换律，可以进一步推出单位阶跃响应与单位冲激响应之间的关系为

$$s(t)=u(t)*h(t)=\int_{-\infty}^{+\infty}h(\tau)u(t-\tau)\mathrm{d}\tau=\int_{-\infty}^{t}h(\tau)\mathrm{d}\tau \tag{2.35}$$

和

$$s(n)=u(n)*h(n)=\sum_{k=-\infty}^{+\infty}h(k)u(n-k)=\sum_{k=-\infty}^{n}h(k) \tag{2.36}$$

显然，单位阶跃响应是单位冲激响应的积分或累加，反过来，单位冲激响应可以表示为单位阶跃响应的微分或差分形式为

$$h(t)=\frac{\mathrm{d}s(t)}{\mathrm{d}t} \tag{2.37}$$

和

$$h(n)=s(n)-s(n-1) \tag{2.38}$$

单位阶跃响应对于系统的动态性能分析具有非常重要的作用。在对系统进行动态分析时，常使用单位阶跃信号作为激励(输入)信号，并通过系统的单位阶跃响应来测试系统的动态性能指标，例如系统响应的超调量、稳态误差、上升时间、调节时间、峰值时间等。图 2.11 给出了一个典型二阶系统的单位阶跃响应曲线示意图。

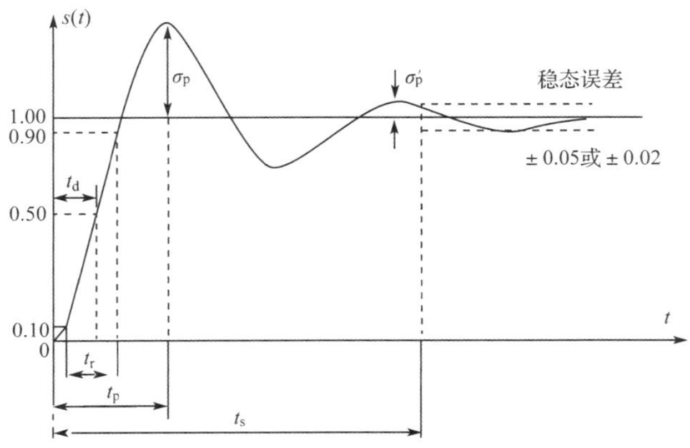

图 2.11　典型二阶系统的单位阶跃响应

图中，σ_p 为超调量，表示响应峰值超出稳态值的量值；t_p 为峰值时间，表示响应达到峰值的时间；t_r 为上升时间，表示响应达到稳态 90% 的时间；t_s 为调节时间，表示单位阶跃响应进入稳态的时间；t_d 为响应上升到稳态 50% 的时间。由图 2.11 可以清晰地得到系统的时域动态特性指标。

2.5 系统的零输入响应与零状态响应

本书第 1.5.2 节介绍了线性增量系统的概念，这类系统的响应与系统输入信号的变化呈线性关系，线性增量系统的原理框图如第 1 章的图 1.23 所示。由该图可见，线性增量系统的输出可表示为一个线性系统的输出与一个零输入响应之和的形式，即

$$y(t) = T[x(t)] + y_0(t) \tag{2.39}$$

式中，$y_0(t)$ 表示系统的零输入响应(Zero-input Response)，即当输入信号 $x(t) = 0$ 时由系统的初始状态单独作用于系统所产生的响应。$T[\cdot]$ 表示线性系统对输入信号 $x(t)$ 的处理或变换，而 $T[x(t)]$ 则表示输入信号单独作用于系统所产生的响应，称为零状态响应(Zero-state Response)。可以证明，线性增量系统对于输入信号来说，不满足线性系统的条件。但是，若零输入响应 $y_0(t) = 0$，则线性增量系统退化为线性系统。因此可以认为，线性系统是线性增量系统当零输入响应 $y_0(t) = 0$ 时的特例。

在理论上和实际应用中，这类线性增量系统是大量存在的，例如常见的初始条件不为 0 的线性电路就是典型的线性增量系统，因而具有非常重要的意义。

本节以连续时间系统为例介绍系统的零输入响应与零状态响应的概念和时域分析方法。关于离散时间系统的相应问题，与连续时间系统的情况类似。

2.5.1 系统的初始状态与初始松弛条件

1. 系统的初始状态

设 N 阶线性常系数微分方程用如下线性常系数微分方程表示为

$$\sum_{k=0}^{N} a_k \frac{\mathrm{d}^k y(t)}{\mathrm{d}t^k} = \sum_{k=0}^{M} b_k \frac{\mathrm{d}^k x(t)}{\mathrm{d}t^k} \tag{2.40}$$

式中，b_k 和 a_k 分别表示输入项和输出项的加权系数，M 和 N 则分别表示输入项和输出项的阶数。

系统的初始状态是指在没有外部激励时系统的固有状态，其本质上所反映的是系统以往的历史信息。系统的初始状态常用 $y(0^-), \frac{\mathrm{d}y(0^-)}{\mathrm{d}t}, \cdots, \frac{\mathrm{d}^{N-1}y(0^-)}{\mathrm{d}t^{N-1}}$ 来表示，或经常简写为 $y(0^-), y'(0^-), \cdots, y^{(N-1)}(0^-)$。系统的初始状态反映的是 $t = 0^-$ 时刻，即系统的激励尚未接入时系统的状态。

2. 系统的初始松弛条件

所谓初始松弛条件(Initial Rest Condition)，是指系统在 $t < 0$ 时，有 $x(t) = 0$，且系统的初始状态 $y(0^-), y'(0^-), \cdots, y^{(N-1)}(0^-)$ 均为 0。需要强调的是，初始松弛条件并不表明在某一固定时刻的零初始条件，而是可以在时间上进行调整，以使响应一直为零，直到输入变为非零为止。因此，若当 $t \leqslant t_0$ 时，有 $x(t) = 0$，则对于由式(2.40)所示微分方程描述的因果 LTI 系统，有 $y(t) = 0, t \leqslant t_0$。这样，可以用初始条件 $y(t_0^-), y'(t_0^-), \cdots, y^{(N-1)}(t_0^-)$ 均为 0 来求解 $t > t_0$ 的输出。

对于离散时间系统，系统的初始状态有基本相同的含义，不再赘述。

2.5.2　系统的零输入响应与零状态响应

1. 零输入响应

系统的零输入响应是指当系统的输入信号为零时，仅由系统的初始状态单独作用于系统而产生的输出响应，常用 $y_{zi}(t)$ 表示。对于由式(2.40)微分方程所描述的连续时间因果系统，零输入响应实际上对应于该微分方程对应的齐次方程的齐次解。令式(2.40)的右端为0，可得对应的齐次方程为

$$\sum_{k=0}^{N} a_k \frac{\mathrm{d}^k y(t)}{\mathrm{d}t^k} = 0 \tag{2.41}$$

并可进一步求得齐次系统的齐次解。例2.2给出了一阶线性常系数微分方程齐次解的求解方法，读者也可以参考相关教科书给出的一般性求解方法，这里不再赘述。

2. 零状态响应

系统的零状态响应是指当系统的初始状态为零时，仅由外部激励信号 $x(t)$ 作用于系统所产生的系统响应，常用 $y_{zs}(t)$ 表示。系统的零状态响应可以采用求解如式(2.40)所示微分方程的经典求解法。但在电子信息技术中，一般并不采用直接求解微分方程的方法，而采用时域卷积求解法或变换域求解法来进行。有关变换域求解法将在本书后续章节逐步介绍。

实际上，本章2.3节介绍的卷积积分法，就是求解连续时间LTI系统零状态响应的方法，是在时域分析求解连续时间LTI系统的主要方法。而本章2.4节介绍的卷积和方法，则是求解离散时间LTI系统零状态响应的方法，是在时域分析求解离散时间LTI系统的主要方法。

3. 完全响应

实际上，系统的完全响应 $y(t)$ 是系统的零输入响应 $y_{zi}(t)$ 与零状态响应 $y_{zs}(t)$ 之和，表示为

$$y(t) = y_{zi}(t) + y_{zs}(t), \quad t > 0 \tag{2.42}$$

一般来说，系统的完全响应可以通过采用经典方法求解给定的微分方程分别得到系统的零输入解和零状态解，并依据给定的初始状态确定这两个解中可能存在的待定系数来得到。此外，我们也可以通过对给定微分方程的齐次方程求解得到系统的零输入解，再根据冲激平衡法求解系统的单位冲激响应，并经由给定输入信号和求得的单位冲激响应的卷积运算得到系统的零状态响应，最后把零输入响应和零状态响应求和，即可得到系统的完全解。下面举例介绍系统完全解的求解方法。

例2.16　给定连续时间系统的二阶常系数微分方程为 $\frac{\mathrm{d}^2 y(t)}{\mathrm{d}t^2} + 2\frac{\mathrm{d}y(t)}{\mathrm{d}t} = 2x(t)$，或写为 $y''(t) + 2y'(t) = 2x(t)$。设系统的输入信号为 $x(t) = 2\mathrm{e}^{-t}u(t)$，初始状态为 $y(0^-) = 1$ 和 $y'(0^-) = 2$。试求：(a) 系统的零输入响应 $y_{zi}(t)$；(b) 系统单位冲激响应 $h(t)$；(c) 系统的零状态响应 $y_{zs}(t)$；(d) 系统的完全响应 $y(t)$。

解　(a) 求系统的零输入响应 $y_{zi}(t)$。由给定微分方程的齐次方程 $y''(t) + 2y'(t) = 0$，可得其特征方程 $s^2 + 2s = 0$，由此解得两特征根分别为 $s_1 = 0$ 和 $s_2 = -2$。故设系统的零输入响应为 $y_{zi}(t) = K_1 + K_2\mathrm{e}^{-2t}$，$t \geqslant 0^-$。式中，$K_1$ 和 K_2 为待定系数。依据给定的初始状态，可得待定系数分别为 $K_1 = 2$ 和 $K_2 = -1$。故可得系统的零输入响应为

$$y_{zi}(t) = 2 - e^{-2t}, t \geqslant 0^-$$

(b) 求系统的单位冲激响应 $h(t)$。若给定系统的输入信号为 $\delta(t)$，则微分方程可改写为 $h''(t) + 2h'(t) = 2\delta(t)$。利用冲激平衡法，并设 $h(t) = (A + Be^{-2t})u(t)$，代入微分方程，可求得待定系数 $A = 1$ 和 $B = -1$。这样，系统的单位冲激响应为

$$h(t) = (1 - e^{-2t})u(t)$$

(c) 求系统的零状态响应 $y_{zs}(t)$。计算给定输入信号 $x(t)$ 与系统单位冲激响应 $h(t)$ 的卷积积分，可得系统的零状态响应为

$$y_{zs}(t) = x(t) * h(t) = (2 - 4e^{-t} + 2e^{-2t})u(t)$$

(d) 求系统的完全响应 $y(t)$。由式(2.41)可得系统的完全响应为

$$y(t) = y_{zi}(t) + y_{zs}(t) = 4 - 4e^{-t} + e^{-2t}, \quad t > 0$$

由例 2.16 可见，对于给定系统完全解的求解过程，一方面采用了经典微分方程齐次解的求解方法来求得系统的零输入响应 $y_{zi}(t)$，另一方面，采用了卷积积分的方法来求取系统的零状态响应 $y_{zs}(t)$，最后将二者合成而得到系统的完全响应。

由这个例题我们还可以看到，本章前面章节介绍的LTI系统的卷积积分和卷积和方法，实际上是求解LTI系统的零状态响应的方法，并非是求解系统完全响应的方法。若要在时域求解系统的完全响应，还应该参照例 2.16 的方法来进行。

从这个例题可以看出，在时域对系统进行完整的分析与计算，并不是一件轻松的事情。实际上，在本书中，我们并不总是采用这种时域分析方法来求解系统的完全解。在本书的后续章节中我们会看到，若对系统的时域微分方程进行某种线性变换(例如傅里叶变换或拉普拉斯变换)，可以将微分方程转变为代数方程，这样由微分方程描述的连续时间系统的完全解，就可以在对应的变换域通过求解代数方程而更为简洁地求得。因此，在后续的章节中，我们一般并不采用如例 2.16 这样的方法求解线性微分方程的完全解，而更加关注在变换域对系统的分析与求解问题。

本章小结

线性时不变(LTI) 系统是同时满足线性特性和时不变特性的系统，是本书重点关注的系统类型。本章详细介绍了 LTI 系统的基本概念、表示方式与时域分析计算方法，分别着重介绍了连续时间和离散时间LTI系统的单位冲激响应的概念、定义与特性，特别强调了连续时间 LTI 系统的卷积积分的定义与计算问题，也着重强调了离散时间 LTI 系统卷积和的定义与计算问题。在第 1 章介绍系统分类与特性的基础上，特别着重强调 LTI 系统的因果性、稳定性、记忆性与可逆性的概念与判定方法。在强调 LTI 系统时域卷积分析的前提下，给出了系统零输入响应、零状态响应和完全响应的概念与基本求解方法，可作为后续章节基于变换域的系统分析方法的一个参照。

习 题

2.1 计算下列各式的卷积：

(a) $x(t)=\mathrm{e}^{-at}u(t)$, $h(t)=\mathrm{e}^{-bt}u(t)$, $a\neq b$;

(b) $x(t)=\mathrm{e}^{-at}u(t)$, $h(t)=\mathrm{e}^{-bt}u(t)$, $a=b$;

(c) $x(t)=u(t)-2u(t-2)+u(t-5)$, $h(t)=\mathrm{e}^{2t}u(1-t)$

2.2 计算下列各式的卷积，并画出结果曲线。

(a) $x(n)=\delta(n)+2\delta(n-1)-\delta(n-3)$, $h(n)=2\delta(n+1)+2\delta(n-1)$;

(b) $x(n)=\left(\frac{1}{2}\right)^{n-2}u(n-2)$, $h(n)=u(n+2)$; (c) $x(n)=\left(\frac{1}{3}\right)^{-n}u(-n-1)$, $h(n)=u(n-1)$

2.3 两个线性时不变系统，其单位冲激响应分别为 $h_1(n)=\sin 8n$ 和 $h_2(n)=a^n u(n)$，$|a|<1$。这两个系统按照图 2.12 所示的方式级联。试计算当输入信号为 $x(n)=\delta(n)-a\delta(n-1)$ 时系统的输出。

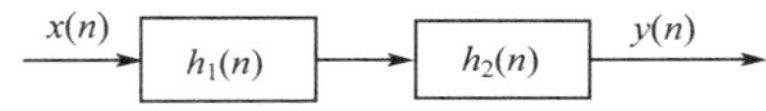

图 2.12 习题 2.3 图

2.4 若一个 LTI 系统对输入 $x(t)=\mathrm{e}^{-5t}u(t)$ 的响应为 $y(t)=\sin t$，试确定该系统的单位冲激响应 $h(t)$。

2.5 设 $x(t)=\begin{cases}1, 0\leqslant t\leqslant 1\\ 0, \text{其余 } t\end{cases}$，$h(t)=x(t/\alpha)$。(a) 计算并画出卷积 $y(t)=x(t)*h(t)$ 的曲线；(b) 若 $\frac{\mathrm{d}y(t)}{\mathrm{d}t}$ 仅含有 3 个不连续点，求 α 的值。

2.6 一因果 LTI 系统，其输入-输出关系由 $y(n)=\frac{1}{4}y(n-1)+x(n)$ 给出，若 $x(n)=\delta(n-1)$，试求 $y(n)$。

2.7 一 LTI 系统的单位冲激响应如图 2.13 所示。为了确定 $y(0)$，试确定 $x(t)$ 应满足的区间。

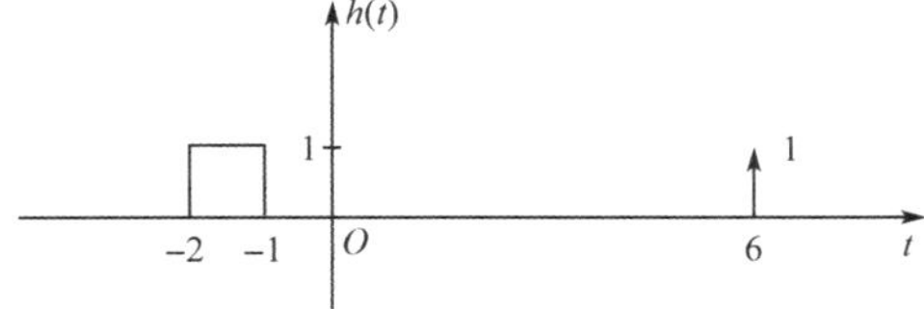

图 2.13 习题 2.7 给定 LTI 系统的单位冲激响应

2.8 给定 $x(t)=u(t-2)$，$h(t)=\mathrm{e}^{t}u(-t-1)$。试计算卷积 $y(t)=x(t)*h(t)$。

2.9 已知 $x(n)=\left(\frac{1}{2}\right)^{n-1}[u(n+3)-u(n-10)]$。试将 A 和 B 用 n 来表示，以使下式成立：

$$x(n-k)=\begin{cases}\left(\frac{1}{2}\right)^{n-k-1}, & A\leqslant n\leqslant B \\ 0, & 其他\end{cases}。$$

2.10 一线性系统的输入-输出关系为 $y(n)=\sum\limits_{k=-\infty}^{+\infty}x(k)g(n-2k)$。式中，$g(n)=u(n)-u(n-4)$。

(a) 若 $x(n)=\delta(n-1)$，求 $y(n)$；(b) $x(n)=\delta(n-2)$，求 $y(n)$；(c) 该系统是 LTI 系统吗？(d) 若 $x(n)=u(n)$，求 $y(n)$。

2.11 已知 $x(t)=u(t-3)-u(t-5)$ 和 $h(t)=\mathrm{e}^{-3t}u(t)$。试求：(a) $y(t)=x(t)*h(t)$；(b) $g(t)=[\mathrm{d}x(t)/\mathrm{d}t]*h(t)$；(c) $g(t)$ 与 $x(t)$ 的关系。

2.12 图 2.14 给出了三个 LTI 系统的级联。系统级联后的单位冲激响应为 $h(n)=h_1(n)*h_2(n)*h_2(n)$，如图所示。其中，$h_2(n)=u(n)-u(n-2)$。试求：(a) $h_1(n)$；(b) 整个系统对输入 $x(n)=\delta(n)-\delta(n-1)$ 的响应。

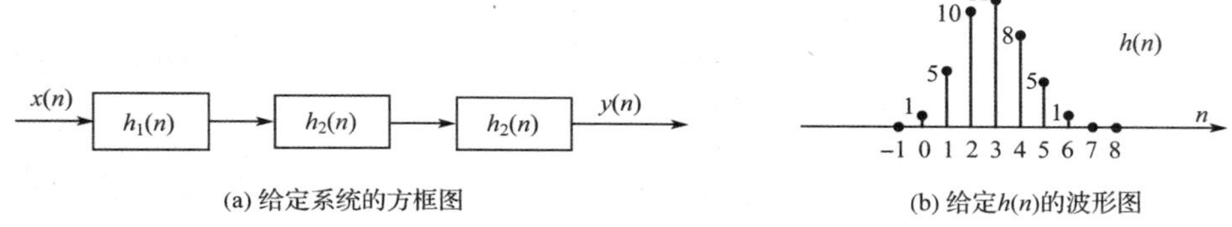

(a) 给定系统的方框图

(b) 给定h(n)的波形图

图 2.14 习题 2.12 图

2.13 设连续时间信号 $\theta(t)$，其曲线下面积定义为 $A_\theta=\int_{-\infty}^{+\infty}\theta(t)\mathrm{d}t$。若 $y(t)=x(t)*h(t)$，试证明 $A_y=A_xA_h$。

2.14 试判定下列离散时间 LTI 系统的因果性和稳定性：

(a) $h(n)=\left(\frac{1}{5}\right)^n u(n)$；

(b) $h(n)=(0.8)^n u(n+2)$；

(c) $h(n)=\left(\frac{1}{2}\right)^n u(-n)$；

(d) $h(n)=5^n u(3-n)$

2.15 试判定下列连续时间 LTI 系统的因果性和稳定性：

(a) $h(t)=\mathrm{e}^{-4t}u(t-2)$；(b) $h(t)=\mathrm{e}^{-6t}u(3-t)$；(c) $h(t)=\mathrm{e}^{-2t}u(t+50)$；(d) $h(t)=\mathrm{e}^{2t}u(-1-t)$

2.16 一离散时间系统满足差分方程 $y(n)=\frac{1}{2}y(n-1)+x(n)$。试证明，若系统满足初始松弛条件，则该系统为 LTI 系统。

2.17　设一 LTI 系统，其输入-输出关系由 $y(t)=\int_{-\infty}^{t}e^{-(t-\tau)}x(\tau-2)d\tau$ 确定。试求该系统的单位冲激响应 $h(t)$。

2.18　试利用 MATLAB 编程对所产生的锯齿波信号进行时移、反褶和尺度变换，绘出对应的波形图。

2.19　试利用 MATLAB 编程实现 $y(n)=x(n)*h(n)$ 的卷积运算，其中 $x(n)=u(n)$，$h(n)=e^{-3n}u(n)$，并绘出计算结果的波形图。

2.20　试利用 MATLAB 编程实现 $y(t)=x(t)*h(t)$ 的卷积运算，其中 $x(t)=u(t)$，$h(t)=e^{-3t}u(t)$，并绘出计算结果的波形图。

第3章 连续时间信号的傅里叶级数与傅里叶变换

内容提要

本章介绍连续时间信号的傅里叶级数(Fourier Series, FS)和傅里叶变换(Fourier Transform, FT)的基本理论与基本方法,主要包括:傅里叶分析的理论概要与频率域的概念,连续时间周期信号傅里叶级数的定义、性质与计算方法,连续时间信号傅里叶变换的定义、性质与计算方法,连续时间系统的频域分析理论与方法等。本章内容对于连续时间信号与系统的变换域分析处理具有重要意义,也为后续进一步的连续时间信号与系统的复频域分析与离散时间信号与系统的变换域分析打下基础。

学习重点

- 信号与系统频率域分析与频谱表示的概念;
- 连续时间周期信号傅里叶级数的定义、性质与计算;
- 连续时间信号傅里叶变换的定义、性质与计算;
- 根据傅里叶变换的性质对信号与系统进行分析与计算;
- 连续时间 LTI 系统的传递函数;
- 系统传递函数的伯德图表示。

教学目标

深刻理解信号与系统频域分析的概念和频谱表示的概念;

掌握连续时间周期信号傅里叶级数的定义、性质与计算;

熟练掌握连续时间信号傅里叶变换的定义、性质与计算;

熟练掌握根据傅里叶变换性质的计算方法;

掌握连续时间 LTI 系统传递函数的概念与表示,掌握伯德图的绘制方法。

3.1 系统频域分析与傅里叶分析理论概要

3.1.1 系统的频域分析

傅里叶级数的
预备知识
知识点

本书第 1 章和第 2 章详细介绍了连续时间与离散时间信号与系统的概念，介绍了信号与系统的各种分类和特点，介绍了线性时不变系统的概念和性质，特别着重强调了基于系统单位冲激响应和单位阶跃响应的 LTI 系统分析方法。概括说来，上述信号与系统的表示与分析方法，都是局限在时域(Time Domain)的。例如，所表示的信号，都是随时间变化的函数或波形，所表示的系统分析方法，也均是在时域进行的，例如时域微分方程的求解问题，基于单位冲激响应利用卷积求取系统输出的问题，以及依据单位阶跃响应分析系统诸如超调量、稳态误差、上升时间、调节时间和峰值时间等时域特性的问题。

但是另一方面，我们还需要掌握信号与系统频域(Frequency Domain)的特性和表示。在通信技术中，我们需要掌握信号的频率特点及其传输所占用的频段。例如传统的有线电话通信系统中，语音信号的带宽(Bandwidth)常被限制在 3.1 kHz 的范围，以便在有限频率资源条件下传输尽可能多的信号。我国调频广播的频段一般设置为 87 MHz ～ 108 MHz。5G 通信的频段则划分为 FR1 和 FR2 两个范围，其中 FR1 的频率范围是 450 MHz ～ 6 GHz，而 FR2 的频率范围是 24 GHz ～ 52 GHz。在信号处理技术中，我们也需要准确掌握信号与系统的频率特性，并根据应用需求和输入信号的特性，设计出合理适用的信号处理系统，以得到在时域和频域均满足要求的输出信号。综上所述，仅仅在时域了解信号与系统的特性对于信号的分析、处理和传输是不够的，我们还需要进一步拓展对信号与系统的了解，特别是对信号与系统频域特性与表示的把握。

信号与系统的频域分析与处理是依据傅里叶分析(Fourier Analysis)理论进行的。傅里叶分析理论主要包括傅里叶级数(Fourier Series)和傅里叶变换(Fourier Transform)，它们是在频率域对信号进行分析处理的重要理论与实际应用的工具。傅里叶分析的主要作用是把时间信号表示为三角级数和或复指数级数和的形式，或者反过来把这种级数和合成为时间信号，它是信号与系统在时域与频域之间变换的桥梁。

通过傅里叶分析方法把信号或系统由时域变换到频域，对于信号与系统的分析处理有诸多好处：首先，在频域，我们可以更方便地分析信号与系统的频谱(Spectrum)和频率特性；第二，在时域进行的卷积运算，若在频域进行则可以得到显著的简化；第三，信号滤波与通信技术中的很多问题，在频域可以分析解释得更为清晰。因此，傅里叶分析理论的出现，极大地促进了电子信息技术，特别是通信技术和信号处理技术的发展，成为这些领域一个非常重要的理论基石。

3.1.2 傅里叶分析理论的发展及其重要性

1. 傅里叶分析理论之前的相关研究

傅里叶分析理论最初是由法国数学家、物理学家傅里叶(Fourier，1768—1830)于 19 世纪初提出的，它表明任何周期函数（信号）都可以用正弦函数和余弦函数（实际上就是复指数信号）构成的无穷级数来表示，称为傅里叶级数。而傅里叶变换则放宽了对函数（或信号）周期性的要求，适用于相当广泛的一类信号。将这些信号用复指数信号的线性组合来表示，并以积分方式替代求和方式来构成这种线性组合。

傅里叶分析理论最早的工作是基于成谐波关系的正弦和余弦函数或周期性复指数函数之和来描述周期性现象或周期性过程的，而类似这种以三角级数和来表征周期性现象的研究可以追溯到古巴比伦（Ancient Babylon）时代。当时，人们依据这种思想来预测天体运动。

人类历史进入近代以来，人们对于这一问题的研究得到进一步的发展。瑞士数学家欧拉（Euler，1707—1783）于 1748 年在关于振动弦的研究中给出了弦振动的前几个标准振荡模式，并得出结论：所有这些振荡模式均可表示为正弦函数，且相互之间构成谐波关系。若某一时刻振动弦的形状是这些标准振荡的线性组合，则在后续时刻，这种线性组合的形式将继续维持。1753 年，同为瑞士数学家的伯努利（Bernoulli，1700—1782）表明，弦的所有物理运动都可以用常规模式的线性组合来表示。但是另一方面，用三角级数和的形式表示周期性现象的方法也受到一定的批评。实际上，欧拉本人后来也抛弃了这种想法，且法国著名数学家拉格朗日（Lagrange，1736—1813）于 1759 年曾强烈批评使用三角级数来研究振动弦运动的主张，这是由于他一直认为不可能用三角级数和来表示一个具有间断点的函数。

大约半个世纪之后，法国数学家、物理学家傅里叶于 1802 年开始构思基于三角级数和来表征周期性函数的想法，并于 1807 年完成了这项研究。傅里叶断言：任何周期性信号都可以用三角级数和来表示，这就是傅里叶级数的概念。

2. 傅里叶级数理论的诞生与波折

傅里叶分析理论的问世并不是一帆风顺的。如前所述，1807 年，傅里叶完成了关于傅里叶级数的学术论文，他不仅完成了用成谐波关系的三角级数和来表示周期性信号的研究，而且还进一步推进到用不成谐波关系的正弦信号加权和来表示非周期信号的阶段，这实际上是有关傅里叶变换的内容。

当傅里叶提交其论文拟在学术期刊发表时，由四位著名数学家来评阅这篇论文。其中，拉克鲁瓦（Lacroix，1765—1843）、蒙日（Monge，1746—1818）和拉普拉斯（Laplace，1749—1827）赞成发表，而拉格朗日（Lagrange，1736—1813）仍然顽固地坚持他 50 年前的观点，拒绝接受关于三角级数的论点。由于拉格朗日的强烈反对，傅里叶的这篇论文一直未能公开发表。后来，在这篇论文完成的 15 年之后，傅里叶于 1822 年在他出版的著作《热分析理论》（*Theorie Analytique de la Chaleur*）中给出了这篇论文的研究成果，使得傅里叶分析理论得以问世。

傅里叶的主要科学贡献是其在研究热传导理论时提出并证明的将周期性函数展开成正弦级数的理论，将欧拉和伯努利等人在一些特殊情形下应用的三角级数方法发展成内容丰富的一般性理论，从而奠定了傅里叶分析理论的基础。

客观地说，傅里叶原始论文中关于“任何周期性信号都可以用三角级数和来表示”的论断是有瑕疵的。事实上，确实存在一些反例，即确实存在一些周期性信号，它们的傅里叶级数是不存在的。直到 1829 年由德国数学家狄利克雷（Dirichlet，1805—1859）给出若干精确条件（称为狄利克雷条件），只有满足这些条件的周期性信号才可以用一个傅里叶级数表示。至此，傅里叶分析理论正式成为一个严谨的数学理论方法，得到学术界的认可，并在自然科学和工程技术的众多领域得到普遍重视和广泛应用。可以毫不夸张地说，包括傅里叶级数和傅里叶变换在内的傅里叶分析理论与方法，是信号与系统课程乃至整个电子信息技术的重要理论基础之一。

3. 傅里叶分析理论的意义

傅里叶分析理论得以问世并得到学术界的认可，其意义绝非仅仅局限在数学领域对一篇学术论文的评价与接受。实际上，在傅里叶分析理论问世的200年来，傅里叶的研究成果在包括数学在内的自然科学和许多科学技术领域已经产生了巨大的影响，甚至改变了科学技术的进程。

在数学领域，傅里叶级数和傅里叶变换的分析有力推进了诸如积分理论、点集拓扑学、特征函数展开等领域的研究与发展。在科学技术的众多领域，正弦信号或周期性复指数信号，傅里叶级数和傅里叶变换都对于描述客观现象和分析系统产生了重要的作用。例如，我们熟知的交流电是一种典型的正弦信号；天体及地球运动某些现象的周期性变化均可表示为正弦信号；海浪也可以看作是由不同波长的正弦信号组合而成的。在电子信息技术领域，傅里叶级数与傅里叶变换的用途更为突出：首先，傅里叶分析理论建立了由时域到频域描述信号和表征系统的桥梁，有些信号或系统的特征，在时域不能清晰表达，而在频域却表征得非常清晰简洁。例如，对于信号的频谱分析和对于系统的频率特性分析，可以使我们掌握信号与系统的频率特点和所占用的频率范围，以便在信号处理中有效地对有用信号处理进行保留，而对无用信号成分进行去除。在通信技术中，对于信号频谱与系统频率特性的了解，可以为信号传输安排合适的信道，尽量节省处于稀缺状态的频谱资源。在本书的后面章节，我们会看到傅里叶分析理论与方法几乎占据了本书的“半壁江山”，从而可见其对本课程的重要性。

3.1.3 傅里叶级数与傅里叶变换的分类

如前所述，所谓傅里叶级数是指采用三角级数(或周期性复指数级数)和的形式来表征周期性信号的方法，而傅里叶变换则放宽了对信号周期性的限制，适用于相当广泛的一类信号，将这些信号也用复指数信号的线性组合来表示，并以积分方式替代求和方式来构成这种线性组合。根据信号的周期性与否，傅里叶分析理论分为傅里叶级数和傅里叶变换两类。凡是称为傅里叶级数的，均对应于原始的周期性信号；凡是称为傅里叶变换的，一般对应于原始的非周期信号。由此区分傅里叶级数与傅里叶变换。

由于时域信号又可分为连续时间信号和离散时间信号两类，这两类信号都有其各自对应的傅里叶级数与傅里叶变换。这样，傅里叶分析理论就可根据原始信号连续性和周期性的不同，划分为四种不同的形式：即连续时间周期信号对应于连续时间傅里叶级数，简称为傅里叶级数(Fourier Series, FS)，连续时间非周期信号对应于傅里叶变换(Fourier Transform, FT)，离散时间周期信号对应于离散傅里叶级数(Discrete Fourier Series, DFS)，离散时间非周期信号对应于离散时间傅里叶变换(Discrete-time Fourier Transform, DTFT)。尽管FT和DTFT两种傅里叶变换对应于非周期信号，但是实际上，二者也可以表征周期性信号，详见本章后文的介绍。

自问世以来，傅里叶分析理论一直受到学术界和工程技术界的普遍重视并得到广泛应用，这些年来，在原有理论方法的基础上，发展了许多具有里程碑意义的新内容，主要包括：

1946 年由后来的诺贝尔物理学奖得主加博尔(Gabor，1900—1979) 提出的短时傅里叶变换(Short-time Fourier Transform，STFT)，是一种可用于确定时变信号局部时域-频域特性的傅里叶变换，突破了经典傅里叶变换只能体现信号整体频率特性的局限性。离散傅里叶变换(Discrete Fourier Transform，DFT)，是一种时域和频域均离散化、非周期化的傅里叶变换，适合于数字信号分析与处理。1965 年由库利(Cooley) 和图基(Tukey) 提出的快速傅里叶变换(Fast Fourier Transform，FFT)，是 DFT 的快速算法，成数量级地提升了 DFT 的计算速度，使傅里叶分析理论从数学分析走向了工程应用实际。分数阶傅里叶变换可追溯到 1929 年由美国数学家、控制论创始人维纳(Wiener，1894—1964) 对傅里叶变换的修正研究。之后经过多位科学家长期不懈的努力，1980 年由纳米亚斯(Namias) 从特征值和特征函数的角度，以纯数学的方式提出了分数阶傅里叶变换(Fractional Fourier Transform，FRFT) 的概念，并且科学家们对于 FRFT 理论体系的研究与构建一直持续到 20 世纪末。FRFT 是信号在时-频平面内坐标轴绕原点逆时针旋转任意角度后构成的分数阶傅里叶域上的表示方法，是经典傅里叶变换的广义化，是一种统一的时频分析(Joint Time-frequency Analysis) 方法。2012 年麻省理工学院科学家提出的稀疏傅里叶变换(Sparse Fourier Transform，SFT) 是一种离散傅里叶变换的简化算法，其核心是基于信号具有“稀疏性”的特点，其计算速度比传统 FFT 提高了 10 倍到 100 倍，为数据传输与处理领域带来进一步的发展与进步。

3.2 信号的正交分解与LTI系统的特征函数特征值

3.2.1 信号的正交分解

1. 信号的正交分解

(1) 矢量正交与正交分解

设两矢量 $\boldsymbol{x} = [x_1, x_2, \cdots, x_N]^{\mathrm{T}}$ 和 $\boldsymbol{y} = [y_1, y_2, \cdots, y_N]^{\mathrm{T}}$，若二者的内积

$$\langle \boldsymbol{x}, \boldsymbol{y} \rangle = \boldsymbol{x}^{\mathrm{T}} \boldsymbol{y} = \sum_{n=1}^{N} x_n y_n = 0 \tag{3.1}$$

则称矢量 $\boldsymbol{x}$ 与矢量 $\boldsymbol{y}$ 是正交的。式中，上标“T” 表示矢量的转置运算。

由两两正交矢量组成的矢量集合称为正交矢量集。而矢量的正交分解就是利用一个正交矢量集的线性组合来表示另一个矢量。例如，在三维空间中，两两正交的行矢量 $\boldsymbol{x} = [1,0,0]$，$\boldsymbol{y} = [0,1,0]$ 和 $\boldsymbol{z} = [1,0,0]$ 组成一个正交矢量集。而三维空间中的行矢量 $\boldsymbol{a} = [2,5,8]$ 则可用该三维正交矢量集各分量的线性组合来表示，即 $\boldsymbol{a} = 2\boldsymbol{x} + 5\boldsymbol{y} + 8\boldsymbol{z}$。或者说，矢量 $\boldsymbol{a}$ 可以分解为该三维正交矢量集各分量的线性组合形式。

(2) 信号正交与信号的正交分解

与矢量正交的概念相似，两信号 $x(t)$ 与 $y(t)$ 正交定义为这两个信号在区间 (t_1, t_2) 的内积为零，表示为

$$\int_{t_1}^{t_2} x(t) y^*(t) \mathrm{d}t = 0 \tag{3.2}$$

式中,“ $*$ ”表示信号的复共轭。两信号正交的概念可以推广到 n 个信号的情形。若 n 个信号 $\varphi_1(t),\varphi_1(t),\cdots,\varphi_n(t)$ 构成一个信号集,在区间 (t_1,t_2) 满足

$$\int_{t_1}^{t_2}\varphi_i(t)\varphi_j^*(t)\mathrm{d}t=\begin{cases}0, & i\neq j\\ K_i & i=j\end{cases} \tag{3.3}$$

则称此信号集为区间 (t_1,t_2) 上的正交信号集,称各 $\varphi_i(t)$ 为基底信号,也常称为基本信号。若在 $\{\varphi_i(t),i=1,2,\cdots,n\}$ 之外,不存在任何能量有限信号与各 $\varphi_i(t)$ 正交,则称该正交信号集为完备正交信号集。傅里叶级数使用的周期性复指数信号集 $\{\mathrm{e}^{\mathrm{j}k\Omega_0 t},k=0,\pm1,\pm2,\cdots\}$ 和正余弦信号集 $\{1,\cos k\Omega_0 t,\sin k\Omega_0 t,k=1,2,\cdots\}$ 都是在任意区间 $\left(t_0,t_0+\dfrac{2\pi}{\Omega_0}\right)$ 上的完备正交信号集。其中,$\Omega_0=\dfrac{2\pi}{T}$ 表示信号的角频率(常简称为频率),单位为弧度 / 秒,记为(rad/s)。T 表示信号的周期。

定义在区间 (t_1,t_2) 上的信号 $x(t)$ 可以用正交信号集 $\{\varphi_i(t),i=1,2,\cdots,n\}$ 中各基底信号 $\varphi_i(t)$ 的线性组合来表示为

$$x(t)=\sum_{i=1}^{n}c_i\varphi_i(t)+x_{\mathrm{e}}(t) \tag{3.4}$$

式中,$c_i(i=1,2,\cdots,n)$ 表示加权系数,$x_{\mathrm{e}}(t)$ 表示误差信号。通过合理选择加权系数 c_i,可以使误差信号的能量达到最小。可以证明,误差信号的能量是随 n 的增加而单调下降的。若进一步增大 n 到 M,可使误差信号的能量降低到零。这样,有

$$x(t)=\sum_{i=1}^{M}c_i\varphi_i(t) \tag{3.5}$$

式(3.5)为信号精确的正交分解式,$c_i\varphi_i(t)$ 为信号 $x(t)$ 在基底 $\varphi_i(t)$ 上的正交分量。一般情况下,需要 $M\rightarrow\infty$ 才能使信号做出精确的正交分解。若所采用的正交信号集是完备的,则误差信号的能量为零,这样,可以得到广义帕塞瓦尔(Parseval)方程为

$$\int_{t_1}^{t_2}x^2(t)\mathrm{d}t=\sum_{i=1}^{+\infty}c_i^2K_i \tag{3.6}$$

式中,$K_i=\int_{t_1}^{t_2}\varphi_i^2(t)\mathrm{d}t$。式(3.6)表明信号的能量等于其各正交展开分量的能量之和。

3.2.2 LTI 系统的特征函数与特征值

正如前文所述,信号可以表示为基本信号的线性组合,且这种基本信号对于LTI系统的响应分析是非常重要的。在本书第2章,我们曾把连续时间信号 $x(t)$ 表示为连续时间单位冲激信号 $\delta(t)$ 的线性组合形式,而把离散时间信号 $x(n)$ 表示为离散时间单位冲激信号 $\delta(n)$ 的线性组合形式。由此,对于LTI系统,可以通过由 $\delta(t)$ 和 $\delta(n)$ 分别激励系统所得到的单位冲激响应 $h(t)$ 和 $h(n)$ 来进行分析和处理。

构成任意连续时间信号 $x(t)$ 或离散时间信号 $x(n)$ 的基本信号应该具有两个共同的性质:一是作为基本信号,它可以构成相当广泛的一类有用信号,二是LTI系统对于每一个基本信号的响应是十分简单的。考察 $\delta(t)$ 和 $\delta(n)$ 这两个基本信号,二者均具备上述两个性质。它们各自的线性组合均可以表示相当广泛的一类有用信号,且LTI系统对 $\delta(t)$ 和 $\delta(n)$ 的响应 $h(t)$ 和 $h(n)$ 十分简单,可使系统对任意输入信号的响应有很方便的表示。

上述的信号表示与系统响应都是在时域进行的，可否在时域之外的其他域（称为变换域）找到这样的基本信号，也使得这样的基本信号满足上面的两个性质呢？答案是肯定的。实际上，第1章介绍的连续时间和离散时间复指数信号 $e^{j\Omega_0 t}$ 和 $e^{j\omega_0 n}$ 均为满足上述两个性质的基本信号，即它们可以构成相当广泛的一类有用信号，且LTI系统对于二者各自的响应是十分简单的。下面以连续时间 LTI 系统对于连续时间复指数信号 $e^{j\Omega_0 t}$ 的响应来进行分析。

设连续时间LTI系统的单位冲激响应为 $h(t)$，考虑其输入信号为 $x(t)=e^{j\Omega_0 t}$，则系统输出可表示为

$$y(t)=x(t)*h(t)=\int_{-\infty}^{+\infty}x(t-\tau)h(\tau)d\tau=\int_{-\infty}^{+\infty}e^{j\Omega_0(t-\tau)}h(\tau)d\tau=e^{j\Omega_0 t}\int_{-\infty}^{+\infty}h(\tau)e^{-j\Omega_0\tau}d\tau$$

若定义 $H(j\Omega_0)=\int_{-\infty}^{+\infty}h(\tau)e^{-j\Omega_0\tau}d\tau$，则上式可表示为 $y(t)=x(t)H(j\Omega_0)$，记为

$$e^{j\Omega_0 t}\to H(j\Omega_0)e^{j\Omega_0 t} \tag{3.7}$$

式(3.7)中，"→"表示 LTI 系统对输入信号的作用。从时间变量 t 的角度来说，$H(j\Omega_0)$ 是与时间无关的复常量。这表明，当 LTI 系统以 $x(t)=e^{j\Omega_0 t}$ 作为激励信号时，其输出响应信号是这个信号乘以一个常量，即仅在幅度上有所变化。

连续时间 LTI 系统对于连续时间信号 $x(t)=e^{j\Omega_0 t}$ 的响应关系，可以推广到离散时间 LTI 系统对离散时间信号 $x(n)=e^{j\omega_0 n}$ 的情形，我们同样可以得到

$$e^{j\omega_0 n}\to H(e^{j\omega_0})e^{j\omega_0 n} \tag{3.8}$$

式(3.8)中，$H(e^{j\omega_0})=\sum_{n=-\infty}^{+\infty}h(n)e^{j\omega_0 n}$ 也是与时间变量 n 无关的复常量。实际上，在后面章节我们会看到 $H(j\Omega)$ 和 $H(e^{j\omega})$ 分别称为连续时间 LTI 系统和离散时间 LTI 系统的频率响应。

从第 1 章介绍的连续时间与离散时间复指数信号可知，$e^{j\Omega_0 t}$ 是一般形式复指数信号 e^{st}，$s=\sigma+j\Omega_0$ 当 $\sigma=0$ 时的特例，而 $e^{j\omega_0 n}$ 则是一般形式离散时间复指数信号 z^n，$z=re^{j\omega_0}$ 当 $r=1$ 时的特例。对于一般形式的复指数信号 e^{st} 与 z^n，我们同样可以验证LTI系统对其响应满足如下关系，即

$$e^{st}\to H(s)e^{st} \tag{3.9}$$

$$z^n\to H(z)z^n \tag{3.10}$$

式中，$H(s)=\int_{-\infty}^{+\infty}h(\tau)e^{-s\tau}d\tau$，$H(z)=\sum_{k=-\infty}^{+\infty}h(k)z^{-k}$。

综上所述，LTI 系统对于复指数信号的响应是同样的复指数信号，只不过在幅度上有所变化。称式(3.9)和式(3.10)中的复指数信号 e^{st} 与 z^n 为特征函数(Eigenfunction)，而称这两式中的 $H(s)$ 和 $H(z)$ 为系统的特征值(Eigenvalue)。

LTI 系统特征函数与特征值的关系，可以形象地用系统框图的形式表示为图 3.1。

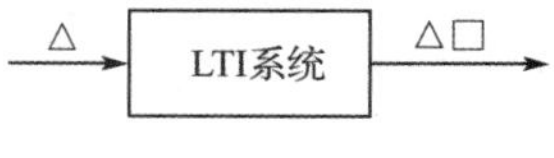

△ → LTI系统 → △□

图 3.1 LTI 系统特征函数与特征值关系

在图3.1中，△表示特征函数，□表示特征值。显然，LTI系统对于特征函数的响应是保留该特征函数本身，并依据特征值对其幅度进行修改。

关于基本信号 $e^{j\Omega_0 t}$ 和 $e^{j\omega_0 n}$ 的另一个性质，即可以构成相当广泛的一类有用信号的性质，我们将在关于傅里叶级数的介绍中得到结论。

3.3 连续时间周期信号的傅里叶级数表示

3.3.1 连续时间周期性信号的谐波关系

连续时间周期信号的傅里叶级数知识点

所谓谐波关系(Harmonically Relation)是指某一周期性信号集合内的每一个信号都有一个与基波频率(Fundamental Frequency) $\Omega_0 = 2\pi/T$ 成整倍数的频率，其中 T 称为基波周期(Fundamental Period)。

成谐波关系的连续时间周期性复指数信号的集合可以表示为

$$\varphi_k(t) = e^{jk\Omega_0 t} = e^{jk(2\pi/T)t}, \quad k = 0, \pm 1, \pm 2, \cdots \tag{3.11}$$

由式(3.11)可见，$\varphi_k(t)$ 中每一个信号的基波频率均为 $\Omega_0 = 2\pi/T$ 的整数倍，也都是周期为 T 的周期性信号。

实际上，在科学研究与工程技术中所遇到的任意连续时间周期信号 $x(t)$，均可以写成一个由成谐波关系的复指数信号的线性组合形式，即

$$x(t) = \sum_{k=-\infty}^{+\infty} A_k e^{jk\Omega_0 t} = \sum_{k=-\infty}^{+\infty} A_k e^{jk(2\pi/T)t} \tag{3.12}$$

式中，A_k 表示加权系数。若 $k = 0$，对应的这一项为常数，表示信号的直流分量；若 $k = \pm 1$，对应于 $e^{\pm j\Omega_0 t}$ 这一项，表示信号的基波分量，又称为一次谐波分量(First Harmonic Component)；若 $k = \pm 2$，对应于 $e^{\pm j2\Omega_0 t}$ 这一项，表示信号的二次谐波分量(Second Harmonic Component)；若 $k = \pm N$，则对应的谐波分量称为 N 次谐波分量。图 3.2 给出了一个正弦谐波集三个谐波信号(即 $k = 1,3,5$)的波形。由图可见，在基波信号的一个周期内，三次谐波和五次谐波的周期分别对应 3 个和 5 个基波周期。

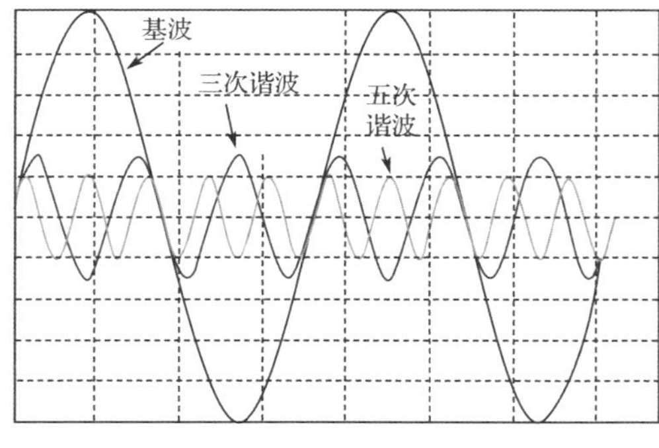

图 3.2 一个正弦谐波集三个谐波信号的波形

3.3.2 连续时间周期性信号的傅里叶级数表示

1. 复指数形式的傅里叶级数表示

由 3.3.1 节的介绍可知，连续时间周期信号 $x(t)$ 可以表示为式(3.12) 所示的成谐波关系的周期性复指数信号的线性组合形式，即 $x(t)=\sum_{k=-\infty}^{+\infty}A_k\mathrm{e}^{\mathrm{j}k\Omega_0 t}=\sum_{k=-\infty}^{+\infty}A_k\mathrm{e}^{\mathrm{j}k(2\pi/T)t}$。实际上，这就是周期性信号的傅里叶级数(Fourier Series, FS) 表示。

进一步对式(3.12) 进行分析解释可知：式中的 $A_k, k=0,\pm1,\pm2,\cdots$ 称为傅里叶级数的系数，实际上是把周期性信号 $x(t)$ 在基本信号 $\mathrm{e}^{\mathrm{j}\Omega_0 t}$ 上进行分解而得到的频谱系数(Spectrum Coefficients)，简称为频谱，是表示信号不同频率分量在频率轴上的分布情况。通常，把式(3.12) 所示的傅里叶级数表达式称为傅里叶级数的综合式，其作用是把经傅里叶级数分解得到的离散频谱合成为原始的连续时间周期信号。

如何得到傅里叶级数的系数(或称之为频谱)$A_k, k=0,\pm1,\pm2,\cdots$ 呢？考虑从式(3.12) 入手，对式(3.12) 两边同乘 $\mathrm{e}^{-\mathrm{j}n\Omega_0 t}$，其中 n 为整数，有

$$x(t)\mathrm{e}^{-\mathrm{j}n\Omega_0 t}=\sum_{k=-\infty}^{+\infty}A_k\mathrm{e}^{\mathrm{j}k\Omega_0 t}\mathrm{e}^{-\mathrm{j}n\Omega_0 t} \tag{3.13}$$

对式(3.13) 两边相对于时间 t 积分，积分区间为 $x(t)$ 的基波周期，例如选择 0 到 $T=2\pi/\Omega_0$，则有

$$\int_0^T x(t)\mathrm{e}^{-\mathrm{j}n\Omega_0 t}\mathrm{d}t=\int_0^T\Big[\sum_{k=-\infty}^{+\infty}A_k\mathrm{e}^{\mathrm{j}k\Omega_0 t}\mathrm{e}^{-\mathrm{j}n\Omega_0 t}\Big]\mathrm{d}t \tag{3.14}$$

对上式右边交换积分与求和顺序，并作适当整理可得

$$\int_0^T x(t)\mathrm{e}^{-\mathrm{j}n\Omega_0 t}\mathrm{d}t=\sum_{k=-\infty}^{+\infty}A_k\Big[\int_0^T\mathrm{e}^{\mathrm{j}(k-n)\Omega_0 t}\mathrm{d}t\Big] \tag{3.15}$$

考虑式(3.15) 右边的积分式 $\int_0^T\mathrm{e}^{\mathrm{j}(k-n)\Omega_0 t}\mathrm{d}t$：当 $k=n$ 时，有 $\int_0^T\mathrm{e}^{\mathrm{j}(k-n)\Omega_0 t}\mathrm{d}t=T$；而当 $k\neq n$ 时，因 k 与 n 均为整数，故有 $\int_0^T\mathrm{e}^{\mathrm{j}(k-n)\Omega_0 t}\mathrm{d}t=0$。这样，综合 $k=n$ 和 $k\neq n$ 两种情况，可以得到

$$\int_0^T\mathrm{e}^{\mathrm{j}(k-n)\Omega_0 t}\mathrm{d}t=\begin{cases}T, k=n\\0, k\neq n\end{cases} \tag{3.16}$$

把式(3.16) 代入式(3.15)，并经整理，有

$$A_n=\frac{1}{T}\int_T x(t)\mathrm{e}^{-\mathrm{j}n\Omega_0 t}\mathrm{d}t \tag{3.17}$$

式(3.17) 就是傅里叶级数系数的表达式，又称为分解式。式中的积分号 $\int_T$ 表示在任意周期内积分。把参量 n 改写为 k，再把式(3.12) 所表示的综合式与式(3.17) 所表示的分解式联合起来，可得傅里叶级数的定义式为

定义 3.1　傅里叶级数　连续时间周期性信号 $x(t)$ 的傅里叶级数(FS) 定义为

$$A_k=\frac{1}{T}\int_T x(t)\mathrm{e}^{-\mathrm{j}k\Omega_0 t}\mathrm{d}t=\frac{1}{T}\int_T x(t)\mathrm{e}^{-\mathrm{j}k(2\pi/T)t}\mathrm{d}t \tag{3.18}$$

$$x(t)=\sum_{k=-\infty}^{+\infty}A_k\mathrm{e}^{\mathrm{j}k\Omega_0 t}=\sum_{k=-\infty}^{+\infty}A_k\mathrm{e}^{\mathrm{j}k(2\pi/T)t} \tag{3.19}$$

上面两式中，式(3.18)为正变换式，又称为分解式，表示把连续时间周期信号 $x(t)$ 分解为频谱 A_k；式(3.19)为逆变换式，又称为综合式，表示把离散频谱 A_k 合成为连续时间周期性信号 $x(t)$。实际上，每一个傅里叶级数的系数 A_k 是对周期性信号 $x(t)$ 中每一个谐波分量大小的度量。其中 A_0 表示 $x(t)$ 的直流分量。令 $k=0$ 并代入式(3.18)，有

$$A_0 = \frac{1}{T}\int_T x(t)\,\mathrm{d}t \tag{3.20}$$

表示 $x(t)$ 在一个周期内的平均值。需要说明的是，在利用式(3.18)和式(3.20)计算傅里叶级数的系数时，积分区间可以取连续时间周期信号 $x(t)$ 的任意周期。

2. 傅里叶级数的幅度谱与相位谱

傅里叶级数的系数 A_k 称为连续时间周期信号 $x(t)$ 的频谱，即表示信号各频率成分在频率域的分布情况。一般来说，频谱是频率变量 k 的复函数，故可分为实部(Real part)谱和虚部(Imaginary part)谱，表示为

$$A_k = \mathrm{Re}[A_k] + \mathrm{j}\,\mathrm{Im}[A_k] \tag{3.21}$$

式中，$\mathrm{Re}[\cdot]$ 和 $\mathrm{Im}[\cdot]$ 分别表示取实部和取虚部的运算，$\mathrm{j}=\sqrt{-1}$ 为虚数符号。

另外，频谱 A_k 又可以分为幅度谱(Magnitude Spectrum)和相位谱(Phase Spectrum)两部分，分别表示信号各频率分量的幅度和相位在频域上的分布。由傅里叶级数所表示的幅度谱 $|A_k|$ 和相位谱 $\measuredangle A_k$ 分别如式(3.22)和式(3.23)所示

$$|A_k| = \sqrt{[\mathrm{Re}(A_k)]^2 + [\mathrm{Im}(A_k)]^2} \tag{3.22}$$

$$\measuredangle A_k = \arctan\left[\frac{\mathrm{Im}[A_k]}{\mathrm{Re}[A_k]}\right] \tag{3.23}$$

式中，$\mathrm{Re}[A_k]$ 和 $\mathrm{Im}[A_k]$ 分别表示 A_k 的实部和虚部；$\arctan(\cdot)$ 表示反正切运算。

3. 其他形式的傅里叶级数表示

(1) 三角函数形式的傅里叶级数表示

周期为 T 的连续时间信号 $x(t)$ 可以在任意区间 (t_0, t_0+T) 精确分解为三角函数形式的傅里叶级数为

$$x(t) = a_0 + \sum_{k=1}^{+\infty}[a_k\cos k\Omega_0 t + b_k\sin k\Omega_0 t],\quad t_0 < t < t_0+T \tag{3.24}$$

式中，a_0、a_k 和 b_k 为三角函数形式的傅里叶级数系数，可由正弦、余弦信号集的正交性求得

$$\begin{cases} a_0 = \dfrac{1}{T}\displaystyle\int_T x(t)\,\mathrm{d}t \\ a_k = \dfrac{2}{T}\displaystyle\int_T x(t)\cos k\Omega_0 t\,\mathrm{d}t \\ b_k = \dfrac{2}{T}\displaystyle\int_T x(t)\sin k\Omega_0 t\,\mathrm{d}t \end{cases} \tag{3.25}$$

(2) 另一种三角函数形式的傅里叶级数表示

分别利用三角函数中的正弦函数和余弦函数，可以得到另外一种形式的傅里叶级数表示

$$x(t) = c_0 + \sum_{k=1}^{+\infty} c_k\cos(k\Omega_0 t + \varphi_k) \tag{3.26}$$

或

$$x(t)=d_0+\sum_{k=1}^{+\infty}d_k\sin(k\Omega_0 t+\theta_k) \tag{3.27}$$

式(3.24)、式(3.26)和式(3.27)中各参数的关系为

$$\begin{cases}a_0=c_0=d_0\\ c_k=d_k=\sqrt{a_k^2+b_k^2}\\ a_k=c_k\cos\varphi_k=d_k\sin\theta_k\\ b_k=-c_k\sin\varphi_k=d_k\cos\theta_k\\ \tan\varphi_k=-b_k/a_k\\ \tan\theta_k=a_k/b_k\end{cases} \tag{3.28}$$

考虑到周期性复指数信号的优良特性,本书主要采用周期性复指数形式的傅里叶级数表示。

例 3.1　试求给定周期性信号 $x(t)=\begin{cases}1, & |t|<T_1\\ 0, & T_1<|t|<T/2\end{cases}$ 的傅里叶级数系数 A_k。

解　根据给定信号的表达式,可以绘出其信号波形图,如图 3.3 所示。

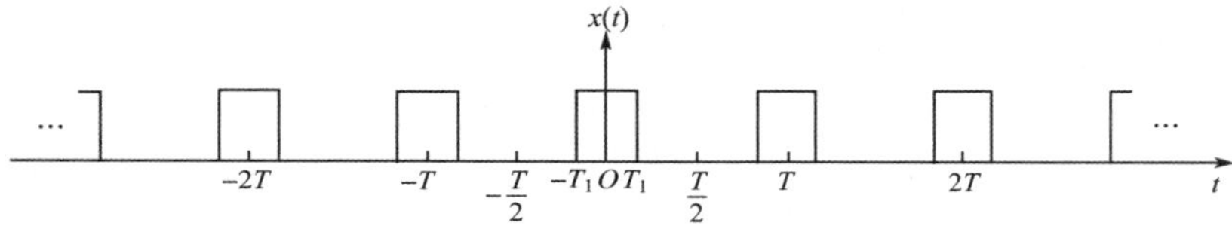

图 3.3　例 3.1 给定信号的波形图

将信号表达式代入傅里叶级数正变换的定义式(3.18),有

$$\begin{aligned}A_k&=\frac{1}{T}\int_{-T_1}^{T_1}\mathrm{e}^{-\mathrm{j}k\Omega_0 t}\mathrm{d}t\\ &=-\frac{1}{\mathrm{j}k\Omega_0 T}\mathrm{e}^{-\mathrm{j}k\Omega_0 t}\Big|_{-T_1}^{T_1}\\ &=\frac{2}{k\Omega_0 T}\left[\frac{\mathrm{e}^{\mathrm{j}k\Omega_0 T_1}-\mathrm{e}^{-\mathrm{j}k\Omega_0 T_1}}{2\mathrm{j}}\right]\\ &=\frac{\sin(k\Omega_0 T_1)}{k\pi},\quad k\neq 0。\end{aligned}$$

因上式 $k\neq 0$,故需重新计算 $k=0$ 的情况,有

$$A_0=\frac{1}{T}\int_{-T_1}^{T_1}\mathrm{d}t=\frac{2T_1}{T}。$$

图 3.4 给出了例 3.1 中信号 $x(t)$ 的频谱图。实际上,该频谱图是信号实值频谱 A_k 的频率分布曲线。根据信号波形中 T_1 与 T 的关系,可以画出不同的频谱图。显然,随着给定信号波形中非零值区间的变窄,信号频谱的幅度会减小,且波动周期会展宽。

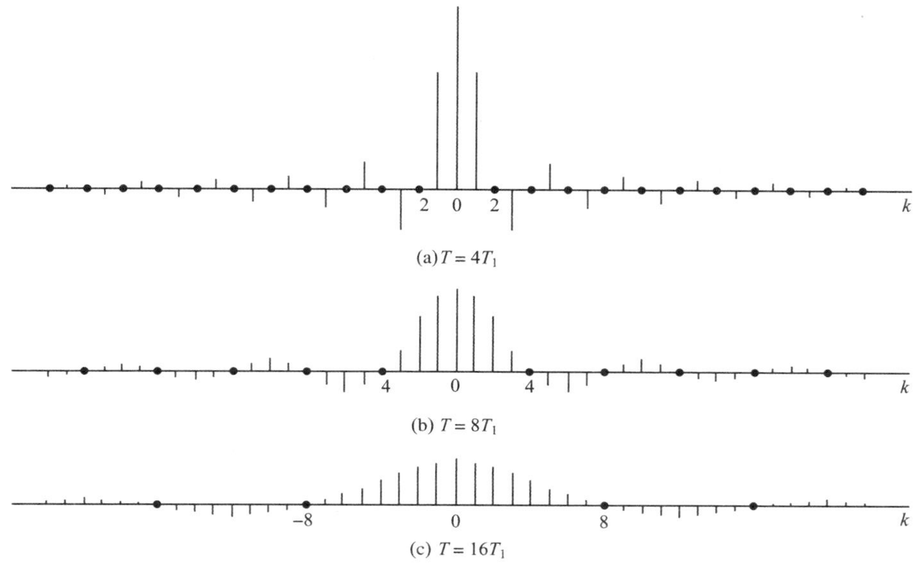

图 3.4　例 3.1 信号的频谱图

例 3.2　试计算信号 $x(t) = \cos\Omega_0 t$ 的傅里叶级系数 A_k。

解　根据欧拉公式，$x(t) = \cos\Omega_0 t$ 可以写为复指数形式为 $\cos\Omega_0 t = \frac{1}{2}e^{j\Omega_0 t} + \frac{1}{2}e^{-j\Omega_0 t}$。将该式与傅里叶级数的逆变换式(3.19)对比，可得 $A_1 = A_{-1} = \frac{1}{2}$，若 $k \neq \pm 1$，则 $A_k = 0$。

例 3.3　利用 MATLAB 编程计算周期性方波信号的傅里叶级数系数，并绘出频谱图。假设信号的周期 $T = 4$，脉冲宽度 $T_1 = 2$，幅值 $A = 0.5$。

解　MATLAB 程序如下：

```
% 计算周期性方波信号的傅里叶级数系数，并绘出频谱图
clc, clear; T = 4; width = 2; A = 0.5; t1 =- T/2:0.001:T/2;
ft1 = 0.5 * [abs(t1) < width/2]; t2 = [t1 - 2 * T t1 - T t1 t1 + T t1 + 2 * T]; ft = repmat(ft1,
1,5);
figure(1);  subplot(211); plot(t2,ft); axis([- 8 8 0 0.8]); xlabel('t'); ylabel('波形幅度'); grid
on;
w0 = 2 * pi/T; N = 20; K = 0:N; ak = zeros(N + 1,1);
for k = 0:N
    factor1  =  ['exp( -  j * t * ',num2str(w0),' * ',num2str(k),')'];  f_t  =  [num2str(A),
' * rectpuls(t,2)'];
    ak(k + 1) = quad([f_t,'. * ',factor1], - T/2,T/2)/T;
end
kk = 0:N; subplot(212); stem(kk',abs(ak),'filled'); xlabel('k'); ylabel('频谱幅度'); grid on;
```

图 3.5 给出了周期性方波信号的波形和根据其傅里叶级数系数绘制的频谱图(仅给出$k \geqslant 0$ 的部分)。

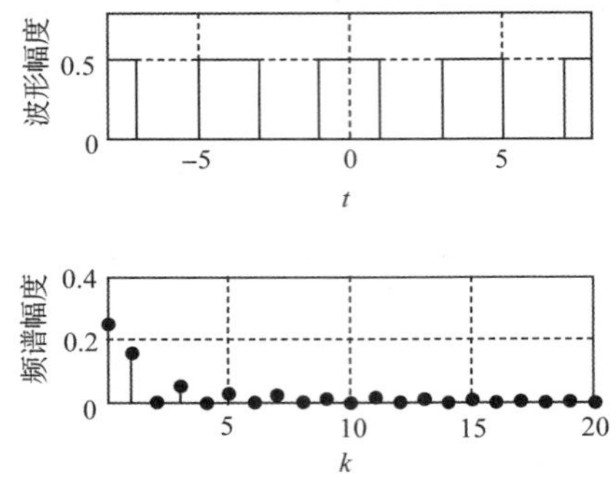

图 3.5　例 3.3 周期性方波信号的波形图和频谱图

3.3.3　傅里叶级数的收敛问题:狄利克雷条件

任意周期性信号是否都能表示为傅里叶级数,这是傅里叶级数理论需要解决的一个重要问题。

1. 傅里叶级数的收敛性

为了表明傅里叶级数的收敛性条件,考虑一个周期性信号 $x(t)$ 用成谐波关系的有限项复指数信号的线性组合来近似表示,即

$$x_N(t) = \sum_{k=-N}^{N} A_k e^{jk\Omega_0 t} \tag{3.29}$$

定义这种近似表示相对于 $x(t)$ 的误差为 $e_N(t) = x(t) - x_N(t)$,并设这个误差的能量为 $E_N = \int_T |e_N(t)|^2 dt$。随着 N 的增加,误差能量 E_N 会减小,若 $x(t)$ 可以展开成傅里叶级数,则当 $N \to \infty$ 时,则有 $E_N \to 0$。这样,$x(t)$ 与其傅里叶级数表示就是严格一一对应的了。

理论和实践表明,只要 $x(t)$ 在一个周期内具有有限能量,其傅里叶级数就能够保证收敛。由于大多数周期性信号在一个周期内的能量都是有限的,因此这些信号的傅里叶级数都是收敛的。

2. 狄利克雷条件

进一步地,狄利克雷条件(Drichlet Conditions)表明了周期性信号 $x(t)$ 傅里叶级数收敛须满足的条件,即

条件 1:在任意周期内,$x(t)$ 必须绝对可积,即须满足$\int_T |x(t)| dt < \infty$。这一条件保证了每个傅里叶系数 A_k 为有限值。设周期性信号 $x(t) = 1/t, 0 < t \leqslant 1$,该信号的波形如图 3.6(a) 所示,是不满足条件 1 的例子。

条件 2:在任意有限区间内,$x(t)$ 具有有限个起伏变化。不满足条件 2 的例子如图 3.6(b) 所示,其表达式为 $x(t) = \sin(2\pi/t), 0 < t \leqslant 1$。

条件 3:在任意有限区间内,$x(t)$ 只有有限个不连续点,且在这些不连续点上,信号值是有限的。不满足条件 3 的例子如图 3.6(c) 所示。

狄利克雷条件弥补了傅里叶级数理论的不完善性,避免了傅里叶级数在一些特殊情况下所出现的发散性,从而使得傅里叶级数理论更加严谨。图 3.6 给出了不满足狄利克雷条件

即傅里叶级数不收敛的一些周期信号的例子。在自然界和工程实际问题中所遇到的信号都是满足狄利克雷条件的，因此其傅里叶级数都是存在的或收敛的。这样，我们一般不再详细讨论信号的狄利克雷条件问题。

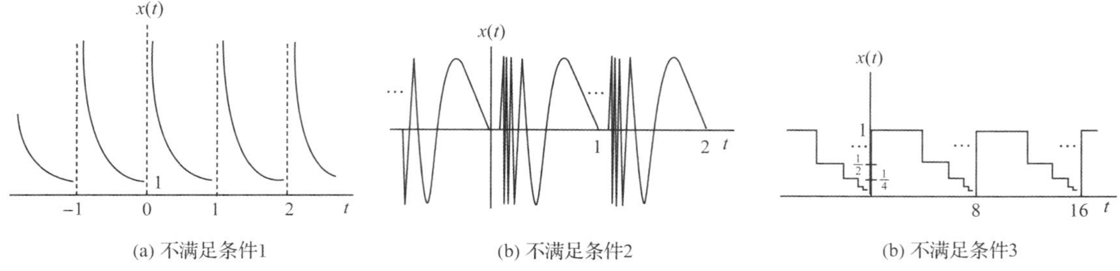

图 3.6　不满足狄利克雷条件的信号举例

3.4　傅里叶级数的性质与其频谱的特点

傅里叶级数具有一系列重要性质，且傅里叶级数所对应周期性信号的频谱具有一系列重要性质和特点。在下面关于傅里叶级数性质与其频谱的介绍中，均假定周期性信号 $x(t)$ 的周期为 T，基波频率为 $\Omega_0=2\pi/T$。若涉及其他周期性信号，例如 $y(t)$，则假定其周期与 $x(t)$ 的周期相同。设 $x(t)$ 的傅里叶级数系数为 A_k，设 $y(t)$ 的傅里叶级数系数为 B_k，简记为

$$x(t)\overset{\text{FS}}{\leftrightarrow}A_k \tag{3.30a}$$

$$y(t)\overset{\text{FS}}{\leftrightarrow}B_k \tag{3.30b}$$

3.4.1　傅里叶级数的主要性质

1. 傅里叶级数的主要性质

性质 3.1　傅里叶级数的线性性质　设两个具有相同周期 T 的周期性信号 $x(t)$ 和 $y(t)$，二者的傅里叶级数系数分别为 A_k 和 B_k。记为 $x(t)\overset{\text{FS}}{\leftrightarrow}A_k$ 和 $y(t)\overset{\text{FS}}{\leftrightarrow}B_k$。考虑 $x(t)$ 与 $y(t)$ 的线性组合 $z(t)=ax(t)+by(t)$，且有 $z(t)\overset{\text{FS}}{\leftrightarrow}C_k$。则有傅里叶级数的线性性质为

$$z(t)=ax(t)+by(t)\overset{\text{FS}}{\leftrightarrow}aA_k+bB_k=C_k \tag{3.31}$$

傅里叶级数的线性性质可以推广到具有相同周期的任意多个信号线性组合的情况。

性质 3.2　傅里叶级数的时移性质　设周期性信号 $x(t)$ 时移 t_0 后有 $y(t)=x(t-t_0)$，其周期 T 不变，且满足 $x(t)\overset{\text{FS}}{\leftrightarrow}A_k$ 和 $y(t)\overset{\text{FS}}{\leftrightarrow}B_k$。则傅里叶级数的时移性质为

$$y(t)=x(t-t_0)\overset{\text{FS}}{\leftrightarrow}\mathrm{e}^{-\mathrm{j}k\Omega_0 t_0}A_k=B_k \tag{3.32}$$

证明　将 $y(t)=x(t-t_0)$ 代入式(3.18)，有

$$B_k = \frac{1}{T}\int_T x(t-t_0)\mathrm{e}^{-\mathrm{j}k\Omega_0 t}\mathrm{d}t = \frac{1}{T}\int_T x(\tau)\mathrm{e}^{-\mathrm{j}k\Omega_0(\tau+t_0)}\mathrm{d}\tau = \mathrm{e}^{-\mathrm{j}k\Omega_0 t_0}\ \frac{1}{T}\int_T x(\tau)\mathrm{e}^{-\mathrm{j}k\Omega_0\tau}\mathrm{d}\tau = \mathrm{e}^{-\mathrm{j}k\Omega_0 t_0}A_k$$

由上式可见，当周期性信号 $x(t)$ 时移 t_0 后，其傅里叶级数系数的模保持不变，但产生一个附加相移。其物理意义可解释为，当信号由传播引起时间延迟效应时，信号的频谱发生相移，而信号的幅度谱不变。

性质 3.3　傅里叶级数的时间反转性质　设周期性信号 $x(t)$ 时间反转后为 $x(-t)$，其周期不变，则傅里叶级数的时间反转性质为

$$x(-t) \overset{\mathrm{FS}}{\leftrightarrow} A_{-k} \tag{3.33}$$

证明　由傅里叶级数逆变换定义式(3.19)，有

$$x(-t) = \sum_{k=-\infty}^{+\infty} A_k \mathrm{e}^{-\mathrm{j}k\Omega_0 t} \overset{令 m=-k}{=} \sum_{m=-\infty}^{+\infty} A_{-m}\mathrm{e}^{\mathrm{j}m\Omega_0 t} = \sum_{k=-\infty}^{+\infty} A_{-k}\mathrm{e}^{\mathrm{j}k\Omega_0 t}$$

则式(3.33)得证。

傅里叶级数的时间反转性质表明，$x(t)$ 时间反转后，其频谱也在频率轴上反转了。

所谓时间反转，是指信号 $x(t)$ 围绕其波形图纵轴进行反褶而得到 $y(t) = x(-t)$。其物理意义类似于对记录下来的信号 $x(t)$ 从后向前反向播放。我们在影视作品中常会看到一些特技镜头，例如演员从地面跳上高楼或高墙，有可能是先拍下演员从高墙或高楼跳下的镜头，再经过特技制作，展现出反向的动作。

性质 3.4　傅里叶级数的时域尺度变换性质　设连续时间周期性信号 $x(t)$ 的周期为 T，其尺度变换形式为 $x(at)$（a 为正实数），则 $x(at)$ 的周期变为 T/a，其基波频率为 $a\Omega_0$。$x(at)$ 的傅里叶级数表示为

$$x(at) = \sum_{k=-\infty}^{+\infty} A_k \mathrm{e}^{\mathrm{j}k(a\Omega_0)t} \tag{3.34}$$

因时间上的尺度变换是直接加在 $x(t)$ 的每一个谐波分量上的，故尺度变换后信号的傅里叶级数系数 A_k 是不变的。

性质 3.5　傅里叶级数的共轭及共轭对称性质　设周期性信号 $x(t)$ 的复共轭表示为 $x^*(t)$，则 $x^*(t)$ 的傅里叶级数系数表示为

$$x^*(t) \overset{\mathrm{FS}}{\leftrightarrow} A_{-k}^* \tag{3.35}$$

上式表明，复共轭信号 $x^*(t)$ 的频谱是原信号 $x(t)$ 的频谱的反转与共轭。若 $x(t)$ 是实值信号，则有傅里叶级数系数的共轭对称关系为

$$A_k = A_{-k}^* \tag{3.36}$$

性质 3.6　傅里叶级数的频移性质　设连续时间周期性信号 $x(t)$，若满足 $x(t) \overset{\mathrm{FS}}{\leftrightarrow} A_k$，则有

$$\mathrm{e}^{\mathrm{j}M\Omega_0 t}x(t) \overset{\mathrm{FS}}{\leftrightarrow} A_{k-M} \tag{3.37}$$

由式(3.37)可见，若信号的频谱（傅里叶级数的系数）在频率轴上平移，则对应于信号 $x(t)$ 在时域的相移。

性质 3.7　傅里叶级数的帕塞瓦尔定理　设连续时间周期性信号 $x(t)$，若满足 $x(t) \overset{\mathrm{FS}}{\leftrightarrow} A_k$，则 $x(t)$ 在一个周期内的总平均功率等于其全部谐波分量平均功率之和。这样，傅里叶级数的帕塞瓦尔定理为

$$\frac{1}{T}\int_T |x(t)|^2 \mathrm{d}t = \sum_{k=-\infty}^{+\infty} |A_k|^2 \tag{3.38}$$

式(3.38)表明了一个周期信号的平均功率等于它各次谐波分量的平均功率之和，而这些谐波分量的平均功率就等于傅里叶级数的模平方。

2. 傅里叶级数性质列表

为了使读者一目了然地掌握傅里叶级数的性质，表3.1给出了其主要性质的列表。

表3.1 连续时间傅里叶级数的主要性质

序号	性质	连续时间周期信号 $x(t),y(t)$ 周期为 T，基波频率 $\Omega_0=2\pi/T$	傅里叶级数系数 A_k,B_k
1	线性性质	$ax(t)+by(t)$	aA_k+bB_k
2	时移性质	$x(t-t_0)$	$A_k\mathrm{e}^{-\mathrm{j}k\Omega_0 t_0}=A_k\mathrm{e}^{-\mathrm{j}k(2\pi/T)t_0}$
3	频移性质	$\mathrm{e}^{\mathrm{j}M\Omega_0 t}x(t)=\mathrm{e}^{\mathrm{j}M(2\pi/T)t}x(t)$	A_{k-M}
4	共轭性质	$x^*(t)$	A_{-k}^*
5	时间反转性质	$x(-t)$	A_{-k}
6	时域尺度变换性质	$x(at),a>0$(周期为 T/a)	A_k
7	周期卷积性质	$\int_T x(\tau)y(t-\tau)\mathrm{d}\tau$	TA_kB_k
8	相乘性质	$x(t)y(t)$	$\sum_{l=-\infty}^{+\infty}A_lB_{k-l}$
9	时域微分性质	$\frac{\mathrm{d}x(t)}{\mathrm{d}t}$	$\mathrm{j}k\Omega_0A_k=\mathrm{j}k\frac{2\pi}{T}A_k$
10	实信号的共轭对称性	$x(t)$ 为实信号	$\begin{cases}A_k=A_{-k}^*\\\mathrm{Re}[A_k]=\mathrm{Re}[A_{-k}]\\\mathrm{Im}[A_k]=-\mathrm{Im}[A_{-k}]\\\|A_k\|=\|A_{-k}\|\\\measuredangle A_k=-\measuredangle A_{-k}\end{cases}$
11	帕塞瓦尔定理	$\frac{1}{T}\int_T \|x(t)\|^2\mathrm{d}t=\sum_{k=-\infty}^{+\infty}\|A_k\|^2$	

3.4.2 傅里叶级数对应频谱的特点

傅里叶级数系数的物理意义是表示连续时间周期信号 $x(t)$ 的频谱，即表示其展开的各谐波分量在频率轴上的分布。本节简要介绍这种周期性信号频谱的主要特点。

傅里叶级数与LTI系统及滤波概念知识点

1. 频谱的离散性

由例3.1和例3.2可知，由傅里叶级数得到的周期性信号的频谱是由离散谱线构成的，且谱线之间的间隔均为基波频率 Ω_0。因 $\Omega_0=2\pi/T$，故信号 $x(t)$ 的周期长短决定了其频谱中各谱线间隔的大小。信号的周期 T 越长，其基频 Ω_0 就越小，使得频谱越密集，反之则越稀疏。

2. 频谱的衰减性

若连续时间周期信号是功率有限信号，则其频谱具有衰减特性。即随着谐波频率 $k\Omega_0$ 的增加，其频谱的幅度 $|A_k|$ 不断衰减，并最终趋于零。研究表明，若周期性信号存在间断点，则 $|A_k|$ 按照 $1/k$ 的规律衰减；若 $x(t)$ 的一阶导数存在间断点，则 $|A_k|$ 按照 $1/k^2$ 的规律衰减。一般地，若 $x(t)$ 的 $n-1$ 阶导数连续而 n 阶导数不连续，则 $|A_k|$ 按照 $1/k^{n+1}$ 的规律衰减。由此可见，信号 $x(t)$ 的时域变化越平缓，表明信号频谱中高频分量越少，则其对应的幅度谱 $|A_k|$ 就衰减得越快；反之，若信号 $x(t)$ 的时域变化越剧烈，表明信号频谱中的高频分量越多，则其对应的幅度谱 $|A_k|$ 衰减得越慢。

3. 信号的有效带宽

由例 3.1 给出的图 3.4 可知，周期性方波信号 $x(t)$ 的频谱具有波动衰减的特性，且每间隔 $m/2$ 点会出现一个过零点，这里的 $m=T/T_1$ 表示信号 $x(t)$ 的周期 T 与非零值持续时间 T_1 之比，如图 3.3 所示。若 $m=4$，则第一个过零点(Zero Crossing)出现在 $k=2$ 处；若 $m=8$，则第一个过零点出现在 $k=4$ 处；若 $m=16$，则第一个过零点出现在 $k=8$ 处；依此类推。

通常，称包含主要谐波分量的 0 频率至第一个过零点这段频率范围为周期性方波信号的有效带宽，简称为带宽(Bandwidth)，记为 Ω_B。信号在频域的有效带宽 Ω_B 与信号在时域的持续时间 T_1 成反比，即 T_1 越大，则 Ω_B 越小。

信号的有效带宽是信号频域特性的重要指标，在实际应用中受到广泛的重视和使用。可以看出，信号的主要谐波分量大多集中在其有效带宽中。一般认为，若信号丢失有效带宽之外的谐波成分，不会对信号产生明显的影响。实际上，系统也有其对应的有效带宽。当信号通过系统时，信号与系统的有效带宽需要匹配。若信号的有效带宽大于系统的有效带宽，则信号会丢失较多主要成分，造成信号的失真。另外，若信号的有效带宽远小于系统的有效带宽，尽管信号可以顺利通过，但对系统资源是一种浪费。

3.5 连续时间信号的傅里叶变换

3.5.1 从傅里叶级数到傅里叶变换

1. 信号的周期性问题

连续时间信号的傅里叶变换知识点

傅里叶级数的理论表明，满足狄利克雷条件的任意周期性信号均可以表示成周期性复指数信号的线性组合形式，或者说任意周期信号均可以分解为以周期性复指数信号为基函数的函数集的形式。但是，在自然界和工程技术中，绝大多数真实信号并不是周期性信号。这样，如何对非周期信号进行傅里叶分析是一个需要解决的问题。

2. 以连续时间周期方波信号为例进行定性分析

按照傅里叶的观点，一个非周期信号可以看作是周期为无穷的周期性信号。在对周期性信号进行傅里叶分解时，若加长信号的周期。则频谱的基波频率就会减小，且成谐波关系的各频率分量在频率上会更加靠近。当信号的周期趋于无穷时，这些频率分量就形成了一个连续域，从而傅里叶级数的求和式就变为积分式了。实际上，这就是傅里叶变换的基本思路。

下面以连续时间周期性方波信号为例进行分析。设连续时间周期性方波信号为

$$x(t)=\begin{cases}1, & |t|<T_1\\ 0, & T_1<|t|<T/2\end{cases}$$

式中，T 为信号的周期，T_1 表示一个周期内信号非零值的范围，该信号的时域波形请参见图 3.4 所示。利用傅里叶级数的定义式(3.18)，可以得到该方波信号的傅里叶级数系数为

$$A_k=\frac{2\sin(k\Omega_0T_1)}{k\Omega_0T}$$

分析信号 $x(t)$ 的表达式及其傅里叶级数系数 A_k 可以看出，如果保持 T_1 不变，而逐渐增加信号的周期 T，则周期信号 $x(t)$ 的周期逐步加大，并最终当 $T\to\infty$ 时，$x(t)$ 变化为周期无穷大的非周期信号。而此时，由于 T 的增加，使得信号的基波频率 $\Omega_0=2\pi/T$ 不断减小，从而使得其傅里叶级数系数 A_k 的谱线逐渐变密，并最终当 $T\to\infty$ 时，信号的频谱由离散频谱转变为连续频谱。

3. 进一步地定量分析

为了区分周期性信号与非周期信号，我们暂时以 $\tilde{x}(t)$ 表示周期信号，而以 $x(t)$ 表示非周期信号。根据傅里叶级数的定义，有

$$\begin{cases}\tilde{x}(t)=\sum\limits_{k=-\infty}^{+\infty}A_k\mathrm{e}^{\mathrm{j}k\Omega_0t}\\ A_k=\dfrac{1}{T}\displaystyle\int_{-T/2}^{T/2}\tilde{x}(t)\mathrm{e}^{-\mathrm{j}k\Omega_0t}\mathrm{d}t\end{cases}\tag{3.39}$$

定义一个辅助函数 $x(t)=\begin{cases}\tilde{x}(t), & |t|<T/2\\ 0, & \text{其他}\end{cases}$，并固定 T_1，使 $T\to\infty$，则有

$$A_k=\frac{1}{T}\int_{-T/2}^{T/2}x(t)\mathrm{e}^{-\mathrm{j}k\Omega_0t}\mathrm{d}t=\frac{1}{T}\int_{-\infty}^{+\infty}x(t)\mathrm{e}^{-\mathrm{j}k\Omega_0t}\mathrm{d}t$$

定义 $TA_k=X(\mathrm{j}k\Omega_0)$，则有 $X(\mathrm{j}k\Omega_0)=\int_{-\infty}^{+\infty}x(t)\mathrm{e}^{-\mathrm{j}k\Omega_0t}\mathrm{d}t$，或 $A_k=\frac{1}{T}X(\mathrm{j}k\Omega_0)$。

由傅里叶级数的逆变换式，并利用 $\Omega_0=2\pi/T$，有

$$\tilde{x}(t)=\sum_{k=-\infty}^{+\infty}\frac{1}{T}X(\mathrm{j}k\Omega_0)\mathrm{e}^{\mathrm{j}k\Omega_0t}=\frac{1}{2\pi}\sum_{k=-\infty}^{+\infty}X(\mathrm{j}k\Omega_0)\mathrm{e}^{\mathrm{j}k\Omega_0t}\cdot\Omega_0$$

图 3.7 给出了这个近似过程的示意图。

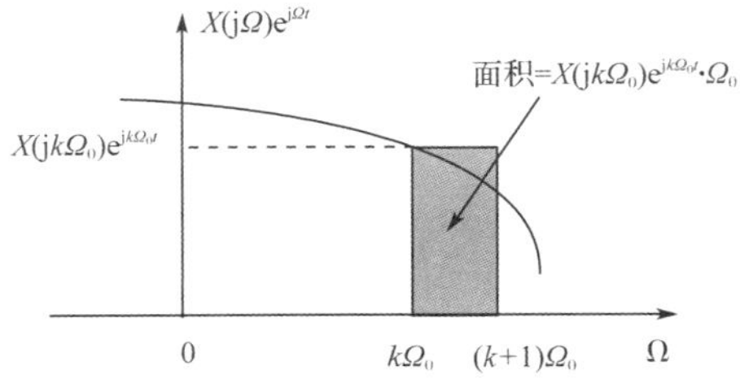

图 3.7　以小矩形近似曲线

当$T\to\infty$时，有$\Omega_0\to \mathrm{d}\Omega$，$k\Omega_0\to\Omega$，且求和趋于积分，离散频谱变为连续频谱，则傅里叶级数趋于傅里叶变换为

$$\tilde{x}(t)=x(t)=\frac{1}{2\pi}\int_{-\infty}^{+\infty}X(\mathrm{j}\Omega)\mathrm{e}^{\mathrm{j}\Omega t}\mathrm{d}\Omega$$

$$X(\mathrm{j}\Omega)=\int_{-\infty}^{+\infty}x(t)\mathrm{e}^{-\mathrm{j}\Omega t}\mathrm{d}t$$

3.5.2 连续时间信号的傅里叶变换

1. 傅里叶变换的定义与频谱的概念

(1) 傅里叶变换的定义

定义 3.2 傅里叶变换 连续时间信号$x(t)$的傅里叶变换(FT)定义为

$$X(\mathrm{j}\Omega)=\int_{-\infty}^{+\infty}x(t)\mathrm{e}^{-\mathrm{j}\Omega t}\mathrm{d}t \tag{3.40}$$

$$x(t)=\frac{1}{2\pi}\int_{-\infty}^{+\infty}X(\mathrm{j}\Omega)\mathrm{e}^{\mathrm{j}\Omega t}\mathrm{d}\Omega \tag{3.41}$$

其中，式(3.40)为正变换，称为分解式；式(3.41)为逆变换，称为综合式。

在式(3.40)和式(3.41)中，$X(\mathrm{j}\Omega)$为连续时间信号$x(t)$的频谱函数，简称为频谱。而$x(t)$可以解释为无穷多个频率为Ω、振幅为$\left[\frac{X(\mathrm{j}\Omega)}{2\pi}\right]\mathrm{d}\Omega$的周期性复指数信号$\mathrm{e}^{\mathrm{j}\Omega t}$的线性组合。通常，称$X(\mathrm{j}\Omega)$与$x(t)$为一对傅里叶变换。

式(3.40)和式(3.41)所定义的傅里叶正变换和傅里叶逆变换常简记为

$$\begin{aligned}X(\mathrm{j}\Omega)&=\mathscr{F}[x(t)]\\x(t)&=\mathscr{F}^{-1}[X(\mathrm{j}\Omega)]\end{aligned} \tag{3.42}$$

式中，符号$\mathscr{F}$和$\mathscr{F}^{-1}$分别表示傅里叶正变换和傅里叶逆变换的运算符。另一种更为简洁的记法为

$$x(t)\overset{\mathrm{FT}}{\leftrightarrow}X(\mathrm{j}\Omega) \tag{3.43}$$

式中，符号$\overset{\text{“FT”}}{\leftrightarrow}$表示傅里叶变换的正变换与逆变换的双向变换关系。

(2) 傅里叶变换的频谱

连续时间信号$x(t)$的傅里叶变换$X(\mathrm{j}\Omega)$的物理意义是表示$x(t)$的频谱，即信号各频率分量在频率轴Ω上的分布情况。与傅里叶级数的情况相同，傅里叶变换的频谱是频率变量的复函数，可分解为实部和虚部之和的形式，即

$$X(\mathrm{j}\Omega)=\mathrm{Re}[X(\mathrm{j}\Omega)]+\mathrm{j}\,\mathrm{Im}[X(\mathrm{j}\Omega)] \tag{3.44}$$

式中，$\mathrm{Re}[X(\mathrm{j}\Omega)]$表示频谱的实部，$\mathrm{Im}[X(\mathrm{j}\Omega)]$表示频谱的虚部。此外，傅里叶变换的频谱还可以表示为幅度谱与相位谱的形式，即

$$X(\mathrm{j}\Omega)=|X(\mathrm{j}\Omega)|\,\mathrm{e}^{\mathrm{j}\sphericalangle X(\mathrm{j}\Omega)} \tag{3.45}$$

式中，$|X(\mathrm{j}\Omega)|$表示信号的幅度谱，又称为频谱的模(Magnitude)。$\sphericalangle X(\mathrm{j}\Omega)$表示信号的相位(Phase)，又称为频谱的相频特性或相位谱。幅度谱和相位谱的计算式如式(3.46)所示。

$$\begin{aligned}|X(\mathrm{j}\Omega)|&=\sqrt{\{\mathrm{Re}[X(\mathrm{j}\Omega)]\}^2+\{\mathrm{Im}[X(\mathrm{j}\Omega)]\}^2}\\\sphericalangle X(\mathrm{j}\Omega)&=\arctan\left\{\frac{\mathrm{Im}[X(\mathrm{j}\Omega)]}{\mathrm{Re}[X(\mathrm{j}\Omega)]}\right\}\end{aligned} \tag{3.46}$$

2. 狄利克雷条件

与连续信号周期性信号展开为傅里叶级数时信号须满足的条件类似，对于连续时间非周期信号 $x(t)$ 的傅里叶变换，也须满足对应的狄利克雷条件如下：

条件 1：$x(t)$ 须满足绝对可积条件，即满足$\int_{-\infty}^{+\infty}|x(t)|\mathrm{d}t<\infty$。

条件 2：在任意有限区间内，$x(t)$ 只有有限个最大值和最小值。

条件 3：在任意有限区间内，$x(t)$ 只有有限个不连续点，且每个不连续点都必须具有有限值。

实际上，自然界与工程技术上遇到的信号一般均满足狄利克雷条件。

3. 傅里叶变换的计算举例

学习傅里叶变换的重要一环是要熟练掌握傅里叶变换的计算方法，能够根据给定的时间信号得到傅里叶变换的表达式，或反之。这里举例介绍由定义计算傅里叶变换的计算方法。

例 3.4　已知信号 $x(t)=\mathrm{e}^{-at}u(t),a>0$，试求 $x(t)$ 的傅里叶变换 $X(\mathrm{j}\Omega)$。

解　将 $x(t)=\mathrm{e}^{-at}u(t),a>0$ 代入傅里叶变换的定义式(3.40)，有

$$X(\mathrm{j}\Omega)=\int_{-\infty}^{+\infty}\mathrm{e}^{-at}u(t)\mathrm{e}^{-\mathrm{j}\Omega t}\mathrm{d}t=\int_{0}^{+\infty}\mathrm{e}^{-at}\mathrm{e}^{-\mathrm{j}\Omega t}\mathrm{d}t=-\frac{1}{a+\mathrm{j}\Omega}\mathrm{e}^{-(a+\mathrm{j}\Omega)t}\Big|_{0}^{+\infty}=\frac{1}{a+\mathrm{j}\Omega},\quad a>0$$

进一步地，可以依据式(3.46)计算频谱函数 $X(\mathrm{j}\Omega)$ 的幅度谱和相位谱，分别为 $|X(\mathrm{j}\Omega)|=\frac{1}{\sqrt{a^2+\Omega^2}}$ 和 $\measuredangle X(\mathrm{j}\Omega)=-\arctan\left(\frac{\Omega}{a}\right)$。图 3.8 给出了该信号幅度谱和相位谱的曲线形式。

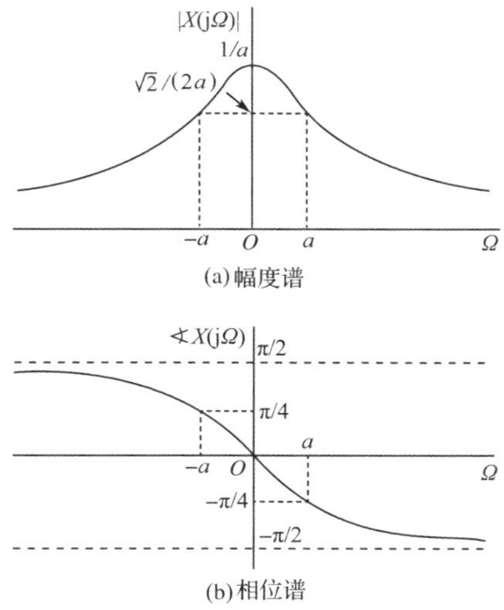

图 3.8　例 3.4 给定信号的幅度谱和相位谱

例 3.5　试利用MATLAB编程求单边指数信号 $x(t)=\mathrm{e}^{-2t}u(t)$ 的傅里叶变换，并绘出信号波形和幅度谱特性曲线。

解　MATLAB 程序如下：

```
clc, clear; syms t w f; f = exp(-2*t)*sym('heaviside(t)'); F = fourier(f);
figure(1); subplot(121); ezplot(f,[0:2,0:1.2]); title('信号波形'); ylabel('幅度'); grid;
subplot(122); ezplot(abs(F), [-10:10]); title('幅度谱'); ylabel('幅度');
```

```
xlabel('{\it\Omega}'); grid;
```

图 3.9 给出了 MATLAB 计算得出的信号波形和幅度谱曲线。

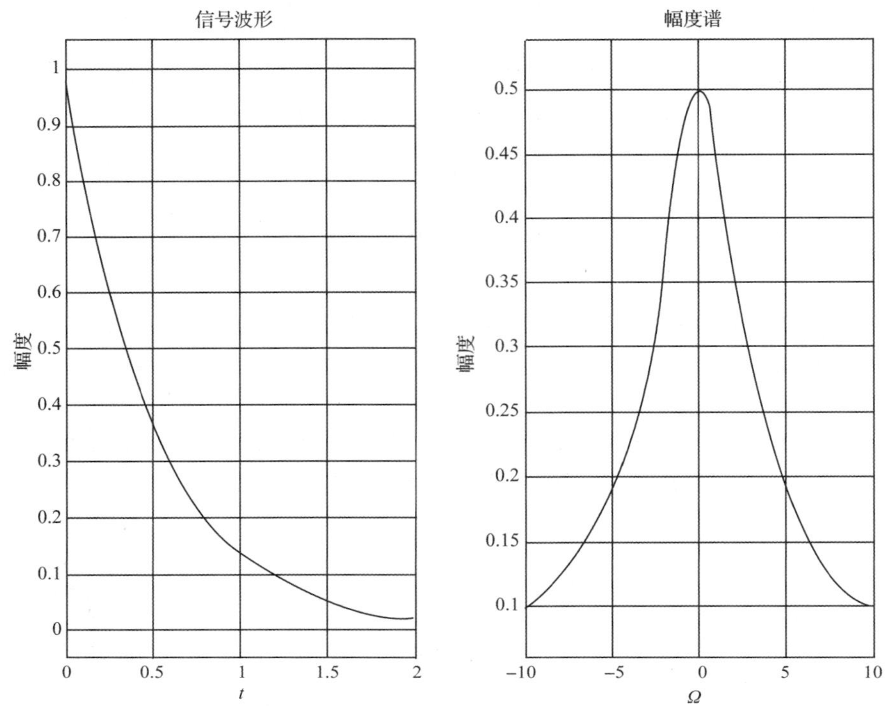

图 3.9 例 3.5MATLAB 计算得出的信号波形和幅度谱曲线

例 3.6 设信号 $x_1(t)$ 的频谱为 $X_1(\mathrm{j}\Omega)=\begin{cases}1, & |\Omega|<W\\0, & |\Omega|>W\end{cases}$，试求信号 $x_1(t)$。

解 将信号的频谱 $X_1(\mathrm{j}\Omega)$ 代入傅里叶逆变换定义式(3.41)，有

$$x_1(t)=\frac{1}{2\pi}\int_{-W}^{W}\mathrm{e}^{\mathrm{j}\Omega t}\,\mathrm{d}\Omega=\frac{\sin Wt}{\pi t} \tag{3.47}$$

例 3.7 考虑矩形脉冲信号 $x_2(t)=\begin{cases}1, & |t|<T_1\\0, & |t|>T_1\end{cases}$，试计算其傅里叶变换 $X(\mathrm{j}\Omega)$。

解 将信号 $x_2(t)$ 代入式(3.40) 所示的傅里叶变换定义式，有

$$X_2(\mathrm{j}\Omega)=\int_{-T_1}^{T_1}\mathrm{e}^{-\mathrm{j}\Omega t}\,\mathrm{d}t=2\,\frac{\sin\Omega T_1}{\Omega} \tag{3.48}$$

由式(3.47) 和式(3.48) 所给出的函数形式，在傅里叶变换中是经常出现的。通常，称这种形式的函数为 sinc 函数，定义为

$$\mathrm{sinc}(\theta)=\frac{\sin\pi\theta}{\pi\theta} \tag{3.49}$$

可以将式(3.47) 和式(3.48) 分别改写为 sinc 函数的形式为

$$x_1(t)=\frac{\sin Wt}{\pi t}=\frac{W}{\pi}\mathrm{sinc}\left(\frac{Wt}{\pi}\right) \tag{3.50}$$

$$X_2(\mathrm{j}\Omega)=2\,\frac{\sin\Omega T_1}{\Omega}=2T_1\,\mathrm{sinc}\left(\frac{\Omega T_1}{\pi}\right) \tag{3.51}$$

由例 3.6 和例 3.7 可以看出，矩形脉冲信号 $x_2(t)$ 的频谱 $X_2(\mathrm{j}\Omega)$ 为 sinc 函数的形式，而矩形频谱函数 $X_1(\mathrm{j}\Omega)$ 所对应的时间信号 $x_1(t)$ 亦为 sinc 函数的形式。这反映了傅里叶变换的对偶(Duality)性质。图 3.10 给出了 $x_1(t)$ 和 $x_2(t)$ 以及二者各自的频谱 $X_1(\mathrm{j}\Omega)$ 和 $X_2(\mathrm{j}\Omega)$ 的曲线形式。

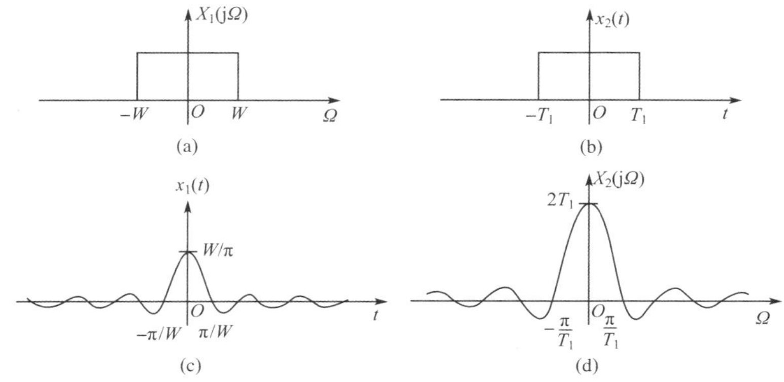

图 3.10　矩形频谱的傅里叶逆变换与矩形信号的傅里叶正变换

由图 3.10(a)、(c) 知，当频谱的带宽(Bandwidth)W 增加时，其对应时间信号 $x_1(t)$ 的主瓣(Main Lobe)幅度增加，且宽度减小。当 $W\to+\infty$ 时，$X_1(\mathrm{j}\Omega)$ 变为平坦谱，而 $x_1(t)$ 变为单位冲激信号 $\delta(t)$。反之，若频谱的带宽 $W\to 0$ 时，则 $X_1(\mathrm{j}\Omega)$ 趋向于 $\delta(\Omega)$，而 $x_1(t)$ 趋向于一个常数信号。由图 3.10(b)、(d) 知，当信号 $x_2(t)$ 的时宽 T_1 增加时，其对应频谱的主瓣幅度提升，且宽度减小。当 $T_1\to+\infty$ 时，$x_2(t)$ 变为常数信号，而 $X_2(\mathrm{j}\Omega)$ 则变为单位冲激 $2\pi\delta(\Omega)$（见例 3.9）。反之，若信号 $x_2(t)$ 的时宽 $T_1\to 0$，则 $x_2(t)$ 退化为 $\delta(t)$，而 $X_2(\mathrm{j}\Omega)$ 则变为平坦谱。

例 3.8　试求单位冲激信号 $x(t)=\delta(t)$ 的傅里叶变换 $X(\mathrm{j}\Omega)$。

解　由傅里叶变换的定义式，有

$$X(\mathrm{j}\Omega)=\mathscr{F}[\delta(t)]=\int_{-\infty}^{+\infty}\delta(t)\mathrm{e}^{-\mathrm{j}\Omega t}\,\mathrm{d}t=\int_{-\infty}^{+\infty}\delta(t)\mathrm{e}^{-\mathrm{j}\Omega\times 0}\,\mathrm{d}t=1 \tag{3.52}$$

例 3.9　试求常数信号 $x(t)=1,-\infty<t<+\infty$ 的傅里叶变换 $X(\mathrm{j}\Omega)$。

解　由例 3.8 知，$\delta(t)\overset{\mathrm{FT}}{\leftrightarrow}1$，且 $\delta(t)=\dfrac{1}{2\pi}\displaystyle\int_{-\infty}^{+\infty}1\cdot\mathrm{e}^{\mathrm{j}\Omega t}\,\mathrm{d}\Omega$。利用 $\delta(t)$ 是 t 的偶函数特性，有

$$X(\mathrm{j}\Omega)=\mathscr{F}[1]=\int_{-\infty}^{+\infty}1\cdot\mathrm{e}^{-\mathrm{j}\Omega t}\,\mathrm{d}t=2\pi\delta(\Omega) \tag{3.53}$$

3.5.3　周期信号的傅里叶变换

尽管在由傅里叶级数推导傅里叶变换的过程中，我们将连续时间周期信号的周期推向无穷，从而形成非周期信号。但是实际上，傅里叶变换不仅适用于连续时间非周期信号，也可用于连续时间周期信号。式(3.54) 给出了连续时间周期信号 $x(t)$ 傅里叶变换的计算式。

$$X(\mathrm{j}\Omega)=\sum_{k=-\infty}^{+\infty}2\pi A_k\delta(\Omega-k\Omega_0) \tag{3.54}$$

式中，A_k 表示周期信号 $x(t)$ 的傅里叶级数系数。由上式可见，$X(\mathrm{j}\Omega)$ 是 $\delta(\Omega)$ 及其频移的线性组合。

例 3.10 试计算 $x_A(t)=\sin\Omega_0 t$ 和 $x_B(t)=\cos\Omega_0 t$ 的傅里叶变换。

解 先计算二者的傅里叶级数。设 $x_A(t)\overset{FS}{\leftrightarrow}A_k$，$x_B(t)\overset{FS}{\leftrightarrow}B_k$。利用欧拉公式把 $x_A(t)$ 和 $x_B(t)$ 写成复指数信号的形式，进而得到二者的傅里叶系数分别为

$$A_1=\frac{1}{2j},\quad A_{-1}=-\frac{1}{2j},\quad 和\ A_k=0,若\ k\neq\pm 1$$

$$B_1=\frac{1}{2},\quad B_{-1}=\frac{1}{2},\quad 和\ B_k=0,若\ k\neq\pm 1$$

再把上面得到的两组傅里叶级数系数分别代入式(3.54)，有

$$X_A(j\Omega)=\mathscr{F}[\sin\Omega_0 t]=-j\pi[\delta(\Omega-\Omega_0)-\delta(\Omega+\Omega_0)] \tag{3.55}$$

$$X_B(j\Omega)=\mathscr{F}[\cos\Omega_0 t]=\pi[\delta(\Omega-\Omega_0)+\delta(\Omega+\Omega_0)] \tag{3.56}$$

图 3.11 给出了 $x_A(t)=\sin\Omega_0 t$ 和 $x_B(t)=\cos\Omega_0 t$ 的傅里叶变换频谱图。

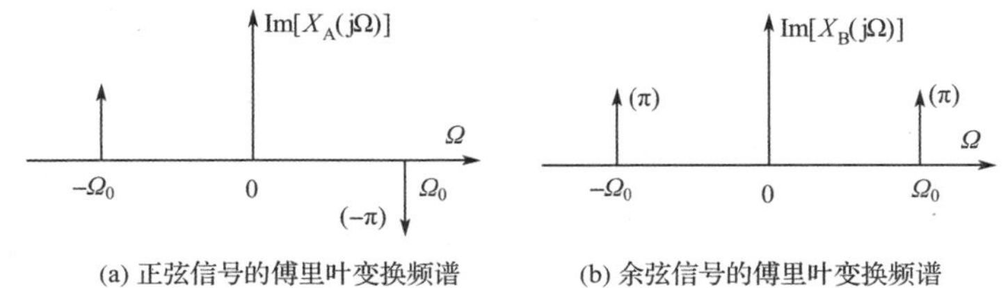

图 3.11 正弦和余弦信号的傅里叶变换频谱图

3.6 傅里叶变换的性质与常用变换对

与傅里叶级数一样，傅里叶变换也有许多重要的性质，这些性质对于深刻理解信号时域与频域特性及其内在联系，对于计算傅里叶变换的正变换或逆变换具有重要意义。此外，对于常用信号的傅里叶变换，往往可以构成一些常用的傅里叶变换对，以便于读者查阅，在许多情况下可以作为公式使用。

3.6.1 傅里叶变换的唯一性

连续时间傅里叶变换的时域信号 $x(t)$ 与频谱 $X(j\Omega)$ 具有一一对应的关系，即傅里叶变换具有唯一性。设连续时间信号 $x_1(t)$ 和 $x_2(t)$，二者的傅里叶变换分别为 $X_1(j\Omega)$ 和 $X_2(j\Omega)$。若满足 $x_1(t)=x_2(t)$，则必有 $X_1(j\Omega)=X_2(j\Omega)$。反之亦然。这种唯一性可以简要证明如下：

设两信号满足 $x_1(t)=x_2(t)$，则由傅里叶变换的定义式，并利用单位冲激信号的傅里叶变换，有

$$X_1(j\Omega)=\int_{-\infty}^{+\infty}x_1(t)e^{-j\Omega t}\,dt=\int_{-\infty}^{+\infty}x_2(t)e^{-j\Omega t}\,dt$$

$$= \int_{-\infty}^{+\infty} \left[\frac{1}{2\pi} \int_{-\infty}^{+\infty} X_2(\mathrm{j}\eta) \mathrm{e}^{\mathrm{j}\eta t} \mathrm{d}\eta \right] e^{-\mathrm{j}\Omega t} \mathrm{d}t$$

$$= \int_{-\infty}^{+\infty} X_2(\mathrm{j}\eta) \left[\frac{1}{2\pi} \int_{-\infty}^{+\infty} \mathrm{e}^{-\mathrm{j}(\Omega-\eta)t} \mathrm{d}t \right] \mathrm{d}\eta$$

$$= \int_{-\infty}^{+\infty} X_2(\mathrm{j}\eta) \delta(\Omega - \eta) \mathrm{d}\eta = X_2(\mathrm{j}\Omega) \tag{3.57a}$$

同理可证,若满足 $X_1(\mathrm{j}\Omega) = X_2(\mathrm{j}\Omega)$,则有

$$x_1(t) = \frac{1}{2\pi} \int_{-\infty}^{+\infty} X_1(\mathrm{j}\Omega) \mathrm{e}^{\mathrm{j}\Omega t} \mathrm{d}\Omega = \frac{1}{2\pi} \int_{-\infty}^{+\infty} X_2(\mathrm{j}\Omega) \mathrm{e}^{\mathrm{j}\Omega t} \mathrm{d}\Omega$$

$$= \frac{1}{2\pi} \int_{-\infty}^{+\infty} \left[\int_{-\infty}^{+\infty} x_2(\tau) \mathrm{e}^{-\mathrm{j}\Omega\tau} \mathrm{d}\tau \right] \mathrm{e}^{\mathrm{j}\Omega t} \mathrm{d}\Omega$$

$$= \int_{-\infty}^{+\infty} x_2(\tau) \left[\frac{1}{2\pi} \int_{-\infty}^{+\infty} \mathrm{e}^{\mathrm{j}\Omega(t-\tau)} \mathrm{d}\Omega \right] \mathrm{d}\tau$$

$$= \int_{-\infty}^{+\infty} x_2(\tau) \delta(t - \tau) \mathrm{d}\tau = x_2(t) \tag{3.57b}$$

由此表明,傅里叶变换具有唯一性。

3.6.2 傅里叶变换的线性性质

性质 3.8 傅里叶变换的线性性质 傅里叶变换是一种线性变换,可以表示为:若 $x_1(t) \overset{\mathrm{FT}}{\leftrightarrow} X_1(\mathrm{j}\Omega)$,且 $x_2(t) \overset{\mathrm{FT}}{\leftrightarrow} X_2(\mathrm{j}\Omega)$,则

$$ax_1(t) + bx_2(t) \overset{\mathrm{FT}}{\leftrightarrow} aX_1(\mathrm{j}\Omega) + bX_2(\mathrm{j}\Omega) \tag{3.58}$$

式中,a 和 b 为任意常数。线性性质可以直接由傅里叶换的定义得到证明。

例 3.11 试求 $x(t) = \delta(t+1) + 3\delta(t) + 2\delta(t-1)$ 的傅里叶变换。

解 将给定信号 $x(t)$ 代入傅里叶变换式,有

$$\mathscr{F}[x(t)] = X(\mathrm{j}\Omega) = \int_{-\infty}^{+\infty} x(t) \mathrm{e}^{\mathrm{j}\Omega t} \mathrm{d}t$$

$$= \int_{-\infty}^{+\infty} [\delta(t+1) + 3\delta(t) + 2\delta(t-1)] \mathrm{e}^{\mathrm{j}\Omega t} \mathrm{d}t$$

$$= \int_{-\infty}^{+\infty} \delta(t+1) \mathrm{e}^{\mathrm{j}\Omega t} \mathrm{d}t + \int_{-\infty}^{+\infty} 3\delta(t) \mathrm{e}^{\mathrm{j}\Omega t} \mathrm{d}t + \int_{-\infty}^{+\infty} 2\delta(t-1) \mathrm{e}^{\mathrm{j}\Omega t} \mathrm{d}t$$

$$= \mathrm{e}^{\mathrm{j}\Omega} + 3 + 2\mathrm{e}^{-\mathrm{j}\Omega}$$

3.6.3 傅里叶变换的时移性质

性质 3.9 傅里叶变换的时移性质 若连续时间信号 $x(t)$ 满足 $x(t) \overset{\mathrm{FT}}{\leftrightarrow} X(\mathrm{j}\Omega)$,则傅里叶变换的时移性质表示为

$$x(t - t_0) \overset{\mathrm{FT}}{\leftrightarrow} \mathrm{e}^{-\mathrm{j}\Omega t_0} X(\mathrm{j}\Omega) \tag{3.59}$$

式中 t_0 为任意实数。

证明 由傅里叶变换的逆变换式,有

$$x(t - t_0) = \frac{1}{2\pi} \int_{-\infty}^{+\infty} X(\mathrm{j}\Omega) \mathrm{e}^{\mathrm{j}\Omega(t-t_0)} \mathrm{d}\Omega = \frac{1}{2\pi} \int_{-\infty}^{+\infty} [\mathrm{e}^{-\mathrm{j}\Omega t_0} X(\mathrm{j}\Omega)] \mathrm{e}^{\mathrm{j}\Omega t} \mathrm{d}\Omega$$

由此，式(3.59)得证。

傅里叶变换的时移性质表明，信号在时间上的位移，并不改变其频谱的幅度，而只影响其相位，且所引入的相移是与频率成线性关系的。

例 3.12 试计算信号 $x(t)=\begin{cases}1, 0<t<2T_1\\0, t<0 \text{ 或 } t>2T_1\end{cases}$ 的傅里叶变换。

解 给定信号 $x(t)$ 相对于例 3.7 中的信号 $x_2(t)$ 延迟了 T_1，即 $x(t)=x_2(t-T_1)$。由例 3.7 知，$x_2(t)\overset{\text{FT}}{\leftrightarrow}2\dfrac{\sin\Omega T_1}{\Omega}=X_2(\mathrm{j}\Omega)$。根据傅里叶变换的时移性质，有

$$X(\mathrm{j}\Omega)=\mathscr{F}[x(t)]=\mathscr{F}[x_2(t-T_2)]=\mathrm{e}^{-\mathrm{j}\Omega T_1}X_2(\mathrm{j}\Omega)=2\mathrm{e}^{-\mathrm{j}\Omega T_1}\frac{\sin\Omega T_1}{\Omega}。$$

3.6.4 傅里叶变换的尺度变换性质

性质 3.10 傅里叶变换的尺度变换性质 若连续时间信号 $x(t)$ 满足 $x(t)\overset{\text{FT}}{\leftrightarrow}X(\mathrm{j}\Omega)$，则傅里叶变换的尺度变换性质表示为

$$x(at)\overset{\text{FT}}{\leftrightarrow}\frac{1}{|a|}X\left(\frac{\mathrm{j}\Omega}{a}\right) \tag{3.60}$$

式中，a 为实常数。

证明 由傅里叶变换定义式(3.40)，有

$$\mathscr{F}[x(at)]=\int_{-\infty}^{+\infty}x(at)\mathrm{e}^{-\mathrm{j}\Omega t}\mathrm{d}t=\begin{cases}(1/a)\displaystyle\int_{-\infty}^{+\infty}x(\tau)\mathrm{e}^{-\mathrm{j}(\Omega/a)\tau}\mathrm{d}\tau, & a>0\\(-1/a)\displaystyle\int_{-\infty}^{+\infty}x(\tau)\mathrm{e}^{-\mathrm{j}(\Omega/a)\tau}\mathrm{d}\tau, & a<0\end{cases}=\frac{1}{|a|}X\left(\frac{\mathrm{j}\Omega}{a}\right)$$

由式(3.60)可知，信号在时域的尺度变换对应于其相反频谱的尺度变换。若 $a>1$，信号 $x(at)$ 相对于原信号 $x(t)$ 在时间轴上压缩为原来的 $1/a$，而其频谱则在频率轴上展宽为原来的 a 倍。反之，若 $0<a<1$，例如 $a=1/2$，则时间信号 $x(t/2)$ 展宽为原信号 $x(t)$ 的 2 倍，而其频谱压缩为 1/2。一个特殊情况是若 $a=-1$，则 $x(t)$ 变换为 $x(-t)$，相当于时间反转，而反转后信号的频谱则变为 $X(-\mathrm{j}\Omega)$。即

$$x(-t)\overset{\text{FT}}{\leftrightarrow}X(-\mathrm{j}\Omega) \tag{3.61}$$

例 3.13 已知矩形信号 $x(t)=\begin{cases}1, & |t|<T_1\\0, & |t|>T_1\end{cases}$ 及其傅里叶变换 $X(\mathrm{j}\Omega)=2\dfrac{\sin\Omega T_1}{\Omega}$，试依据尺度变换性质计算 $x_1(t)=\begin{cases}1, & |t|<T_1/2\\0, & |t|>T_1/2\end{cases}$ 和 $x_2(t)=\begin{cases}1, & |t|<2T_1\\0, & |t|>2T_1\end{cases}$ 的傅里叶变换式。

解 相对于原信号 $x(t)$，有 $x_1(t)=x(2t)$ 和 $x_2(t)=x(t/2)$。依据尺度变换性质，有

$$\mathscr{F}[x_1(t)]=\mathscr{F}[x(2t)]=\frac{1}{2}X\left(\frac{\mathrm{j}\Omega}{2}\right)=\frac{1}{2}\frac{\sin(\Omega T_1/2)}{\Omega/2}=\frac{\sin(\Omega T_1/2)}{\Omega}$$

$$\mathscr{F}[x_2(t)]=\mathscr{F}[x(t/2)]=\frac{1}{1/2}X\left(\frac{\mathrm{j}\Omega}{1/2}\right)=2\frac{\sin(2\Omega T_1)}{2\Omega}=\frac{\sin(2\Omega T_1)}{\Omega}$$

3.6.5 傅里叶变换的共轭与共轭对称性质

性质 3.11 傅里叶变换的共轭与共轭对称性质 若连续时间信号 $x(t)$ 满足 $x(t) \stackrel{\mathrm{FT}}{\leftrightarrow} X(\mathrm{j}\Omega)$，则傅里叶变换的共轭关系表示为

$$x^*(t) \stackrel{\mathrm{FT}}{\leftrightarrow} X^*(-\mathrm{j}\Omega) \tag{3.62}$$

证明 对式(3.40)所示的傅里叶变换式两边取共轭，有

$$X^*(\mathrm{j}\Omega) = \left[\int_{-\infty}^{+\infty} x(t)\mathrm{e}^{-\mathrm{j}\Omega t}\mathrm{d}t\right]^* = \int_{-\infty}^{+\infty} x^*(t)\mathrm{e}^{\mathrm{j}\Omega t}\mathrm{d}t$$

令 $-\Omega = \Omega$，则有

$$X^*(-\mathrm{j}\Omega) = \int_{-\infty}^{+\infty} x^*(t)\mathrm{e}^{-\mathrm{j}\Omega t}\mathrm{d}t$$

由此，式(3.62)得证。

若式(3.62)中的信号为实值信号，即满足 $x^*(t) = x(t)$，则傅里叶变换的共轭对称性质为

$$X(-\mathrm{j}\Omega) = X^*(\mathrm{j}\Omega) \tag{3.63}$$

实际上，由于 $x^*(t) = x(t)$，由 $X^*(-\mathrm{j}\Omega) = \int_{-\infty}^{+\infty} x^*(t)\mathrm{e}^{-\mathrm{j}\Omega t}\mathrm{d}t$ 可以得到 $x(t)$ 的共轭对称性式(3.63)。

1. 实部谱与虚部谱

设 $x^*(t) = x(t)$，若把 $X(\mathrm{j}\Omega)$ 用直角坐标表示，有 $X(\mathrm{j}\Omega) = \mathrm{Re}[X(\mathrm{j}\Omega)] + \mathrm{j}\mathrm{Im}[X(\mathrm{j}\Omega)]$。分别对上式两边取共轭和自变量求反，分别可得 $X^*(\mathrm{j}\Omega) = \mathrm{Re}[X(\mathrm{j}\Omega)] - \mathrm{j}\mathrm{Im}[X(\mathrm{j}\Omega)]$ 和 $X(-\mathrm{j}\Omega) = \mathrm{Re}[X(-\mathrm{j}\Omega)] + \mathrm{j}\mathrm{Im}[X(-\mathrm{j}\Omega)]$。由共轭对称性式(3.63)，可得

$$\mathrm{Re}[X(\mathrm{j}\Omega)] = \mathrm{Re}[X(-\mathrm{j}\Omega)] \tag{3.64}$$

$$\mathrm{Im}[X(\mathrm{j}\Omega)] = -\mathrm{Im}[X(-\mathrm{j}\Omega)] \tag{3.65}$$

由式(3.64)和式(3.65)可知，若 $x(t)$ 为实值信号，则其频谱 $X(\mathrm{j}\Omega)$ 的实部为 Ω 的偶函数，虚部为 Ω 的奇函数。

2. 幅度谱与相位谱

设 $x^*(t) = x(t)$，若把 $X(\mathrm{j}\Omega)$ 用极坐标表示，则有 $X(\mathrm{j}\Omega) = |X(\mathrm{j}\Omega)|\mathrm{e}^{\mathrm{j}\measuredangle X(\mathrm{j}\Omega)}$。分别对上式两边取共轭和自变量求反，分别可得 $X^*(\mathrm{j}\Omega) = |X^*(\mathrm{j}\Omega)|\mathrm{e}^{-\mathrm{j}\measuredangle X(\mathrm{j}\Omega)}$ 和 $X(-\mathrm{j}\Omega) = |X(-\mathrm{j}\Omega)|\mathrm{e}^{\mathrm{j}\measuredangle X(-\mathrm{j}\Omega)}$。由共轭对称性式(3.63)，可得

$$|X(\mathrm{j}\Omega)| = |X(-\mathrm{j}\Omega)| \tag{3.66}$$

$$\measuredangle X(\mathrm{j}\Omega) = -\measuredangle X(-\mathrm{j}\Omega) \tag{3.67}$$

由式(3.66)和式(3.67)可知，若 $x(t)$ 为实值信号，则其频谱 $X(\mathrm{j}\Omega)$ 的幅度谱为 Ω 的偶函数，相位谱为 Ω 的奇函数。

3. 偶部谱与奇部谱

一个实值信号总可以表示为其偶部和奇部之和的形式，即

$$x(t) = x_{\mathrm{e}}(t) + x_{\mathrm{o}}(t) \tag{3.68}$$

式中，偶部为 $x_{\mathrm{e}}(t) = \mathrm{Ev}[x(t)] = [x(t) + x(-t)]/2$，奇部为 $x_{\mathrm{o}}(t) = \mathrm{Od}[x(t)] = [x(t) - x(-t)]/2$。设 $x^*(t) = x(t)$，由傅里叶变换的线性性质，有

$$\mathscr{F}[x(t)] = \mathscr{F}[x_e(t)] + \mathscr{F}[x_o(t)] \tag{3.69}$$

其中

$$\mathscr{F}[x_e(t)] = \frac{1}{2}[X(\mathrm{j}\Omega) + X^*(\mathrm{j}\Omega)] = \mathrm{Re}[X(\mathrm{j}\Omega)] \tag{3.70}$$

$$\mathscr{F}[x_o(t)] = \frac{1}{2}[X(\mathrm{j}\Omega) - X^*(\mathrm{j}\Omega)] = \mathrm{jIm}[X(\mathrm{j}\Omega)] \tag{3.71}$$

式中，$\mathscr{F}[x_e(t)]$和 $\mathscr{F}[x_o(t)]$分别称为 $x(t)$ 的偶部谱和奇部谱。

例3.14　试利用傅里叶变换的性质求双边指数信号$x(t)=\mathrm{e}^{-a|t|}$，$a>0$的傅里叶变换。

解　给定信号 $x(t)$ 为实偶信号，可分解为 $x(t)=\mathrm{e}^{-a|t|}=\mathrm{e}^{-at}u(t)+\mathrm{e}^{at}u(-t)=2\mathrm{Ev}[\mathrm{e}^{-at}u(t)]$。由例 3.4 知 $\mathrm{e}^{-at}u(t)\overset{\mathrm{FT}}{\leftrightarrow}\dfrac{1}{a+\mathrm{j}\Omega}$。依据傅里叶变换的对称性，有 $\mathrm{Ev}[\mathrm{e}^{-at}u(t)]\overset{\mathrm{FT}}{\leftrightarrow}\mathrm{Re}\left[\dfrac{1}{a+\mathrm{j}\Omega}\right]$。这样，有 $X(\mathrm{j}\Omega)=2\mathrm{Re}\left[\dfrac{1}{a+\mathrm{j}\Omega}\right]=\dfrac{2a}{a^2+\Omega^2}$。

3.6.6　傅里叶变换的频移性质

性质 3.12　傅里叶变换的频移性质　若连续时间信号 $x(t)$ 满足 $x(t)\overset{\mathrm{FT}}{\leftrightarrow}X(\mathrm{j}\Omega)$，则傅里叶变换的频移性质表示为

$$\mathrm{e}^{\mathrm{j}\Omega_0 t}x(t)\overset{\mathrm{FT}}{\leftrightarrow}X[\mathrm{j}(\Omega-\Omega_0)] \tag{3.72}$$

式中，Ω_0 为任意实数。式(3.72) 表明，信号频谱在频域的频移，对应于信号在时域的相移。

证明　由傅里叶变换的定义式(3.40)，有

$$\mathscr{F}[\mathrm{e}^{\mathrm{j}\Omega_0 t}x(t)] = \int_{-\infty}^{+\infty}\mathrm{e}^{\mathrm{j}\Omega_0 t}x(t)\mathrm{e}^{-\mathrm{j}\Omega t}\mathrm{d}t = \int_{-\infty}^{+\infty}x(t)\mathrm{e}^{-\mathrm{j}(\Omega-\Omega_0)t}\mathrm{d}t = X[\mathrm{j}(\Omega-\Omega_0)]$$

于是式(3.72) 得证。

频移性质表明，若信号 $x(t)$ 在时域中与复指数信号 $\mathrm{e}^{\mathrm{j}\Omega_0 t}$ 相乘，则等效于在频域中将整个频谱搬移。由欧拉公式

$$\begin{gathered}\mathrm{e}^{\mathrm{j}\theta} = \cos\theta + \mathrm{j}\sin\theta \\ \cos\theta = \frac{1}{2}[\mathrm{e}^{\mathrm{j}\theta}+\mathrm{e}^{-\mathrm{j}\theta}],\quad \sin\theta = \frac{1}{2\mathrm{j}}[\mathrm{e}^{\mathrm{j}\theta}-\mathrm{e}^{-\mathrm{j}\theta}]\end{gathered} \tag{3.73}$$

复指数信号 $\mathrm{e}^{\mathrm{j}\Omega_0 t}$ 可以写为正弦信号与余弦信号线性组合形式，或者反过来，正弦和余弦信号均可以表示为复指数信号之和的形式。由式(3.73)，若 $x(t)$ 与正弦(或余弦) 信号相乘，有

$$x(t)\cos\Omega_0 t \overset{\mathrm{FT}}{\leftrightarrow} \frac{1}{2}\{X[\mathrm{j}(\Omega+\Omega_0)]+X[\mathrm{j}(\Omega-\Omega_0)]\} \tag{3.74}$$

在通信技术中，通常把与连续时间信号 $x(t)$ 相乘的复指数信号或正弦信号称为载波(Carrier)，把 $x(t)$ 称为调制信号(Modulating Signal)，把 $x(t)\cos\Omega_0 t$ 称为已调波(Modulated Signal)，而把这个相乘的过程称为信号的幅度调制(Amplitude Modulation)，旨在把低频信号的频谱搬移到较高频率，以便于信号的发送。可见，傅里叶变换的频移性质具有极其重要的应用意义。

3.6.7　傅里叶变换的时域微分性质与积分性质

性质 3.13　傅里叶变换的时域微分性质　若连续时间信号 $x(t)$ 满足 $x(t)\overset{\mathrm{FT}}{\leftrightarrow}X(\mathrm{j}\Omega)$，

则傅里叶变换的时域微分性质表示为

$$\frac{\mathrm{d}x(t)}{\mathrm{d}t} \overset{\mathrm{FT}}{\leftrightarrow} \mathrm{j}\Omega X(\mathrm{j}\Omega) \tag{3.75}$$

证明 由傅里叶变换的逆变换式(3.41),有

$$\frac{\mathrm{d}x(t)}{\mathrm{d}t} = \frac{1}{2\pi}\frac{\mathrm{d}}{\mathrm{d}t}\left[\int_{-\infty}^{+\infty} X(\mathrm{j}\Omega)\mathrm{e}^{\mathrm{j}\Omega t}\mathrm{d}\Omega\right] = \frac{1}{2\pi}\int_{-\infty}^{+\infty}\frac{\mathrm{d}}{\mathrm{d}t}[X(\mathrm{j}\Omega)\mathrm{e}^{\mathrm{j}\Omega t}]\mathrm{d}\Omega = \frac{1}{2\pi}\int_{-\infty}^{+\infty}[\mathrm{j}\Omega X(\mathrm{j}\Omega)]\mathrm{e}^{\mathrm{j}\Omega t}\mathrm{d}\Omega$$

于是式(3.75)得证。

式(3.75)所示的微分性质,可以进一步推广到 k 阶导数的情形,即

$$\frac{\mathrm{d}^k x(t)}{\mathrm{d}t^k} \overset{\mathrm{FT}}{\leftrightarrow} (\mathrm{j}\Omega)^k X(\mathrm{j}\Omega) \tag{3.76}$$

傅里叶变换的微分性质是一个非常重要且有效的性质,其作用是把时域的微分运算转变为频域的代数运算,从而可以显著简化运算,在微分方程求解中具有重要作用。

性质 3.14 傅里叶变换的时域积分性质 若连续时间信号 $x(t)$ 满足 $x(t) \overset{\mathrm{FT}}{\leftrightarrow} X(\mathrm{j}\Omega)$,则傅里叶变换的时域积分性质表示为

$$\int_{-\infty}^{t} x(\tau)\mathrm{d}\tau \overset{\mathrm{FT}}{\leftrightarrow} \frac{1}{\mathrm{j}\Omega}X(\mathrm{j}\Omega) + \pi X(0)\delta(\Omega) \tag{3.77}$$

上述积分性质也可以推广到 k 次积分的情形,即在时域对信号 $x(t)$ 进行 k 次积分,相当于在其频谱上乘以 $(1/\mathrm{j}\Omega)^k$。注意,这里需要排除 $\Omega = 0$ 的点。

例 3.15 试利用傅里叶变换的微分性质或积分性质求单位阶跃信号的傅里叶变换。

解 考虑单位冲激信号的傅里叶变换 $g(t) = \delta(t) \overset{\mathrm{FT}}{\leftrightarrow} \int_{-\infty}^{+\infty}\delta(t)\mathrm{e}^{-\mathrm{j}\Omega t}\mathrm{d}t = G(\mathrm{j}\Omega) = 1$。设单位阶跃信号 $x(t) = u(t)$,且 $x(t) = \int_{-\infty}^{t} g(\tau)\mathrm{d}\tau$。上式两边取傅里叶变换,并利用积分性质,有 $X(\mathrm{j}\Omega) = \frac{G(\mathrm{j}\Omega)}{\mathrm{j}\Omega} + \pi G(0)\delta(\Omega)$。由于 $G(\mathrm{j}\Omega) = 1$,故有

$$X(\mathrm{j}\Omega) = \frac{1}{\mathrm{j}\Omega} + \pi\delta(\Omega) \tag{3.78}$$

式(3.78)即为单位阶跃信号 $u(t)$ 的傅里叶变换式。

3.6.8 傅里叶变换的频域微分性质

性质 3.15 傅里叶变换的频域微分性质 若连续时间信号 $x(t)$ 满足 $x(t) \overset{\mathrm{FT}}{\leftrightarrow} X(\mathrm{j}\Omega)$,则傅里叶变换的频域微分性质表示为

$$tx(t) \overset{\mathrm{FT}}{\leftrightarrow} \mathrm{j}\frac{\mathrm{d}X(\mathrm{j}\Omega)}{\mathrm{d}\Omega} \tag{3.79}$$

证明 由傅里叶变换定义式(3.40)$X(\mathrm{j}\Omega) = \int_{-\infty}^{+\infty} x(t)\mathrm{e}^{-\mathrm{j}\Omega t}\mathrm{d}t$,对其两边同时求导数,有

$$\frac{\mathrm{d}X(\mathrm{j}\Omega)}{\mathrm{d}\Omega} = \int_{-\infty}^{+\infty} x(t)\frac{\mathrm{d}}{\mathrm{d}\Omega}\mathrm{e}^{-\mathrm{j}\Omega t}\mathrm{d}t = \int_{-\infty}^{+\infty}[-\mathrm{j}tx(t)]\mathrm{e}^{-\mathrm{j}\Omega t}\mathrm{d}t$$

对上式两边同乘以 j,有

$$\mathrm{j}\frac{\mathrm{d}X(\mathrm{j}\Omega)}{\mathrm{d}\Omega} = \int_{-\infty}^{+\infty}[tx(t)]\mathrm{e}^{-\mathrm{j}\Omega t}\mathrm{d}t$$

于是式(3.79)得证。

3.6.9 傅里叶变换的对偶性质

在例3.5中我们看到，矩形时间信号的频谱是sinc函数的形式，而矩形频谱对应的时间信号，也是sinc函数的形式。称这种对应关系为傅里叶变换的对偶关系，有时也称为对称关系或互易对称关系。实际上，任一傅里叶变换对，在时间变量与频率变量交换之后，都有这种对偶关系，称为傅里叶变换的对偶性质。

性质3.16 傅里叶变换的对偶性质 若连续时间信号 $x(t)$ 满足 $x(t)\overset{\mathrm{FT}}{\leftrightarrow}X(\mathrm{j}\Omega)$，则傅里叶变换的对偶性质表示为

$$X(\mathrm{j}t)\overset{\mathrm{FT}}{\leftrightarrow}2\pi x(-\Omega) \tag{3.80}$$

证明 由傅里叶变换的逆变换定义式(3.41)，有 $x(t)=\dfrac{1}{2\pi}\displaystyle\int_{-\infty}^{+\infty}X(\mathrm{j}\Omega)\mathrm{e}^{\mathrm{j}\Omega t}\mathrm{d}\Omega$，做变量代换 $\Omega=u$，有 $x(t)=\dfrac{1}{2\pi}\displaystyle\int_{-\infty}^{+\infty}X(\mathrm{j}u)\mathrm{e}^{\mathrm{j}ut}\mathrm{d}u$，令 $t=-\Omega$，有 $x(-\Omega)=\dfrac{1}{2\pi}\displaystyle\int_{-\infty}^{+\infty}X(\mathrm{j}u)\mathrm{e}^{-\mathrm{j}u\Omega}\mathrm{d}u$，再令 $u=t$，则

$$2\pi x(-\Omega)=\int_{-\infty}^{+\infty}X(\mathrm{j}t)\mathrm{e}^{-\mathrm{j}\Omega t}\mathrm{d}t=\mathscr{F}[X(\mathrm{j}t)]$$

即式(3.80)得证。

若 $x(t)$ 是 t 的实偶函数，则其频谱是频率 Ω 的实偶函数。这样，式(3.80)变为

$$X(t)\overset{\mathrm{FT}}{\leftrightarrow}2\pi x(\Omega) \tag{3.81}$$

若 $x(t)$ 是 t 的实奇函数，则其频谱是频率 Ω 的虚奇函数。这样，式(3.80)变为

$$\mathrm{j}X(t)\overset{\mathrm{FT}}{\leftrightarrow}2\pi x(\Omega) \tag{3.82}$$

例3.16 试计算信号 $g(t)=\dfrac{2}{1+t^2}$ 的傅里叶变换 $G(\mathrm{j}\Omega)$。

解 如果采用傅里叶变换的定义式(3.40)来计算 $G(\mathrm{j}\Omega)$，很难得到结果。若采用傅里叶变换的其他性质来计算，也没有可用的性质。现采用傅里叶变换的对偶性质来求解 $G(\mathrm{j}\Omega)$。

依据对偶性质来求取傅里叶变换的思路是，根据给定信号的形式，寻找某一信号的频谱，其具有与给定信号波形相同的结构形式，再依据对偶性质式(3.80)，交换时间与频率变量并调整系数，可得所求傅里叶变换式。

由例3.14知，$x(t)=\mathrm{e}^{a|t|}\overset{\mathrm{FT}}{\leftrightarrow}\dfrac{2a}{a^2+\Omega^2}=X(\mathrm{j}\Omega)$。若 $a=1$，则式中的 $X(\mathrm{j}\Omega)$ 与给定时间信号 $g(t)$ 具有相同的结构形式。再考虑到 $g(t)$ 为实偶信号，由傅里叶变换的对偶性质式(3.81)，有

$$g(t)=\frac{2}{1+t^2}\overset{\mathrm{FT}}{\leftrightarrow}2\pi\mathrm{e}^{-|\Omega|}=G(\mathrm{j}\Omega)$$

3.6.10 帕塞瓦尔定理

定理 3.1　傅里叶变换的帕塞瓦尔定理　若连续时间信号 $x(t)$ 的频谱为 $X(\mathrm{j}\Omega)$，则有帕塞瓦尔关系为

$$\int_{-\infty}^{+\infty} |x(t)|^2 \mathrm{d}t = \frac{1}{2\pi}\int_{-\infty}^{+\infty} |X(\mathrm{j}\Omega)|^2 \mathrm{d}\Omega \tag{3.83}$$

证明　由傅里叶变换的逆变换式(3.41)，有

$$\begin{aligned}\int_{-\infty}^{+\infty} |x(t)|^2 \mathrm{d}t &= \int_{-\infty}^{+\infty} x(t)x^*(t)\mathrm{d}t = \int_{-\infty}^{+\infty} x(t)\left[\frac{1}{2\pi}\int_{-\infty}^{+\infty} X^*(\mathrm{j}\Omega)\mathrm{e}^{-\mathrm{j}\Omega t}\mathrm{d}\Omega\right]\mathrm{d}t \\ &= \frac{1}{2\pi}\int_{-\infty}^{+\infty} X^*(\mathrm{j}\Omega)\left[\int_{-\infty}^{+\infty} x(t)\mathrm{e}^{-\mathrm{j}\Omega t}\mathrm{d}t\right]\mathrm{d}\Omega \\ &= \frac{1}{2\pi}\int_{-\infty}^{+\infty} |X(\mathrm{j}\Omega)|^2 \mathrm{d}\Omega\end{aligned}$$

帕塞瓦尔定理表明，经由傅里叶变换，非周期能量信号 $x(t)$ 在时域中的能量等于信号频谱在频域中的能量，即信号的能量在时域与频域保持守恒，故称为帕塞瓦尔能量守恒。其中，$|X(\mathrm{j}\Omega)|^2$ 常称为信号 $x(t)$ 的能谱密度(Energy Spectrum Density)。

3.6.11 傅里叶变换的卷积性质

性质 3.17　傅里叶变换的卷积性质　若连续时间信号 $x_1(t)$ 和 $x_2(t)$ 分别满足 $x_1(t) \overset{\mathrm{FT}}{\longleftrightarrow} X_1(\mathrm{j}\Omega)$ 和 $x_2(t) \overset{\mathrm{FT}}{\longleftrightarrow} X_2(\mathrm{j}\Omega)$，则傅里叶变换的卷积性质表示为

$$x_1(t) * x_2(t) \overset{\mathrm{FT}}{\longleftrightarrow} X_1(\mathrm{j}\Omega)X_2(\mathrm{j}\Omega) \tag{3.84}$$

证明　式(3.84)左边做傅里叶变换，有 $\mathscr{F}[x_1(t) * x_2(t)] = \int_{-\infty}^{+\infty}\left[\int_{-\infty}^{+\infty} x_1(\tau)x_2(t-\tau)\mathrm{d}\tau\right]\mathrm{e}^{-\mathrm{j}\Omega t}\mathrm{d}t$。交换积分顺序，有 $\mathscr{F}[x_1(t) * x_2(t)] = \int_{-\infty}^{+\infty} x_1(\tau)\left[\int_{-\infty}^{+\infty} x_2(t-\tau)\mathrm{e}^{-\mathrm{j}\Omega t}\mathrm{d}t\right]\mathrm{d}\tau$。由傅里叶变换的时移性质，有 $\mathscr{F}[x_1(t) * x_2(t)] = \int_{-\infty}^{+\infty} x_1(\tau)X_2(\mathrm{j}\Omega)\mathrm{e}^{-\mathrm{j}\Omega\tau}\mathrm{d}\tau = X_1(\mathrm{j}\Omega)X_2(\mathrm{j}\Omega)$，即式(3.84)得证。

卷积性质是一个非常重要的性质，它将时域中信号或系统的卷积运算变换为各自频谱的乘积运算，极大地简化了计算，具有重要的实用意义。

特别地，在 LTI 系统的时域分析中，我们经常使用输入信号 $x(t)$ 与系统单位冲激响应 $h(t)$ 的卷积来求取系统的输出即响应 $y(t)$。依据傅里叶变换的卷积性质，时域的卷积运算可以通过频域乘法来实现，即

$$y(t) = x(t) * h(t) \overset{\mathrm{FT}}{\longleftrightarrow} X(\mathrm{j}\Omega)H(\mathrm{j}\Omega) = Y(\mathrm{j}\Omega) \tag{3.85}$$

得到 $Y(\mathrm{j}\Omega)$ 之后，再经过傅里叶逆变换可以得到系统的输出，即 $y(t) = \mathscr{F}^{-1}[Y(\mathrm{j}\Omega)]$。式中，$\mathscr{F}^{-1}[\cdot]$ 为傅里叶逆变换的运算符。

在式(3.85)中，$H(\mathrm{j}\Omega) = \mathscr{F}[h(t)]$ 称为系统的频率响应(Frequency Response)，又常称为系统的传递函数(Transfer Function)。$H(\mathrm{j}\Omega)$ 与 $h(t)$ 一样，可以有效表征一个 LTI 系统的

特性。

进一步地，若考虑两个 LTI 系统的级联问题，在时域表示中，级联后系统总的单位冲激响应$h(t)$是两个参与级联子系统的卷积，即$h(t)=h_1(t)*h_2(t)$。利用信号与系统的卷积性质和系统频率响应 $H(\mathrm{j}\Omega)$，我们还可以推出 LTI 系统的一些特性。

第一，两个LTI系统级联后总的频率响应是两个参与级联子系统各自频率响应的乘积，即 $H(\mathrm{j}\Omega)=H_1(\mathrm{j}\Omega)H_2(\mathrm{j}\Omega)$。

第二，由于卷积和乘积均服从交换律，因此这种级联后系统频率响应与级联的顺序无关。即 $H(\mathrm{j}\Omega)=H_1(\mathrm{j}\Omega)H_2(\mathrm{j}\Omega)=H_2(\mathrm{j}\Omega)H_1(\mathrm{j}\Omega)$

例 3.17　设信号 $x(t)$ 的傅里叶变换为 $X(\mathrm{j}\Omega)$，LTI 系统单位冲激响应 $h(t)$ 的傅里叶变换为 $H(\mathrm{j}\Omega)$，且满足 $y(t)=x(t)*h(t)$ 和 $g(t)=x(3t)*h(3t)$。

(1) 试利用傅里叶变换的性质说明 $g(t)=Ay(Bt)$ 成立。

(2) 求出 A,B 的值。

解　(1) 由 $y(t)=x(t)*h(t)$，利用傅里叶变换的时域卷积性质，有 $Y(\mathrm{j}\Omega)=X(\mathrm{j}\Omega)H(\mathrm{j}\Omega)$。又因为 $g(t)=x(3t)*h(3t)$，利用傅里叶变换的尺度变换性质和时域卷积性质，有

$$G(\mathrm{j}\Omega)=\frac{1}{9}X(\mathrm{j}\Omega/3)H(\mathrm{j}\Omega/3)=\frac{1}{3}\cdot\frac{1}{3}X(\mathrm{j}\Omega/3)H(\mathrm{j}\Omega/3)=\frac{1}{3}\cdot\frac{1}{3}Y(\mathrm{j}\Omega/3)$$

所以，有 $g(t)=\dfrac{1}{3}y(3t)$。

(2) 对比 $g(t)=\dfrac{1}{3}y(3t)$ 和 $g(t)=Ay(Bt)$，可得 $A=\dfrac{1}{3},B=3$。

例 3.18　已知 LTI 系统的输入信号和单位冲激响应为 $x(t)=t\mathrm{e}^{-2t}u(t),h(t)=\mathrm{e}^{-4t}u(t)$。试求系统的输出信号 $y(t)$。

解　由给定信号与系统时域表达式，有 $X(\mathrm{j}\Omega)=\mathscr{F}[x(t)]=-\mathrm{j}\dfrac{d}{\mathrm{d}\Omega}\left(\dfrac{1}{\mathrm{j}\Omega+2}\right)=\dfrac{1}{(\mathrm{j}\Omega+2)^2}$ 和 $H(\mathrm{j}\Omega)=\mathscr{F}[h(t)]=\dfrac{1}{\mathrm{j}\Omega+4}$。由傅里叶变换的卷积性质，有

$$\begin{aligned}x(t)*h(t)&\overset{\mathrm{FT}}{\leftrightarrow}X(\mathrm{j}\Omega)H(\mathrm{j}\Omega)=Y(\mathrm{j}\Omega)\\&=\frac{1}{(\mathrm{j}\Omega+2)^2}\cdot\frac{1}{\mathrm{j}\Omega+4}=\frac{1}{2}\frac{1}{(\mathrm{j}\Omega+2)^2}-\frac{1}{4}\frac{1}{\mathrm{j}\Omega+2}+\frac{1}{4}\frac{1}{\mathrm{j}\Omega+4}\text{。}\end{aligned}$$

对上式右边求取傅里叶逆变换，有

$$y(t)=\mathscr{F}^{-1}[Y(\mathrm{j}\Omega)]=\frac{1}{2}t\mathrm{e}^{-2t}u(t)-\frac{1}{4}\mathrm{e}^{-2t}u(t)+\frac{1}{4}\mathrm{e}^{-4t}u(t)\text{。}$$

例 3.19　设 LTI 系统的单位冲激响应为 $h(t)=\mathrm{e}^{-at}u(t),a>0$，系统的输入信号为 $x(t)=\mathrm{e}^{-bt}u(t),b>0$，试利用傅里叶变换的卷积性质求系统的输出信号 $y(t)$。

解　分别计算 $x(t)$ 与 $h(t)$ 的傅里叶变换，有 $X(\mathrm{j}\Omega)=\dfrac{1}{b+\mathrm{j}\Omega}$ 和 $H(\mathrm{j}\Omega)=\dfrac{1}{a+\mathrm{j}\Omega}$。这样

$$Y(\mathrm{j}\Omega)=X(\mathrm{j}\Omega)H(\mathrm{j}\Omega)=\frac{1}{(a+\mathrm{j}\Omega)(b+\mathrm{j}\Omega)}\tag{3.86}$$

将 $Y(\mathrm{j}\Omega)$ 展开成部分分式形式，有 $Y(\mathrm{j}\Omega)=\frac{A}{a+\mathrm{j}\Omega}+\frac{B}{b+\mathrm{j}\Omega}$。式中，$A$ 和 B 为待定常数。可解出 $A=\frac{1}{b-a}$，$B=\frac{1}{a-b}$。

(a) 若 $b\neq a$，则式(3.86)可写为 $Y(\mathrm{j}\Omega)=\frac{1}{(a+\mathrm{j}\Omega)(b+\mathrm{j}\Omega)}=\frac{1}{b-a}\left[\frac{1}{a+\mathrm{j}\Omega}-\frac{1}{b+\mathrm{j}\Omega}\right]$。

对上式求傅里叶逆变换，有 $y(t)=\mathscr{F}^{-1}[Y(\mathrm{j}\Omega)]=\frac{1}{b-a}[\mathrm{e}^{-at}u(t)-\mathrm{e}^{-bt}u(t)]$。

(b) 若 $b=a$，则式(3.86)变为 $Y(\mathrm{j}\Omega)=\frac{1}{(a+\mathrm{j}\Omega)^2}$。由傅里叶变换的频域微分性质，有 $\frac{1}{(a+\mathrm{j}\Omega)^2}=\mathrm{j}\frac{\mathrm{d}}{\mathrm{d}\Omega}\left[\frac{1}{a+\mathrm{j}\Omega}\right]$，再由已知的傅里叶变换对 $\mathrm{e}^{-at}u(t)\overset{\mathrm{FT}}{\leftrightarrow}\frac{1}{a+\mathrm{j}\Omega}$，有

$$t\mathrm{e}^{-at}u(t)\overset{\mathrm{FT}}{\leftrightarrow}\mathrm{j}\frac{\mathrm{d}}{\mathrm{d}\Omega}\left[\frac{1}{a+\mathrm{j}\Omega}\right]=\frac{1}{(a+\mathrm{j}\Omega)^2}$$

这样，有 $y(t)=t\mathrm{e}^{-at}u(t)$。

3.6.12　傅里叶变换的乘法性质

性质 3.18　傅里叶变换的乘法性质　若连续时间信号 $x_1(t)$ 和 $x_2(t)$ 分别满足 $x_1(t)\overset{\mathrm{FT}}{\leftrightarrow}X_1(\mathrm{j}\Omega)$ 和 $x_2(t)\overset{\mathrm{FT}}{\leftrightarrow}X_2(\mathrm{j}\Omega)$，则傅里叶变换的乘法性质表示为

$$x_1(t)x_2(t)\overset{\mathrm{FT}}{\leftrightarrow}\frac{1}{2\pi}[X_1(\mathrm{j}\Omega)*X_2(\mathrm{j}\Omega)] \tag{3.87}$$

证明　对式(3.87)做傅里叶变换，有

$$\begin{aligned}\mathscr{F}[x_1(t)x_2(t)]&=\int_{-\infty}^{+\infty}[x_1(t)x_2(t)]\mathrm{e}^{-\mathrm{j}\Omega t}\mathrm{d}t\\&=\int_{-\infty}^{+\infty}x_2(t)\mathrm{e}^{-\mathrm{j}\Omega t}\left[\frac{1}{2\pi}\int_{-\infty}^{+\infty}X_1(\mathrm{j}\eta)\mathrm{e}^{\mathrm{j}\eta t}\mathrm{d}\eta\right]\mathrm{d}t\\&=\frac{1}{2\pi}\int_{-\infty}^{+\infty}X_1(\mathrm{j}\eta)\mathrm{d}\eta\left[\int_{-\infty}^{+\infty}x_2(t)\mathrm{e}^{-\mathrm{j}(\Omega-\eta)t}\mathrm{d}t\right]\\&=\frac{1}{2\pi}\int_{-\infty}^{+\infty}X_1(\mathrm{j}\eta)X_2[\mathrm{j}(\Omega-\eta)]\mathrm{d}\eta\\&=\frac{1}{2\pi}[X_1(\mathrm{j}\Omega)*X_2(\mathrm{j}\Omega)]\end{aligned}$$

于是，式(3.87)得证。

傅里叶变换的乘法性质表明，两信号在时域的乘积，对应于它们各自频谱在频域的卷积。可以认为，傅里叶变换的乘法性质与卷积性质是服从对偶关系的。

在应用技术中，两信号的相乘主要有两种应用含义：第一，若两相乘信号之一为周期性复指数信号或正弦类信号，则这两个信号的乘法运算实际上是一个信号对另一个信号(这里说的周期性复指数信号或正弦类信号)的幅度调制(Amplitude Modulation, AM)，或解调(Demodulation)。第二，若两相乘信号之一为周期性单位冲激信号(称为单位冲激序列)，则这两个信号的乘法运算实际上是单位冲激序列对另一个信号的采样(Sampling)，又称为脉

冲幅度调制(Pulse Amplitude Modulation, PAM)。关于信号采样的问题，本书将在第 5 章介绍。

本章 3.6.6 节介绍了傅里叶变换的频移性质，由式(3.72)可见，频移性质在时间域也是表示两个信号的乘积，即一个周期性复指数信号，一个任意连续时间信号 $x(t)$。二者乘积的傅里叶变换，是信号 $x(t)$ 频谱在频率域的位移，即 $X(\mathrm{j}\Omega)\rightarrow X[\mathrm{j}(\Omega-\Omega_0)]$，表示对信号 $x(t)$ 的幅度调制。

考察式(3.87)，取 $x_1(t)=x(t)$ 表示任意连续时间信号，$x_2(t)=\mathrm{e}^{\mathrm{j}\Omega_0 t}\overset{\mathrm{FT}}{\leftrightarrow}2\pi\delta(\Omega-\Omega_0)$ 表示载波信号。则式(3.87)改写为

$$x(t)\mathrm{e}^{\mathrm{j}\Omega_0 t}\overset{\mathrm{FT}}{\leftrightarrow}\frac{1}{2\pi}[X(\mathrm{j}\Omega)*2\pi\delta(\Omega-\Omega_0)]=\frac{1}{2\pi}X[\mathrm{j}(\Omega-\Omega_0)] \tag{3.88}$$

显然，傅里叶变换的频移性质是傅里叶变换乘法性质的特例。

例 3.20 已知 $x(t)\overset{\mathrm{FT}}{\leftrightarrow}X(\mathrm{j}\Omega)$，试利用傅里叶变换的乘法性质求信号 $x(t)\cos\Omega_0 t$ 的频谱。

解 由于 $\cos\Omega_0 t\overset{\mathrm{FT}}{\leftrightarrow}\pi[\delta(\Omega-\Omega_0)+\delta(\Omega+\Omega_0)]$，根据乘法性质，有

$$x(t)\cos\Omega_0 t\overset{\mathrm{FT}}{\leftrightarrow}\frac{1}{2\pi}X(\mathrm{j}\Omega)*\pi[\delta(\Omega-\Omega_0)+\delta(\Omega+\Omega_0)]=\frac{1}{2}\{X[\mathrm{j}(\Omega-\Omega_0)]+X[\mathrm{j}(\Omega+\Omega_0)]\}。$$

3.6.13 傅里叶变换的主要性质和常用傅里叶变换对列表

表 3.2 给出了连续时间信号傅里叶变换的主要性质列表。

表 3.2 连续时间信号傅里叶变换的主要性质列表

序号	性质	连续时间非周期信号 $x(t),y(t)$	傅里叶变换 $X(\mathrm{j}\Omega),Y(\mathrm{j}\Omega)$
1	线性性质	$ax(t)+by(t)$	$aX(\mathrm{j}\Omega)+bY(\mathrm{j}\Omega)$
2	时移性质	$x(t-t_0)$	$\mathrm{e}^{-\mathrm{j}\Omega t_0}X(\mathrm{j}\Omega)$
3	频移性质	$\mathrm{e}^{\mathrm{j}\Omega_0 t}x(t)$	$X(\mathrm{j}(\Omega-\Omega_0))$
4	共轭性质	$x^*(t)$	$X^*(-\mathrm{j}\Omega)$
5	时间反转性质	$x(-t)$	$X(-\mathrm{j}\Omega)$
6	时间与频率尺度变换性质	$x(at)$	$\frac{1}{\lvert a\rvert}X(\mathrm{j}\frac{\Omega}{a})$
7	卷积性质	$x(t)*y(t)$	$X(\mathrm{j}\Omega)Y(\mathrm{j}\Omega)$
8	相乘性质	$x(t)y(t)$	$\frac{1}{2\pi}X(\mathrm{j}\Omega)*Y(\mathrm{j}\Omega)$
9	时域微分性质	$\frac{\mathrm{d}x(t)}{\mathrm{d}t}$	$\mathrm{j}\Omega X(\mathrm{j}\Omega)$
10	时域积分性质	$\int_{-\infty}^{t}x(\tau)\mathrm{d}\tau$	$\frac{1}{\mathrm{j}\Omega}X(\mathrm{j}\Omega)+\pi X(0)\delta(\Omega)$
11	频域微分性质	$tx(t)$	$\mathrm{j}\frac{d}{\mathrm{d}\Omega}X(\mathrm{j}\Omega)$

（续表）

序号	性质	连续时间非周期信号 $x(t),y(t)$	傅里叶变换 $X(\mathrm{j}\Omega),Y(\mathrm{j}\Omega)$
12	对偶性质(举例)	$x_1(t)=\begin{cases}1, & \lvert t\rvert<T_1\\ 0, & \lvert t\rvert>T_1\end{cases}$	$X_1(\mathrm{j}\Omega)=\frac{2\sin\Omega T_1}{\Omega}$
		$x_2(t)=\frac{\sin Wt}{\pi t}$	$X_2(\mathrm{j}\Omega)=\begin{cases}1, & \lvert\Omega\rvert<W\\ 0, & \lvert\Omega\rvert>W\end{cases}$
13	实信号的共轭对称性	$x(t)$ 为实信号	$\begin{cases}X(\mathrm{j}\Omega)=X^*(-\mathrm{j}\Omega)\\ \mathrm{Re}[X(\mathrm{j}\Omega)]=\mathrm{Re}[X(-\mathrm{j}\Omega)]\\ \mathrm{Im}[X(\mathrm{j}\Omega)]=-\mathrm{Im}[X(-\mathrm{j}\Omega)]\\ \lvert X(\mathrm{j}\Omega)\rvert=\lvert X(-\mathrm{j}\Omega)\rvert\\ \measuredangle X(\mathrm{j}\Omega)=-\measuredangle X(-\mathrm{j}\Omega)\end{cases}$
14	帕塞瓦尔定理	$\int_{-\infty}^{+\infty}\lvert x(t)\rvert^2\mathrm{d}t=\frac{1}{2\pi}\int_{-\infty}^{+\infty}\lvert X(\mathrm{j}\Omega)\rvert^2\mathrm{d}\Omega$	

表 3.3 给出了常用傅里叶变换对列表。

表 3.3　连续时间傅里叶变换常用变换对

序号	信号名称	信号 $x(t)$ 表达式	傅里叶变换 $X(\mathrm{j}\Omega)$
1	单边指数信号	$\mathrm{e}^{-at}u(t),\quad \mathrm{Re}[a]>0$	$\frac{1}{a+\mathrm{j}\Omega}$
2	双边指数信号	$\mathrm{e}^{-a\lvert t\rvert},\quad \mathrm{Re}[a]>0$	$\frac{2a}{a^2+\Omega^2}$
3	由单边指数的频谱运算导出的信号	$t\mathrm{e}^{-at}u(t),\quad \mathrm{Re}[a]>0$	$\frac{1}{(a+\mathrm{j}\Omega)^2}$
		$\frac{t^{n-1}}{(n-1)!}\mathrm{e}^{-at}u(t),\quad \mathrm{Re}[a]>0$	$\frac{1}{(a+\mathrm{j}\Omega)^n}$
4	矩形脉冲信号	$\begin{cases}1, & \lvert t\rvert<T_1\\ 0, & \lvert t\rvert>T_1\end{cases}$	$2\frac{\sin\Omega T_1}{\Omega}$
5	sinc 函数	$\frac{\sin Wt}{\pi t}$	$\begin{cases}1, & \lvert\Omega\rvert<W\\ 0, & \lvert\Omega\rvert>W\end{cases}$
6	单位冲激信号	$\delta(t)$	1
7	单位阶跃信号	$u(t)$	$\frac{1}{\mathrm{j}\Omega}+\pi\delta(\Omega)$
8	单位冲激时移信号	$\delta(t-t_0)$	$\mathrm{e}^{-\mathrm{j}\Omega t_0}$
9	常数信号	1	$2\pi\delta(\Omega)$
10	周期性方波信号	$x(t)=\begin{cases}1, & \lvert t\rvert<T_1\\ 0, & T_1<\lvert t\rvert\leqslant T/2\end{cases}$ $x(t+T)=x(t)$	$\sum_{k=-\infty}^{+\infty}\frac{2\sin k\Omega_0T_1}{k}\delta(\Omega-k\Omega_0)$
11	余弦信号	$\cos(\Omega_0t)$	$\pi[\delta(\Omega+\Omega_0)+\delta(\Omega-\Omega_0)]$
12	正弦信号	$\sin(\Omega_0t)$	$\mathrm{j}\pi[\delta(\Omega+\Omega_0)-\delta(\Omega-\Omega_0)]$

（续表）

序号	信号名称	信号 $x(t)$ 表达式	傅里叶变换 $X(\mathrm{j}\Omega)$
13	单边余弦信号	$\cos(\Omega_0 t)u(t)$	$\frac{\pi}{2}[\delta(\Omega+\Omega_0)+\delta(\Omega-\Omega_0)]+\frac{\mathrm{j}\Omega}{\Omega_0^2-\Omega^2}$
14	单边正弦信号	$\sin(\Omega_0 t)u(t)$	$\frac{\mathrm{j}\pi}{2}[\delta(\Omega+\Omega_0)-\delta(\Omega-\Omega_0)]+\frac{\Omega_0}{\Omega_0^2-\Omega^2}$
15	复指数信号	$\mathrm{e}^{\mathrm{j}\Omega_0 t}$	$2\pi\delta(\Omega-\Omega_0)$
16	单位冲激序列	$\sum\limits_{n=-\infty}^{+\infty}\delta(t-nT)$	$\frac{2\pi}{T}\sum\limits_{k=-\infty}^{+\infty}\delta(\Omega-\frac{2\pi k}{T})$

3.7 连续时间LTI系统的频域分析

本书第 2 章系统介绍了 LTI 系统的时域分析方法，本节则在时域分析的基础上，基于傅里叶分析理论，系统介绍连续时间 LTI 系统的频域分析方法。我们会看到，相对于系统的时域分析方法，对系统的频域分析方法会更为简洁方便。

3.7.1 LTI 系统的频域特性分析

1. LTI 系统卷积的频域计算与传递函数

在第 2 章中，我们学习了连续时间 LTI 系统的卷积积分的理论与计算方法，可以看出，卷积的计算是比较复杂的。那么有没有计算卷积的比较简便的方法呢？答案是肯定的。本章介绍的傅里叶变换理论与方法，特别是 3.6.11 节介绍的傅里叶变换的卷积性质，就是在频率域计算卷积的有效工具。图 3.12 给出了连续时间 LTI 系统分析的卷积方法和频域方法的示意图。

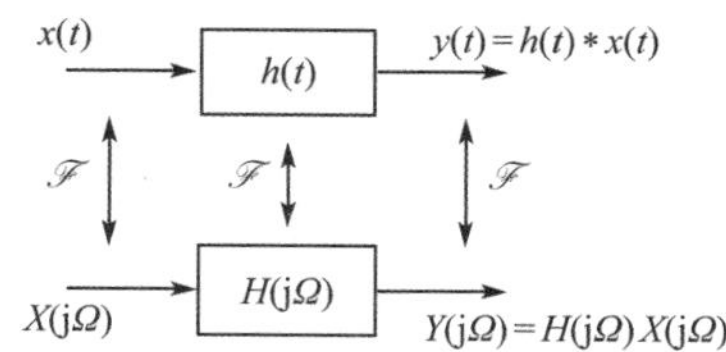

图 3.12 连续时间 LTI 系统的卷积运算与频域运算

由图 3.12 可知，连续时间 LTI 系统的输出信号可由输入信号与系统单位冲激响应的卷积积分得到，即 $y(t)=h(t)*x(t)$。此外，若分别对输入信号和单位冲激响应进行傅里叶变换，即 $x(t)\overset{\mathrm{FT}}{\leftrightarrow}X(\mathrm{j}\Omega)$ 和 $h(t)\overset{\mathrm{FT}}{\leftrightarrow}H(\mathrm{j}\Omega)$，则依据傅里叶变换的卷积性质在频域进行乘积，可得输出信号 $y(t)$ 的频谱 $Y(\mathrm{j}\Omega)=H(\mathrm{j}\Omega)X(\mathrm{j}\Omega)$，再对 $Y(\mathrm{j}\Omega)$ 做傅里叶逆变换，则可得到系统的输出信号 $y(t)$。这种求解 LTI 系统输出的方法是依据傅里叶变换的卷积性质的，常称为快速卷积法。尽管这种方法经历了三次傅里叶变换（含逆变换），但是由于后续课程将要学习的快速傅里叶变换方法的存在，往往会比时域卷积方法快得多，信号的长度越长，所节省的计算时间越多。

图 3.12 中，$H(\mathrm{j}\Omega)$ 称为系统的频率响应(Frequency Response)或传递函数(Transfer Function)。所谓系统频率响应，是指系统的增益(Gain)随频率变化的关系，用于描述系统对信号不同频率成分的处理能力。系统的频率响应或传递函数，定义为系统在零初始状态下输出信号频谱与输入信号频谱之比，即

$$H(\mathrm{j}\Omega)=\frac{Y(\mathrm{j}\Omega)}{X(\mathrm{j}\Omega)} \tag{3.89}$$

LTI 系统输出信号频谱的形成，可以解释为系统传递函数 $H(\mathrm{j}\Omega)$ 对输入信号频谱 $X(\mathrm{j}\Omega)$ 的运算和修改。一般来说，信号滤波(Filtering)的概念，就是利用滤波器(Filter)对输入信号进行操作，去除或削弱输入信号中不需要的成分而保留有用成分的过程。

LTI系统频率特性或传递函数的确定方法，除了式(3.89)的定义式之外，还可以通过对 LTI 系统的单位冲激响应 $h(t)$ 做傅里叶变换得到，即

$$H(\mathrm{j}\Omega)=\mathscr{F}[h(t)] \tag{3.90}$$

由本章 3.2.2 节关于 LTI 系统特征函数与特征值的概念，若 LTI 系统的输入信号为特征函数 $\mathrm{e}^{\mathrm{j}\Omega t}$，则系统输出为特征函数与特征值的乘积，即

$$y(t)=\mathrm{e}^{\mathrm{j}\Omega t}H(\mathrm{j}\Omega) \tag{3.91}$$

可见，LTI 系统的特征值就是系统的频率响应或传递函数。

系统的频率响应是一个复函数，可以进一步写为模与相位的形式，即

$$H(\mathrm{j}\Omega)=|H(\mathrm{j}\Omega)|\mathrm{e}^{\mathrm{j}\sphericalangle H(\mathrm{j}\Omega)} \tag{3.92}$$

式中，$|H(\mathrm{j}\Omega)|$ 称为系统的幅频特性，又称为系统的增益，表征系统对输入信号各频率成分的加权能力。而 $\sphericalangle H(\mathrm{j}\Omega)$ 则称为系统的相频特性，又称为相移，表征各频率成分通过系统后产生的附加相移。由傅里叶变换的卷积性质 $Y(\mathrm{j}\Omega)=H(\mathrm{j}\Omega)X(\mathrm{j}\Omega)$，有

$$Y(\mathrm{j}\Omega)|=|H(\mathrm{j}\Omega)||X(\mathrm{j}\Omega)| \tag{3.93}$$

$$\sphericalangle Y(\mathrm{j}\Omega)=\sphericalangle H(\mathrm{j}\Omega)+\sphericalangle X(\mathrm{j}\Omega) \tag{3.94}$$

显然，LTI 系统对输入信号的作用是对其幅度谱 $|X(\mathrm{j}\Omega)|$ 乘以系统频率响应的模 $|H(\mathrm{j}\Omega)|$。同时，LTI 系统将输入信号的相位谱 $\sphericalangle X(\mathrm{j}\Omega)$ 加上系统相移 $\sphericalangle H(\mathrm{j}\Omega)$ 而改变其各分量之间的相对相位关系。

2. LTI 系统微分方程的频域求解

线性常系数微分方程是描述连续时间 LTI 系统的重要工具，表示为

$$\sum_{k=0}^{N}a_k\frac{\mathrm{d}^k y(t)}{\mathrm{d}t^k}=\sum_{k=0}^{M}b_k\frac{\mathrm{d}^k x(t)}{\mathrm{d}t^k} \tag{3.95}$$

经由傅里叶变换，可以把上述微分方程转变为代数方程的形式，并可进一步求解出系统的频率响应或传递函数。这里，假定式(3.95)所描述的 LTI 系统满足稳定性条件。

对式(3.95)两边分别求取傅里叶变换，并利用傅里叶变换的时域微分性质，可得

$$\sum_{k=0}^{N}a_k(\mathrm{j}\Omega)^kY(\mathrm{j}\Omega)=\sum_{k=0}^{M}b_k(\mathrm{j}\Omega)^kX(\mathrm{j}\Omega) \tag{3.96}$$

式(3.96)是一个关于$(\mathrm{j}\Omega)$的代数方程式，相对于式(3.95)所示微分方程，式(3.96)是更加便于求解的。进一步地，由式(3.96)可以得到该系统的频率响应或传递函数为

$$H(\mathrm{j}\Omega)=\frac{Y(\mathrm{j}\Omega)}{X(\mathrm{j}\Omega)}=\frac{\sum_{k=0}^{M}b_k\,(\mathrm{j}\Omega)^k}{\sum_{k=0}^{N}a_k\,(\mathrm{j}\Omega)^k}\tag{3.97}$$

由式(3.97)可见，$H(\mathrm{j}\Omega)$是一个有理函数，是关于$(\mathrm{j}\Omega)$的分式多项式，其分子多项式与分母多项式的系数分别与微分方程式(3.95)的输入项和输出项的系数是对应的。这样，由LTI系统的微分方程，可以直接地得到系统的频率响应或传递函数$H(\mathrm{j}\Omega)$。

例3.21 给定LTI系统的微分方程为$\frac{\mathrm{d}^2y(t)}{\mathrm{d}t^2}+4\frac{\mathrm{d}y(t)}{\mathrm{d}t}+3y(t)=\frac{\mathrm{d}x(t)}{\mathrm{d}t}+2x(t)$，假定系统满足初始松弛条件(即初始状态均为零)。试求：(a) 系统频率响应；(b) 系统单位冲激响应；(c) 若输入信号为$x(t)=\mathrm{e}^{-t}u(t)$，求系统的输出信号$y(t)$。

解 (a) 由式(3.97)，可以直接得到$H(\mathrm{j}\Omega)=\frac{\sum_{k=0}^{M}b_k\,(\mathrm{j}\Omega)^k}{\sum_{k=0}^{N}a_k\,(\mathrm{j}\Omega)^k}=\frac{(\mathrm{j}\Omega)+2}{(\mathrm{j}\Omega)^2+4(\mathrm{j}\Omega)+3}$，经整理，可得系统频率响应为$H(\mathrm{j}\Omega)=\frac{\mathrm{j}\Omega+2}{(\mathrm{j}\Omega+1)(\mathrm{j}\Omega+3)}$。

(b) 对$H(\mathrm{j}\Omega)$经部分分式展开，有$H(\mathrm{j}\Omega)=\frac{1/2}{\mathrm{j}\Omega+1}+\frac{1/2}{\mathrm{j}\Omega+3}$。再求傅里叶逆变换，可得系统的单位冲激响应为$h(t)=\frac{1}{2}\mathrm{e}^{-t}u(t)+\frac{1}{2}\mathrm{e}^{-3t}u(t)$。

(c) 由给定输入信号$x(t)=\mathrm{e}^{-t}u(t)$，可得其傅里叶变换为$X(\mathrm{j}\Omega)=\frac{1}{\mathrm{j}\Omega+1}$。由式(3.97)，可以得到$Y(\mathrm{j}\Omega)=H(\mathrm{j}\Omega)X(\mathrm{j}\Omega)=\frac{\mathrm{j}\Omega+2}{(\mathrm{j}\Omega+1)(\mathrm{j}\Omega+3)}\cdot\frac{1}{\mathrm{j}\Omega+1}=\frac{\mathrm{j}\Omega+2}{(\mathrm{j}\Omega+1)^2(\mathrm{j}\Omega+3)}$。对上式进行部分分式展开，有$Y(\mathrm{j}\Omega)=\frac{A_{11}}{\mathrm{j}\Omega+1}+\frac{A_{12}}{(\mathrm{j}\Omega+1)^2}+\frac{A_{21}}{\mathrm{j}\Omega+3}$。解出待定系数$A_{11}=1/4$、$A_{12}=1/2$和$A_{21}=-1/4$，则得到$Y(\mathrm{j}\Omega)=\frac{1/4}{\mathrm{j}\Omega+1}+\frac{1/2}{(\mathrm{j}\Omega+1)^2}-\frac{1/4}{\mathrm{j}\Omega+3}$。对上式进行傅里叶逆变换，可得输出信号为$y(t)=\left[\frac{1}{4}\mathrm{e}^{-t}+\frac{1}{2}t\mathrm{e}^{-t}-\frac{1}{4}\mathrm{e}^{-3t}\right]u(t)$。

3.7.2 滤波器的概念与信号的频域滤波

1. 滤波器与滤波的概念

滤波器(Filter)是一种信号选频装置，其作用是使信号中特定的有用频率成分通过，而有效衰减其他频率成分，甚至严格禁止这些无用频率成分的通过。基于这样的功能，且由于信号与噪声干扰等往往占有不同的频段(Frequency Band)，因此滤波器通常用来滤除或抑制信号中的无用成分，例如噪声和干扰，使通过滤波器处理过的信号更加适合使用者的目标。

实际上，本书前面章节介绍的所谓“系统”，就是一种广义上的“滤波器”的概念，而滤波器则是系统这个概念的具体化和实用化。

信号滤波(Filtering)是信号处理技术中的重要概念，其基本含义就是通过滤波器对信号进行处理，滤除或抑制信号中伴随的噪声和干扰，使得信号更加纯净，或更适合使用者的应用。

综合滤波器和滤波的概念，可知滤波器是滤波这个过程或动作所使用的装置或设备，而滤波这个过程则是在滤波器的执行下得以完成的。简言之，滤波器是工具，滤波是目的。

滤波器有许多不同的分类方法，例如，根据构成滤波器方式来划分，可分为模拟滤波器和数字滤波器。模拟滤波器又常分为有源滤波器和无源滤波器。数字滤波器又可划分为有限冲激响应滤波器和无限冲激响应滤波器。根据系统的频率特性，通常可划分为低通滤波器(Low-pass Filter，LPF)、高通滤波器(High-pass Filter，HPF)、带通滤波器(Band-pass Filter，BPF)、带阻滤波器(Band-stop Filter，BSF)和全通滤波器(All-pass Filter)等，分别允许不同频段的信号通过。图3.13给出了上述几种经典的理想滤波器(Ideal Filter)的频率特性。

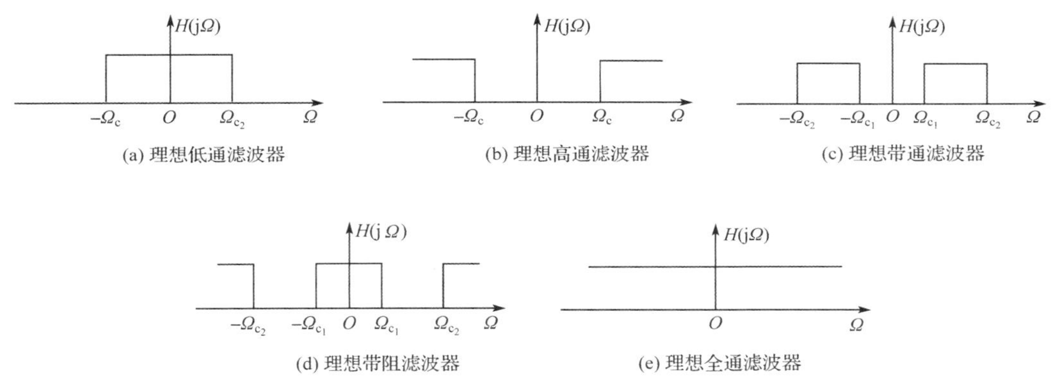

图3.13　经典理想滤波器的频率特性

2. 理想低通滤波器分析

理想低通滤波器(Ideal low-pass Filter，ILPF)是研究滤波器理论必须要掌握的一个基本理论模型。所谓理想低通滤波器是一种具有理想化滤波特性的低通滤波器，其幅频特性在通带(Pass Band)内为一常数(常取1)，在通带外则为零。其相频特性在通带内为零或与频率成线性关系，而在通带外为零。式(3.98)和式(3.99)分别给出了ILPF的频域表达式和系统单位冲激响应

$$H(\mathrm{j}\Omega)=\begin{cases}1, & |\Omega|\leqslant\Omega_c\\0, & |\Omega|>\Omega_c\end{cases}\tag{3.98}$$

$$h(t)=\frac{\sin\Omega_c t}{\pi t}\tag{3.99}$$

式中，Ω_c表示滤波器的截止频率(Cutoff Frequency)。理想低通滤波器的另一种常见形式是线性相位理想低通滤波器，其模和相位表示为

$$|H(\mathrm{j}\Omega)|=\begin{cases}1, & |\Omega|\leqslant\Omega_c\\0, & |\Omega|>\Omega_c\end{cases},\qquad \measuredangle H(\mathrm{j}\Omega)=-\alpha\Omega\tag{3.100}$$

图3.14给出了连续时间理想低通滤波器上述两种形式的幅频特性和相频特性曲线。

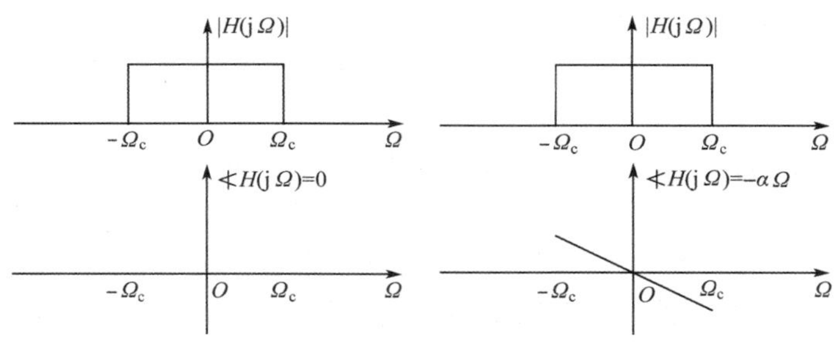

(a) 零相位理想低通滤波器　　(b) 线性相位理想低通滤波器

图 3.14　理想低通滤波器的频率特性和相频特性曲线

图 3.15 给出了上述两种理想低通滤波器的单位冲激响应曲线。

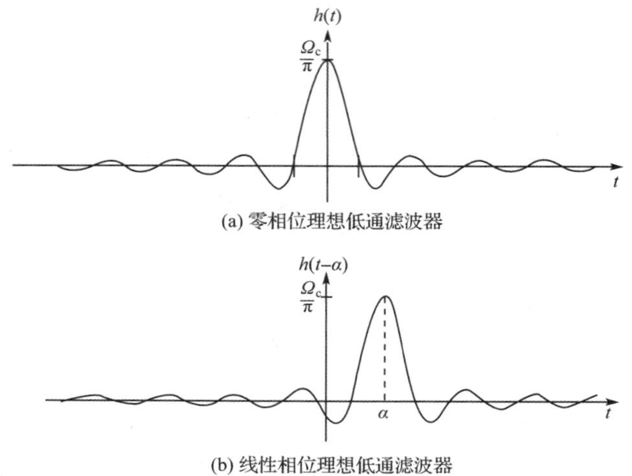

图 3.15　理想低通滤波器的单位冲激响应曲线

由图 3.14 和图 3.15 可以看出，理想低通滤波器具有理想的频域特性，例如其通带(Pass Band) 平坦，阻带(Stop Band) 严格为零，过渡带(Transition Band) 宽度为零。但是，理想低通滤波器为非因果系统，这是理想低通滤波器的第一个不理想之处。第二个不理想之处是其单位冲激响应的波动性，这是 sinc 函数的一个基本特性。随着 t 的增加，sinc 函数持续振荡衰减，这种振荡导致系统的单位阶跃响应(即系统对单位阶跃信号的响应) 也持续振荡，从而使系统输出也持续波动。

3. 非理想滤波器

由于理想滤波器是不可实时物理实现的，因此在实际信号处理应用中所使用的滤波器都是非理想滤波器。图 3.16 给出了连续时间常规非理想低通滤波器幅频特性的示意图。

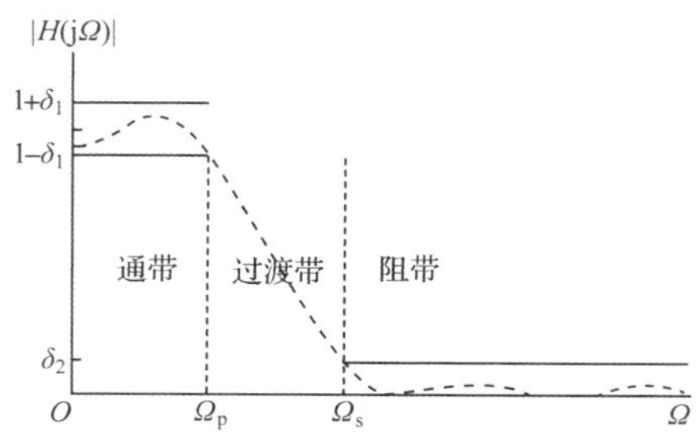

图 3.16　非理想低通滤波器的频率特性曲线

在图.16 中，横轴表示频率，纵轴表示幅度，即滤波器的增益。图中虚线曲线为非理想低通滤波器的频率特性曲线，Ω_p 和 Ω_s 分别表示滤波器通带(Pass Band)和阻带(Stop Band)的截止频率，Ω_p 和 Ω_s 之间的部分称为过渡带(Transition Band)，δ_1 和 δ_2 分别表示通带和阻带的波动容限。

由图 3.16 可见，非理想滤波器的通带不是严格平坦的，容许一定的纹波(Passband Ripple)；阻带也容许阻带纹波(Stopband Ripple)的存在；且存在一个由通带到阻带的过渡带。

4. 线性相位与非线性相位

若滤波器的相频特性满足线性关系，即

$$\measuredangle H(\mathrm{j}\Omega) = -\Omega t_0 \tag{3.101}$$

则称该滤波器 $H(\mathrm{j}\Omega)$ 为线性相位系统。一个典型的线性相位系统是

$$H(\mathrm{j}\Omega) = \mathrm{e}^{-\mathrm{j}\Omega t_0} \tag{3.102}$$

该系统对应的单位冲激响应是单位冲激信号的时移，即 $h(t)=\delta(t-t_0)$。该系统对任意输入信号 $x(t)$ 的作用是将其延迟 t_0，即 $y(t)=x(t-t_0)$。若延迟 t_0 可以接受的话，则这个系统对于通信系统来说是一个非常理想的系统。可以看出，该系统的输出信号保持了输入信号的全部特性，除了有时间延迟 t_0。

若系统的相频特性不满足式(3.101)的线性关系，则该系统为非线性相位系统。非线性相位系统会对输入信号造成较大的影响，甚至使输入信号面目全非。

3.7.3　一阶与二阶线性系统的伯德图表示

伯德图(Bode Diagram)是线性时不变系统传递函数的半对数坐标图，是电子信息领域的常用技术。伯德图横轴以频率的对数表示，纵轴一般为对数的线性表示，常分为幅频特性图和相频特性图。

1. 一阶系统的伯德图

设一阶线性时不变系统的单位冲激响应表示为

$$h(t) = \frac{1}{\tau}\mathrm{e}^{-t/\tau}u(t) \tag{3.103}$$

式中，参数 τ 称为系统的时间常数(Time Constant)，其值控制着系统响应的速度。对 $h(t)$ 求取傅里叶变换，可以得到系统的频率响应或传递函数 $H(\mathrm{j}\Omega)$ 为

$$H(\mathrm{j}\Omega) = \frac{1}{\mathrm{j}\Omega\tau + 1} \tag{3.104}$$

对 $H(\mathrm{j}\Omega)$ 的模求取 20 倍以 10 为底的对数，有

$$20\log_{10}|H(\mathrm{j}\Omega)| = -10\log_{10}[(\Omega\tau)^2+1] \tag{3.105}$$

上式的单位为分贝(decibel，常简写为 dB)。对上式进行分析讨论，有

$$20\log_{10}|H(\mathrm{j}\Omega)| \approx \begin{cases} 0, & \Omega\tau \ll 1 \\ -20\log_{10}(\Omega)-20\log_{10}(\tau), & \Omega\tau \gg 1 \end{cases} \tag{3.106}$$

上式表明，一阶系统的对数幅频特性在低频和高频的渐近线都是直线。低频的渐近线是一条 0dB 的直线，高频渐近线对应于在 $|H(\mathrm{j}\Omega)|$ 上每 10 倍频程有 20dB 的衰减，即斜率为"20dB/10 倍频程"的衰减渐近线。对于 $H(\mathrm{j}\Omega)$ 的相位谱也可以得到类似的对数线性渐近线为

$$\angle H(\mathrm{j}\Omega) = -\arctan(\Omega\tau) = \begin{cases} 0, \ \Omega \leqslant 0.1/\tau \\ -(\pi/4)[\log_{10}(\Omega\tau)+1], & 0.1/\tau \leqslant \Omega \leqslant 10/\tau \\ -\pi/2, \ \Omega \geqslant 10/\tau \end{cases} \tag{3.107}$$

图 3.17 给出了根据式(3.106)和式(3.107)绘制的一阶系统伯德图。

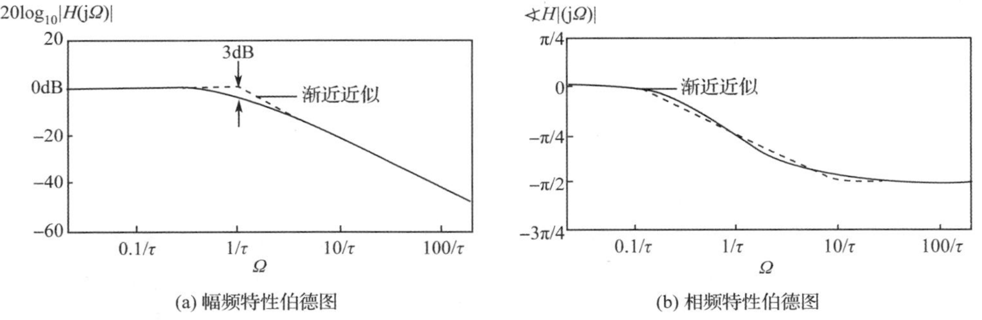

图 3.17 一阶系统的伯德图

图 3.17(a) 中，$\Omega = 1/\tau$ 处为两条渐近线的交点，称为转折频率。根据式(3.105)，在这一点处的衰减约为 -3dB。因此，通常对两条渐近线交点处做 -3dB 的修正，在工程上也称低通滤波器在此处的带宽为 3dB 带宽。

2. 二阶系统的伯德图

设二阶线性时不变系统由二阶常系数微分方程给出为

$$\frac{\mathrm{d}^2 y(t)}{\mathrm{d}t^2} + 2\xi\Omega_{\mathrm{n}}\frac{\mathrm{d}y(t)}{\mathrm{d}t} + \Omega_{\mathrm{n}}^2 y(t) = \Omega_{\mathrm{n}}^2 x(t) \tag{3.108}$$

式中，参数 ξ 和 Ω_{n} 分别称为系统的阻尼系数(Damping Ratio)和无阻尼自然频率(Undamped Natural Frequency)。对式(3.108)求取傅里叶变换，得到系统的传递函数为

$$H(\mathrm{j}\Omega) = \frac{\Omega_{\mathrm{n}}^2}{(\mathrm{j}\Omega)^2 + 2\xi\Omega_{\mathrm{n}}(\mathrm{j}\Omega) + \Omega_{\mathrm{n}}^2} \tag{3.109}$$

图 3.18 给出了二阶系统的伯德图，图中还画出了当阻尼系数 ξ 取不同值时的情况。

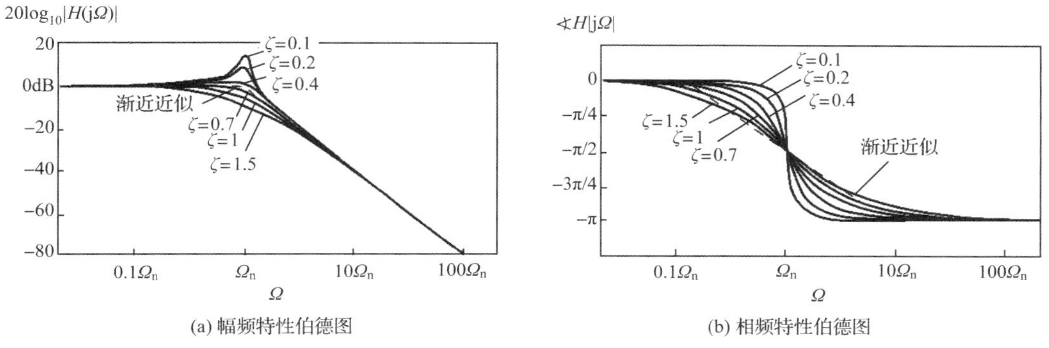

(a) 幅频特性伯德图　(b) 相频特性伯德图

图 3.18　不同阻尼系数条件下二阶系统的伯德图

3.7.4　系统无失真传输条件与系统物理可实现条件

1. 系统的无失真传输条件

系统无失真传输是指系统的输出信号与系统的输入信号相比，只是幅度和出现时刻不同，而波形上无变化。系统无失真传输条件表示为

$$y(t)=Kx(t-t_0) \tag{3.110}$$

式中，$x(t)$ 和 $y(t)$ 分别表示系统的输入信号和输出信号；K 为常数；t_0 表示延迟时间。由式(3.110)可以分别得到系统无失真条件下的传递函数 $H(\mathrm{j}\Omega)$ 和单位冲激响应 $h(t)$ 为

$$H(\mathrm{j}\Omega)=K\mathrm{e}^{-\mathrm{j}\Omega t_0} \tag{3.111}$$

$$h(t)=K\delta(t-t_0) \tag{3.112}$$

2. 系统的物理可实现条件

物理可实现系统须满足以下两个条件：第一，系统在时域须满足因果性条件，即

$$h(t)=0,\quad 若\ t<0 \tag{3.113}$$

第二，系统在频域满足佩利-维纳准则(Paley-Wiener Criterion)，即

$$\int_{-\infty}^{+\infty}\frac{|\ln\{|H(\mathrm{j}\Omega)|\}|}{1+\Omega^2}\mathrm{d}\Omega<\infty \tag{3.114}$$

本章小结

本章系统介绍了连续时间周期性信号的傅里叶级数理论、连续时间非周期信号(也包括周期性信号)的傅里叶变换理论方法，还系统介绍了基于傅里叶变换的 LTI 系统的频域分析方法，主要包括傅里叶分析的理论概要与频率域的概念，连续时间周期信号傅里叶级数的定义、性质与计算方法，连续时间非周期(含周期)信号傅里叶变换的定义、性质和计算方法，连续时间系统的频域分析理论与方法等。本章所介绍的信号与系统的傅里叶分析理论方法，是本课程的重要理论方法，对于进一步学习连续时间信号与系统的复频域分析和离散时间信号与系统的变换域分析具有重要意义。

习 题

3.1 给定连续时间周期信号 $x(t)=2+\cos(\frac{2\pi}{3}t)+\sin(\frac{5\pi}{3}t)$，试求其基波频率 Ω_0 和傅里叶级数系数 A_k。

3.2 设基波频率为 $\Omega_0=\pi$，试计算连续时间周期信号 $x(t)=\begin{cases}1.5, & 0\leqslant t<1\\ -1.5, & 1\leqslant t<2\end{cases}$ 的傅里叶级数系数 A_k。

3.3 求下列各式的傅里叶级数系数。

(a) $x(t)=\mathrm{e}^{-t},\quad -1<t<1$，周期为 2；(b) $x(t)=\begin{cases}\sin\pi t, & 0\leqslant t\leqslant 2\\ 0, & 2<t\leqslant 4\end{cases}$，周期为 4

3.4 给出下面各题的傅里叶级数系数 A_k，周期均为 4，试求时间信号 $x(t)$。

(a) $A_k=\begin{cases}0, & k=0\\ (\mathrm{j})^k\dfrac{\sin k\pi/4}{k\pi}, & \text{其余 } k\end{cases}$；　(b) $A_k=(-1)^k\dfrac{\sin k\pi/8}{2k\pi}$

3.5 计算下列各信号的傅里叶变换，并画出其幅频特性曲线。

(a) $x(t)=\mathrm{e}^{-2(t-1)}u(t-1)$；　(b) $x(t)=\mathrm{e}^{-2|t-1|}$

3.6 求下列各式的傅里叶逆变换：

(a) $X(\mathrm{j}\Omega)=2\pi\delta(\Omega)+\pi\delta(\Omega-4\pi)+\pi\delta(\Omega+4\pi)$；

(b) $X(\mathrm{j}\Omega)=\begin{cases}2, & 0\leqslant\Omega\leqslant 2\\ -2, & -2\leqslant\Omega<0\\ 0, & |\Omega|>2\end{cases}$

3.7 已知 $x(t)\overset{\mathrm{FT}}{\leftrightarrow}X(\mathrm{j}\Omega)$，试用 $X(\mathrm{j}\Omega)$ 来表示下列各式的傅里叶变换。

(a) $x_1(t)=x(1-t)+x(-1-t)$；　(b) $x_2(t)=x(3t-6)$；

(c) $x_3(t)=\dfrac{\mathrm{d}^2}{\mathrm{d}t^2}[x(t-2)]$

3.8 已知 $e^{-|t|}\overset{\mathrm{FT}}{\leftrightarrow}\dfrac{2}{1+\Omega^2}$，

(a) 试求 $t\mathrm{e}^{-|t|}$ 的傅里叶变换；

(b) 根据(a)的结果，再结合对偶性质，求 $\dfrac{4t}{(1+t^2)^2}$ 的傅里叶变换。

3.9 一因果 LTI 系统，其频率响应为 $H(\mathrm{j}\Omega)=\dfrac{1}{\mathrm{j}\Omega+3}$。对于某一特定的输入信号 $x(t)$，该系统的输出为 $y(t)=\mathrm{e}^{-3t}u(t)-\mathrm{e}^{-4t}u(t)$，求 $x(t)$。

3.10 给定 LTI 系统的输入信号和输出信号分别为：$x(t)=[\mathrm{e}^{-t}+\mathrm{e}^{-3t}]u(t)$，$y(t)=[2\mathrm{e}^{-t}-2\mathrm{e}^{-4t}]u(t)$。

(a) 求该系统的频率响应；(b) 确定该系统的单位冲激响应。

3.11　设一LTI系统的输入信号为$\delta(t)$，其输出信号为一底宽为τ的三角脉冲，即 $y(t)=\begin{cases}1-\dfrac{2|t|}{\tau}, & |t|<\tau/2 \\ 0, & |t|\geqslant\tau/2\end{cases}$。试求该系统的频率特性。

3.12　画出下列二阶系统幅频特性的伯德图。

(a) $H(\mathrm{j}\Omega)=\dfrac{250}{(\mathrm{j}\Omega)^2+50.5\mathrm{j}\Omega+25}$；

(b) $H(\mathrm{j}\Omega)=0.02\left(\dfrac{\mathrm{j}\Omega+50}{(\mathrm{j}\Omega)^2+0.2\mathrm{j}\Omega+1}\right)$

3.13　考虑LTI系统的输入信号$x(t)$和输出信号$y(t)$满足$y(t)=x(t-3)$的关系。若该系统的输入信号为$x(t)=\mathrm{e}^{\mathrm{j}2t}$，试求：

(a) 系统的输出信号$y(t)$；(b) 系统的单位冲激响应$h(t)$；(c) 系统的特征函数和特征值。

3.14　试求给定信号$x(t)=\sin\Omega_0 t$的傅里叶级数系数。

3.15　设周期性冲激串信号表示为$x(t)=\sum\limits_{k=-\infty}^{+\infty}\delta(t-kT)$。试求该信号的傅里叶变换$X(\mathrm{j}\Omega)$。

3.16　一个LTI系统的输入-输出关系表示为$y(t)=\dfrac{\mathrm{d}x(t)}{\mathrm{d}t}$，试求：(a) 输出信号$y(t)$的频谱；(b) 系统的频率响应$H(\mathrm{j}\Omega)$。

3.17　一个LTI系统的输入-输出关系表示为$y(t)=\int_{-\infty}^{t}x(\tau)d\tau$，试求：(a) 输出信号$y(t)$的频谱；(b) 系统的频率响应$H(\mathrm{j}\Omega)$。

3.18　已知理想低通滤波器的单位冲激响应为$h(t)=\dfrac{\sin\Omega_c t}{\pi t}$，输入信号为$x(t)=\dfrac{\sin\Omega_0 t}{\pi t}$，试计算滤波器的输出信号$y(t)$。

3.19　已知$x(t)\overset{\mathrm{FT}}{\leftrightarrow}X(\mathrm{j}\Omega)$为一对傅里叶变换对，试求$y(t)=x(2t+6)$的傅里叶变换。

3.20　设因果LTI系统的输入-输出关系由微分方程表示为$\dfrac{\mathrm{d}^2y(t)}{\mathrm{d}t^2}+6\dfrac{\mathrm{d}y(t)}{\mathrm{d}t}+8y(t)=2x(t)$。

(a) 求系统的单位冲激响应；

(b) 若$x(t)=t\mathrm{e}^{-2t}u(t)$，求系统的输出信号$y(t)$；

(c) 若描述因果LTI系统的微分方程为$\dfrac{\mathrm{d}^2y(t)}{\mathrm{d}t^2}+\sqrt{2}\dfrac{\mathrm{d}y(t)}{\mathrm{d}t}+y(t)=2\dfrac{\mathrm{d}^2x(t)}{\mathrm{d}t^2}-2x(t)$，求系统的单位冲激响应。

第4章 拉普拉斯变换与连续时间系统的复频域分析

内容提要

本章系统介绍连续时间信号拉普拉斯变换(Laplace Transform, LT)的基本理论与基本方法,系统介绍基于LT的信号与系统复频域分析方法,主要包括:LT正变换与逆变换的定义与计算方法,LT收敛域的概念、性质及确定方法,LT的主要性质及在LT计算中的应用,以系统因果性和稳定性分析为核心的LTI系统复频域分析理论与方法,LTI系统的方框图表示,以及单边拉普拉斯变换与应用等。本章内容是连续时间信号与系统傅里叶变换和LTI系统频域分析的扩展与深入,对于完整地构建信号与系统的变换域分析理论方法具有重要作用。

学习重点

- 信号与系统复频域分析的概念;
- LT的定义和依据定义的计算方法;
- LT收敛域的概念与性质;
- LT逆变换的计算方法;
- LT的主要性质与依据性质的计算方法;
- 基于LT的LTI系统因果性和稳定性分析;
- LTI系统的方框图表示;
- 单边拉普拉斯变换的定义、计算与应用。

教学目标

理解信号与系统复频域分析的概念;

熟练掌握LT的定义和依据定义的计算,熟练掌握LT逆变换的计算方法;

熟练掌握LT收敛域的概念、性质与确定方法;

熟练掌握LT的主要性质和依据性质的计算方法;

深刻理解并熟练掌握基于LT的LTI系统因果性和稳定性分析理论与方法;

熟练掌握LTI系统的方框图表示方法;

掌握单边拉普拉斯变换的定义与特点，特别是掌握基于单边拉普拉斯变换的微分方程求解方法。

4.1　拉普拉斯变换

本书第 3 章系统介绍了信号与系统的傅里叶分析理论与方法。通过频域分析和处理，我们可以了解信号与系统的频率特性，并可以有效简化信号与系统的运算。但是，系统的另一些特性，例如系统的因果性和稳定性等并不能利用频域分析的方法得到；此外，一些信号由于不满足绝对可积条件或其他原因，其傅里叶变换是不存在的。这两种现象的存在，使得我们需要学习掌握另外一种变换域分析方法，即信号与系统的复频域分析法。本章将重点介绍拉普拉斯变换(Laplace Transform, LT)的基本原理，系统介绍基于 LT 的信号与系统的复频域分析方法。我们将会看到，LT 具有很多有用的性质，在某种意义上来说，信号与系统的复频域分析是一种比傅里叶分析范围更为广泛的有用工具。

4.1.1　拉普拉斯变换的定义

拉普拉斯变换
知识点

1. 从傅里叶变换到拉普拉斯变换

连续时间信号 $x(t)$ 的傅里叶变换定义为 $X(\mathrm{j}\Omega)=\int_{-\infty}^{+\infty}x(t)\mathrm{e}^{-\mathrm{j}\Omega t}\,\mathrm{d}t$。我们在第 3 章在关于傅里叶分析理论的学习中知道，狄利克雷条件是连续时间信号傅里叶变换存在的充分条件，凡是满足该条件的信号，其傅里叶变换是一定存在的。但是，对于不满足狄利克雷条件的连续时间信号，其傅里叶变换是否存在呢?除了傅里叶变换之外，是否还存在其他类似的变换可以对这些信号进行变换和分析处理呢?

由于狄利克雷条件是傅里叶变换存在的充分条件，而不是必要条件，因此，确实存在一些信号，其不满足狄利克雷条件，但是其傅里叶变换是存在的。例如，连续时间单位阶跃信号 $u(t)$ 是不满足狄利克雷条件的，尽管根据傅里叶变换的定义式无法求出其傅里叶变换表达式，但是经由单位冲激信号并利用傅里叶变换的微分积分性质，是可以得到其傅里叶变换式的。但是，某些随时间增大的信号，例如 $x(t)=\mathrm{e}^{at}u(t), a>0$，其不满足狄利克雷条件，并且其傅里叶变换是不存在的。

如果我们仔细分析一下诸如 $x(t)=\mathrm{e}^{at}u(t), a>0$ 这样的信号，可知其傅里叶变换之所以不存在，是由于随着时间 t 的增加并趋于无穷，信号的幅度也会趋于无穷，即不满足绝对可积条件。实际上，若采用衰减因子对 $x(t)=\mathrm{e}^{at}u(t), a>0$ 的幅度进行抑制或衰减，是有可能使衰减后的信号满足绝对可积条件的。例如，对 $x(t)=\mathrm{e}^{at}u(t), a>0$ 乘以一个衰减因子 $\mathrm{e}^{-\sigma t}$，只要满足 $\sigma>a$，就可以使衰减后信号 $\mathrm{e}^{-\sigma t}x(t)=\mathrm{e}^{-\sigma t}\mathrm{e}^{at}u(t)=\mathrm{e}^{-(\sigma-a)t}u(t), a>0, \sigma>a$ 满足绝对可积条件，或满足狄利克雷条件，从而使衰减后信号 $\mathrm{e}^{-(\sigma-a)t}u(t)$ 的傅里叶变换存在。

拉普拉斯变换的基本思路就是对连续时间信号 $x(t)$ 引入衰减因子 $\mathrm{e}^{-\sigma t}$，其中 σ 为实数，

将衰减因子与信号 $x(t)$ 相乘得到 $x_1(t)=\mathrm{e}^{-\sigma t}x(t)$，再对 $x_1(t)=\mathrm{e}^{-\sigma t}x(t)$ 做傅里叶变换。即 $X_1(\mathrm{j}\Omega)=\int_{-\infty}^{+\infty}\mathrm{e}^{-\sigma t}x(t)\mathrm{e}^{-\mathrm{j}\Omega t}\mathrm{d}t=\int_{-\infty}^{+\infty}x(t)\mathrm{e}^{-(\sigma+\mathrm{j}\Omega)t}\mathrm{d}t$。将上式中指数部分的 $\sigma+\mathrm{j}\Omega$ 记为一个新变量 s，则得到双边拉普拉斯变换(Bilateral Laplace Transform, BLT)。本书中为了简化表达，称双边拉普拉斯变换为拉普拉斯变换(Laplace Transform,LT)，表示为 $X(s)$，也常表示为 $\mathscr{L}[x(t)]=X(s)$，并简记为 LT。只是在本章 4.6 节介绍单边拉普拉斯变换(Unilateral Laplace Transform, ULT)时，才注意区别双边拉普拉斯变换与单边拉普拉斯变换，而把单边拉普拉斯变换表示为 $X_{\mathrm{u}}(s)$，也表示为 $\mathscr{UL}[x(t)]=X_{\mathrm{u}}(s)$，并简记为 ULT。图 4.1 给出了双边拉普拉斯变换与单边拉普拉斯变换和傅里叶变换的关系示意图。

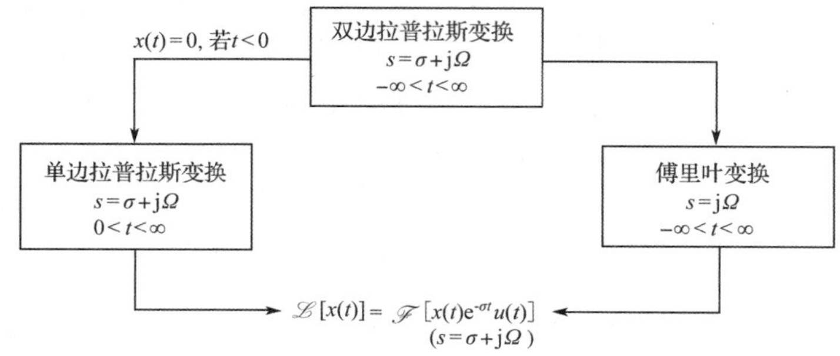

图 4.1 拉普拉斯变换与傅里叶变换的联系与区别

2. 拉普拉斯变换的定义

定义 4.1 双边拉普拉斯变换 连续时间信号 $x(t)$ 的双边拉普拉斯变换定义为

$$X(s)=\int_{-\infty}^{+\infty}x(t)\mathrm{e}^{-st}\mathrm{d}t \tag{4.1}$$

$$x(t)=\frac{1}{2\pi\mathrm{j}}\int_{\sigma-\mathrm{j}\infty}^{\sigma+\mathrm{j}\infty}X(s)\mathrm{e}^{st}\mathrm{d}s \tag{4.2}$$

式(4.1)和式(4.2)分别为双边拉普拉斯变换的正变换和逆变换。可分别记为 $X(s)=\mathscr{L}[x(t)]$ 和 $x(t)=\mathscr{L}^{-1}[X(s)]$。式中 $\mathscr{L}[\cdot]$ 和 $\mathscr{L}^{-1}[\cdot]$ 分别为双边拉普拉斯变换的正变换与逆变换运算符。双边拉普拉斯变换也常记为

$$x(t)\overset{\mathrm{LT}}{\leftrightarrow}X(s) \tag{4.3}$$

其中"$\overset{\mathrm{LT}}{\leftrightarrow}$"表示拉普拉斯变换关系。拉普拉斯变换的自变量 s 是复变量，定义为

$$s=\sigma+\mathrm{j}\Omega \tag{4.4}$$

式中，σ 表示复变量 s 的实部，Ω 表示其虚部，即 $\sigma=\mathrm{Re}[s]$，$\Omega=\mathrm{Im}[s]$。通常，称 s 为复频率，称 s 域为复频域。

考察拉普拉斯变换与傅里叶变换的关系：在式(4.4)中，若取 $\sigma=0$，即 $s=\mathrm{j}\Omega$，则式(4.1)所定义的 LT 变换退化为傅里叶变换，即

$$X(s)\big|_{s=\mathrm{j}\Omega}=X(\mathrm{j}\Omega)=\int_{-\infty}^{+\infty}x(t)\mathrm{e}^{-\mathrm{j}\Omega t}\mathrm{d}t \tag{4.5}$$

若保持 $s=\sigma+\mathrm{j}\Omega$，则拉普拉斯变换可表示为

$$X(s)=X(\sigma+\mathrm{j}\Omega)=\int_{-\infty}^{+\infty}x(t)\mathrm{e}^{-(\sigma+\mathrm{j}\Omega)t}\mathrm{d}t=\int_{-\infty}^{+\infty}[x(t)\mathrm{e}^{-\sigma t}]\mathrm{e}^{-\mathrm{j}\Omega t}\mathrm{d}t \tag{4.6}$$

式(4.6)表明,信号 $x(t)$ 的拉普拉斯变换实际上是信号 $x(t)\mathrm{e}^{-\sigma t}$ 的傅里叶变换。其中与 $x(t)$ 相乘的实指数信号 $\mathrm{e}^{-\sigma t}$ 相当于一个调节 $x(t)$ 幅度的调节因子,其既可以是随时间衰减的,也可以是随时间增长的,由其指数部分的 σ 取值来控制。

2. 根据定义的 LT 计算与收敛域的概念

例 4.1　设信号 $x(t)=\mathrm{e}^{-at}u(t)$,试计算其傅里叶变换 $X(\mathrm{j}\Omega)$ 和拉普拉斯变换 $X(s)$。

解　给定信号的傅里叶变换为

$$X(\mathrm{j}\Omega)=\int_{-\infty}^{+\infty}x(t)\mathrm{e}^{-\mathrm{j}\Omega t}\mathrm{d}t=\int_{0}^{+\infty}\mathrm{e}^{-at}\mathrm{e}^{-\mathrm{j}\Omega t}\mathrm{d}t=\frac{1}{\mathrm{j}\Omega+a},\quad a>0$$

其拉普拉斯变换为

$$X(s)=\int_{-\infty}^{+\infty}x(t)\mathrm{e}^{-st}\mathrm{d}t=\int_{0}^{+\infty}\mathrm{e}^{-(s+a)t}\mathrm{d}t=\int_{0}^{+\infty}\mathrm{e}^{-(\sigma+a)t}\mathrm{e}^{-\mathrm{j}\Omega t}\mathrm{d}t=\frac{1}{s+a},\quad \mathrm{Re}[s]>-a$$

上式可简记为

$$\mathrm{e}^{-at}u(t)\overset{\mathrm{LT}}{\leftrightarrow}\frac{1}{s+a},\quad \mathrm{Re}[s]>-a \tag{4.7}$$

若在给定信号 $x(t)=\mathrm{e}^{-at}u(t)$ 中设 $a=0$,则单边指数衰减信号 $x(t)$ 退化为单位阶跃信号 $u(t)$。根据例 4.1 的结果,可以得到单边阶跃信号的拉普拉斯变换为

$$u(t)\overset{\mathrm{LT}}{\leftrightarrow}\frac{1}{s},\quad \mathrm{Re}[s]>0 \tag{4.8}$$

在例 4.1 关于拉普拉斯变换的计算中,实际上考虑了 $\sigma+a>0$ 的条件,以保证 $\mathrm{e}^{-(\sigma+a)t}$ 傅里叶变换的收敛性。若 $\sigma+a>0$ 的条件不能满足,即 $\sigma+a\leqslant 0$,则,积分式 $\int_{0}^{+\infty}\mathrm{e}^{-(\sigma+a)t}\mathrm{e}^{-\mathrm{j}\Omega t}\mathrm{d}t$ 是不收敛的。因此,$\sigma+a>0$ 是保证上式拉普拉斯变换存在或收敛的约束条件。

通常,把 $\sigma+a>0$ 表示为 $\mathrm{Re}[s]>-a$。其中 $\mathrm{Re}[s]$ 表示对复变量 s 求取实部,即取 σ。由 $\mathrm{Re}[s]>-a$ 所表示的条件称为拉普拉斯变换的收敛域(Region of Convergence, ROC),即表示拉普拉斯变换收敛时自变量 s 取值范围的集合。

拉普拉斯变换的自变量 s 是一个复变量,s 的每个取值对应于复平面上的一个点,由此构成 s 平面。s 平面由一个直角坐标系表示,其横轴为 $\mathrm{Re}[s]$ 或称为 σ 轴,其纵轴为 $\mathrm{Im}[s]$ 或称为 $\mathrm{j}\Omega$ 轴。使拉普拉斯变换 $X(s)=0$ 的 s 值称为"零点"(Zero),使普拉斯变换 $X(s)\to\infty$ 的 s 值称为"极点"(Pole)。在 s 平面上用零点和极点来表示 $X(s)$ 及其特性的图示称为 $X(s)$ 的零极图(Pole-zero Plot)。图 4.2(a) 给出了 s 平面及例 4.1 收敛域的示意图。图中,用斜线标注的阴影部分为拉普拉斯变换的收敛域,用符号"×"表示极点,用符号"○"表示零点(该图中没有零点)。

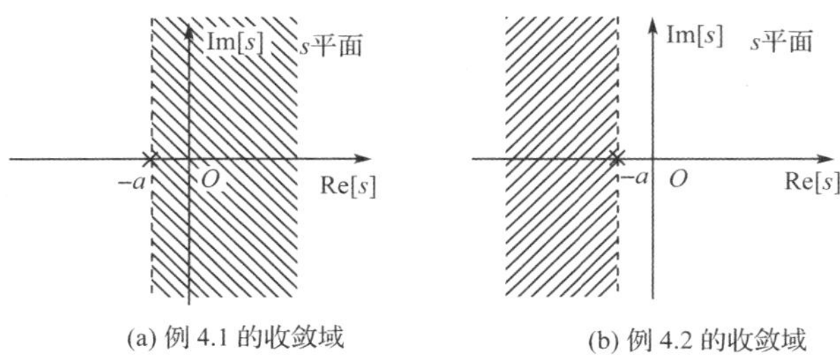

(a) 例 4.1 的收敛域　　(b) 例 4.2 的收敛域

图 4.2　拉普拉斯变换收敛域

例 4.2　设信号 $x(t)=-\mathrm{e}^{-at}u(-t)$，求其拉普拉斯变换 $X(s)$。

解　根据定义式(4.1)，给定信号的拉普拉斯变换为

$$X(s)=-\int_{-\infty}^{+\infty}\mathrm{e}^{-at}\mathrm{e}^{-st}u(-t)\mathrm{d}t=-\int_{-\infty}^{0}\mathrm{e}^{-(s+a)t}\mathrm{d}t=\frac{1}{s+a},\quad \mathrm{Re}[s]<-a$$

需要注意的是，在上式的计算过程中，采用了 $\mathrm{Re}[s+a]<0$ 或 $\mathrm{Re}[s]<-a$ 的约束条件。这样，上式所得拉普拉斯变换完整的表达式为

$$-\mathrm{e}^{-at}u(-t)\overset{\mathrm{LT}}{\leftrightarrow}\frac{1}{s+a},\quad \mathrm{Re}[s]<-a \tag{4.9}$$

图 4.2(b) 给出了例 4.2 所得拉普拉斯变换的 s 平面零极图，其中用阴影表示了收敛域的范围。

比较式(4.9)与式(4.7)可见，对于例 4.1 和例 4.2 给定的两个不同信号，二者的拉普拉斯变换式是相同的，但是二者的收敛域完全不同。这表明，为了表示一个时间信号的拉普拉斯变换，除了给出其代数表达式之外，还一定要给出其收敛域的范围，请读者务必注意。

例 4.3　试求单位冲激信号 $\delta(t)$ 的拉普拉斯变换。

解　把单位冲激信号代入式(4.1)所示拉普拉斯变换定义式，可得

$$\mathscr{L}[\delta(t)]=\int_{-\infty}^{+\infty}\delta(t)\mathrm{e}^{-st}\mathrm{d}t=1 \tag{4.10}$$

由例 4.3 的计算过程可知，无论 s 取何值，$\delta(t)$ 的拉普拉斯变换都收敛于 1。这表明，$\delta(t)$ 拉普拉斯变换的收敛域为整个 s 平面，可写为 $\mathrm{Re}[s]>-\infty$。

例 4.4　试求 $x(t)=\mathrm{e}^{at}u(t),a>0$ 的拉普拉斯变换。

解　由拉普拉斯变换的定义式(4.1)，有

$$X(s)=\int_{-\infty}^{+\infty}x(t)\mathrm{e}^{-st}\mathrm{d}t=\int_{0}^{+\infty}\mathrm{e}^{at}\mathrm{e}^{-st}\mathrm{d}t=\int_{0}^{+\infty}\mathrm{e}^{-(\sigma-a)t}\mathrm{e}^{-\mathrm{j}\Omega t}\mathrm{d}t=\frac{1}{s-a},\quad \mathrm{Re}[s]>a \tag{4.11}$$

由例 4.4 可见，给定信号 $x(t)=\mathrm{e}^{at}u(t),a>0$ 不满足绝对可积条件，其傅里叶变换不存在。不过，由于适当选择收敛域，其拉普拉斯变换是存在的。

4.1.2　拉普拉斯变换的收敛域与收敛域的性质

1. 拉普拉斯变换的收敛域与有理拉普拉斯变换

拉普拉斯变换的收敛域知识点

由前文讨论可知，拉普拉斯变换的收敛域定义为使拉普拉斯变换式(4.1)收敛的 s 值的集合，记为 ROC。要表示一个信号的拉普拉斯变换，除了要给出其拉普拉斯变换的代数表达式之外，还必须给出使这个表达式成立的 s 值的取值范围，即收敛域。由此可见收敛域的重要性。

有理(Rational)拉普拉斯变换是指信号的拉普拉斯变换式 $X(s)$ 是复变量 s 的分子多项式 $N(s)$ 与分母多项式 $D(s)$ 之比的形式，即满足

$$X(s)=\frac{N(s)}{D(s)} \tag{4.12}$$

只要信号 $x(t)$ 是实值或复值指数信号，其对应的拉普斯变换 $X(s)$ 就一定是有理的。此外，由线性常系数微分方程描述的 LTI 系统，其对应的拉普斯变换也常常是有理的。

在有理拉普拉斯变换式中，分子多项式 $N(s)$ 与分母多项式 $D(s)$ 都可以用其根来表示。其中，$N(s)=0$ 的根为拉普拉斯变换式的零点，在零极图中表示为“○”，$D(s)=0$ 的根为拉普拉斯变换式的极点，在零极图中表示为“×”。在 s 平面内标出零点和极点的位置，并由此描述收敛域，是拉普拉斯变换的一种形象直观的表示方式。例 4.1 和例 4.2 给出的图 4.2 展示了 s 平面零极图及拉普拉斯变换收敛域的图示。

进一步分析有理拉普拉斯变换式 $X(s)$ 可见，若 $D(s)$ 的阶次高于 $N(s)$ 的阶次，则有 $\lim_{s\to\infty}X(s)=0$；相反，若 $N(s)$ 的阶次高于 $D(s)$ 的阶次，则有 $\lim_{s\to\infty}X(s)\to\infty$。这两种情况实际上分别对应于 s 平面在无穷远处的零点和极点。若 $D(s)$ 的阶次高于 $N(s)$ 的阶次 k 阶，则在无穷远处有 k 阶零点；而若 $N(s)$ 的阶次高于 $D(s)$ 的阶次 k 阶，则在无穷远处必有 k 阶极点。

2. 连续时间信号的时间持续性分类

连续时间非周期信号的时间持续性大致可以分为以下四类，即有限时宽（Finite Duration）信号（即有始有终信号）、左边（Left-sided）信号（即无始有终信号）、右边（Right-sided）信号（即有始无终信号）和双边（Two-sided）信号（即无始无终信号）。图 4.3 给出了上述四种信号波形的示意图。

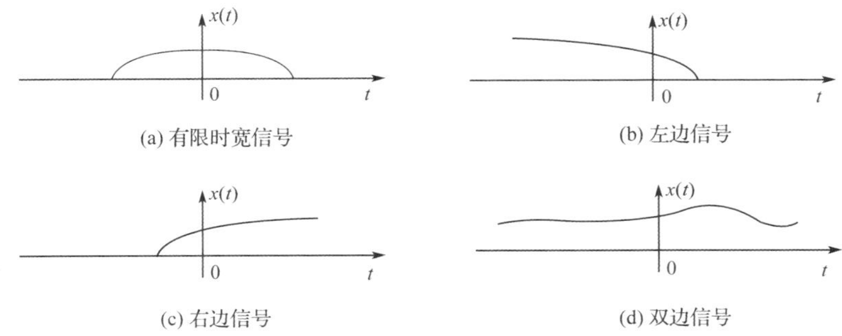

(a) 有限时宽信号　(b) 左边信号　(c) 右边信号　(d) 双边信号

图 4.3　四种信号波形

3. 拉普拉斯变换收敛域的性质

拉普拉斯变换的收敛域有以下主要性质，我们不加证明地给出如下：

性质 4.1　$X(s)$ 的 ROC 由 s 平面内平行于 $\mathrm{j}\Omega$ 轴的带状区域所组成。

性质 4.2　有理拉普拉斯变换的 ROC 内不包含任何极点。

性质 4.3　若信号 $x(t)$ 是有限时宽的，且满足绝对可积条件，则其 ROC 为整个 s 平面。

性质 4.4　若信号 $x(t)$ 的拉普拉斯变换 $X(s)$ 是有理的，则其 ROC 由极点界定或延伸到无穷远处。

性质 4.5　若信号 $x(t)$ 的拉普拉斯变换 $X(s)$ 是有理的，且若 $x(t)$ 为右边信号，则其 ROC 在 s 平面上位于最右边极点的右边；若 $x(t)$ 为左边信号，则其 ROC 在 s 平面上位于最左边极点的左边；若 $x(t)$ 为双边信号，则其收敛域的左右边界分别由 $X(s)$ 的两个极点界定。

例 4.5　有限时宽信号 $x(t)=\mathrm{e}^{-at}[u(t)-u(t-t_0)]$，试求该信号的傅里叶变换。

解　根据拉普拉斯变换定义式(4.1)，有

$$X(s)=\int_0^{t_0}\mathrm{e}^{-at}\mathrm{e}^{-st}\,\mathrm{d}t=\frac{1}{s+a}[1-\mathrm{e}^{-(s+a)t_0}]$$

根据给定条件，由拉普拉斯变换收敛域的性质 4.3 知，$X(s)$ 的收敛域应为整个 s 平面。但是

由上面计算，可见 $X(s)$ 有一个极点 $s=-a$，这与性质4.3的结论不符。然而，上式 $X(s)$ 实际上是"$\frac{0}{0}$"结构，即分子在 $s=-a$ 有一个零点 $[1-\mathrm{e}^{-(s+a)t_0}]_{s=-a}=0$。因此，需要采用罗比塔法则对 $X(s)$ 进行处理，有

$$\lim_{s\to -a}X(s)=\lim_{s\to -a}\frac{\frac{\mathrm{d}}{\mathrm{d}s}[1-\mathrm{e}^{-(s+a)t_0}]}{\frac{\mathrm{d}}{\mathrm{d}s}(s+a)}=\lim_{s\to -a}[t_0\mathrm{e}^{-at_0}\mathrm{e}^{-st_0}]=t_0$$

即 $X(-a)=t_0$。这样，$X(s)$ 在整个 s 平面上没有极点，其收敛域为整个 s 平面。

例 4.6 试求信号 $x(t)=\mathrm{e}^{at}u(-t)+\mathrm{e}^{-bt}u(t)$ 的拉普拉斯变换 $X(s)$。

解 设 $x(t)=\mathrm{e}^{at}u(-t)+\mathrm{e}^{-bt}u(t)=x_1(t)+x_2(t)$，分别对 $x_1(t)$ 和 $x_2(t)$ 求拉普拉斯变换，有

$$X_1(s)=\mathscr{L}[x_1(t)]=\int_{-\infty}^{0}\mathrm{e}^{at}\mathrm{e}^{-st}\mathrm{d}t=\frac{1}{a-s},\quad \mathrm{Re}[s]<a$$

$$X_2(s)=\mathscr{L}[x_2(t)]=\int_{0}^{+\infty}\mathrm{e}^{-bt}\mathrm{e}^{-st}\mathrm{d}t=\frac{1}{s+b},\quad \mathrm{Re}[s]>-b$$

这样，有

$$X(s)=X_1(s)+X_2(s)=\frac{1}{s+b}-\frac{1}{s-a},\quad -b<\mathrm{Re}[s]<a$$

显然，给定信号 $x(t)=\mathrm{e}^{at}u(-t)+\mathrm{e}^{-bt}u(t)$ 为双边信号，其收敛域与性质4.5完全一致。

需要注意的是，若不满足 $-b<a$ 的条件，则 $X(s)$ 的收敛域条件 $-b<\mathrm{Re}[s]<a$ 就不能得到满足，从而使给定信号的拉普拉斯变换不存在。

4.2 拉普拉斯变换的性质

拉普拉斯变换的性质知识点

与傅里叶级数和傅里叶变换一样，拉普拉斯变换有许多重要的性质。这些性质对于深刻理解拉普拉斯变换的理论方法，对于LTI系统的复频域分析，对于拉普拉斯变换式的计算均有重要意义。在学习拉普拉斯变换的性质时，特别要注意收敛域的变化。

4.2.1 拉普拉斯变换的基本性质

1. LT的线性性质

性质 4.6 LT的线性性质 若 $x_1(t)\overset{\mathrm{LT}}{\leftrightarrow}X_1(s)$，$\mathrm{ROC}=R_1$，且 $x_2(t)\overset{\mathrm{LT}}{\leftrightarrow}X_2(s)$，$\mathrm{ROC}=R_2$，则拉普拉斯变换的线性性质为

$$ax_1(t)+bx_2(t)\overset{\mathrm{LT}}{\leftrightarrow}aX_1(s)+bX_2(s),\quad \mathrm{ROC}\text{包括}R_1\cap R_2 \tag{4.13}$$

式中，a 和 b 为任意常数。

关于拉普拉斯变换的线性性质，有几点需要说明如下：第一，除了收敛域ROC之外，该性质与傅里叶变换的线性性质是相同的；第二，式(4.13)所表示的收敛域，符号"$\cap$"表示相

交运算，即表示 R_1 与 R_2 的交集；第三，交集一般不大于参与相交运算的各子集的大小，但在式(4.13)收敛域中的"包括"，表明线性运算后的ROC可能会大于各子集的交集，这主要是由于拉普拉斯变换的线性运算之后，有可能会出现零极点对消的情况，从而可能使ROC的范围得到扩大。

例4.7　设两个连续时间信号的拉普拉斯变换分别为 $x_1(t)\overset{\text{LT}}{\longleftrightarrow}X_1(s)=\dfrac{1}{s+1}$，$\text{Re}[s]>-1$ 和 $x_2(t)\overset{\text{LT}}{\longleftrightarrow}X_2(s)=\dfrac{1}{(s+1)(s+2)}$，$\text{Re}[s]>-1$。试求 $x(t)=x_1(t)-x_2(t)$ 的拉普拉斯变换。

解　由线性性质，有 $X(s)=X_1(s)-X_2(s)=\dfrac{1}{s+1}-\dfrac{1}{(s+1)(s+2)}=\dfrac{s+1}{(s+1)(s+2)}=\dfrac{1}{s+2}$，$\text{Re}[s]>-2$。在上式所表示的线性运算中，原本在 $s=-1$ 处的极点与同在 $s=-1$ 处的零点对消，使得线性运算后 $X(s)$ 的收敛域有所扩大，即其ROC为 $\text{Re}[s]>-2$，如图4.4所示。

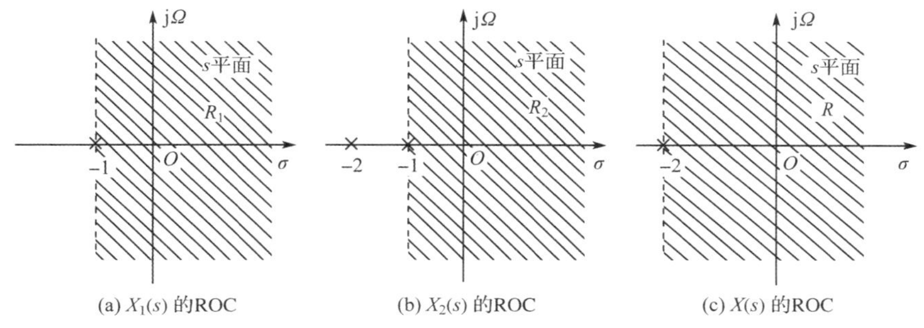

图4.4　线性运算导致收敛域扩大的例子

2. LT的时移性质

性质4.7　LT的时移性质　若 $x(t)\overset{\text{LT}}{\longleftrightarrow}X(s)$，$\text{ROC}=R$，则拉普拉斯变换的时移性质为

$$x(t-t_0)\overset{\text{LT}}{\longleftrightarrow}e^{-st_0}X(s),\quad \text{ROC}=R \tag{4.14}$$

显然，LT的时移性质与傅里叶变换的时移性质是相同的，且时移前后收敛域不变。

3. LT的s域平移性质

性质4.8　LT的 s 域平移性质　若 $x(t)\overset{\text{LT}}{\longleftrightarrow}X(s)$，$\text{ROC}=R$，则拉普拉斯变换的 s 域平移性质为

$$e^{s_0t}x(t)\overset{\text{LT}}{\longleftrightarrow}X(s-s_0),\quad \text{ROC}=R_1=R+\text{Re}[s_0] \tag{4.15}$$

关于 s 域平移性质对收敛域的影响，平移后 $\text{ROC}=R_1=R+\text{Re}[s_0]$，表明收敛域在原有 $\text{ROC}=R$ 的基础上整体平移 s_0。此外，若 $X(s)$ 有极点或零点在 $s=a$ 处，则 $X(s-s_0)$ 有对应的极点或零点在 $s=a+s_0$ 处。

4. LT的时域尺度变换性质

性质4.9　LT的时域尺度变换性质　若 $x(t)\overset{\text{LT}}{\longleftrightarrow}X(s)$，$\text{ROC}=R$，则拉普拉斯变换的时域尺度变换性质为

$$x(at) \overset{\text{LT}}{\leftrightarrow} \frac{1}{|a|}X\left(\frac{s}{a}\right),\quad \text{ROC} = R_1 = |a|R \tag{4.16}$$

尺度变换后的收敛域 $R_1 = |a|R$，表示收敛域的边界要乘以尺度变换系数 a 的模。

5. LT 的共轭性质

性质 4.10 LT 的共轭性质 若 $x(t) \overset{\text{LT}}{\leftrightarrow} X(s)$，ROC $= R$，则拉普拉斯变换的共轭性质为

$$x^*(t) \overset{\text{LT}}{\leftrightarrow} X^*(s^*),\quad \text{ROC} = R \tag{4.17}$$

若 $x(t) = x^*(t)$，则有 $X^*(s) = X(s^*)$。

可见，LT 的共轭性质不影响拉普拉斯变换的收敛域。

6. LT 的卷积性质

性质 4.11 LT 的卷积性质 若 $x_1(t) \overset{\text{LT}}{\leftrightarrow} X_1(s)$，ROC $= R_1$，且 $x_2(t) \overset{\text{LT}}{\leftrightarrow} X_2(s)$，ROC $= R_2$，则拉普拉斯变换的卷积性质为

$$x_1(t) * x_2(t) \overset{\text{LT}}{\leftrightarrow} X_1(s)X_2(s),\quad \text{ROC 包括 } R_1 \cap R_2 \tag{4.18}$$

由式(4.18)可见，LT 卷积性质的收敛域变化与式(4.13)所示线性性质的情况相同，均为包括 $R_1 \cap R_2$。在卷积运算中，若出现极点与零点的对消，则卷积后的收敛域会扩大。

一个典型的例子是两个信号的拉普拉斯变换互为倒数，即若 $X_1(s) = \dfrac{s+2}{s+3}$，$\text{Re}[s] > -3$，$X_2(s) = \dfrac{s+3}{s+2}$，$\text{Re}[s] > -2$，则这两个信号的卷积(即对应 LT 的乘积)为

$$X(s) = X_1(s)X_2(s) = \frac{s+2}{s+3} \cdot \frac{s+3}{s+2} = 1$$

因 $X(s)$ 没有极点，故其收敛域扩大为整个 s 平面。

7. LT 的时域微分性质

性质 4.12 LT 的时域微分性质 若 $x(t) \overset{\text{LT}}{\leftrightarrow} X(s)$，ROC $= R$，则拉普拉斯变换的时域微分性质为

$$\frac{\mathrm{d}x(t)}{\mathrm{d}t} \overset{\text{LT}}{\leftrightarrow} sX(s),\quad \text{ROC 包括 } R \tag{4.19}$$

若对信号求取 n 阶导数，则有

$$\frac{\mathrm{d}^n x(t)}{\mathrm{d}t^n} \overset{\text{LT}}{\leftrightarrow} s^n X(s),\quad \text{ROC 包括 } R \tag{4.20}$$

由式(4.19)和式(4.20)可见，信号的微分运算可能会扩大拉普拉斯变换的收敛域。拉普拉斯变换的微分性质对于求解线性常系数微分方程具有重要意义。

例 4.8 由式(4.8)知单位阶跃信号的拉普拉斯变换为 $u(t) \overset{\text{LT}}{\leftrightarrow} \dfrac{1}{s}$，$\text{Re}[s] > 0$。试根据 $u(t)$ 与 $\delta(t)$ 的微分积分关系，求 $\delta(t)$ 的拉普拉斯变换。

解 由于 $\delta(t) = \dfrac{\mathrm{d}u(t)}{\mathrm{d}t}$，根据拉普拉斯变换的时域微分性质，有

$$\mathscr{L}[\delta(t)] = \mathscr{L}\left[\frac{\mathrm{d}u(t)}{\mathrm{d}t}\right] = s \cdot \frac{1}{s} = 1$$

ROC 为整个 s 平面。显然，经过微分之后，拉普拉斯变换的收敛域扩大到整个 s 平面。

8. LT 的 s 域微分性质

性质 4.13　LT 的 s 域微分性质　若 $x(t) \stackrel{\text{LT}}{\leftrightarrow} X(s)$，ROC $= R$，则拉普拉斯变换的 s 域微分性质为

$$-tx(t) \stackrel{\text{LT}}{\leftrightarrow} \frac{\mathrm{d}X(s)}{\mathrm{d}s}, \quad \text{ROC} = R \tag{4.21}$$

同理可推出

$$(-t)^n x(t) \stackrel{\text{LT}}{\leftrightarrow} \frac{\mathrm{d}^n X(s)}{\mathrm{d}s^n}, \quad \text{ROC} = R \tag{4.22}$$

例 4.9　试求 $x(t) = t\mathrm{e}^{-at}u(t)$ 的拉普拉斯变换。

解　因为 $\mathrm{e}^{-at}u(t) \stackrel{\text{LT}}{\leftrightarrow} \dfrac{1}{s+a}$，$\mathrm{Re}[s] > -a$，由拉普拉斯变换的 s 域微分性质，有

$$t\mathrm{e}^{-at}u(t) \stackrel{\text{LT}}{\leftrightarrow} -\frac{\mathrm{d}}{\mathrm{d}s}\left[\frac{1}{s+a}\right] = \frac{1}{(s+a)^2}, \quad \mathrm{Re}[s] > -a \tag{4.23}$$

对于诸如$\dfrac{1}{s+a}$这样的拉普拉斯变换式，若反复运用 s 域微分性质，则可以得到

$$\frac{t^2}{2}\mathrm{e}^{-at}u(t) \stackrel{\text{LT}}{\leftrightarrow} \frac{1}{(s+a)^3}, \quad \mathrm{Re}[s] > -a \tag{4.24}$$

$$\frac{t^{n-1}}{(n-1)!}\mathrm{e}^{-at}u(t) \stackrel{\text{LT}}{\leftrightarrow} \frac{1}{(s+a)^n}, \quad \mathrm{Re}[s] > -a \tag{4.25}$$

9. LT 的时域积分性质

性质 4.14　LT 的时域积分性质　若 $x(t) \stackrel{\text{LT}}{\leftrightarrow} X(s)$，ROC $= R$，则拉普拉斯变换的时域积分性质为

$$\int_{-\infty}^{t} x(\tau)d\tau \stackrel{\text{LT}}{\leftrightarrow} \frac{1}{s}X(s), \quad \text{ROC 包括 } R \cap \{\mathrm{Re}[s] > 0\} \tag{4.26}$$

实际上，上式可以经由卷积性质导出。由于 $u(t) * x(t) = \int_{-\infty}^{+\infty} x(\tau)u(t-\tau)\mathrm{d}\tau = \int_{-\infty}^{t} x(\tau)\mathrm{d}\tau$，且由于 $u(t) \stackrel{\text{LT}}{\leftrightarrow} \dfrac{1}{s}$，$\mathrm{Re}[s] > 0$，则由卷积性质有 $u(t) * x(t) = \int_{-\infty}^{t} x(\tau)\mathrm{d}\tau \stackrel{\text{LT}}{\leftrightarrow} \dfrac{1}{s}X(s)$。这样，时域积分性质的收敛域应为 $u(t)$ 拉普拉斯变换的收敛域与 $X(s)$ 收敛域的交集。

4.2.2　拉普拉斯变换的初值定理与终值定理

1. LT 的初值定理

定理 4.1　拉普拉斯变换的初值定理　若因果信号 $x(t) \stackrel{\text{LT}}{\leftrightarrow} X(s)$，ROC $= R$，且 $x(t)$ 在 $t = 0$ 处不包含冲激或高阶奇异函数，则

$$x(0^+) = \lim_{s\to\infty} sX(s) \tag{4.27}$$

拉普拉斯变换的初值定理表明，连续时间信号 $x(t)$ 的初始值 $x(0^+)$ 可经由 $x(t)$ 的拉普拉斯变换 $X(s)$ 与 s 的乘积当 $s \to \infty$ 时得到。

2. LT 的终值定理

定理 4.2 拉普拉斯变换的终值定理 若因果信号 $x(t) \overset{\text{LT}}{\leftrightarrow} X(s)$，ROC $= R$，且 $x(t)$ 在 $t=0$ 处不包含冲激或高阶奇异函数，则

$$\lim_{t\to\infty} x(t) = \lim_{s\to 0} sX(s) \tag{4.28}$$

拉普拉斯变换的终值定理表明，时间信号的 $t\to\infty$ 时的终值 $\lim\limits_{t\to\infty} x(t)$，可经由 $x(t)$ 的拉普拉斯变换 $X(s)$ 与 s 的乘积当 $s\to 0$ 时得到。

4.2.3 拉普拉斯变换主要性质列表

拉普拉斯变换主要性质的列表见表 4.1。

表 4.1 拉普拉斯变换的主要性质

序号	性质	连续时间信号 $x(t), x_1(t)x_2(t)$	拉普拉斯变换 $X(s), X_1(s), X_2(s)$	ROC R, R_1, R_2
1	线性性质	$ax_1(t)+bx_2(t)$	$aX_1(s)+bX_2(s)$	包括 $R_1 \cap R_2$
2	时移性质	$x(t-t_0)$	$e^{-st_0}X(s)$	R
3	s 域平移性质	$e^{s_0 t}x(t)$	$X(s-s_0)$	R 的平移
4	时域尺度变换性质	$x(at)$	$\frac{1}{\lvert a\rvert}X\left(\frac{s}{a}\right)$	$\frac{R}{a}$
5	共轭对称性质	$x^*(t)$	$X^*(s^*)$	R
6	卷积性质	$x_1(t)*x_2(t)$	$X_1(s)X_2(s)$	包括 $R_1 \cap R_2$
7	时域微分性质	$\frac{dx(t)}{dt}$	$sX(s)$	包括 R
8	时域积分性质	$\int_{-\infty}^{t} x(\tau)d\tau$	$\frac{1}{s}X(s)$	包括 $R \cap \{\text{Re}[s]>0\}$
9	s 域微分性质	$-tx(t)$	$\frac{d}{ds}X(s)$	R
10	初值定理与终值定理	若 $t<0, x(t)=0$，且在 $t=0$ 不包括任何冲激或高阶奇异函数，则 $x(0^+)=\lim\limits_{s\to\infty} sX(s)$；$\lim\limits_{t\to\infty} x(t)=\lim\limits_{s\to 0} sX(s)$		

4.2.4 常用拉普拉斯变换对

表 4.2 给出了常用拉普拉斯变换对。

表 4.2　常用拉普拉斯变换对

序号	信号名称	信号 $x(t)$ 表达式	拉普拉斯变换 $X(s)$	ROC
1	单位冲激信号	$\delta(t)$	1	全部 s
2	单位阶跃信号	$u(t)$	$\frac{1}{s}$	$\text{Re}[s]>0$
3	反向单位阶跃信号	$-u(-t)$	$\frac{1}{s}$	$\text{Re}[s]<0$
4	单边指数信号	$e^{-at}u(t)$	$\frac{1}{s+a}$	$\text{Re}[s]>-a$
5	反向单边指数信号	$-e^{-at}u(-t)$	$\frac{1}{s+a}$	$\text{Re}[s]<-a$
6	单位冲激信号时移	$\delta(t-T)$	e^{-sT}	全部 s
7	单边余弦信号	$(\cos\Omega_0 t)u(t)$	$\frac{s}{s^2+\Omega_0^2}$	$\text{Re}[s]>0$
8	单边正弦信号	$(\sin\Omega_0 t)u(t)$	$\frac{\Omega_0}{s^2+\Omega_0^2}$	$\text{Re}[s]>0$
9	单边衰减余弦信号	$(e^{-at}\cos\Omega_0 t)u(t)\text{d}t$	$\frac{s+a}{(s+a)^2+\Omega_0^2}$	$\text{Re}[s]>-a$
10	单边衰减正弦信号	$(e^{-at}\sin\Omega_0 t)u(t)$	$\frac{\Omega_0}{(s+a)^2+\Omega_0^2}$	$\text{Re}[s]>-a$

4.3 拉普拉斯逆变换

4.3.1 拉普拉斯逆变换的一般原理

拉普拉斯逆变换知识点

本书第 3 章式(3.41) 给出了傅里叶逆变换的定义式，即 $x(t)=\frac{1}{2\pi}\int_{-\infty}^{+\infty}X(\text{j}\Omega)e^{\text{j}\Omega t}\text{d}\Omega$。由于拉普拉斯变换本质上是指数衰减加权的傅里叶变换，可把式(4.1) 所示的拉普拉斯变换改写为

$$X(\sigma+\text{j}\Omega)=\int_{-\infty}^{+\infty}x(t)e^{-\sigma t}e^{-\text{j}\Omega t}\text{d}t \tag{4.29}$$

这样，有

$$x(t)e^{-\sigma t}=\mathscr{F}^{-1}[X(\sigma+\text{j}\Omega)]=\frac{1}{2\pi}\int_{-\infty}^{+\infty}X(\sigma+\text{j}\Omega)e^{\text{j}\Omega t}\text{d}\Omega \tag{4.30}$$

将上式两边同乘以 $e^{\sigma t}$，可得

$$x(t)=\frac{1}{2\pi}\int_{-\infty}^{+\infty}X(\sigma+\text{j}\Omega)e^{(\sigma+\text{j}\Omega)t}\text{d}\Omega \tag{4.31}$$

令 $s=\sigma+\text{j}\Omega$，并考虑到在 ROC 中 σ 固定不变，且 $\text{d}s=\text{j}\text{d}\Omega$，则式(4.31) 变为

$$x(t)=\frac{1}{2\pi\text{j}}\int_{\sigma-\text{j}\infty}^{\sigma+\text{j}\infty}X(s)e^{st}\text{d}s \tag{4.32}$$

上式即为拉普拉斯逆变换的定义式。该式表明，连续时间信号 $x(t)$ 可以用一个复指数信号 e^{st} 加权的 $X(s)$ 的积分来表示。式中的积分路径是 s 平面内对应于满足 $\text{Re}[s]=\sigma$ 的平行于 $\text{j}\Omega$ 轴的直线，在 $X(s)$ 的 ROC 中可以任意选取这样一条直线。

实际上,求取拉普拉斯逆变换的方法有多种,主要包括:

(1) 定义法。利用式(4.29)给出的拉普拉斯逆变换的定义式直接求解。该方法思路清晰,但由于积分路径较为复杂,求解过程困难,一般较少采用。

(2) 性质法。利用拉普拉斯变换的性质和常用变换对求解拉普拉斯逆变换。该方法求解思路灵活,但适用范围有限。

(3) 查表法。利用拉普拉斯变换表直接求解拉普拉斯逆变换。该方法求解简单,但适用范围有限。

(4) 部分分式法。将拉普拉斯变换式分解为部分分式,再利用收敛域与极点的关系求解各部分分式的拉普拉斯逆变换,最后进行合成。一般适用于有理拉普拉斯变换的逆变换求解。

(5) 留数法。根据复变函数的留数定理,把拉普拉斯逆变换转变为复变函数极点上的留数计算。不仅适用于有理拉普拉斯变换式,也可以适用于无理拉普拉斯变换式。但求解方法较为繁琐。

(6) 软件法。利用 MATLAB 等软件编程,求取拉普拉斯逆变换。

本书主要介绍拉普拉斯逆变换的部分分式法和留数法,并给出 MATLAB 编程示例,说明软件法求取拉普拉斯逆变换的方法。

4.3.2 拉普拉斯逆变换的部分分式求解法

拉普拉斯逆变换的部分分式求解法适用于 $X(s)$ 为有理分式的情况,即

$$X(s)=\frac{N(s)}{D(s)}=\frac{\beta_M s^M+\beta_{M-1}s^{M-1}+\cdots+\beta_1 s+\beta_0}{s^N+\alpha_{N-1}s^{N-1}+\cdots+\alpha_1 s+\alpha_0} \tag{4.33}$$

式中,分母的阶数高于分子的阶数,即满足 $N>M$,且式中各系数 $\beta_m, m=0,1,2,\cdots,M$ 和 $\alpha_n, n=0,1,2,\cdots,N-1$ 均为实数。

部分分式法的基本思想是将式(4.33)所表示拉普拉斯变换的有理分式展开成低阶项(一般为一阶项或二阶项)的线性组合,然后分别对每一个低阶项求取拉普拉斯逆变换,再进行合成。

1. $X(s)$ 只有单极点的情况

假定 $X(s)$ 的所有极点均为单极点,而没有重极点(即多个极点重合在一起,又称为高阶极点),且分母多项式的阶次高于分子多项式的阶次,这样,N 阶拉普拉斯变换式 $X(s)$ 可以分解为 N 个一阶项 $X_i(s), i=1,2,\cdots,N$ 的线性组合形式为

$$X(s)=\sum_{i=1}^{N}X_i(s)=\sum_{i=1}^{N}\frac{A_i}{s+a_i} \tag{4.34}$$

式中,a_i 对应于 $X(s)$ 的第 i 个极点,A_i 表示对应的待定系数。

根据 $X(s)$ 的 ROC 可以确定式中每一项 $X_i(s)$ 的 ROC,并且对每一个 $X_i(s)$ 求取拉普拉斯逆变换。式(4.34)中的每一个 $X_i(s)=\dfrac{A_i}{s+a_i}$ 对应的拉普拉斯逆变换 $x_i(t)$ 都有两种可能,或为右边信号,或为左边信号。判定准则为:

① 若 ROC 位于极点 $s=-a_i$ 右边,则

$$x_i(t)=A_i e^{-a_i t}u(t)\overset{\text{LT}}{\leftrightarrow}\frac{A_i}{s+a_i}=X_i(s) \tag{4.35}$$

是一个右边信号，记为因果信号的形式。

② 若 ROC 位于极点 $s=-a_i$ 左边，则

$$x_i(t)=-A_i e^{-a_i t}u(-t)\overset{\mathrm{LT}}{\leftrightarrow}\frac{A_i}{s+a_i}=X_i(s) \tag{4.36}$$

是一个左边信号，记为反因果信号的形式。所谓反因果信号，是指满足 $x(t)=0, t>0$ 条件的信号。

然后，对经由式(4.35)和式(4.36)得到的每一个 $x_i(t)$ 求和，则得到 $X(s)$ 的拉普拉斯逆变换 $x(t)$，即

$$x(t)=\sum_{i=1}^{N}x_i(t),\quad i=1,2,\cdots,N \tag{4.37}$$

2. $X(s)$ 有重极点的情况

设 $X(s)$ 共有 N 个极点。其中，有一个 p 阶重极点，另有 $N-p$ 个单极点，则 $X(s)$ 可以分解为

$$X(s)=\frac{N(s)}{D(s)}=\frac{N(s)}{(s+a_1)^p\prod_{i=2}^{N-p+1}(s+a_i)}=\sum_{j=1}^{p}\frac{A_{1j}}{(s+a_1)^{p-j+1}}+\sum_{i=2}^{N-p+1}\frac{A_i}{s+a_i} \tag{4.38}$$

式中，a_1 对应于 $X(s)$ 的一个 p 阶极点，a_i 对应于 $X(s)$ 的第 $i(i=2,3,\cdots,N-p)$ 个一阶极点，A_{1j} 和 A_i 均表示待定系数。

式(4.38)中，等式最右边第一项表示 p 阶重极点对应的 p 阶拉普拉斯变换表达式。设

$$x_A(t)\overset{\mathrm{LT}}{\leftrightarrow}X_A(s)=\sum_{j=1}^{p}\frac{A_{1j}}{(s+a_1)^{p-j+1}} \tag{4.39}$$

根据极点 a_1 与收敛域的关系，并利用拉普拉斯变换的性质，可以得到这一项的拉普拉斯逆变换。

① 若 ROC 位于极点 $s=-a_i$ 右边，则

$$x_A(t)=\sum_{j=1}^{p}\frac{A_{1j}t^{p-j}}{(p-j)!}e^{-a_1 t}u(t) \tag{4.40}$$

② 若 ROC 位于极点 $s=-a_i$ 左边，则

$$x_A(t)=-\sum_{j=1}^{p}\frac{A_{1j}t^{p-j}}{(p-j)!}e^{-a_1 t}u(-t) \tag{4.41}$$

式(4.38)中，等式最右边第二项表示一阶极点对应的一阶表达式。设

$$x_B(t)\overset{\mathrm{LT}}{\leftrightarrow}X_B(s)=\sum_{i=2}^{N-p+1}\frac{A_i}{s+a_i} \tag{4.42}$$

对式(4.42)采用与“$X(s)$ 只有单极点的情况”相同的准则，即利用式(4.35)和式(4.36)进行判定，可得到 $X_B(s)$ 的拉普拉斯逆变换式为

$$x_B(t)=\sum_{i=2}^{N-p+1}x_i(t) \tag{4.43}$$

最后，对 $x_A(t)$ 和 $x_B(t)$ 求和，得到 $X(s)$ 的拉普拉斯逆变换为

$$x(t)=x_A(t)+x_B(t) \tag{4.44}$$

例 4.10　设 $X(s)=\dfrac{1}{(s+1)(s+2)}$，$\mathrm{Re}[s]>-1$。试求其逆变换 $x(t)$。

解 对 $X(s)$ 进行部分分式分解，可得 $X(s)=\dfrac{A}{s+1}+\dfrac{B}{s+2}$。求解得出待定系数为 $A=[(s+1)X(s)]_{s=-1}=1$ 和 $B=[(s+2)X(s)]_{s=-2}=-1$。这样，$X(s)$ 的部分分式为

$$X(s)=\frac{1}{s+1}-\frac{1}{s+2}$$

由于给定 ROC 均位于两个极点的右边，根据式(4.35)和式(4.36)的判定准则可知，$X(s)$ 中两个一阶项的拉普拉斯逆变换均为右边信号，表示为

$$x(t)=\mathscr{L}^{-1}[X(s)]=[\mathrm{e}^{-t}-\mathrm{e}^{-2t}]u(t)$$

例 4.11 设信号 $x(t)$ 的拉普拉斯变换为 $X(s)=\dfrac{1}{(s+1)(s+2)}$，$\mathrm{Re}[s]<-2$，试求 $x(t)$。

解 因给定拉普拉斯变换式与例 4.10 相同，故其部分分式分解为 $X(s)=\dfrac{1}{s+1}-\dfrac{1}{s+2}$。给定的 ROC 在两个极点的左边，故其拉普拉斯逆变换均为左边信号，有

$$x(t)=\mathscr{L}^{-1}[X(s)]=[-\mathrm{e}^{-t}+\mathrm{e}^{-2t}]u(-t)$$

例 4.12 设拉普拉斯变换为 $X(s)=\dfrac{1}{(s+1)(s+2)}$，$-2<\mathrm{Re}[s]<-1$，试求 $x(t)$。

解 $X(s)$ 的部分分式分解为 $X(s)=\dfrac{1}{s+1}-\dfrac{1}{s+2}$。因给定 ROC 在极点 $s_1=-1$ 的左边，而在极点 $s_2=-2$ 的右边，故 $\dfrac{1}{s+1}$ 这一项对应于左边信号，而 $\dfrac{1}{s+2}$ 这一项对应于右边信号，有

$$x(t)=\mathscr{L}^{-1}[X(s)]=-\mathrm{e}^{-t}u(-t)-\mathrm{e}^{-2t}u(t)$$

例 4.13 试求 $X(s)=\dfrac{2s^2+3s+3}{(s+1)(s+3)^3}$，$\mathrm{Re}[s]>-1$ 的拉普拉斯逆变换 $x(t)$。

解 对 $X(s)$ 做部分分式分解，有 $X(s)=\dfrac{A_{11}}{(s+3)^3}+\dfrac{A_{12}}{(s+3)^2}+\dfrac{A_{13}}{s+3}+\dfrac{A_2}{s+1}$。求得各待定系数为 $A_{11}=-6$，$A_{12}=\dfrac{3}{2}$，$A_{13}=-\dfrac{1}{4}$，$A_2=\dfrac{1}{4}$。因给定 ROC 在各极点右边，故部分分式各项均对应于右边信号，有

$$x(t)=\left(-3t^2+\frac{3}{2}t-\frac{1}{4}\right)\mathrm{e}^{-3t}u(t)+\frac{1}{4}\mathrm{e}^{-t}u(t)$$

例 4.14 求 $X(s)=\dfrac{s^2+4s+7}{(s+1)(s+2)}$，$\mathrm{Re}[s]>-1$ 的拉普拉斯逆变换。

解 利用长除法得到 $X(s)=\dfrac{s^2+4s+7}{(s+1)(s+2)}=1+\dfrac{s+5}{(s+1)(s+2)}$，再进一步进行部分分式分解，可得 $X(s)=1+\dfrac{4}{s+1}-\dfrac{3}{s+2}$。求其拉普拉斯逆变换，有

$$x(t)=\delta(t)+4\mathrm{e}^{-t}u(t)-3\mathrm{e}^{-2t}u(t)$$

若采用 MATLAB 编程，也可以很方便地实现例 4.14 的拉普拉斯逆变换求解。如下：

```
syms t s
Xs = (s^2+4*s+7)/(s^2+3*s+2); Xt = ilaplace(Xs);
```

运行上述 MATLAB 程序段，可以得到

$$Xt = 4 * exp(-t) - 3 * exp(-2 * t) + dirac(t)$$

显然，运行结果与利用部分分式法的结果完全相同。

4.3.3　拉普拉斯逆变换的留数求解法

计算拉普拉斯逆变换的部分分式法主要优点是简单易行，但是，这种方法有两个主要缺点：第一，由于该方法实质上是根据已知正变换的结果得出逆变换的结论，对于不熟悉的正变换与逆变换关系的情况，不易得出逆变换的结果；第二，该方法只能用于 $X(s)$ 为有理分式的形式，有一定的局限性。这里介绍的留数法（Residue Method）又称为围线积分法，是一种根据复变函数中的留数定理来计算拉普拉斯逆变换的方法。

1. 留数定理

再次考察拉普拉斯逆变换的定义式（4.2），或式（4.32），可见拉普拉斯逆变换的定义式的积分路径是在 s 平面上沿着一条平行于 $\mathrm{j}\Omega$ 轴的直线 $\sigma-\mathrm{j}\infty\sim\sigma+\mathrm{j}\infty$ 进行的，不方便直接进行积分运算。考虑因果信号 $x(t)$，若能把这个积分换成沿一条封闭曲线进行围线积分，则可根据复变函数中的留数定理，有

$$\frac{1}{2\pi\mathrm{j}}\oint_C X(s)\mathrm{e}^{st}\,\mathrm{d}s=\sum_i \mathrm{Res}_i \tag{4.45}$$

式中，等式左边表示积分是在 s 平面内沿一条不通过 $X(s)$ 极点的封闭曲线（称为围线）C 上进行的，而等式右边的 $\sum_i \mathrm{Res}_i$ 则表示围线中 $X(s)$ 各极点上的留数之和。比较式（4.45）与式（4.32）给出的拉普拉斯逆变换定义式，可见，要利用留数定理来计算拉普拉斯逆变换，需要在式（4.32）的积分线上补充一条积分路径以构成一条封闭曲线。通常考虑该补充的积分路径为半径无穷大的圆弧，如图 4.5 所示，同时还要满足在无穷大弧线上的积分为 0，即

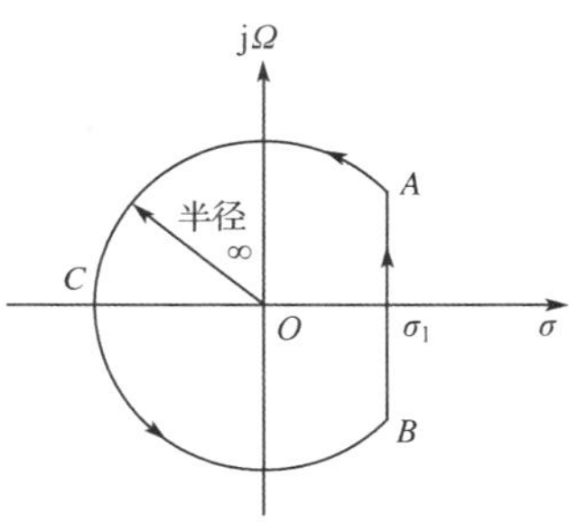

图 4.5　$X(s)$ 的围线积分路径

$$\int_{\widehat{ACB}} X(s)\mathrm{e}^{st}\,\mathrm{d}s=0$$

根据复变函数中的约当引理（Jordan's Lemma），上述条件一般是可以满足的。这样，有

$$\frac{1}{2\pi\mathrm{j}}\int_{\sigma-\mathrm{j}\infty}^{\sigma+\mathrm{j}\infty} X(s)\mathrm{e}^{st}\,\mathrm{d}s+\frac{1}{2\pi\mathrm{j}}\int_{\widehat{ACB}} X(s)\mathrm{e}^{st}\,\mathrm{d}s=\frac{1}{2\pi\mathrm{j}}\oint_C X(s)\mathrm{e}^{st}\,\mathrm{d}s$$

因上式左边第二项为 0，故利用式（4.45），有

$$x(t)=\frac{1}{2\pi\mathrm{j}}\int_{\sigma-\mathrm{j}\infty}^{\sigma+\mathrm{j}\infty} X(s)\mathrm{e}^{st}\,\mathrm{d}s=\frac{1}{2\pi\mathrm{j}}\oint_C X(s)\mathrm{e}^{st}\,\mathrm{d}s=\sum_i \mathrm{Res}_i \tag{4.46}$$

显然，拉普拉斯逆变换的计算转变为求 $X(s)$ 各极点上留数的运算，从而使计算显著简化。

2. 留数的计算方法

当 $X(s)$ 为有理函数时，单极点 $s=a_i$ 的留数为

$$\mathrm{Res}_i=\left[(s-a_i)X(s)\mathrm{e}^{st}\right]_{s=a_i} \tag{4.47}$$

p 重极点的留数为

$$\mathrm{Res}_i = \frac{1}{(p-1)!}\left[\frac{\mathrm{d}^{p-1}}{\mathrm{d}s^{p-1}}(s-a_i)^p X(s)\mathrm{e}^{st}\right]_{s=a_i} \tag{4.48}$$

将式(4.47)和式(4.48)与拉普拉斯逆变换的部分分式法相比，可以看出二者是一致的。不过，留数法除了可以处理有理拉普拉斯变换式之外，还可以处理无理拉普拉斯变换式，因此适用范围更广。需要注意的是，由于冲激函数及其导数不符合约当引理，因此当 $X(s)$ 所对应的时间信号 $x(t)$ 中存在冲激函数及其导数时，需先将 $X(s)$ 分解为多项式与真分式之和(参见例 4.14)，由多项式决定冲激函数及其导数项，再对真分式求留数。

例 4.15 已知 $x(t)$ 为因果信号，试采用留数法求 $X(s)=\dfrac{s+2}{s(s+3)(s+1)^2}$ 的拉普拉斯逆变换 $x(t)$。

解 $X(s)$ 有 2 个单极点 $a_1=0$，$a_2=-3$ 和一个二重极点 $a_3=-1$。按照式(4.47)和式(4.48)求各极点上的留数，有

$$\mathrm{Res}_1 = [(s-a_1)X(s)\mathrm{e}^{st}]_{s=a_1=0} = \left[\frac{s+2}{(s+3)(s+1)^2}\mathrm{e}^{st}\right]_{s=a_1=0} = \frac{2}{3}$$

$$\mathrm{Res}_2 = \left[(s+3)\frac{s+2}{s(s+3)(s+1)^2}\mathrm{e}^{st}\right]_{s=a_2=-3} = \frac{1}{12}\mathrm{e}^{-3t}$$

$$\begin{aligned}\mathrm{Res}_3 &= \frac{1}{(p-1)!}\left[\frac{\mathrm{d}^{p-1}}{\mathrm{d}s^{p-1}}(s-a_3)^p X(s)\mathrm{e}^{st}\right]_{s=a_3=-1} \\ &= \frac{1}{(2-1)!}\left[\frac{\mathrm{d}}{\mathrm{d}s}(s+1)^2\frac{s+2}{s(s+3)(s+1)^2}\mathrm{e}^{st}\right]_{s=a_3=-1} \\ &= -\frac{1}{2}\left(t+\frac{3}{2}\right)\mathrm{e}^{-t}\end{aligned}$$

这样，拉普拉斯逆变换 $x(t)$ 为

$$x(t) = \sum_{i=1}^{3}\mathrm{Res}_i = \left[\frac{2}{3}+\frac{1}{12}\mathrm{e}^{-3t}-\frac{1}{2}\left(t+\frac{3}{2}\right)\mathrm{e}^{-t}\right]u(t)$$

4.4 线性时不变系统的复频域分析

所谓连续时间 LTI 系统的复频域分析，是指利用拉普拉斯变换对信号与系统的特性进行表征和分析，这是 LTI 系统分析的主要方式之一，也是拉普拉斯变换的主要应用之一。本节主要介绍线性常系数微分方程的复频域解法，LTI 系统的系统函数的概念与求解，和 LTI 系统的因果性与稳定性分析等问题。

4.4.1 系统函数与线性常系数微分方程的拉普拉斯变换法求解

表征连续时间 LTI 系统的 N 阶线性常系数微分方程表示为

$$\sum_{k=0}^{N} a_k \frac{\mathrm{d}^k y(t)}{\mathrm{d}t^k} = \sum_{k=0}^{M} b_k \frac{\mathrm{d}^k x(t)}{\mathrm{d}t^k} \tag{4.49}$$

式中，M，N 分别表示输入项和输出项的阶数，通常满足 $N \geqslant M$，b_k，a_k 分别表示输入项和输出项的加权系数。对上式两边做拉普拉斯变换，得到关于

常系数微分方程表征LTI系统知识点

自变量 s 的代数方程为

$$\left(\sum_{k=0}^{N} a_k s^k\right) Y(s) = \left(\sum_{k=0}^{M} b_k s^k\right) X(s) \tag{4.50}$$

对上式进行整理,可定义连续时间 LTI 系统的系统函数(System Function) $H(s)$ 为

$$H(s) = \frac{Y(s)}{X(s)} = \frac{\sum_{k=0}^{M} b_k s^k}{\sum_{k=0}^{N} a_k s^k} \tag{4.51}$$

系统函数是 LTI 系统特性在复频域的表示。需要注意的是,尽管式(4.51)所表示的系统函数 $H(s)$ 是输出信号的拉普拉斯变换与输入信号的拉普拉斯变换之比,但是实际上,系统函数的特性与输入信号及输出信号无关,所表示的是独立于输入和输出的系统本身的特性。

此外,LTI 系统的系统函数 $H(s)$ 是其单位冲激响应 $h(t)$ 的拉普拉斯变换,表示为

$$H(s) = \mathscr{L}[h(t)] \tag{4.52}$$

本书 3.2.2 节介绍过 LTI 系统的特征函数与特征值的概念。我们知道,对于连续时间 LTI 系统,其特征函数为复指数信号 $x(t) = \mathrm{e}^{st}$,若把该特征信号送入 LTI 系统 $h(t)$,则有

$$y(t) = h(t) * x(t) = \int_{-\infty}^{+\infty} h(\tau) e^{s(t-\tau)} \mathrm{d}\tau = \mathrm{e}^{st} \int_{-\infty}^{+\infty} h(\tau) e^{-s\tau} \mathrm{d}\tau = \mathrm{e}^{st} H(s) = H(s) x(t)$$

显然,上式中的特征值 $H(s)$ 就是系统单位冲激响应 $h(t)$ 的拉普拉斯变换,就是系统函数。

对于式(4.49)所示的线性常系数微分方程,若给定输入信号和初始条件,则可以对系统的输出信号进行求解。

例 4.16　已知描述一因果 LTI 系统的微分方程为

$$\frac{\mathrm{d}^2 y(t)}{\mathrm{d}t^2} + \frac{\mathrm{d}y(t)}{\mathrm{d}t} - 2y(t) = 5\frac{\mathrm{d}x(t)}{\mathrm{d}t} + 4x(t)$$

假定初始松弛条件(即初始状态均为 0),试求该系统的系统函数 $H(s)$ 和单位冲激响应 $h(t)$。

解　对给定微分方程两边做拉普拉斯变换,有 $(s^2+s-2)Y(s) = (5s+4)X(s)$。由此可得给定系统的系统函数 $H(s)$ 为

$$H(s) = \frac{Y(s)}{X(s)} = \frac{5s+4}{s^2+s-2} = \frac{3}{s-1} + \frac{2}{s+2}, \mathrm{Re}[s] > 1$$

对 $H(s)$ 求拉普拉斯逆变换,可得系统单位冲激响应为

$$h(t) = \mathscr{L}^{-1}[H(s)] = (3\mathrm{e}^{t} + 2\mathrm{e}^{-2t}) u(t)$$

由线性常系数微分方程所表示的系统,其系统函数总是有理的。系统的零点和极点可以分别通过令式(4.51)的分子为 0 和分母为 0 而得到。由系统的极点和系统的 ROC,可以进一步分析系统的因果性、稳定性等性质。且由式(4.51)还可以得到

$$Y(s) = H(s) X(s) \tag{4.53}$$

式(4.53)实际上就是拉普拉斯变换的卷积性质。

4.4.2 LTI 系统的因果性分析

用拉普拉斯变换分析和表征LTI系统知识点

LTI系统的因果性分析，可以在时域通过对单位冲激响应 $h(t)$ 分析来进行。而拉普拉斯变换和系统函数为LTI系统的因果性分析提供了一种在复频域进行分析的途径。

在时域，若 LTI 系统的单位冲激响应满足

$$h(t)=0,\quad t<0 \tag{4.54}$$

则该系统为因果系统，否则为非因果系统。

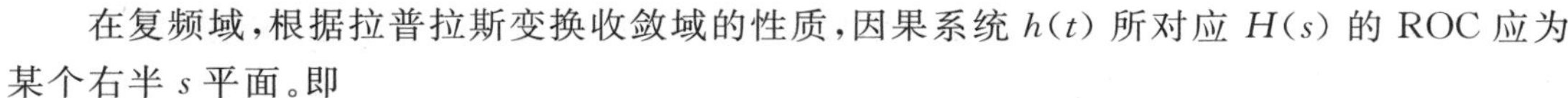

在复频域，根据拉普拉斯变换收敛域的性质，因果系统 $h(t)$ 所对应 $H(s)$ 的 ROC 应为某个右半 s 平面。即

性质 4.15　因果性必要条件　一个因果系统的系统函数 $H(s)$ 的 ROC 是某个右半 s 平面。

需要注意的是，性质 4.15 的逆结论是不一定成立的。即若 ROC 为某个右半 s 平面，或若 ROC 位于最右边极点右边，并不能充分保证系统的因果性。而只有当 LTI 系统的 $H(s)$ 是有理的，才有如下充分必要条件，即

性质 4.16　因果性充分必要条件　若系统函数 $H(s)$ 是有理的，则系统的因果性等效于 ROC 位于最右边极点右边的右半 s 平面。

例 4.17　试判定下列系统的因果性：

(a) $H_1(s)=\dfrac{1}{s+1},\quad \mathrm{Re}[s]>-1$；　(b) $H_2(s)=\dfrac{-2}{s^2+1},\quad -1<\mathrm{Re}[s]<1$；

(c) $H_3(s)=\dfrac{\mathrm{e}^s}{s+1},\quad \mathrm{Re}[s]>-1$

解　(a) 由于给定系统 $H_1(s)$ 为有理系统，且满足 ROC 为右半 s 平面，根据性质 4.16 的因果性充分必要条件，可以判断该系统是因果系统。

(b) 给定系统 $H_2(s)$ 为有理系统，但因其 ROC 不满足右半 s 平面条件，故该系统为非因果系统。

如果经由拉普拉斯逆变换求取上面各系统函数的单位冲激响应，也可以得到相同的结论。

(c) 尽管给定系统 $H_3(s)$ 的 ROC 为右半 s 平面，但其系统函数不是有理的，故不能判定其因果性。若求 $H_3(s)$ 的拉普拉斯逆变换，得 $h_3(t)=\mathrm{e}^{-(t+1)}u(t+1)$。显然，该系统是非因果的。

4.4.3 LTI 系统的稳定性分析

在时域，关于 LTI 系统的稳定性判定，要求其单位冲激响应 $h(t)$ 满足绝对可积条件，即

$$\int_{-\infty}^{+\infty}|h(\tau)|\,\mathrm{d}\tau<\infty \tag{4.55}$$

若式(4.55) 得到满足，则系统为稳定系统，否则为不稳定系统。

在复频域，可以根据下列性质进行系统稳定性的判定。

性质 4.17　稳定性充分必要条件 1　当且仅当系统函数 $H(s)$ 的 ROC 包含 $\mathrm{j}\Omega$ 轴时，该

LTI 系统是稳定的。

对于诸如因果 LTI 系统这样一类重要系统，可以简单地以系统函数 $H(s)$ 的极点与 ROC 的关系来判定系统的稳定性。为了保证系统的因果性，要求 ROC 在最右边极点的右边。而要保证系统的稳定性，则要求最右边极点位于 $\mathrm{j}\Omega$ 轴的左边，即位于严格的左半 s 平面。

性质 4.18　稳定性充分必要条件 2　当且仅当的 $H(s)$ 全部极点都位于左半 s 平面，有理因果系统 $H(s)$ 是稳定的。

显然，性质 4.17 和性质 4.18 都是充分必要条件。

例 **4.18**　试判定下列因果系统的稳定性：

(a) $H_1(s)=\dfrac{s+2}{(s+1)(s-2)}$，　$\mathrm{Re}[s]>2$；　(b) $H_2(s)=\dfrac{1}{s+2}$，　$\mathrm{Re}[s]>-2$

解　(a) 因 $H_1(s)$ 为因果系统，且其 ROC 位于最右边极点 $s=2$ 的右边。这样，其 ROC 不包括 $\mathrm{j}\Omega$ 轴，如图 4.6(a) 所示，故由性质 4.17 或性质 4.18 可判定该系统是不稳定的。

(b) 因 $H_2(s)$ 为因果系统，且其 ROC 位于极点 $s=-2$ 的右边。这样，其 ROC 包括了 $\mathrm{j}\Omega$ 轴，如图 4.6(b) 所示，故由性质 4.17 或性质 4.18 可判定该系统是稳定的。

若在时域对上述两个系统的单位冲激响应进行分析，也可以得到相同的结论。

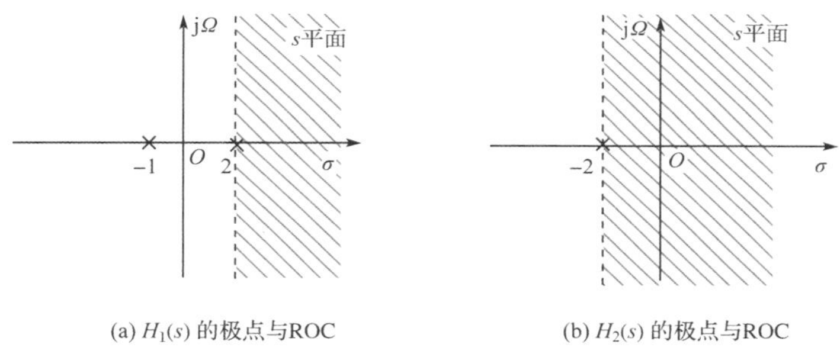

(a) $H_1(s)$ 的极点与ROC　　(b) $H_2(s)$ 的极点与ROC

图 4.6　例 4.18 给定系统的收敛域与极点分布图

例 **4.19**　已知连续时间 LTI 系统的系统函数为 $H(s)=\dfrac{s+2}{(s+1)(s-1)}$，试分析该系统可能的收敛域，并确定系统的因果性和稳定性。

解　由给定 $H(s)$ 知系统的极点为 $s_1=-1, s_2=1$。系统可能的收敛域分别为：

(1) 收敛域 $\mathrm{Re}[s]<-1$。因收敛域在左半 s 平面，不满足因果性条件，故系统是非因果系统。又因收敛域不包含 $\mathrm{j}\Omega$ 轴，故系统不稳定。

(2) 收敛域 $-1<\mathrm{Re}[s]<1$。由于收敛域为 s 平面上条带状区域，不满足因果性条件，故该系统为非因果系统。又因收敛域包含 $\mathrm{j}\Omega$，故该系统是稳定系统。

(3) 收敛域 $\mathrm{Re}[s]>1$。因收敛域位于最右边极点右边的右半 s 平面，故该系统为因果系统。又因不包含 $\mathrm{j}\Omega$ 轴，故系统不稳定。

4.4.4　系统函数与单位冲激响应的关系

连续时间 LTI 系统的系统函数 $H(s)$ 与对应的单位冲激响应 $h(t)$ 是一对拉普拉斯变换对，二者之间有密切的联系，并且系统在时域的特点可以确定性地表现在复频域中，反之亦然。

表 4.3 给出了因果系统的系统函数与系统单位冲激响应的一些对应关系。

表 4.3 系统函数与系统单位冲激响应的对应关系

序号	$H(s)$ 的极点情况	系统函数 $H(s)$	单位冲激响应 $h(t)$	说明
1	左半 s 平面实轴上单极点	$H(s)=\dfrac{K}{s+\sigma_0}$	$h(t)=Ke^{-\sigma_0 t}u(t)$	K 为常系数，$\sigma_0>0$，下同
2	左半 s 平面共轭极点	$H(s)=\dfrac{K}{(s-s_1)(s-s_1^*)}$	$h(t)=\dfrac{Ke^{-\sigma_0 t}}{\Omega_0}\sin(\Omega_0 t)u(t)$	$s_1=-\sigma_0+\mathrm{j}\Omega_0$ $s_1^*=-\sigma_0-\mathrm{j}\Omega_0$
3	左半 s 平面实轴上 p 重极点	$H(s)=\dfrac{K}{(s+\sigma_0)^p}$	$h(t)=\dfrac{Kt^{p-1}}{(p-1)!}e^{-\sigma_0 t}u(t)$	
4	s 平面 $\mathrm{j}\Omega$ 轴上共轭极点	$H(s)=\dfrac{K}{(s-\mathrm{j}\Omega_0)(s+\mathrm{j}\Omega_0)}$	$h(t)=\dfrac{K}{\Omega_0}\sin(\Omega_0 t)u(t)$	
5	位于 s 平面原点	$H(s)=\dfrac{K}{s}$	$h(t)=Ku(t)$	
6	右半 s 平面实轴上单极点	$H(s)=\dfrac{K}{s-\sigma_0}$	$h(t)=Ke^{\sigma_0 t}u(t)$	

由表 4.3 可见，系统函数的极点位置决定了系统单位冲激响应的形式。而系统函数的零点则对单位冲激响应的影响较小，一般只影响其幅度或增益。

例 4.20 设一因果稳定 LTI 系统 $H(s)$，对应的单位冲激响应为 $h(t)$。假定 $H(s)$ 是有理的，其中一个极点在 $s=-2$，s 平面的原点处没有零点，其余的极点和零点位置均未知。试判断下列说法是否正确：(a) 傅里叶变换 $\mathscr{F}[h(t)\mathrm{e}^{3t}]$ 收敛；(b) $\int_{-\infty}^{+\infty}h(t)\mathrm{d}t=0$；(c) $th(t)$ 是一个因果稳定系统的单位冲激响应；(d) $\dfrac{\mathrm{d}h(t)}{\mathrm{d}t}$ 的拉普拉斯变换至少有一个极点；(e) $h(t)$ 是有限时宽的；(f) $H(s)=H(-s)$；(g) $\lim\limits_{s\to\infty}H(s)=2$。

解 (a) 该说法是错误的。由于 $\mathscr{F}[h(t)\mathrm{e}^{3t}]$ 收敛对应于 $h(t)$ 的拉普拉斯变换在 $s=-3$ 的值。若这个值收敛，则意味着 $s=-3$ 在收敛域内。但是因果稳定系统的 ROC 总位于其最右边极点的右边，而 $s=-3$ 不在已知极点 $s=-2$ 的右边，故 $s=-3$ 不能在收敛域内。

(b) 该说法是错误的。因为 $\int_{-\infty}^{+\infty}h(t)\mathrm{d}t=0$ 相当于 $H(0)=0$，但依给定条件，$H(s)$ 在原点处没有零点。

(c) 该说法是正确的。根据拉普拉斯变换频域微分性质，$\mathscr{L}[th(t)]$ 与 $H(s)$ 有相同的 ROC，而已知 $H(s)$ 的 ROC 包含 $\mathrm{j}\Omega$ 轴，因此对应的系统是稳定的。此外，由于因果系统 $h(t)=0$，$t<0$，因此有 $th(t)=0$，$t<0$。因此，$th(t)$ 所表示的是一个因果稳定的单位冲激响应。

(d) 该说法是正确的。由拉普拉斯变换的时域微分性质知，$\mathscr{L}\left[\dfrac{\mathrm{d}h(t)}{\mathrm{d}t}\right]=sH(s)$，而增加的零点 $s=0$ 不可能抵消掉已知的极点 $s=-2$，故系统至少有一个极点。

(e) 该说法是错误的。若 $h(t)$ 是有限时宽的，则其拉普拉斯变换的 ROC 应为整个 s 平面，这与已知 s 平面上有一个极点相矛盾。

(f) 该说法是错误的。若 $H(s)=H(-s)$ 成立，则系统 $H(s)$ 在 $s=2$ 应该有另一个极点，而这与系统的因果稳定性是矛盾的。

(g) 该说法是否正确由给定条件不能确定。若$\lim_{s\to\infty}H(s)=2$成立，则要求$H(s)$的分子和分母有相同的阶数，但题目并未给出这样的条件。

4.5 连续时间LTI系统的复频域模拟与方框图表示

在本书前面几章，我们学习了在时域和频域来描述、分析和处理系统。本章关于拉普拉斯变换的学习，使我们掌握了在复频域对信号与系统进行表述和分析的方法。在时域分析中比较复杂的问题，例如卷积运算、微分运算、积分运算等，均可以在复频域以代数运算的方式进行，有效简化了系统的分析和处理。

系统函数的代数属性与方框图知识点

所谓复频域模拟，就是基于拉普拉斯变换，构造数学方法描述的运算部件及运算结构。在代数运算的基础上，实现系统的各种运算功能，例如加法运算、乘法运算、微分和积分运算等，最终使得模拟系统的数学模型与真实系统一样，二者在相同输入条件下具有相同的输出。系统模拟是科学研究和工程技术上常用的方法，对于掌握系统参数变化所引起的系统特性变化，在一定的工作条件下确定最优的系统参数具有重要意义。

4.5.1 系统模拟的基本运算器

系统模拟的基本运算器包括加法器、乘系数和积分器等。

1. 加法器

加法器是表示两个信号或多个信号求和运算的运算器。以两个信号求和运算为例，在时域和复频域，加法器的运算表示为

$$\begin{aligned} y(t) &= x_1(t)+x_2(t) \\ Y(s) &= X_1(s)+X_2(s) \end{aligned} \tag{4.56}$$

与式(4.56)对应的加法器方框图表示如图4.7(a)所示。

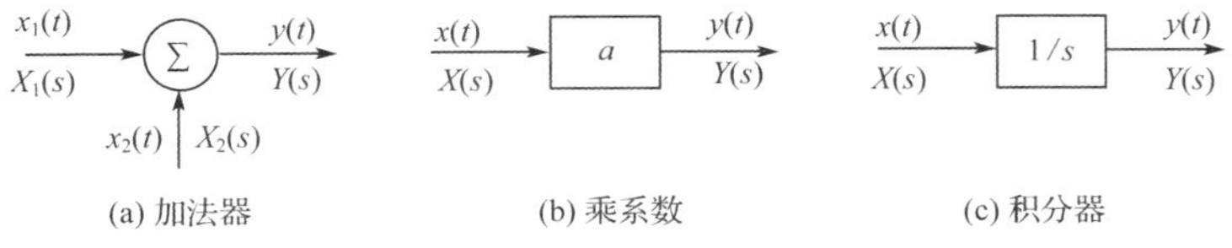

图4.7　加法器、乘系数和积分器

2. 乘系数

乘系数表示信号与常数系数的相乘运算，在时域和复频域，乘系数运算表示为

$$\begin{aligned} y(t) &= ax(t) \\ Y(s) &= aX(s) \end{aligned} \tag{4.57}$$

与式(4.57)对应的乘系数方框图表示如图4.7(b)所示。

3. 积分器

积分器表示信号的积分运算。若假定初始条件为零，则积分器的时域和复频域表示为

$$\begin{aligned} y(t) &= \int_{-\infty}^{t} x(\tau)\mathrm{d}\tau \\ Y(s) &= \frac{1}{s}X(s) \end{aligned} \tag{4.58}$$

与式(4.58)对应的积分器方框图表示如图4.7(c)所示。

4.5.2 LTI系统的方框图表示

1. 系统的基本连接方式

(1) 系统的级联

两系统的级联(Cascade),在时域表示为参与级联两系统的卷积,由拉普拉斯变换的卷积性质可知,在复频域则表示为两系统的乘积,即

$$\begin{aligned} h(t) &= h_1(t) * h_2(t) \\ H(s) &= H_1(s)H_2(s) \end{aligned} \tag{4.59}$$

式中,$h_1(t) \overset{\mathrm{LT}}{\leftrightarrow} H_1(s)$ 和 $h_2(t) \overset{\mathrm{LT}}{\leftrightarrow} H_2(s)$ 分别表示参与级联两系统的单位冲激响应和系统函数的拉普拉斯变换关系,而 $h(t) \overset{\mathrm{LT}}{\leftrightarrow} H(s)$ 则表示级联后系统的单位冲激响应和系统函数。图4.8(a)给出了系统级联的示意图。

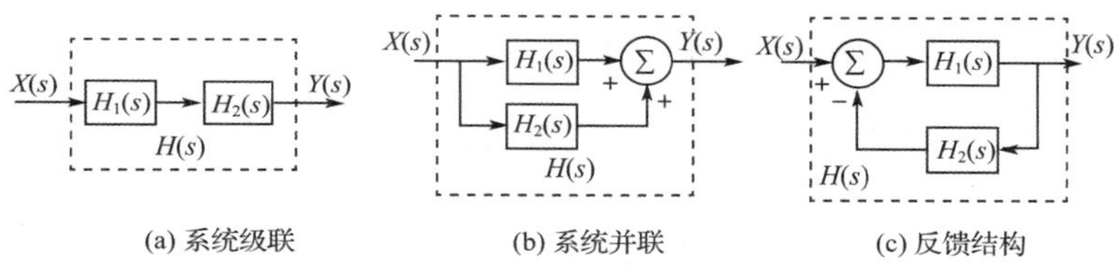

图4.8 系统级联、并联和反馈连接的原理

(2) 系统的并联

两系统的并联(Parallel),在时域和复频域均表示为参与并联两系统的求和运算,即

$$\begin{aligned} h(t) &= h_1(t) + h_2(t) \\ H(s) &= H_1(s) + H_2(s) \end{aligned} \tag{4.60}$$

式中,$h_1(t) \overset{\mathrm{LT}}{\leftrightarrow} H_1(s)$、$h_2(t) \overset{\mathrm{LT}}{\leftrightarrow} H_2(s)$ 和 $h(t) \overset{\mathrm{LT}}{\leftrightarrow} H(s)$ 的含义与级联情况的含义一致。系统并联的示意图如图4.8(b)所示。

(3) 系统的反馈结构

系统的反馈(Feedback)结构是系统模拟中常用的连接方式。反馈结构由两个子系统构成,如图4.8(c)所示。其特点是把输出信号的一部分或全部返回到输入端与输入信号进行叠加,形成反馈。反馈结构的总的系统函数表示为

$$H(s) = \frac{Y(s)}{X(s)} = \frac{H_1(s)}{1 + H_1(s)H_2(s)} \tag{4.61}$$

式中,$H_1(s)$ 和 $H_2(s)$ 分别表示反馈系统前向支路和反馈支路的系统函数。

需要注意的是,式(4.61)中分母上的"+"号,是与反馈系统框图[图4.8(c)]中加法器

上反馈支路的符号“—”相关联的。若在图 4.8(c) 中加法器上反馈支路的符号为“+”，则式(4.61) 中分母上的“+”则应改为“—”号，读者可以自行验证。有时，也常把反馈支路 $H_2(s)$ 改变为 $-H_2(s)$。

2. LTI 系统的方框图模拟

LTI 系统的系统函数常利用方框图来进行模拟，主要的结构形式有直接型、级联型和并联型等。

(1) 系统结构的直接型结构模拟

本章式(4.49) 和式(4.51) 分别给出了用 N 阶线性常系数微分方程描述的因果 LTI 系统及其由此导出的系统函数。我们从一阶系统开始来介绍因果 LTI 系统的方框图模拟。

设一阶因果 LTI 系统的微分方程为

$$\frac{\mathrm{d}y(t)}{\mathrm{d}t} + a_0 y(t) = b_0 x(t) \tag{4.62}$$

考虑系统具有初始松弛条件，不失一般性，假定 $b_0 = 1$，则式(4.62) 所示的一阶因果 LTI 系统可以改写为 $e(t) = \frac{\mathrm{d}y(t)}{\mathrm{d}t} = x(t) - a_0 y(t)$。上式对应的系统函数为 $H(s) = \frac{1}{s + a_0}$。显然，可以用图 4.9(a) 所示的反馈系统结构来表示或模拟这个一阶因果 LTI 系统。

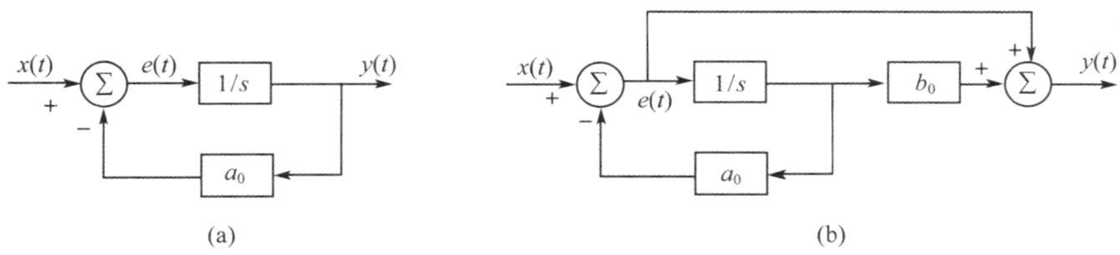

图 4.9　一阶因果 LTI 系统的方框图模拟

若一阶因果 LTI 系统的微分方程在输入项和输出项皆有一阶导数，即

$$\frac{\mathrm{d}y(t)}{\mathrm{d}t} + a_0 y(t) = \frac{\mathrm{d}x(t)}{\mathrm{d}t} + b_0 x(t) \tag{4.63}$$

则上式对应的系统函数为

$$H(s) = \frac{s + b_0}{s + a_0} \tag{4.64}$$

式(4.63) 和式(4.64) 所对应的系统方框图如图 4.9(b) 所示。

由图 4.9(b) 可见，图中反馈支路的系数 a_0 对应于微分方程的输出项系数和系统函数的分母系数，而前向支路的系数 b_0 则对应于微分方程的输入项系数和系统函数的分子系数，由 $e(t) = \frac{\mathrm{d}y(t)}{\mathrm{d}t}$ 到输出信号 $y(t)$ 的变换，则由一个积分器 $1/s$ 来完成。图 4.9(b) 所示的系统模拟实现方式，称为 LTI 系统的直接型结构。

实际上，图 4.9(b) 所示系统方框图，可以进一步推广到二阶因果 LTI 系统，乃至 N 阶因果 LTI 系统。

设二阶因果 LTI 系统的微分方程为

$$\frac{\mathrm{d}^2 y(t)}{\mathrm{d}t^2} + a_1 \frac{\mathrm{d}y(t)}{\mathrm{d}t} + a_0 y(t) = b_2 \frac{\mathrm{d}^2 x(t)}{\mathrm{d}t^2} + b_1 \frac{\mathrm{d}x(t)}{\mathrm{d}t} + b_0 x(t) \tag{4.65}$$

式中，假定输出信号二阶微分项的系数为 1，表示相对于二阶微分项系数进行了归一化处理。其系统函数为

$$H(s) = \frac{b_2 s^2 + b_1 s + b_0}{s^2 + a_1 s + a_0} \tag{4.66}$$

图 4.10 给出了上述二阶因果 LTI 系统方框图的直接型结构。

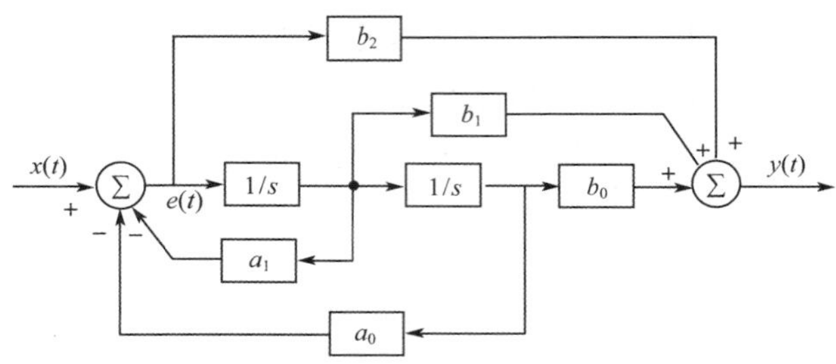

(a) 二阶系统直接型结构方框图1

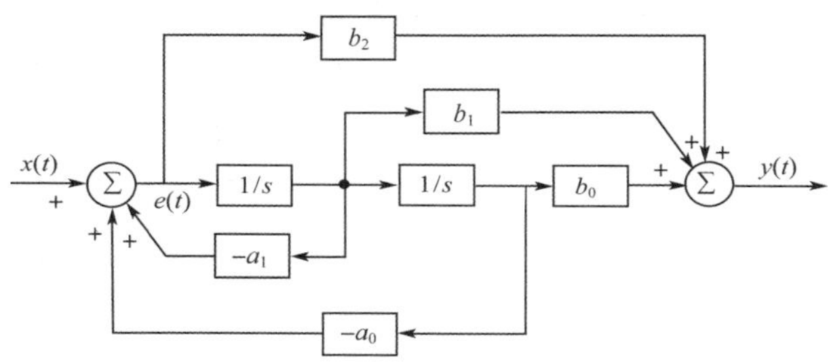

(b) 二阶系统直接型结构方框图2

图 4.10 二阶因果 LTI 系统直接型结构的方框图

图 4.10(a) 中反馈支路的符号均为“—”号，故其反馈支路系数均取微分方程或系统函数中系数的原值。而图 4.10(b) 中反馈支路的符号均为“+”号，故其反馈支路系数均取微分方程或系统函数中系数的相反值。这两种形式的系统框图都是有效的，二者是等价的。

设 N 阶因果 LTI 系统的微分方程为

$$\sum_{k=0}^{N} a_k \frac{\mathrm{d}^k y(t)}{\mathrm{d}t^k} = \sum_{k=0}^{M} b_k \frac{\mathrm{d}^k x(t)}{\mathrm{d}t^k} \tag{4.67}$$

不失一般性，设 $M = N$，并设输出项最高阶微分项的系数 $a_N = 1$。这样，系统的系统函数为

$$H(s) = \frac{b_N s^N + b_{N-1} s^{N-1} + \cdots + b_1 s + b_0}{s^N + a_{N-1} s^{N-1} + \cdots + a_1 s + a_0} \tag{4.68}$$

这样，N 阶因果 LTI 系统的系统方框图直接型结构如图 4.11 所示。

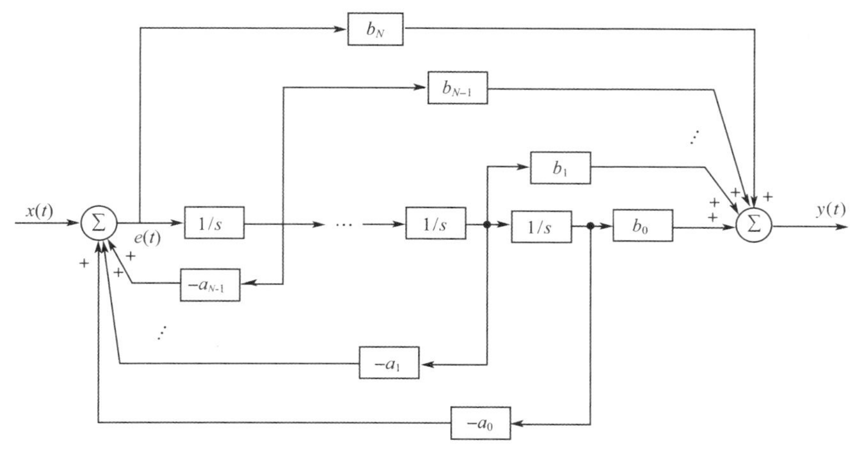

图 4.11　N 阶因果 LTI 系统直接型结构的方框图

（2）系统结构的级联型和并联型结构模拟

若将因果 LTI 系统 $H(s)=\dfrac{N(s)}{D(s)}$ 分解为一阶项或二阶项的乘积形式，且每个一阶项和二阶项均分别采用直接型结构模型进行模拟实现，则可以得到系统的级联型结构的模拟，即

$$H(s)=\prod_{l=1}^{L}H_l(s) \tag{4.69}$$

式中，$H_l(s),l=1,2,\cdots,L$ 表示把 $H(s)$ 分解成的 L 个一阶或二阶因子。其中每一个 $H_l(s)$ 均可用直接型结构来模拟。

若把 $H(s)$ 展开成部分分式的形式，即

$$H(s)=\sum_{l=1}^{L}H_l(s) \tag{4.70}$$

则可得到系统的并联型实现结构。其中每一个 $H_l(s)$ 均可用直接型结构来模拟。

图 4.12 给出了系统级联型和并联型结构的示意图。

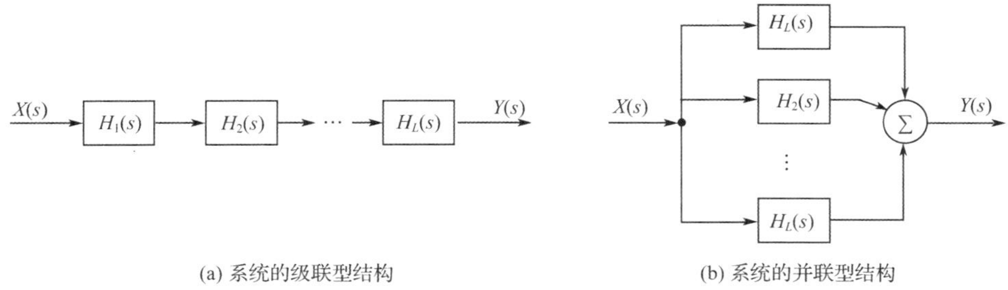

图 4.12　系统级联和并联结构

例 4.21　给定二阶因果 LTI 系统的系统函数为 $H(s)=\dfrac{2s^2+4s-6}{s^2+3s+2}$。试绘制该系统直接型、级联型和并联型的系统结构方框图。

解　对给定系统函数进行整理，有

$$H(s)=\frac{2s^2+4s-6}{s^2+3s+2}=\frac{2s-2}{s+2}\cdot\frac{s+3}{s+1}=2+\frac{6}{s+2}-\frac{8}{s+1}$$

(a) 直接型结构：由 $H(s)=\dfrac{2s^2+4s-6}{s^2+3s+2}$，可得系统直接型结构，如图 4.13(a) 所示。

(b) 级联型结构：由 $H(s)=\dfrac{2s-2}{s+2}\cdot\dfrac{s+3}{s+1}$，可得系统级联型结构，如图 4.13(b) 所示。

(c) 并联型结构：由 $H(s)=2+\dfrac{6}{s+2}-\dfrac{8}{s+1}$，可得系统并联型结构，如图 4.13(c) 所示。

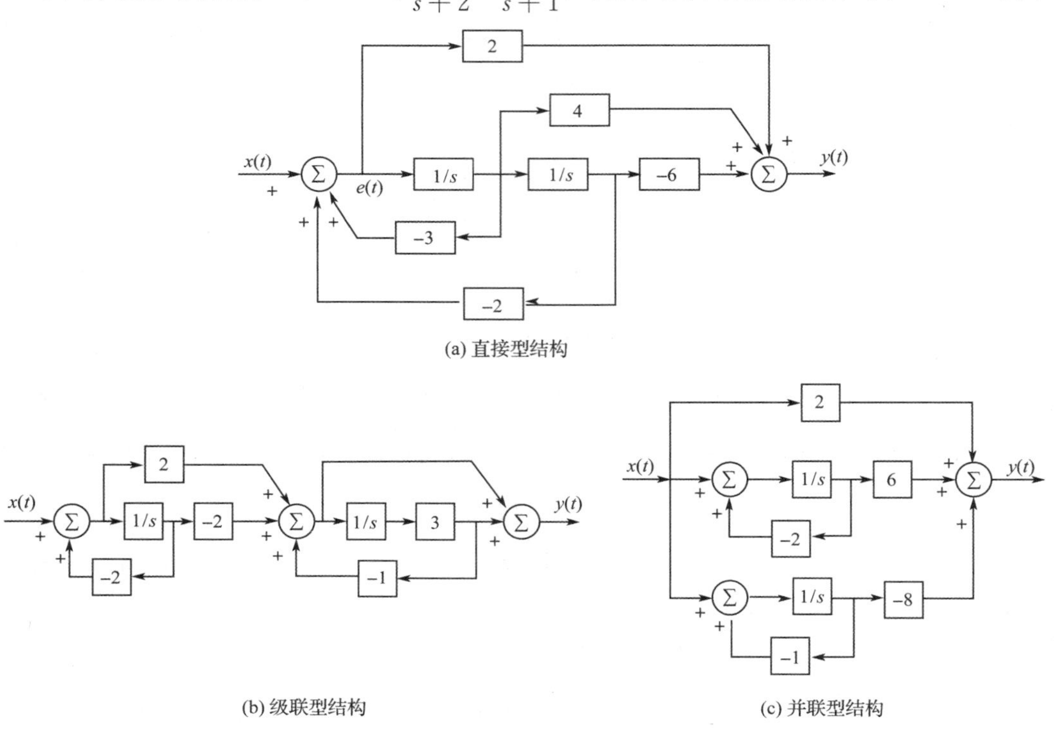

(a) 直接型结构

(b) 级联型结构

(c) 并联型结构

图 4.13　例 4.21 给定系统的直接型、级联型和并联型结构方框图

4.6 单边拉普拉斯变换

本章前面各节所讨论的拉普拉斯变换，其积分区间为$(-\infty\sim+\infty)$，即覆盖全部时间范围，故称为双边拉普拉斯变换(Bilateral Laplace Transform，BLT)，简称为拉普拉斯变换(LT)，用 $x(t)\overset{\text{LT}}{\leftrightarrow}X(t)$ 来表示。本节介绍的拉普拉斯变换，其积分区间为$(0^-\sim+\infty)$，即对信号的半边时间范围进行积分，故称这种拉普拉斯变换为单边拉普拉斯变换(Unilateral Laplace Transform，ULT)，用 $x(t)\overset{\text{ULT}}{\leftrightarrow}X_{\mathrm{u}}(t)$ 来表示。ULT 在分析具有非零初始条件(即非松弛初始条件)的系统时具有重要作用。

4.6.1　单边拉普拉斯变换的定义

定义 4.2　单边拉普拉斯变换　连续时间信号 $x(t)$ 的单边拉普拉斯变换定义为

$$X_u(s)=\int_{0^-}^{+\infty}x(t)e^{-st}dt \tag{4.71}$$

$$x(t)=\frac{1}{2\pi j}\int_{\sigma-j\infty}^{\sigma+j\infty}X_u(s)e^{st}ds \tag{4.72}$$

式(4.71)和式(4.72)分别为单边拉普拉斯变换的正变换和逆变换。可分别记为 $X_u(s)=\mathscr{UL}[x(t)]$ 和 $x(t)=\mathscr{UL}^{-1}[X(s)]$。式中 $\mathscr{UL}[\cdot]$和 $\mathscr{UL}^{-1}[\cdot]$分别为单边拉普拉斯变换的正变换与逆变换运算符。式(4.71)中，积分下限 0^- 的含义是表示积分自 $t=0$ 时刻起，此外还要包括发生在 0 时刻的单位冲激信号及高阶奇异信号。

为了区别于双边拉普拉斯变换，常把单边拉普拉斯变换记为

$$x(t)\overset{\text{ULT}}{\longleftrightarrow}X_u(s) \tag{4.73}$$

ULT 的自变量 $s=\sigma+j\Omega$ 与双边拉普拉斯变换的情况相同。

比较双边拉普拉斯变换 $X(s)$ 与单边拉普拉斯变换 $X_u(s)$ 的定义，可以确定，对于因果信号 $x(t)$，其 $X_u(s)$ 与 $X(s)$ 是相同的。但是对于非因果信号，这两种拉普拉斯变换则是不同的。

再有，从本章前面各节的学习我们知道，双边拉普拉斯变换的收敛域是与时间信号在时间轴上的定义范围有关的，即对于有限时宽信号，其 ROC 为整个 s 平面；对于左边信号，其 ROC 为某个左半 s 平面；对于右边信号，其 ROC 为某个右半 s 平面；对于双边信号，其 ROC 为由两个极点限定的平行于 $j\Omega$ 轴的一个条带。而对于单边拉普拉斯变换，由于其仅对因果信号或信号的因果部分进行拉普拉斯变换求解，因此其收敛域只有一种情况，即其 ROC 总是对应于某个右半 s 平面。

实际上，双边拉普拉斯变换的许多概念和结果都直接适用于单边拉普拉斯变换。由 ULT 逆变换的定义，可见其也是与双边拉普拉斯变换相同的。不过，因 ULT 的收敛域只有一种情况，故其逆变换所得到的时间信号 $x(t)$ 总是具有因果性的。

例 4.22　计算 $x(t)=e^{-a(t+1)}u(t+1)$ 的双边拉普拉斯变换 $X(s)$ 和单边拉普拉斯变换 $X_u(s)$。

解　(a) 计算给定信号的双边拉普拉斯变换 $X(s)$：

$$X(s)=\mathscr{L}[x(t)]=\frac{e^s}{s+a},\quad \text{Re}[s]>-a$$

(b) 计算给定信号的单边拉普拉斯变换 $X_u(s)$：

$$X_u(s)=\mathscr{UL}[x(t)]=\int_{0^-}^{+\infty}e^{-a(t+1)}u(t+1)e^{-st}dt=\int_{0^-}^{+\infty}e^{-a}e^{-(s+a)t}dt=\frac{e^{-a}}{s+a},\quad \text{Re}[s]>-a$$

由例 4.22 可见，对于非因果信号来说，单边拉普拉斯变换与双边拉普拉斯变换的计算结果是不同的。

例 4.23　试计算 $X_u(s)=\dfrac{s+3}{s+2}$，$\text{Re}[s]>-2$ 的逆变换。

解　由给定 $X_u(s)$ 可得 $X_u(s)=\dfrac{s+3}{s+2}=1+\dfrac{1}{s+2}$。对该式求取单边拉普拉斯逆变换，

有

$$x(t)=\mathscr{UL}^{-1}[X_u(s)]=\delta(t)+e^{-2t}u(t),\quad t>0^-$$

式中的 $t>0^-$ 表示单边拉普拉斯变换仅提供 $t>0^-$ 的有关信息。

4.6.2 单边拉普拉斯变换的性质

单边拉普拉斯变换的主要性质与双边拉普拉斯变换的性质基本相同，例如线性性质、s 域平移性质、尺度变换性质、共轭性质和 s 域微分性质等，初值定理与终值定理也成立。但是，有一些性质二者是不同的，特别是 ULT 的时域微分性质和时域积分性质等是与双边拉普拉斯变换不同的。单边拉普拉斯变换的部分性质见表 4.4。

表 4.4 单边拉普拉斯变换的部分性质

序号	性质	连续时间信号 $x(t)$	单边拉普拉斯变换 $X_u(s)$
1	时域微分性质	$\dfrac{dx(t)}{dt}$	$sX_u(s)-x(0^-)$
2	高阶时域微分性质	$\dfrac{d^kx(t)}{dt^k}$	$s^kX_u(s)-s^{k-1}x(0^-)-s^{k-2}x'(0^-)-\cdots-x^{(k-1)}(0^-)$
3	时域积分性质	$\int_{0^-}^{t}x(\tau)d\tau$	$\dfrac{1}{s}X_u(s)$

表 4.4 中列出的单边拉普拉斯变换的性质，对于在变换域求解具有非零初始条件的微分方程是非常有用的。

4.6.3 非零初始状态系统微分方程的求解

利用单边拉普拉斯变换可求解具有非零初始条件的线性常系数微分方程。

例 4.24 已知系统的微分方程、初始条件和输入信号分别为

$$\frac{d^2y(t)}{dt^2}+3\frac{dy(t)}{dt}+2y(t)=x(t),\quad y(0^-)=b,\quad y'(0^-)=c,\quad x(t)=au(t)$$

解 对上式两边求取单边拉普拉斯变换，有 $s^2Y_u(s)-bs-c+3sY_u(s)-3b+2Y_u(s)=\dfrac{a}{s}$。经整理，有 $Y_u(s)=\dfrac{b(s+3)}{(s+1)(s+2)}+\dfrac{c}{(s+2)(s+2)}+\dfrac{a}{s(s+2)(s+2)}$。进一步整理，并假定 $a=2$，$b=3$ 和 $c=-5$，则得到 $Y_u(s)=\dfrac{1}{s}-\dfrac{1}{s+1}+\dfrac{3}{s+2}$。再求取单边拉普拉斯逆变换，有

$$y(t)=[1-e^{-t}+3e^{-2t}]u(t)$$

本书第 2 章的例 2.16 给出了一个非松弛初始条件微分方程时域求解的例子。由例 2.16，可以看到在时域求解这样的微分方程是非常复杂的。而利用单边拉普拉斯变换在复频域求解这样的微分方程则是相对简单的。例 4.25 给出了例 2.16 的复频域求解方法。

例 4.25 与例 2.16 相同，给定 LTI 系统的二阶常系数微分方程为 $\dfrac{d^2y(t)}{dt^2}+2\dfrac{dy(t)}{dt}=2x(t)$，或写为 $y''(t)+2y'(t)=2x(t)$。设系统的输入信号为 $x(t)=2e^{-t}u(t)$，初始状态为 $y(0^-)=1$ 和 $y'(0^-)=2$。试求：(a) 系统的零输入响应 $y_{zi}(t)$；(b) 系统单位冲激响应 $h(t)$；(c) 系统的零状态响应 $y_{zs}(t)$；(d) 系统的完全响应 $y(t)$。

解　(a) 求系统的零输入响应 $y_{zi}(t)$。对给定微分方程的齐次方程 $y''(t)+2y'(t)=0$ 做单边拉普拉斯变换，得 $s^2Y_u(s)-sy(0^-)-y'(0^-)+2sY_u(s)-2y(0^-)=0$。代入给定的初始条件并整理，有 $Y_u(s)=\dfrac{s+4}{s(s+2)}=\dfrac{2}{s}-\dfrac{1}{s+2}$。做单边拉普拉斯逆变换，则可得系统的零输入响应为

$$y_{zi}(t)=(2-e^{-2t})u(t)$$

(b) 求系统的单位冲激响应 $h(t)$。不考虑系统初始条件，对给定系统微分方程两边做双边拉普拉斯变换，得给定系统的系统函数为 $H(s)=\dfrac{Y(s)}{X(s)}=\dfrac{2}{s(s+2)}=\dfrac{1}{s}-\dfrac{1}{s+2}$，$\mathrm{Re}[s]>0$。对上式做拉普拉斯逆变换，可得系统的单位冲激响应为

$$h(t)=(1-e^{-2t})u(t)$$

(c) 求系统的零状态响应 $y_{zs}(t)$。不考虑系统初始条件，对给定系统微分方程两边做双边拉普拉斯变换，得 $Y(s)=\dfrac{4/(s+1)}{s(s+2)}=\dfrac{4}{s(s+1)(s+2)}=\dfrac{2}{s}-\dfrac{4}{s+1}+\dfrac{2}{s+2}$，$\mathrm{Re}[s]>0$。对上式做拉普拉斯逆变换，可得系统的零状态响应为

$$y_{zs}(t)=(2-4e^{-t}+2e^{-2t})u(t)$$

(d) 求系统的完全响应 $y(t)$。把系统的 $y_{zi}(t)$ 和 $y_{zs}(t)$ 相加，可得系统的完全响应为

$$y(t)=y_{zi}(t)+y_{zs}(t)=(4-4e^{-t}+e^{-2t})u(t)$$

对照例 4.25 与第 2 章例 2.16，可见二者是完全相同的。但基于拉普拉斯变换的解法避免了微分方程的直接求解，更简洁易行。

此外，例 4.25 给定的微分方程也可以经由拉普拉斯变换通过 MATLAB 编程的方式进行求解。见下面的 MATLAB 程序段：

```
syms t s
Yzis = (s + 4)/(s^2 + 2 * s + 0);  Yzi = ilaplace(Yzis);  Yzss = 4/(s^3 + 3 * s^2 + 2 * s + 0);
  Yzs = ilaplace(Yzss);
Yt = Yzi + Yzs;
```

运行上述程序段，可得以下零输入响应 Yzi、零状态响应 Yzs 和系统完全响应 Yt 为

```
Yzi = 2 - exp(- 2 * t)
Yzs = 2 * exp(- 2 * t) - 4 * exp(- t) + 2
Yt = exp(- 2 * t) - 4 * exp(- t) + 4
```

显然，上述 MATLAB 程序运行的结果与例 4.25 的结果是相同的。

本章小结

拉普拉斯变换是信号与系统分析的重要工具，它弥补了傅里叶变换不能分析系统因果性和稳定性，不能求解非初始松弛条件微分方程，且不能计算一些不满足绝对可积条件信号频谱的局限性，因而在信号处理与系统分析中占有重要地位。本章给出了双边拉普拉斯变换的定义，分析了拉普拉斯变换与傅里叶变换的关联与区别，特别强调了拉普拉斯变换收敛域的概念、特点与性质，介绍了拉普拉斯变换的主要性质，并以拉普拉斯变换为工具，在复频域

系统分析了 LTI 系统的因果性和稳定性问题。本章还较为系统地介绍了因果 LTI 系统的方框图表示方法，介绍了单边拉普拉斯变换的定义、性质和在求解非松弛初始条件微分方程中的应用。本章内容是对连续时间信号与系统傅里叶变换和LTI系统频域分析的扩展与深入，并且为后续章节关于离散时间信号与系统复频域分析的学习奠定了基础。

习 题

4.1 试计算下列连续时间信号的拉普拉斯变换，确定其收敛域，画出零极图。

(a)$x(t)=\mathrm{e}^{-2t}u(t)+\mathrm{e}^{-3t}u(t)$；(b)$x(t)=\mathrm{e}^{-4t}u(t)+\mathrm{e}^{-5t}(\sin 5t)u(t)$；(c)$x(t)=\mathrm{e}^{2t}u(-t)+\mathrm{e}^{3t}u(-t)$；(d)$x(t)=t\mathrm{e}^{-2|t|}$；(e)$x(t)=|t|\mathrm{e}^{-2|t|}$；(f)$x(t)=|t|\mathrm{e}^{2t}u(-t)$

4.2 求下列拉普拉斯变换的逆变换。

(a)$X(s)=\dfrac{1}{s^2+9}$，$\mathrm{Re}[s]>0$；(b)$X(s)=\dfrac{s}{s^2+9}$，$\mathrm{Re}[s]<0$；(c)$X(s)=\dfrac{s+1}{(s+1)^2+9}$，$\mathrm{Re}[s]<-1$；(d)$X(s)=\dfrac{s+2}{s^2+7s+12}$，$-4<\mathrm{Re}[s]<-3$；(e)$X(s)=\dfrac{s+1}{s^2+5s+6}$，$-3<\mathrm{Re}[s]<-2$

4.3 有两个右边信号 $x(t)$ 和 $y(t)$，满足微分方程$\dfrac{\mathrm{d}x(t)}{\mathrm{d}t}=-2y(t)+\delta(t)$ 和 $\dfrac{\mathrm{d}y(t)}{\mathrm{d}t}=2x(t)$。试确定 $X(s)$ 和 $Y(s)$，并确定二者的收敛域。

4.4 有一LTI系统，输入信号为 $x(t)=\mathrm{e}^{-t}u(t)$，单位冲激响应为 $h(t)=\mathrm{e}^{-2t}u(t)$。

(a) 试确定 $x(t)$ 和 $h(t)$ 的拉普拉斯变换；(b) 利用卷积性质求输出 $y(t)$ 的拉普拉斯变换 $Y(s)$；(c) 由 $Y(s)$ 求 $y(t)$；(d) 将 $x(t)$ 和 $h(t)$ 直接卷积，验证结果。

4.5 试证明，若连续时间信号满足 $x(t)=x(-t)$，则其拉普拉斯变换满足 $X(s)=X(-s)$。

4.6 试证明，若连续时间信号满足 $x(t)=-x(-t)$，则其拉普拉斯变换满足 $X(s)=-X(-s)$。

4.7 判断下列说法正确与否。

(a)$t^2u(t)$ 的拉普拉斯变换在 s 平面的任何地方均不收敛。

(b)$e^{t^2}u(t)$ 的拉普拉斯变换在 s 平面的任何地方均不收敛。

(c)$e^{j\Omega_0 t}u(t)$ 的拉普拉斯变换在 s 平面的任何地方均不收敛。

(d)$e^{j\Omega_0 t}$ 的拉普拉斯变换在 s 平面的任何地方均不收敛。

(e)$|t|$ 的拉普拉斯变换在 s 平面的任何地方均不收敛。

4.8　试计算 $x(t)=e^{-2t}u(t)+e^{-t}(\cos 3t)u(t)$ 的拉普拉斯变换。

4.9　试求 LTI 系统 $h(t)=\delta(t)-\frac{4}{3}e^{-t}u(t)+\frac{1}{3}e^{2t}u(t)$ 的系统函数 $H(s)$，并判断系统的因果性和稳定性。

4.10　给定连续时间信号 $x(t)=e^{-b|t|}$，试求其拉普拉斯变换。

4.11　给定信号 $x(t)$ 的拉普拉斯变换为 $X(s)=\frac{2s^2+5s+5}{(s+1)^2(s+2)}$，$\mathrm{Re}[s]>-1$，试求 $x(t)$。

4.12　设 LTI 系统的系统函数为 $H(s)=\frac{s-1}{(s+1)(s-2)}$，试求系统的单位冲激响应，判定系统的因果性和稳定性，并绘制系统的零极图。

4.13　假定已知 LTI 系统的下列信息：(a) 系统是因果的；(b) 系统函数是有理的，且仅有两个极点，分别在 $s_1=-2$ 和 $s_2=4$；(c) 若 $x(t)=1$，则 $y(t)=0$；(d) 系统单位冲激响应在 0^+ 时刻为 $h(0^+)=4$。试根据以上信息，确定该系统的系统函数。

4.14　试绘制二阶系统 $H(s)=\frac{1}{s^2+3s+2}$ 的方框图，(a) 直接型；(b) 级联型；(c) 并联型。

4.15　已知 LTI 系统的单位冲激响应为 $h(t)=u(t)-u(t-1)$，系统的输入信号为 $x(t)=u(t-1)-u(t-3)$，试计算系统的输出信号 $y(t)$。

4.16　已知 $X(s)=\frac{s}{s^2+3s+2}$，$\mathrm{Re}[s]>-1$，试求 $x(t)$ 的初值 $x(0^+)$ 和终值 $x(\infty)$。

4.17　已知描述 LTI 系统的微分方程为 $\frac{dy(t)}{dt}-2y(t)=3x(t)$，试求该系统的系统函数和单位冲激响应。

4.18　试判定下列因果系统的稳定性：(a)$H_1(s)=\frac{2s+3}{(s+1)(s+2)}$；(b)$H_2(s)=\frac{s}{(s+3)(s-3)}$。

4.19　已知 LTI 系统的输入信号为 $x(t)=e^{-2t}u(-t)+e^{-4t}u(t)$，系统的单位冲激响应为 $h(t)=e^{-3t}u(t)$，试求系统的输出信号 $y(t)$。

4.20　已知拉普拉斯变换式为 $X(s)=\frac{s-3}{s(s+1)^3}$，$\mathrm{Re}[s]>-1$，试求其拉普拉斯逆变换。

4.21 已知连续时间因果系统的微分方程为$\frac{d^3 y(t)}{dt^3}+6\frac{d^2 y(t)}{dt^2}+11\frac{dy(t)}{dt}+6y(t)=x(t)$。给定系统的初始条件为$y(0^-)=1$,$y'(0^-)=-1$,$y''(0^-)=1$,系统的输入信号为$x(t)=e^{-4t}u(t)$。试求:(a) 系统的零状态响应$y_{zs}(t)$;(b) 系统的零输入响应$y_{zi}(t)$;(c) 系统的全响应。

第5章 信号的采样与插值

内容提要

信号的采样技术与插值拟合技术是实现连续时间信号与离散时间信号之间互相转换的桥梁。本章系统介绍连续时间信号的采样理论与方法，特别重点介绍采样定理。在此基础上，本章还将分析理想冲激序列采样与信号恢复的基本理论与性能，并介绍零阶采样保持的概念与原理。此外，本章还将介绍离散时间信号的插值与拟合技术，介绍插值与拟合的相同与相异之处以及常用的方法，还将简要介绍离散时间信号插值与拟合的误差分析方法。

学习重点

- 连续时间信号采样的概念；
- 连续时间信号采样的采样定理；
- 连续时间信号理想冲激串采样的原理与方法；
- 零阶采样保持技术的原理与方法；
- 离散时间信号的插值与拟合的概念与方法；
- 插值与拟合的误差分析。

教学目标

理解信号采样与插值拟合的目的和基本概念；

深刻理解与熟练掌握采样定理；

深刻理解与熟练掌握理想冲激串采样与重建，掌握零阶采样保持技术；

掌握信号的插值拟合技术。

5.1 连续时间信号的采样与采样定理

5.1.1 信号采样与插值拟合的基本问题

1. 为什么要进行采样和插值拟合

近年来，通信技术越来越成为人们日常生活中不可或缺的信息交流手段。图 5.1 给出了基本通信系统的原理框图。

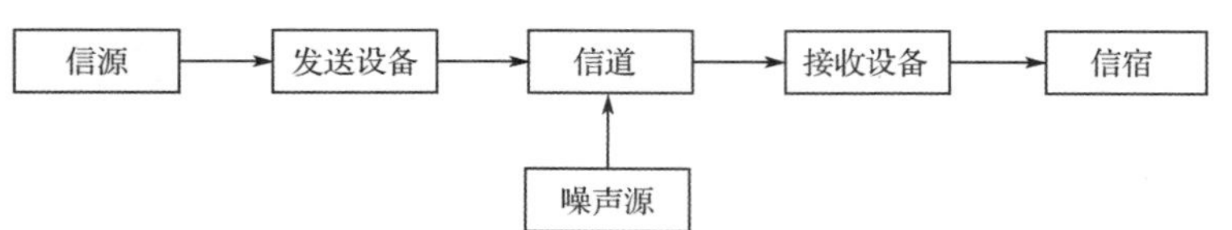

图 5.1 基本通信系统的原理框图

我们以电话通信说明上述通信系统。如图 5.1 所示，来自信源(Source) 的语音信号，经过麦克风转变为电信号，再经过发送设备(Transmitter) 进行采样、编码、调制、放大后进行发送，通过传输信道(Channel) 传播到接收设备(Receiver)，再进行与发送设备相反的处理，例如解调、解码、波形恢复等，提供给收信者(信宿 Sink)，从而实现信源与信宿的信息交流与沟通。对于现代移动通信技术来说，原始的语音信号在上述传播过程中经历了连续时间到离散时间、或离散时间到连续时间的多次转换。其中，对连续时间信号的采样(Sampling) 和对离散时间信号的插值(Interpolation) 与拟合(Fitting) 是两个关键的技术环节。

此外，现代计算机技术已成为科学研究和许多应用领域(包括信号处理) 的主要技术支撑，而自然界和工程技术中所遇到的大多数信号是连续时间信号，例如温度、压力、声音、振动、自然影像以及人体的心电、脑电、肌电信号等。这样，对于数字信号处理技术来说，数字计算机不能直接处理连续时间信号，必须对其进行采样或离散化。反过来，经过数字信号处理的信号，还经常需要转变为连续时间信号去完成控制等进一步操作，这就需要对离散时间信号进行插值拟合连续化。

需要说明的是，离散时间信号(Discrete-time Signal) 与数字信号(Digital Signal) 是既相似又有区别的两种信号。图 5.2 给出了连续时间信号 $x(t)$ 经采样得到离散时间信号 $x(n)$，再经过量化(Quantization) 得到数字信号 $x_q(n)$ 的示意图。

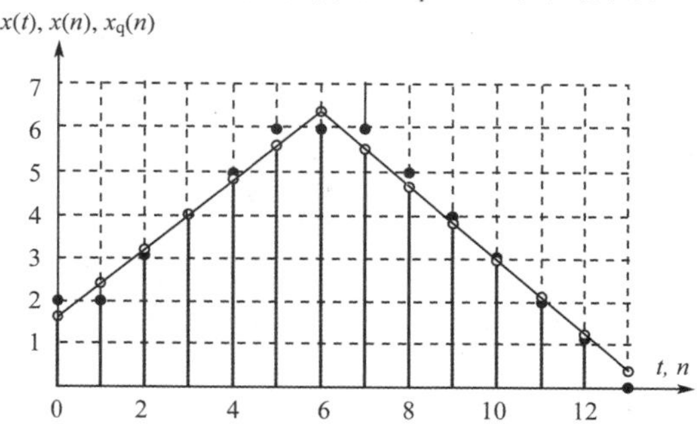

图 5.2 连续时间信号、离散时间信号与数字信号

图 5.2 中，连续线段表示连续时间信号 $x(t)$；空心圆“○”表示离散时间信号 $x(n)$，其特点是在时间上离散化了，但在幅度上仍然准确保持连续时间信号的值；实心圆“•”则表示经过幅度量化后的数字信号 $x_q(n)$，数字信号在时间上是离散的，在幅度上也是离散的，即仅在给定的量化等级上取值。显然，$x_q(n)$ 在时间和幅度两方面均离散化了，其幅度是有限精度的。

本书介绍的离散时间信号与系统的分析与处理，主要是针对离散时间信号与系统进行的，也包含了数字信号与系统。实际上，数字信号是一种特殊的离散时间信号，而离散时间信号则可看作数字信号的广义化。

2. 连续时间信号离散化后信息是否丢失

一般可以认为，离散时间信号是由连续时间信号通过离散化而来的，这个过程称为采样(Sampling)，又常称为取样或抽样。既然离散时间信号是连续时间信号的采样，那么必然要丢弃许多数据。参考图 5.2 中连续时间信号与采样后离散时间信号的情况，可见尽管离散时间信号的信号值与连续时间信号在采样点的信号值相等，但在采样过程中，连续时间信号大量的数据并没有进入到离散时间信号中，实际上被丢弃了。那么既然丢弃了这么多数据，是否还能保证采样后的离散时间信号保持原有连续时间信号的全部信息呢？本章介绍的采样定理(Sampling Theorem)将回答这个问题。实际上，只要连续时间信号是有限带宽的、且保证采样间隔足够密，则离散时间信号就不会丢失原有连续时间信号的信息，并且可以依据离散时间信号完美地恢复原始的连续时间信号。

3. 如何进行离散化与连续化

连续时间信号转换为离散时间信号的基本方法是按照采样定理的要求对连续时间信号进行采样。离散时间信号的连续化可以看作是对信号采样的逆变换。在工程实际中，离散信号的插值和拟合则是常用的方法。本章将对这些方法进行介绍。

5.1.2 连续时间信号的理想冲激序列采样

1. 理想单位冲激序列

理想单位冲激序列（常简称为“理想冲激序列”或“单位冲激序列”）是单位冲激信号 $\delta(t)$ 的周期性延拓，定义为

$$p(t) = \sum_{n=-\infty}^{+\infty} \delta(t - nT) \tag{5.1}$$

式中，T 为信号 $p(t)$ 的周期。对 $p(t)$ 做傅里叶变换，可以得到

$$P(\mathrm{j}\Omega) = \frac{2\pi}{T}\sum_{k=-\infty}^{+\infty} \delta\left(\Omega - \frac{2\pi k}{T}\right) = \frac{2\pi}{T}\sum_{k=-\infty}^{+\infty} \delta(\Omega - k\Omega_s) \tag{5.2}$$

由上式可见，在时域内周期为 T 的理想单位冲激序列，其傅里叶变换是在频域内周期为 $\Omega_s = 2\pi/T$ 的冲激序列，称 Ω_s 为采样频率，而称 T 为采样周期。图 5.3 给出了理想单位冲激序列及其傅里叶变换的图示。

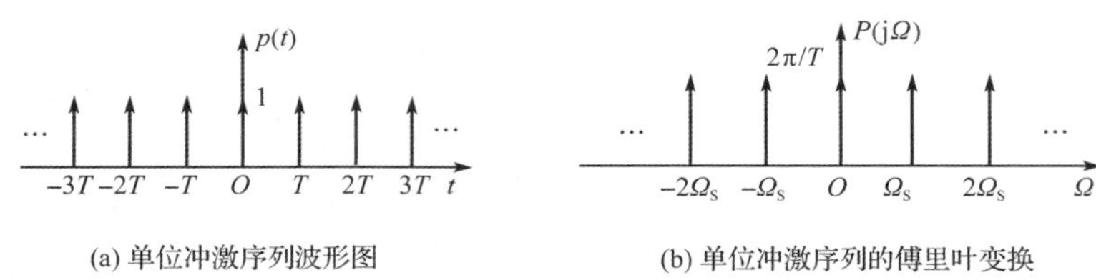

图 5.3 理想单位冲激序列及其傅里叶变换

2. 连续时间信号的理想单位冲激序列采样

图 5.4 给出了理想单位冲激序列 $p(t)$ 对连续时间信号 $x(t)$ 采样的示意图。

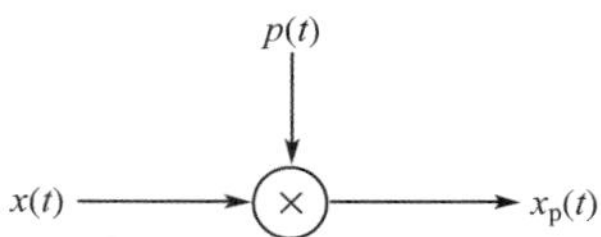

图 5.4 连续时间信号的理想冲激序列采样

图中，$x(t)$ 为任意连续时间信号，$p(t)=\sum\limits_{n=-\infty}^{+\infty}\delta(t-nT)$ 为理想单位冲激序列，$x_{\mathrm{p}}(t)$ 为采样后信号。由图可见，将 $x(t)$ 与 $p(t)$ 分别送入乘法器进行相乘，可得

$$x_{\mathrm{p}}(t)=x(t)p(t) \tag{5.3}$$

采样后信号 $x_{\mathrm{p}}(t)$ 仍为一冲激序列，其强度值等于 $x(t)$ 以 T 为周期处采样的样本值，即

$$x_{\mathrm{p}}(t)=\sum_{n=-\infty}^{+\infty}x(nT)\delta(t-nT) \tag{5.4}$$

图 5.5 给出了采样过程中信号波形变化的示意图。

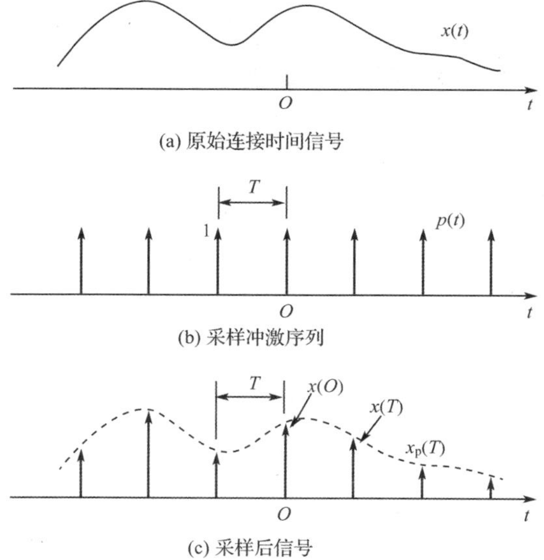

图 5.5 采样过程中信号波形变化示意图

由图 5.5 可见，原本的连续时间信号 $x(t)$，经过理想单位冲激序列 $p(t)$ 的采样后，变成了一个等间隔的冲激序列 $x_{\mathrm{p}}(t)$，其序列的样本点间隔为 T，与理想冲激序列的周期相同。$x_{\mathrm{p}}(t)$

各冲激样本的强度，与原始连续时间信号 $x(t)$ 在各采样点的值相等。

3. 采样过程的频域分析

下面我们对采样过程的信号变化进行频域分析。对式(5.4)两边做傅里叶变换，由傅里叶变换的乘法性质，可得采样后信号的频谱函数为

$$X_p(j\Omega)=\frac{1}{2\pi}[X(j\Omega)*P(j\Omega)] \tag{5.5}$$

将式(5.2)代入式(5.5)，得到

$$X_p(j\Omega)=\frac{1}{T}\sum_{k=-\infty}^{+\infty}X[j(\Omega-k\Omega_s)] \tag{5.6}$$

上式表明，采样后信号 $x_p(t)$ 的频谱 $X_p(j\Omega)$ 是频率 Ω 的周期函数，是由一组无穷多个不同频移的 $X(j\Omega)$ 叠加而成的，其幅度为 $1/T$。显然，采样后信号 $x_p(t)$ 的频谱 $X_p(j\Omega)$ 中包含了 $X(j\Omega)$ 的信息。图 5.6 给出了单位冲激序列采样过程的频域分析示意图。

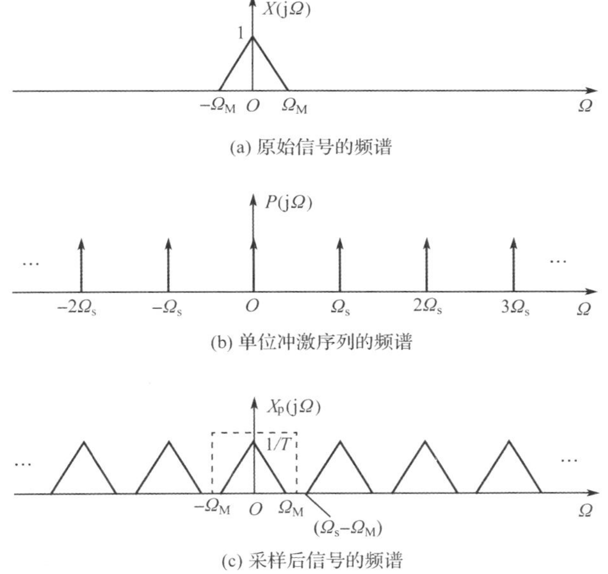

图 5.6　单位冲激序列采样过程的频域分析

图中，Ω_M 为原始信号 $x(t)$ 的最高频率分量，Ω_s 为采样频率。从图 5.6 中可以看出，经采样，原始信号 $x(t)$ 的频谱 $X(j\Omega)$ 转变为采样后信号 $x_p(t)$ 的频谱 $X_p(j\Omega)$。显然，$X_p(j\Omega)$ 是 $X(j\Omega)$ 的周期性延拓。一般地，连续时间信号的离散化，会导致其频谱的周期性延拓。利用理想低通滤波器，如图 5.6(c) 中虚线所示，可以将 $X(j\Omega)$ 从 $X_p(j\Omega)$ 中提取或恢复出来。

实际上，要保证低通滤波器能有效地从 $X_p(j\Omega)$ 提取出 $X(j\Omega)$，需要满足一个条件，如图 5.6 所示，即采样频率 Ω_s 要大于原始信号中最高频率分量 Ω_M 的 2 倍，即满足 $\Omega_s>2\Omega_M$。若上述条件不能得到满足，则采样过程的频谱表示如图 5.7 所示。

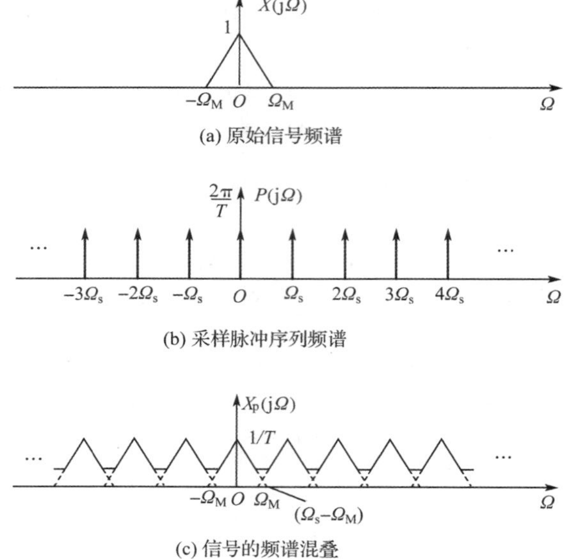

图 5.7 频率混叠情况的采样频谱分析

显然，当采样频率 Ω_s 不满足 $\Omega_s > 2\Omega_M$ 时，采样后信号频谱的相邻周期互相重叠，称为频率混叠(Aliasing)，这样，我们就不能从 $X_p(j\Omega)$ 中将 $X(j\Omega)$ 提取或恢复出来了。

5.1.3 采样定理

在工程技术界，人们习惯上把采样理论归于奈奎斯特(Nyquist，1889—1976) 和香农(Shannon，1916—2002) 的贡献，也常把采样定理称为"奈奎斯特采样定理" 或"奈奎斯特-香农采样定理"。

1. 采样定理

定理 5.1 采样定理 设 $x(t)$ 为一带限信号，即当 $|\Omega| > \Omega_M$ 时，其频谱 $X(j\Omega) = 0$。若满足

$$\Omega_s > 2\Omega_M \tag{5.7}$$

则 $x(t)$ 可以唯一地由其样本 $x(nT)$，$n = 0, \pm 1, \pm 2, \cdots$ 所确定。

定理 5.1 中，Ω_s 和 Ω_M 分别为采样频率和被采样信号中的最高频率分量，$2\Omega_M$ 常称为奈奎斯特率(Nyquist Rate)，而 Ω_M 则常称为奈奎斯特频率(Nyquist Frequency)，请读者注意上面两个概念的区别。采样定理告诉我们，利用采样后所得到的信号序列 $x_p(t)$ 或写为 $x(nT)$，$n = 0, \pm 1, \pm 2, \cdots$，我们可以不丢失任何信息地恢复原始连续时间信号 $x(t)$，而只要满足两个条件：第一，原始连续时间信号 $x(t)$ 是带限(Band-limited) 的；第二，采样频率 Ω_s 要高于信号 $x(t)$ 最高频率分量 Ω_M 的 2 倍。

采样定理保证了离散时间信号能够不失真地表示连续时间信号的全部信息，从而为后续的数字信号处理提供了可靠的保证。在工程应用中，通常要取更高一些的采样频率，例如

$$\Omega_s = (5 \sim 10)\Omega_M \tag{5.8}$$

2. 理想采样信号的恢复

如图 5.6 所示，对于满足采样定理的理想冲激序列采样后得到的信号频谱 $X_p(j\Omega)$，我

们可以通过一个理想低通滤波器将原始信号 $x(t)$ 的频谱 $X(\mathrm{j}\Omega)$ 提取或恢复出来。图 5.8 给出了根据图 5.4 所示采样系统再级联一个理想低通滤波器的信号采样与恢复系统。

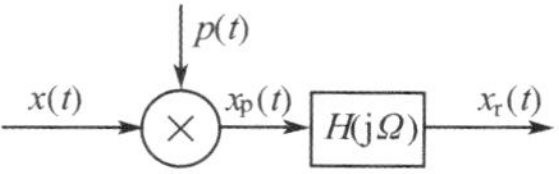

图 5.8 理想冲激序列采样与恢复系统

如图 5.8 所示，$H(\mathrm{j}\Omega)$ 表示理想低通滤波器，用于对理想采样信号 $x_{\mathrm{p}}(t)$ 进行恢复。$x_{\mathrm{r}}(t)$ 表示经过理想低通滤波器恢复的信号。图 5.9 给出了上述信号恢复过程的频谱分析。其中，图 5.9(a) 表示理想冲激序列采样后信号的频谱 $X_{\mathrm{p}}(\mathrm{j}\Omega)$，图 5.9(b) 表示理想低通滤波器 $H(\mathrm{j}\Omega)$ 的频率特性即传递函数。由于采样后信号 $x_{\mathrm{p}}(t)$ 与理想低通滤波器 $h(t)$ 在时域的卷积关系对应于二者在频域的乘积关系，可以在图 5.9(a) 中提取出原始信号 $x(t)$ 的频谱 $X(\mathrm{j}\Omega)$，如图 5.9(c) 所示。显然，这里恢复的 $X(\mathrm{j}\Omega)$ 与原始信号的频谱是相同的。

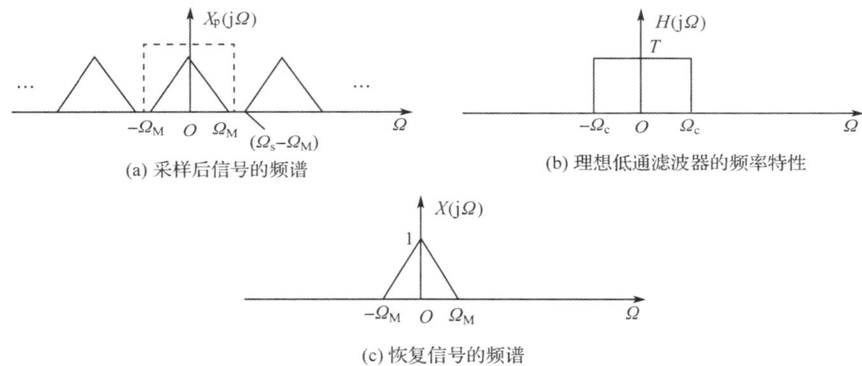

图 5.9 理想低通滤波器进行信号恢复的频谱分析

在实际应用中，由于理想低通滤波器不能实时实现，通常采用性能接近的非理想低通滤波器来替代理想低通滤波器。

5.1.4 混叠与抗混叠预滤波

若采样定理中 $\Omega_{\mathrm{s}} > 2\Omega_{\mathrm{M}}$ 的条件不能得到满足，则称为欠采样(Under-sampling)。欠采样会导致信号的频谱混叠现象，如图 5.7(c) 所示。在实际应用的信号采样中，必须特别注意频谱混叠问题。由于频谱混叠一旦发生，必然导致信号失真，无论采用什么方法再进行后处理，都不能无失真地恢复原始连续时间信号。

避免频谱混叠的唯一办法是在采样过程中满足采样定理的要求。采样定理实际上包含了两层含义：第一，待采样信号必须是有限带宽的，即 Ω_{M} 必须是有限值；第二，采样频率必须足够高，满足 $\Omega_{\mathrm{s}} > 2\Omega_{\mathrm{M}}$。

在实际应用中，有些信号的带宽可能很宽，甚至趋于无穷。例如，在大型桥梁、高楼、机械设备等动态振动测试及模态分析中，信号所包含的频率成份在理论上是趋于无穷的，这样就很难确定待采样信号的最高频率分量 Ω_{M}，因此也很难确定采样频率 Ω_{s}。在这种情况下，需要对这样的信号进行抗混叠预滤波。即利用一个低通滤波器，称为抗混叠预滤波器，使其截

止频率 Ω_c 满足 $\Omega_c = \lambda\Omega_s$。式中，$\lambda$ 为一个衰减系数，常取 $\lambda \approx 0.4$。抗混叠预滤波的作用是把原始信号中高于 Ω_c 的频谱成分提前去除，以避免采样时发生频率混叠。这样做看起来会使原始信号 $x(t)$ 丢失一定的信息，但是实际上对信号采样的总体结果来说，由于避免了信号的频谱混叠，一般要比丢失一定的频率成分更有利些。

5.1.5 连续时间信号的零阶保持采样

1. 零阶保持的概念

零阶保持采样是一种具有实际应用价值且可以比较方便实现的采样方法。实际上，本章前文所介绍的理想单位冲激序列采样方法，基本上是在理想条件下所进行的。在实际工程应用中，这种理想条件是不能具备的。例如，理想的单位冲激序列不可能产生出来，且理想低通滤波器也不能实时实现。为此，一种称为零阶保持(Zero-order Hold)的技术常被用来进行连续时间信号的采样或离散化处理。

所谓零阶的概念，是由多项式的概念而来的。在数学上，线性函数常称为一阶函数，抛物线函数则称为二阶函数，等等。同样，零阶函数则是指始终保持为常数的函数。对于信号分析来说，零阶的概念对应于诸如 $x(t) = C$ 这样的常数信号，式中，C 为常数。而保持这个概念，则仍然是指 C 这个常数不随时间变化，保持为常数的特性。

2. 零阶保持采样系统

零阶保持采样是利用零阶保持滤波器将连续时间信号转变为阶梯状信号，如图 5.10 所示。由图可见，在给定的时刻对连续时间信号 $x(t)$ 采样，并把这一采样值保持住直到下一次采样为止。图 5.10 中零阶保持滤波器的单位冲激响应 $h_0(t)$ 如图 5.11 所示。

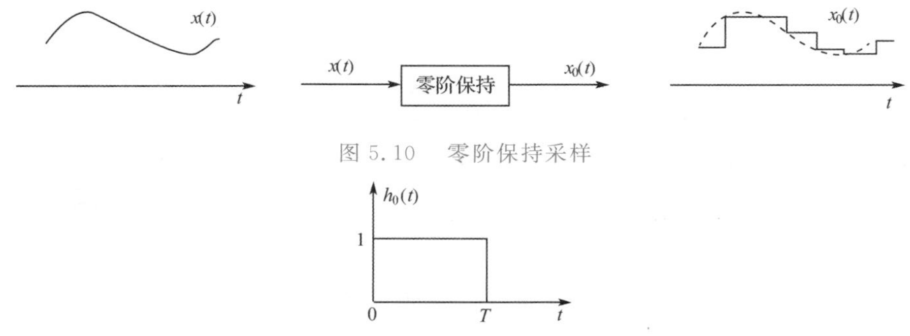

图 5.10 零阶保持采样

图 5.11 零阶保持滤波器的单位冲激响应

图 5.12 给出了零阶保持采样系统的原理框图。

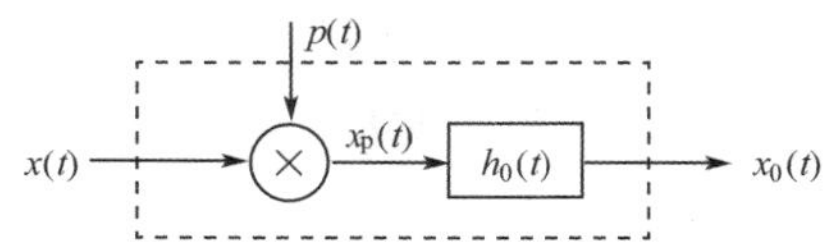

图 5.12 零阶保持采样系统原理框图

由图 5.12 可以看出，零阶保持采样系统实质上是一个单位冲激序列采样系统与一个零阶保持滤波器的级联。尽管理想单位冲激序列 $p(t)$ 是不能实际得到的，但是这种级联的形式是可以整体实现的。图中输出信号 $x_0(t)$ 的波形及与输入信号 $x(t)$ 的关系已经在图 5.10 中给出。式(5.9) 给出了零阶保持采样系统输出信号 $x_0(t)$ 的表达式

$$x_0(t)=[x(t)p(t)]*h_0(t)=x_p(t)*h_0(t) \tag{5.9}$$

其中,零阶保持滤波器 $h_0(t)$ 的表达式为

$$h_0(t)=u(t)-u(t-T) \tag{5.10}$$

式中,T 表示零阶保持滤波器的时宽,与采样周期相等。

图 5.13 给出了采用零阶保持采样技术进行采样的信号波形变化过程。

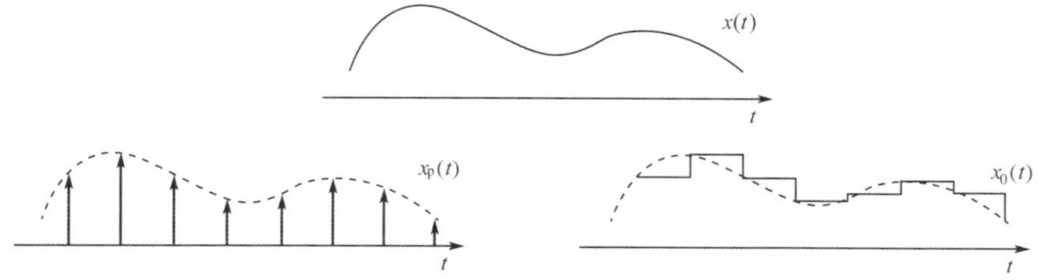

图 5.13 采用零阶保持采样技术进行采样的信号波形变化过程

3. 零阶保持采样的信号恢复

连续时间信号经过零阶保持采样后所得到的信号是否丢失了信息呢?还能不能经由 $x_0(t)$ 无失真地恢复 $x(t)$ 呢?现分析如下。设零阶保持采样系统后面再级联一个信号重建(Reconstruction) 滤波器 $h_r(t)$ 或写为其传递函数 $H_r(\mathrm{j}\Omega)$ 的形式,如图 5.14 所示。

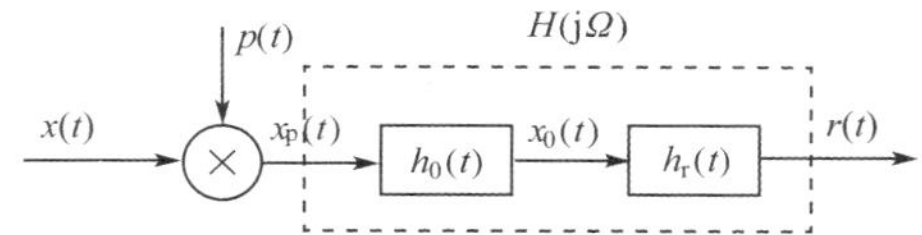

图 5.14 零阶保持采样系统的信号恢复

零阶保持采样系统的信号恢复是由零阶保持采样系统与重建滤波器 $h_r(t)$ 的级联完成的。整个系统的输出 $r(t)$ 是由零阶保持信号 $x_0(t)$ 恢复的连续时间信号。我们的目的是要设计 $h_r(t)$ 或 $H_r(\mathrm{j}\Omega)$,使输出信号 $r(t)$ 尽量逼近甚至等于输入信号 $x(t)$。正如图 5.14 中虚线框所标注的,若将图中零阶保持滤波器 $h_0(t)$ 与重建滤波器 $h_r(t)$ 的级联看成一个整体,命名为 $h(t)$ 或 $H(\mathrm{j}\Omega)$,且若 $H(\mathrm{j}\Omega)$ 为理想低通滤波器,则整个系统的输出 $r(t)$ 就一定能够无失真地恢复输入信号 $x(t)$。这是因为如果这样考虑,图 5.14 所示的系统就与图 5.8 所示的理想单位冲激采样与信号恢复系统一致了。

那么如何设计重建滤波器 $h_r(t)$ 或 $H_r(\mathrm{j}\Omega)$ 呢?实际上,只要令

$$H(\mathrm{j}\Omega)=H_0(\mathrm{j}\Omega)H_r(\mathrm{j}\Omega) \tag{5.11}$$

为理想低通滤波器,则零阶保持采样系统输出信号 $x_0(t)$ 经重建滤波器 $h_r(t)$ 恢复的信号 $r(t)$ 就与原始输入信号 $x(t)$ 相等,当然还要满足采样定理的要求。由于零阶保持滤波器的单位冲激响应 $h_0(t)$ 已知,则其传递函数为

$$H_0(\mathrm{j}\Omega)=\mathrm{e}^{-\mathrm{j}\Omega T/2}\left[\frac{2\sin(\Omega T/2)}{\Omega}\right] \tag{5.12}$$

这样,重建滤波器的传递函数为

$$H_r(j\Omega)=\frac{H(j\Omega)}{H_0(j\Omega)}=\frac{\Omega e^{j\Omega T/2}H(j\Omega)}{2\sin(\Omega T/2)} \tag{5.13}$$

只要根据采样频率 Ω_s 设计重建滤波器合理的截止频率，就可以无失真地恢复原始信号 $x(t)$。

例 5.1　已知信号 $x(t)$ 的傅里叶变换为 $X(j\Omega)$，对 $x(t)$ 采用理想冲激序列采样，采样周期 $T=10^{-4}s$。试判断下列约束条件下采样定理能否保证由采样后信号 $x_p(t)$ 恢复 $x(t)$。

(a) 当 $|\Omega|>5\,000\pi$ 时，$X(j\Omega)=0$；

(b) 当 $|\Omega|>15\,000\pi$ 时，$X(j\Omega)=0$；

(c) 当 $|\Omega|>5\,000\pi$ 时，$\mathrm{Re}[X(j\Omega)]=0$；

(d) $x(t)$ 为实信号，且当 $\Omega>5\,000\pi$ 时，$X(j\Omega)=0$；

(e) 当 $|\Omega|>15\,000\pi$ 时，$X(j\Omega)*X(j\Omega)=0$；

(f) 当 $\Omega>5\,000\pi$ 时，$|X(j\Omega)|=0$。

解　(a) 由给定条件知 $x(t)$ 的最高频率分量为 $\Omega_M=5\,000\pi$，而采样频率 $\Omega_s=2\times10^4\pi>2\Omega_M=10^4\pi$，故由采样定理知，可以由 $x_p(t)$ 恢复 $x(t)$。

(b) 因 $\Omega_s=2\times10^4\pi<2\Omega_M=3\times10^4\pi$，故无法由 $x_p(t)$ 恢复 $x(t)$。

(c) 因仅知道当 $|\Omega|>5\,000\pi$ 时，$\mathrm{Re}[X(j\Omega)]=0$，不了解虚部 $\mathrm{Im}[X(j\Omega)]$ 的情况，故无法保证由 $x_p(t)$ 恢复 $x(t)$。

(d) 因 $x(t)$ 为实信号，故 $|X(j\Omega)|$ 是偶函数，由条件可推断当 $|\Omega|>5\,000\pi$ 时，$X(j\Omega)=0$，故可以由 $x_p(t)$ 恢复 $x(t)$。

(e) 因若当 $|\Omega|>\Omega_M$ 时有 $X(j\Omega)=0$，则当 $|\Omega|>2\Omega_M$ 时有 $X(j\Omega)*X(j\Omega)=0$。这样，由已知条件可推知，当 $|\Omega|>7\,500\pi$ 时，有 $X(j\Omega)=0$。故 $\Omega_s=2\times10^4\pi>2\Omega_M=1.5\times10^4\pi$，即可以由 $x_p(t)$ 恢复 $x(t)$。

(f) 因不知 $\Omega<-5\,000\pi$ 时 $|X(j\Omega)|$ 是否为 0，故无法保证由 $x_p(t)$ 恢复 $x(t)$。

5.2 离散时间信号的插值与拟合

5.2.1 离散时间信号的插值

内插重构欠采样问题知识点

1. 信号插值的概念与分类

信号插值(Interpolation)是指在离散时间信号(或称为数据)样本点的基础上补充连续曲线，使得这条连续曲线通过给定的全部离散数据点，进而估算出曲线在其他点处的近似值。插值是离散函数逼近的重要方法，也是离散时间信号连续化的一种常用的重要手段。

插值的方法很多，常用的主要包括以下几种：

(1) 多项式插值

多项式插值是最常用的插值方法，例如拉格朗日多项式插值和牛顿多项式插值等都属于多项式插值。对于二维平面上的多个离散点，多项式插值要求寻找一条 N 阶多项式曲线，使之通过这些点。而对于离散时间信号 $x(n)$ 来说，同样也是要寻找多项式曲线，使之通过 $x(n)$ 的所有样本点。

(2) 埃尔米特插值：又称为带导数的插值方法，要求插值曲线不仅要通过已知各离散点，而且在这些点(或其中一部分)插值的曲线与原曲线具有相同的斜率，因而更为光滑。

(3) 分段插值与样条插值：分段插值是为了避免较高阶次的插值会出现显著的波动现象，例如三次样条(Spline)插值就是一种常见的分段插值方法。

(4) 三角函数插值：当被插值信号是以 2π 为周期的周期信号时，通常采用 N 阶三角多项式作为插值函数。常用的 sinc 函数是一种典型的插值函数。

2. 理想低通滤波器的带限内插与信号重建

当连续时间信号满足有限带宽、且采样频率满足采样定理条件时，利用理想低通滤波器 $H(\mathrm{j}\Omega)$ 可以无失真地恢复原始连续时间信号 $x(t)$。这里我们通过对单位冲激序列采样与恢复的进一步时域分析，引出理想低通滤波器带限内插的概念与内插公式。

如图 5.8 所示，理想信号采样与恢复系统的输出信号 $x_r(t)$ 可以表示为

$$x_r(t) = x_p(t) * h(t) \tag{5.14}$$

式中，$h(t)$ 表示理想低通滤波器的单位冲激响应。将式(5.4)代入式(5.14)，有

$$x_r(t) = \sum_{n=-\infty}^{+\infty} x(nT)h(t-nT) \tag{5.15}$$

实际上，由于上式表示了如何将 $x(t)$ 的样本 $x(nT)$ 经由理想低通滤波器 $h(t)$ 而插值为一条连续时间曲线 $x_r(t)$ 的过程，因此称式(5.15)为内插公式。理想低通滤波器的单位冲激响应为

$$h(t) = \frac{\Omega_c T\sin(\Omega_c t)}{\pi\Omega_c t} \tag{5.16}$$

则式(5.15)所示的内插公式变为

$$x_r(t) = \sum_{n=-\infty}^{+\infty} x(nT)\frac{\Omega_c T}{\pi}\frac{\sin[\Omega_c(t-nT)]}{\Omega_c(t-nT)} \tag{5.17}$$

在上面各式中，Ω_c 为理想低通滤波器的截止频率，T 为信号的采样周期。图 5.15 给出了用理想低通滤波器重建连续时间信号的波形变化示意图。

由图 5.15 可以看出，连续时间信号 $x(t)$ 经过单位冲激序列采样后得到 $x_p(t)$，$x_p(t)$ 与理想低通滤波器 $h(t)$ 进行卷积，得到重建后信号 $x_r(t)$。实际上，$x_r(t)$ 是由与单位冲激序列的每个采样脉冲对应的许多个(乃至无穷多个)sinc 函数合成的。在每个采样脉冲对应的采样时刻，都对应一个 sinc 函数的峰值，且该 sinc 函数的峰值就是原始连续时间信号 $x(t)$ 在该采样点的值。并且，对应于每个特定的采样时刻，其他采样脉冲所对应的 sinc 函数对于该时刻信号重建的影响为零。再者，在任意非采样脉冲对应的时刻，$x_r(t)$ 的值是由多至无穷多个 sinc 函数的叠加构成的，且这种叠加的结果正巧与 $x(t)$ 在这些时刻的值相等。

本章前文介绍的零阶保持和实际应用中常用的一阶线性插值，实际上都属于低通滤波器插值方法。零阶保持的作用，是在离散样本序列的相邻样本之间插入一条与前一个样本值相等的水平曲线，称为零阶多项式曲线。而线性插值则是将相邻的样本用直线即一阶多项式曲线连接起来。

3. 拉格朗日插值

拉格朗日多项式插值是代数插值的一种主要方法，其基本思路是在离散数据点之间以

多项式函数来逼近，从而实现数据间的插值和离散信号的连续化。

设 $x_0, x_1, \cdots, x_N$ 是区间$[a,b]$中 $N+1$ 个相异的实数，称为插值点，或基点。不妨假设 $a=x_0<x_1<\cdots<x_N=b$。以拉格朗日插值为核心的多项式插值的基本思路是寻找一个代数式 $p(x)$，使其满足条件 $p(x_i)=y_i, i=0,1,\cdots,N$。$N$ 阶拉格朗日插值多项式定义为

$$p_N(x)=y_0 l_0(x)+y_1 l_1(x)+\cdots+y_N l_N(x) \tag{5.18}$$

式中，$l_i(x), i=0,1,\cdots,N$ 称为拉格朗日基本多项式，通常将拉格朗日多项式写为

$$p_N(x)=\sum_{i=0}^{N} y_i \prod_{\substack{j=0\\ j\neq i}}^{N} \frac{(x-x_j)}{(x_i-x_j)}, \quad i=0,1,\cdots,N \tag{5.19}$$

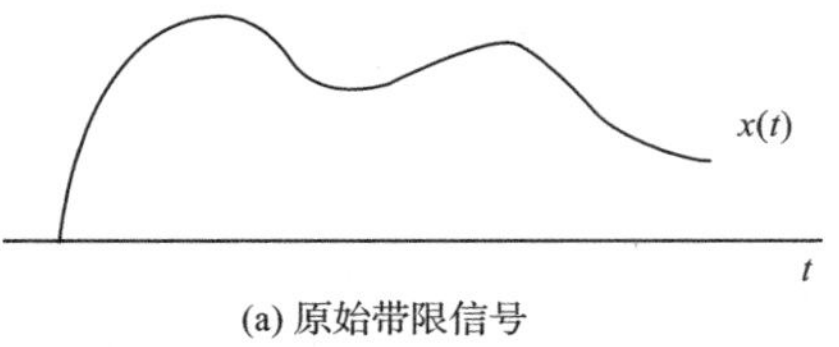

(a) 原始带限信号

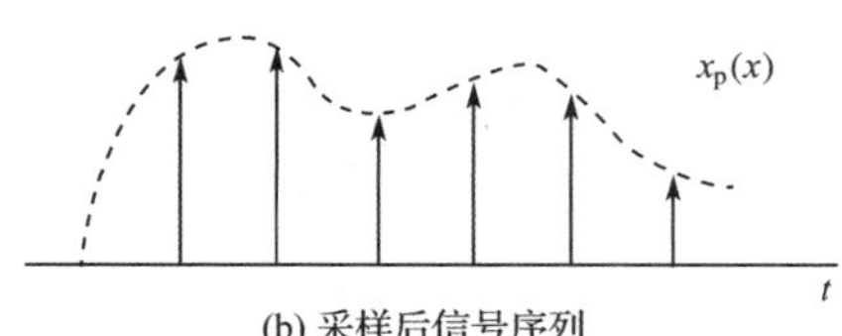

(b) 采样后信号序列

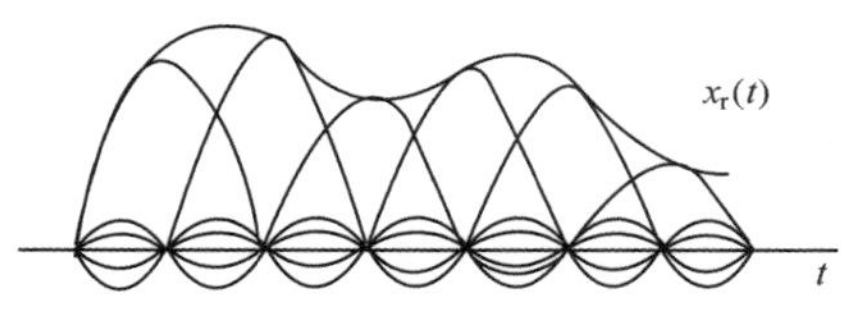

(c) 理想低通滤波器内插重建

图 5.15 理想低通滤波器的重建连续时间信号的波形变化

类似地，离散时间信号 $x(n)$ 可以看作平面上横轴为时间 n，纵轴为信号幅度 x 的离散数据点的集合。为了更好地适应本节关于离散时间信号插值方法的内容，我们将常规 XOY 平面上离散数据点的插值问题，转化为对离散时间信号的插值问题。这样，式(5.19)可以改写为

$$p_N(t)=\sum_{i=0}^{N} x_i \prod_{\substack{j=0\\ j\neq i}}^{N} \frac{(t-t_j)}{(t_i-t_j)}, \quad i=0,1,\cdots,N \tag{5.20}$$

式中，二维平面上离散数据$(x_i, y_i), i=0,1,\cdots,N$ 改写为离散时间信号 $x(n)$ 的样本数据$(t_i, x_i), i=0,1,\cdots,N$。这里，为了保持与拉格朗日多项式插值形式的一致性，而把 $x(n)$ 各样本数据点的序号由 n 改写为 t_i。

(1) 一阶(线性)拉格朗日插值

设已得未知函数 $x=x(t)$ 的两点为(t_0, x_0)和(t_1, x_1)，求通过这两个基点的拉格朗日插值多项式。为此，在式(5.20)中取 $N=1$，得到离散时间信号的一阶拉格朗日插值公式为

$$p_1(t)=x_0\frac{t-t_1}{t_0-t_1}+x_1\frac{t-t_0}{t_1-t_0}=x_0+\frac{x_1-x_0}{t_1-t_0}(t-t_0) \tag{5.21}$$

显然，上式是过两个已知基点的直线方程。

(2) 二阶(抛物线)拉格朗日插值

设已得未知信号 $x=x(t)$ 的三个基点(t_0, x_0)、(t_1, x_1)和(t_2, x_2)，通过该三点的插值多项式为

$$p_2(t)=x_0\frac{(t-t_1)(t-t_2)}{(t_0-t_1)(t_0-t_2)}+x_1\frac{(t-t_0)(t-t_2)}{(t_1-t_0)(t_1-t_2)}+x_2\frac{(t-t_0)(t-t_1)}{(t_2-t_0)(t_2-t_1)} \tag{5.22}$$

若上述 3 个基点不在一条直线上，则 $p_2(t)$ 为过这 3 个基点的一条抛物线。

4. 样条插值

当插值的基点较多时，使用单一的多项式进行插值效果并不好，而采用分段插值方式则可以有效地改善插值精度。分段插值可能会引起的一个问题是各段插值的交界处的导数有可能是不连续的。为了解决这个问题，产生了样条插值(Spline Interpolation)的理论和方法。

定义 5.1　样条函数　设离散时间信号 $N+1$ 个离散数据点(t_0,x_0)，(t_1,x_1)，…，(t_N,x_N)满足 $a=t_0<t_1<\cdots<t_N=b$。若函数 $S(t)$ 满足下列条件，则称 $S(t)$ 是关于上述有序数据点的三次样条插值函数。① 在每一个小区间$[t_i,t_{i+1}]$上，$S(t)$ 记为 $S_i(t)$，是 t 的三阶多项式；② $S_i(t_i)=x_i$，$i=0,1,2,\cdots,N$；③ $S'(t)$ 和 $S''(t)$ 在区间$[a,b]$连续。

对于 $N+1$ 个数据点的插值问题，$S(t)$ 由 N 个三阶多项式组成，共有 $4N$ 个待定系数。考虑到上述三个约束条件，共可以建立 $4N-2$ 个方程，另外两个方程可以经由 $S(t)$ 在端点 a 和 b 的边界条件补足。这样，样条插值函数可以确定，由此可以对信号进行插值了。

例 5.2　给定离散时间信号 $x(n)=[12,9,18,24,28,20,15]$。试分别采用线性插值和样条插值对 $x(n)$ 进行插值，并绘出两种插值方式插值的结果曲线。

解　MATLAB 程序代码如下

```
clear; x = 0:1:6; y = [12 9 18 24 28 20 15]; a = length(y);
% 线性插值
y1 = interp1(x,y,a,'linear'); xi = 0:1/7200:7; y1i = interp1(x,y,xi,'linear'); subplot(121);
plot(x,y,'o' ,xi,y1i);
xlabel(' 时间 t'); ylabel(' 幅度 '); axis([0 6 5 30]); title(' 线性插值 ');
% 样条插值
y2 = interp1(x,y,a,'spline'); y2i = interp1(x,y,xi,'spline'); subplot(122); plot(x,y,'o',xi,y2i);
xlabel(' 时间 t'); ylabel(' 幅度 '); title(' 样条插值 '); axis([0 6 5 30]);
```

图 5.16 给出了线性插值和样条插值两种插值方法的插值结果曲线。图中，空心圆"○"表示给定的数据点即基点，连续实线表示插值的结果。显然，样条插值的曲线比线性插值更为光滑。

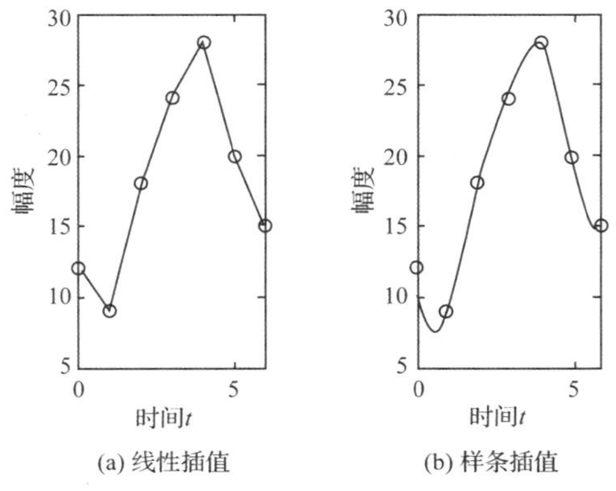

图 5.16　例 5.2 对给出离散时间信号插值的结果

5.2.2 离散时间信号的拟合

1. 数据拟合的概念

数据插值的特点是插值函数必须严格通过所有给定的数据点，即基点。当这些基点误差较小时，这种方法是有效的。但是，当信号中的噪声比较显著或测量数据有较大误差时，若仍以数据点作为基点进行插值，则得到的插值曲线就会引入较大的误差。实际上，更为合理的做法是寻找一条曲线，并不要求该曲线严格通过所有基点，但所有基点都与该曲线相当贴近。这样的曲线称为拟合曲线，而求拟合曲线的过程称为离散信号或数据的曲线拟合。

数据拟合的方法有多种，最常用的是基于最小二乘(Least Square)准则的线性拟合和多项式拟合，以及样条函数拟合等方法。

2. 最小二乘直线拟合

已知一组离散数据或信号(t_i,x_i)，$i=1,2,\cdots,N$，则最小二乘直线拟合方法是求最小二乘直线$f(t)=At+B$，使得系数A和B能够保证式(5.23)所示的残差(Residue Error)平方和函数$e(A,B)$取最小值，即

$$e(A,B)=\sum_{i=1}^{N}[f(t_i)-x_i]^2=\sum_{i=1}^{N}[At_i+B-x_i]^2\rightarrow\min \tag{5.23}$$

这样，令$e(A,B)$对A和B的偏导数分别为零，即

$$\frac{\partial e(A,B)}{\partial A}=0,\quad \frac{\partial e(A,B)}{\partial B}=0 \tag{5.24}$$

由此可得

$$\begin{cases} A\sum_{i=1}^{N}t_i^2+B\sum_{i=1}^{N}t_i=\sum_{i=1}^{N}t_ix_i \\ A\sum_{i=1}^{N}x_i+NB=\sum_{i=1}^{N}x_i \end{cases} \tag{5.25}$$

上式称为最小二乘直线的正规方程，是一个关于未知量A和B的二元一次方程组。由该式可以求出系数A和B，并保证拟合直线满足残差平方和$e(A,B)$最小的条件。

3. 最小二乘多项式拟合

已知一组离散数据或信号(t_i,x_i)，$i=1,2,\cdots,N$，最小二乘多项式拟合的基本思路是选定拟合函数$f(t)=c_1t^K+c_2t^{K-1}+\cdots+c_{K+1}$，使残差平方和函数达到最小，即

$$e(\boldsymbol{c})=\sum_{i=1}^{N}[f(t_i)-x_i]^2\rightarrow\min \tag{5.26}$$

拟合函数中，K表示多项式的阶数，$\boldsymbol{c}=[c_1,c_2,\cdots,c_{K+1}]$。令$e(c)$关于各$c_k$的偏导数分别为零，即$\frac{\partial e(\boldsymbol{c})}{\partial c_k}=0,k=1,2,\cdots,K+1$，可以确定$K+1$个待定系数$c_k$，$k=1,2,\cdots,K+1$，由此得到最小二乘拟合多项式$f(t)$。

例 5.3 给定一组离散数据$t=[0.1,0.4,0.5,0.6,0.9]$和$x(t)=[0.63,0.94,1.05,1.43,2.05]$。试利用 MATLAB 编程实现对上述离散数据的最小二乘线性、二阶多项式和三阶多项式拟合。

解 MATLAB 编程实现的程序代码如下：

```
clear; x0 = [0.1 0.4 0.5 0.6 0.9]; y0 = [0.63 0.94 1.05 1.43 2.05]; p1 = polyfit(x0,y0,1); p2
= polyfit(x0,y0,2); p3 = polyfit(x0,y0,3); x = 0:0.01:1.0; y1 = polyval(p1,x); y2 =
polyval(p2,x); y3 = polyval(p3,x);
figure(1); subplot(1,3,1); plot(x,y1,x0,y0,'o'); axis([0 1 0 2.5]);
xlabel('时间 t'); ylabel('幅度'); title('线性拟合'); text(0.75,0.25,'(a)');
subplot(1,3,2); plot(x,y2,x0,y0,'o'); axis([0 1 0 2.5]); xlabel('时间 t'); text(0.75,0.25,
'(b)'); title('二阶拟合')
subplot(1,3,3); plot(x,y3,x0,y0,'o'); axis([0 1 0 2.5]); xlabel('时间 t'); text(0.75,0.25,
'(c)'); title('三阶拟合');
```

图 5.17 给出了最小二乘线性拟合和多项式拟合的结果。

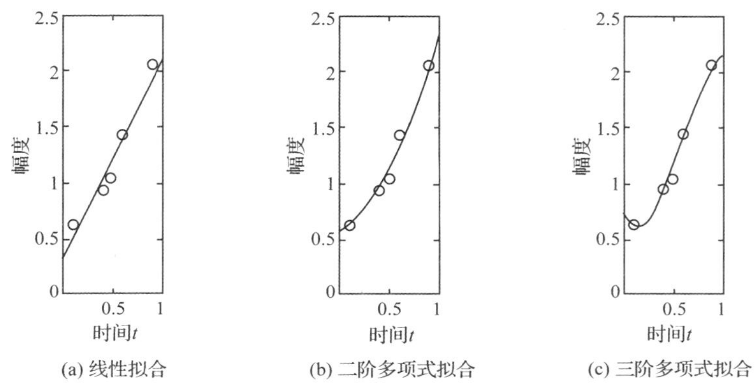

图 5.17　最小二乘线性拟合和多项式拟合

5.2.3　插值与拟合的误差分析

1. 数据插值的误差分析

离散数据的插值结果，在基点上是没有误差的，而在基点以外则是存在误差的。以多项式插值为例，我们先确定一个典型信号 $x(t)$，在给定区间 $[a,b]$ 内取若干数据点作为插值基点，然后求得插值多项式 $p_N(t)$。定义 $p_N(t)$ 与 $x(t)$ 之间的误差为

$$e_N(t) = p_N(t) - x(t) \tag{5.27}$$

这条误差曲线可用来分析插值曲线与真实信号之间的偏离程度，还可以做进一步的统计分析。

例 5.4　设连续时间信号为 $x(t)=\dfrac{1}{1+t^2}$，在 $[-5,5]$ 区间进行 7 点和 11 点等距基点插值。试分析两种情况插值的误差情况。

解　根据式(5.20)所示的多项式插值公式，分别计算 6 阶和 10 阶的多项式插值函数式 $p_6(t)$ 和 $p_{10}(t)$，并进一步求出插值误差函数式 $e_6(t)$ 和 $e_{10}(t)$。图 5.18 给出了 7 点和 11 点原始信号的曲线和相应的插值函数曲线。

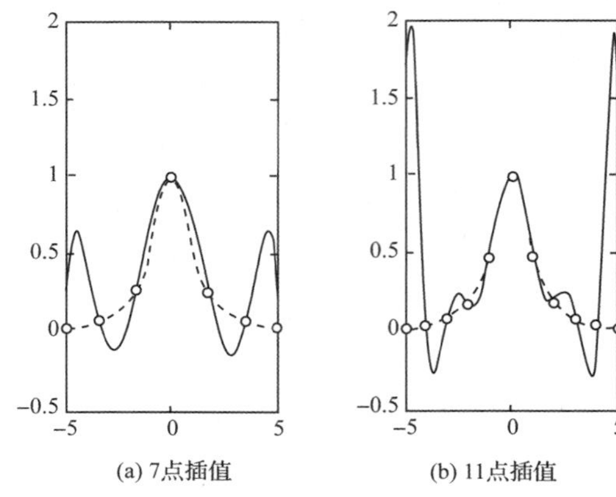

图 5.18 多项式插值的误差分析举例

在图 5.18 中，虚线为原始信号的波形曲线，实线为插值函数的曲线。由图可以看出，在插值区间的中间部分，实线与虚线几乎重合，表明此处的插值误差较小；而在插值区间的两端，实线与虚线显著偏离，表明插值误差较大。比较图 5.18(a) 与图 5.18(b)，可以看出，随着插值阶数的增加，插值区间两端的误差有严重恶化的可能，这种现象称为龙格(Runge)现象。

正是由于龙格现象的存在，在实际应用中，很少使用 7 阶以上的多项式插值。在数据点较多的情况下，通常采用两种方法克服龙格现象造成的误差。方法一，采用低阶(常用 3 阶以下) 多项式的分段插值，例如前面介绍的样条插值；方法二，在插值区间的中间减少数据点，而在区间的两端适当加密数据点，例如采用切比雪夫(Chebyshev) 点。切比雪夫点的设置可以有效地改善插值区间两端误差较大的现象，如图 5.19 所示。

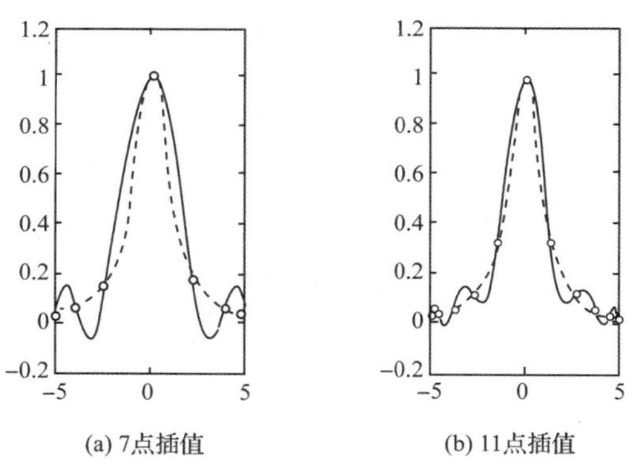

图 5.19 采用切比雪夫点设置的插值结果

2. 数据拟合的误差分析

与数据插值方法相似但又不同，数据拟合并不要求拟合曲线通过每一个给定的数据点，而是总体上控制拟合曲线与给定数据点之间的关系，使其在宏观上达到某种准则下的最优。

设给定离散数据为(t_0,x_0)，(t_1,x_1)，…，(t_N,x_N)，选择拟合函数为 $f(t)$，这样，拟合函数到各数据点的拟合残差为

$$e_i = f(t_i) - x_i, \quad i = 1,2,\cdots,N \tag{5.28}$$

笼统地说，若这 N 个残差都比较小，则可以认为拟合曲线 $f(t)$ 较好。不过，通常还要利用以下准则来评价拟合曲线的优劣。

(1) 最大误差准则：

$$E_\infty(f) = \max\{|f(t_i) - x_i|\}, \quad i = 1,2,\cdots,N \tag{5.29}$$

(2) 平均误差准则：

$$E_1(f) = \frac{1}{N}\sum_{i=1}^{n} |f(t_i) - x_i| \tag{5.30}$$

(3) 均方根误差准则：

$$E_2(f) = \left\{\frac{1}{N}\sum_{i=1}^{n} [f(t_i) - x_i]^2\right\}^{1/2} \tag{5.31}$$

在上述三个准则中，最大误差准则以一个数据点的残差判断拟合曲线的优劣，不够全面；平均误差准则相对全面；而从统计学的角度来看，均方根误差准则更有意义，常用作最优准则。

本章小结

为了解决连续时间信号与离散时间信号的互相转换问题，本章系统介绍了连续时间信号离散化的采样理论与方法，特别重点介绍了采样定理。在此基础上，本章介绍分析了理想冲激序列采样与信号恢复的基本理论与性能，并介绍了零阶采样保持的概念与原理。此外，本章还系统介绍了离散时间信号连续化的插值技术与拟合技术，包括理想低通滤波器的带限内插、拉格朗日插值、样条插值和最小二乘拟合等常用技术。本章还介绍了离散时间信号插值与拟合的误差分析方法。本章关于信号采样与插值拟合理论方法的介绍，对于信号处理的实际应用具有重要作用。

习题

5.1　已知实信号 $x(t)$，当采样频率 $\Omega_s = 10\ 000\pi$ 时，若要保证信号不失真，试问 $x(t)$ 的信号带宽应为多少？

5.2　设连续时间信号 $x(t)$ 的带限信号，其带宽为 Ω_M。如何设计采样频率 Ω_s，才能使采样后信号不失真地恢复原信号？

5.3　给定 $w(t) = x_1(t)x_2(t)$，其中 $x_1(t)$ 和 $x_2(t)$ 都是频带受限信号，且有 $X_1(\mathrm{j}\Omega) = 0, |\Omega| > \Omega_1$，　$X_2(\mathrm{j}\Omega) = 0, |\Omega| > \Omega_2$。$w_p(t)$ 是信号 $w(t)$ 经过单位冲激序列 $p(t) = \sum_{n=-\infty}^{+\infty}\delta(t-nT)$ 采样后得到的信号。请确定能够利用低通滤器从 $w_p(t)$ 中恢复原始信号 $w(t)$ 的最低采样频率 Ω_s 是多少。

5.4 试确定下列各信号的采样频率。

(a)$x(t)=1+\cos(2\,000\pi t)+\sin(4\,000\pi t)$；(b)$x(t)=\dfrac{\sin(4\,000\pi t)}{\pi t}$；

(c)$x(t)=\left(\dfrac{\sin(4\,000\pi t)}{\pi t}\right)^2$

5.5 连续时间信号 $x(t)$ 从一个截止频率为 $\Omega_c=1\,000\pi$ 的理想低通滤波器的输出得到，如果对 $x(t)$ 完成理想冲激串采样，那么下列采样周期 T 中的哪一些可能保证 $x(t)$ 在利用一个合理的低通滤波器后能从它的样本中得到恢复？(a)$T=0.5\times10^{-3}$；(b)$T=2\times10^{-3}$；(c)$T=10^{-4}$。

5.6 设 $x(t)$ 是一个奈奎斯特频率为 Ω_0 的信号，试确定下列各信号的奈奎斯特频率。

(a)$x(t)+x(t-1)$；　(b)$\dfrac{\mathrm{d}x(t)}{\mathrm{d}t}$；(c)$x^2(t)$；(d)$x(t)\cos\Omega_0 t$

5.7 在理想冲激序列采样方式中，设采样频率满足 $\Omega_s>2\Omega_M$。试设计低通滤波器，使采样后信号 $x_p(t)$ 能够恢复原始时间信号 $x(t)$。

5.8 带限信号 $x(t)$ 的最高频率为 400 Hz，若对 $y(t)=x(0.25t)*x(2t)$ 在时域进行理想采样，为使这一采样信号通过低通滤波器后能完全恢复原信号，则采样频率应满足什么条件？

5.9 有一实值且为奇函数的周期信号的 $x(t)$，其傅里叶级数表示为 $x(t)=\sum\limits_{k=0}^{5}\left(\dfrac{1}{2}\right)^k\sin(k\pi t)$，现用采样周期为 $T=0.2$ 的理想冲激序列对 $x(t)$ 进行采样，试问会发生混叠情况吗？

5.10 若信号 $x(t)$ 的奈奎斯特采样频率为 Ω_1，则信号 $x(t)x(2t+1)\cos\Omega_2 t$ 的奈奎斯特采样频率为多少？

5.11 已知信号 $x(t)$ 的最高频率 100 Hz，则对 $x(t/2)$ 进行均匀采样时，其奈奎斯特采样间隔 T 为多少？

5.12 设 $x_1(t)$ 和 $x_2(t)$ 均为带限信号，它们的频谱满足 $X_1(\mathrm{j}\Omega)=0,\ |\Omega|>1\,000\pi$ 和 $X_2(\mathrm{j}\Omega)=0,\ |\Omega|>2\,000\pi$。若 $y(t)=x_1(t)*x_2(t)$，对 $y(t)$ 进行单位冲激序列采样，试给出保证能从采样后信号恢复 $y(t)$ 的采样周期 T 的范围。

5.13 已知 $x(t)$ 的带宽为 Ω_M，则信号 $y(t)=x(t/2-7)$ 的奈奎斯特采样间隔为多少？

5.14 对连续时间信号 $g(t)=10\cos(120\pi t)+\cos(200\pi t)$ 以每秒 250 次的速率进行采样。(a) 请说明能使 $g(t)$ 从其采样信号中恢复的理想重建滤波器的截止频率。(b) 求 $g(t)$ 的奈奎斯特频率并说明是否符合采样定理。

5.15 某电话线路使用的低通滤波器的带宽为 0 ~ 3 kHz，根据奈奎斯特采样定理，试求其最小采样频率。

5.16 试确定信号 $\mathrm{sinc}(100t)+\mathrm{sinc}^2(60t)$ 的奈奎斯特采样间隔。

5.17 若连续时间信号 $x(t)$ 的频谱 $X(\mathrm{j}\Omega)$ 是带通状的($\Omega_1 \sim \Omega_2$),利用卷积定理说明当 $\Omega_2 = 2\Omega_1$ 时,最低采样频率只要等于 Ω_2 就可以使采样信号不产生频谱混叠。

5.18 对信号 $x(t) = \mathrm{e}^{-t}u(t)$ 进行采样,为什么一定会产生频谱混叠?

5.19 给定离散数据 $x(n) = [1, 9, 8, 17, 20, 17, 15]$,试利用 MATLAB 编程实现对上述数据的线性插值,包括二阶多项式插值和样条函数插值。画出插值的结果曲线。

5.20 给定离散数据与习题 5.19 相同,试利用 MATLAB 编程实现对上述数据的最小二乘直线拟合、二阶拟合和三阶拟合。画出拟合的曲线结果。

第6章 离散时间信号的傅里叶级数与傅里叶变换

内容提要

与本书第3章相对应，本章系统介绍离散时间信号的傅里叶级数(Discrete Fourier Series，DFS)和离散时间傅里叶变换(Discrete-time Fourier Transform，DTFT)的基本理论与基本方法，主要包括：离散时间周期信号傅里叶级数的定义、性质与计算方法，离散时间傅里叶变换的定义、性质和计算方法，离散时间系统的频域分析理论与方法等。特别地，本章还将总结归纳傅里叶分析理论所包含的三种对偶关系。在DTFT的基础上，本章还要系统介绍离散时间系统的差分方程表示与频域求解方法，给出离散时间系统传递函数的概念，并介绍离散时间信号频谱的概念。本章内容对于离散时间信号与系统的变换域分析处理具有重要意义，也为后续进一步的离散时间信号与系统的复频域分析打下基础。

学习重点

- 离散时间周期信号傅里叶级数的定义、性质与计算；
- 离散时间傅里叶变换的定义、性质与计算；
- 依据离散时间傅里叶变换的性质对信号与系统进行分析与计算；
- 傅里叶分析理论中的三种对偶关系；
- 离散时间信号的频谱与离散时间LTI系统的传递函数；
- 离散时间系统差分方程的频域求解方法。

教学目标

深刻理解离散时间信号与系统频域分析的概念和频谱表示的概念；
掌握离散时间周期信号傅里叶级数的定义、性质与计算；
熟练掌握离散时间傅里叶变换的定义、性质与计算；
掌握傅里叶分析理论中的三种对偶关系，并能灵活运用；
掌握离散时间LTI系统差分方程的频域求解方法；
熟练掌握离散时间LTI系统传递函数的概念、表示与使用。

6.1　离散时间周期信号的傅里叶级数

本书第 3 章介绍了连续时间周期性信号傅里叶级数(FS) 的理论、性质与计算问题，本节对应地详细介绍离散时间周期性信号傅里叶级数[也称为离散傅里叶级数(Discrete Fourier Series, DFS)]表示问题。我们将会看到，DFS与FS有许多相似之处，即二者都是把周期性信号用成谐波关系复指数函数集来表示。当然，二者也有许多不同，最本质的不同表现为：FS的傅里叶级数表示是一个无穷级数，而 DFS 的傅里叶级数是有限项级数，并且在频域上存在周期性。

离散傅里叶级数及其性质知识点

6.1.1　离散时间周期性信号的谐波关系

本书第 1 章给出了离散时间周期性信号 $x(n)$ 的定义，即 $x(n)$ 在$(-\infty,+\infty)$ 区间存在一个最小的正整数 N，对全部 n 使得式(6.1) 成立

$$x(n)=x(n+mN),m=0,\pm 1,\pm 2,\cdots \tag{6.1}$$

则称 $x(n)$ 为离散时间周期信号。式中，N 为信号的基本周期，又常称为基波周期(Fundamental Period)。$2N$，$3N$ 等也是信号的周期。

设离散时间复指数信号 $x(n)=\mathrm{e}^{\mathrm{j}\omega_0 n}$，若满足$\dfrac{\omega_0}{2\pi}=\dfrac{m}{N}$为有理数，则 $x(n)$ 为周期性信号，其中 N 表示信号的基波周期。该信号是一种典型的离散时间周期信号。由 $x(n)=\mathrm{e}^{\mathrm{j}\omega_0 n}$，可以构造一个离散时间复指数信号的谐波函数集为

$$\varphi_k(n)=\mathrm{e}^{\mathrm{j}k\omega_0 n}=\mathrm{e}^{\mathrm{j}k(2\pi/N)n},\quad k=0,\pm 1,\pm 2,\cdots \tag{6.2}$$

在这个谐波集中，所有信号都是周期信号，且每个周期信号对应的基波频率均为 $\omega_0=2\pi/N$ 的整倍数。例如在式(6.2) 所示的谐波集中，若取 $k=3$，则有 $\varphi_3(n)=\mathrm{e}^{\mathrm{j}3\omega_0 n}=\mathrm{e}^{\mathrm{j}3(2\pi/N)n}$。一方面，$\varphi_3(n)$ 这个复指数信号的频率为 $3\omega_0$；另一方面，这个 $3\omega_0$ 的频率又对应于式(6.2) 所示谐波集中总体基波频率 ω_0 的三次谐波。

需要说明的是，由于离散时间周期性复指数信号关于频率的周期性，由式(6.2) 所给出的谐波集中只有 N 个信号是不同的，或者说，这个谐波集也满足频率上的周期性关系，这种关系表示为

$$\varphi_k(n)=\varphi_{k+rN}(n) \tag{6.3}$$

式中，r 为任意整数。表明当 k 的增量为 N 的整数倍时，就得到一个完全一样的序列。由此可见，N 不仅是谐波集中信号时域上的周期，也是其频域上的周期。请读者注意，这里关于离散时间周期信号的谐波特性，是与连续时间周期信号的谐波特性不同的。对于连续时间周期信号的谐波关系，是不存在这种频域上的周期性的。

实际上，任意离散时间周期信号都可以写为一组谐波信号线性组合的形式，如下

$$x(n)=\sum_{k=\langle N\rangle}a_k\varphi_k(n)=\sum_{k=\langle N\rangle}a_k\mathrm{e}^{\mathrm{j}k\omega_0 n}=\sum_{k=\langle N\rangle}a_k\mathrm{e}^{\mathrm{j}k(2\pi/N)n} \tag{6.4}$$

式中，a_k 表示加权系数，$k=\langle N\rangle$ 表示求和只在一个周期内进行，并且这个周期的起止是可以选择的，只要满足在一个周期内求和即可。

6.1.2 离散傅里叶级数

定义 6.1 离散傅里叶级数 离散时间周期信号 $x(n)$ 的离散傅里叶级数(DFS) 定义为

$$a_k = \frac{1}{N}\sum_{n=\langle N\rangle} x(n)\mathrm{e}^{-\mathrm{j}k\omega_0 n} = \frac{1}{N}\sum_{n=\langle N\rangle} x(n)\mathrm{e}^{-\mathrm{j}k(2\pi/N)n} \tag{6.5}$$

$$x(n) = \sum_{k=\langle N\rangle} a_k \mathrm{e}^{\mathrm{j}k\omega_0 n} = \sum_{k=\langle N\rangle} a_k \mathrm{e}^{\mathrm{j}k(2\pi/N)n} \tag{6.6}$$

在定义 6.1 中,式(6.5) 为离散傅里叶级数的正变换式,又称为分解式,表示把离散时间周期信号 $x(n)$ 分解为离散傅里叶级数的系数或称为离散频谱 a_k;而式(6.6) 则表示离散傅里叶级数的逆变换式,又称为综合式,表示把离散频谱 a_k 合成为离散时间周期信号 $x(n)$。在上面两式中,求和范围 $n=\langle N\rangle$ 和 $k=\langle N\rangle$ 分别表示在时域或频域的任意一个周期上求和。

由定义 6.1 可以看出,不仅离散时间信号 $x(n)$ 是周期性的,而且离散傅里叶级数系数 a_k 也是周期性的,二者的周期均为 N。此外,离散时间周期信号 $x(n)$ 与其离散傅里叶级数的系数 a_k 均为复指数谐波信号的线性组合。

此外,需要读者注意的是,在本书第 3 章中介绍的傅里叶级数(FS) 和这里介绍的离散傅里叶级数(DFS),二者的傅里叶级数系数或频谱具有相似的意义。例如,二者都是表示傅里叶级数的系数,都是离散频谱,但二者还是有显著区别的。即 FS 的 A_k 在频率上是非周期的,而 DFS 的 a_k 在频率上则是周期性的。这种周期性可以表示为

$$a_k = a_{k+rN} \tag{6.7}$$

式中,r 为任意整数。

对比离散傅里叶级数逆变换式(6.6) 与离散时间谐波线性组合式(6.4),显然二者是完全相同的。这表明,离散傅里叶级数本质上是离散时间周期信号谐波的线性组合,这个线性组合的加权系数 a_k,就是离散傅里叶级数的系数,即离散频谱。

例 6.1 给定离散时间周期性方波信号如图 6.1 所示。试求其离散傅里叶级数系数 a_k。

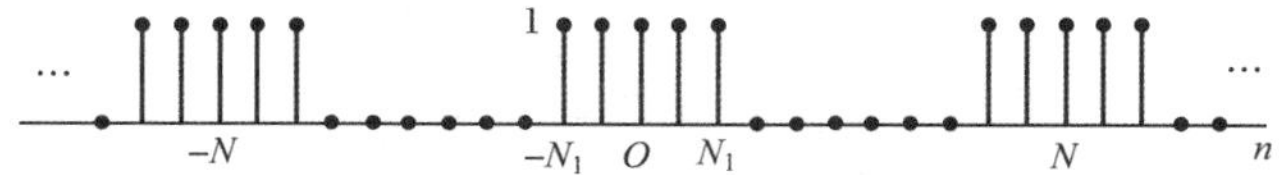

图 6.1 例 6.1 给定离散时间周期方波信号的波形图

解 根据式(6.5) 计算给定信号序列的离散傅里叶级数系数,有 $a_k = \frac{1}{N}\sum_{n=-N_1}^{N_1} \mathrm{e}^{-\mathrm{j}k(2\pi/N)n}$。令 $m = n + N_1$,则上式变为 $a_k = \frac{1}{N}\sum_{m=0}^{2N_1} \mathrm{e}^{-\mathrm{j}k(2\pi/N)(m-N_1)} = \frac{1}{N}\mathrm{e}^{\mathrm{j}k(2\pi/N)N_1}\sum_{m=0}^{2N_1}\mathrm{e}^{-\mathrm{j}k(2\pi/N)m}$。这样,$a_k = \frac{1}{N}\mathrm{e}^{\mathrm{j}k(2\pi/N)N_1}\left(\frac{1-\mathrm{e}^{-\mathrm{j}k2\pi(2N_1+1)/N}}{1-\mathrm{e}^{-\mathrm{j}k(2\pi/N)}}\right) = \frac{1}{N}\frac{\sin[2\pi k(N_1+1/2)/N]}{\sin(\pi k)/N}$,$k \neq 0, \pm N, \pm 2N, \cdots$,和 $a_k = \frac{2N_1+1}{N}$,$k = 0, \pm N, \pm 2N, \cdots$。图 6.2 给出了 $N = 20, 40$,且 $2N_1 + 1 = 5$ 时的频谱图。

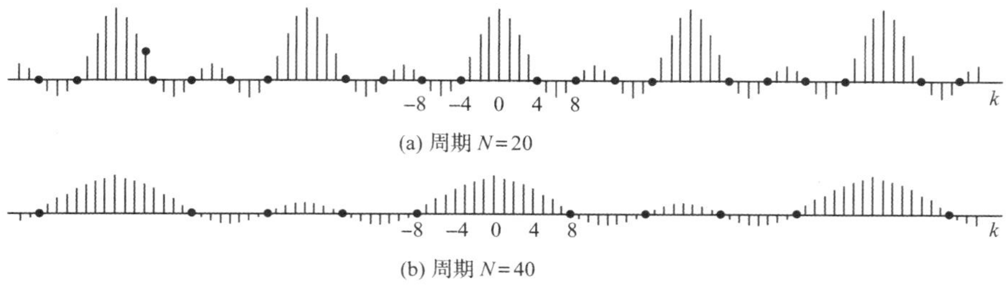

图 6.2　例 6.1 给定周期性方波信号的频谱图

由图 6.2 可见，离散时间周期信号的频谱也是离散的、周期的，且其周期与离散时间周期信号的周期相同，均为 N。

6.2　离散傅里叶级数的性质

6.2.1　离散傅里叶级数的主要性质

离散傅里叶级数的一些重要性质反映了离散时间周期信号与其频谱之间的对应关系。本节择要介绍 DFS 的一些性质。为了便于进行进一步的描述和说明，把离散时间周期信号 $x(n)$ 和 $y(n)$ 与二者对应的 DFS 系数 a_k 和 b_k 的变换关系表示为

$$x(n)\overset{\text{DFS}}{\longleftrightarrow}a_k \tag{6.8a}$$

$$y(n)\overset{\text{DFS}}{\longleftrightarrow}b_k \tag{6.8b}$$

并假定 $x(n)$ 和 $y(n)$ 的周期均为 N。

性质 6.1　DFS 的线性性质　设离散时间周期信号 $x(n)$ 和 $y(n)$ 满足式(6.8a) 和 (6.8b) 所示关系，则 DFS 的线性性质表示为

$$Ax(n)+By(n)\overset{\text{DFS}}{\longleftrightarrow}Aa_k+Bb_k \tag{6.9}$$

式中，A 和 B 为任意常数。DFS 的线性性质可以推广到具有相同周期的任意多个信号线性组合的情形。

性质 6.2　DFS 的时移性质　设离散时间周期信号 $x(n)$ 满足 $x(n)\overset{\text{DFS}}{\longleftrightarrow}a_k$。若 $x(n)$ 时移 n_0 后 $y(n)=x(n-n_0)$，其周期不变，且 $y(n)\overset{\text{DFS}}{\longleftrightarrow}b_k$，则有

$$b_k=\frac{1}{N}\sum_{n=\langle N\rangle}x(n-n_0)\mathrm{e}^{-\mathrm{j}k\omega_0 n}=\frac{1}{N}\sum_{m=\langle N\rangle}x(m)\mathrm{e}^{-\mathrm{j}k\omega_0(m+n_0)}=\frac{\mathrm{e}^{-\mathrm{j}k\omega_0 n_0}}{N}\sum_{m=\langle N\rangle}x(m)\mathrm{e}^{-\mathrm{j}k\omega_0 m}=\mathrm{e}^{-\mathrm{j}k\omega_0 n_0}a_k$$

这样，DFS 的时移性质为

$$x(n-n_0)\overset{\text{DFS}}{\longleftrightarrow}\mathrm{e}^{-\mathrm{j}k\omega_0 n_0}a_k \tag{6.10}$$

显然，时间信号的时移对应于频谱的相移。

性质 6.3　DFS 的频移性质　设离散时间周期信号 $x(n)$ 满足 $x(n)\overset{\text{DFS}}{\longleftrightarrow}a_k$。若频谱 a_k 频移 M 记为 a_{k-M}，且其周期不变，则有

$$\sum_{k=\langle N\rangle} a_{k-M} e^{jk\omega_0 n} \overset{k-M=l}{=} \sum_{l=\langle N\rangle} a_l e^{j(l+M)\omega_0 n} = e^{jM\omega_0 n} \sum_{l=\langle N\rangle} a_l e^{jl\omega_0 n} = e^{jM\omega_0 n} x(n)$$

这样,DFS 的频移性质为

$$e^{jM\omega_0 n} x(n) \overset{\text{DFS}}{\longleftrightarrow} a_{k-M} \tag{6.11}$$

显然,频谱的频移对应于时间信号的相移。

性质 6.4 DFS 的周期卷积性质 设离散时间信号 $x(n)$ 和 $y(n)$ 均为周期为 N 的周期信号,且分别满足式(6.8a) 和(6.8b) 所示关系,则 $x(n)$ 与 $y(n)$ 的周期卷积性质为

$$x(n) \otimes y(n) \overset{\text{DFS}}{\longleftrightarrow} N a_k b_k \tag{6.12}$$

显然,两离散时间周期信号的周期卷积对应于各自频谱的乘积。

式(6.12) 左边表示 $x(n)$ 与 $y(n)$ 的周期卷积,定义为 $x(n) \otimes y(n) = \sum_{m=\langle N\rangle} x(m)y(n-m)$,式(6.12) 右边表示参与周期卷积两信号各自频谱的乘积(乘以系数 N)。周期卷积的结果仍为一周期为 N 离散时间信号。请读者注意,离散时间信号的周期卷积是与离散时间信号的线性卷积(常简称为卷积或卷积和) 不同的。

性质 6.5 DFS 的乘法性质 设离散时间信号 $x(n)$ 和 $y(n)$ 均为周期为 N 的周期信号,且分别满足式(6.8a) 和(6.8b) 所示关系,则 DFS 的乘法性质表示为

$$x(n)y(n) \overset{\text{DFS}}{\longleftrightarrow} \sum_{l=\langle N\rangle} a_l b_{k-l} \tag{6.13}$$

显然,相同周期的两离散时间信号之乘积对应于各自频谱的周期卷积。

定理 6.1 离散时间周期信号的帕塞瓦尔定理 设离散时间信号 $x(n)$ 是周期为 N 的周期信号,且满足 $x(n) \overset{\text{DFS}}{\longleftrightarrow} a_k$,则离散时间周期信号的帕塞瓦尔定理为

$$\frac{1}{N}\sum_{n=\langle N\rangle} |x(n)|^2 = \sum_{k=\langle N\rangle} |a_k|^2 \tag{6.14}$$

离散时间周期信号的帕塞瓦尔定理表明,一个周期信号的平均功率等于其频域上所有谐波分量的平均功率之和。

6.2.2 离散傅里叶级数性质列表

表 6.1 列出了离散傅里叶级数的主要性质。

表 6.1 离散傅里叶级数的主要性质

序号	性质	离散时间周期信号 $x(n)$,$y(n)$ 周期为 N,基波频率 $\omega_0 = 2\pi/N$	傅里叶级数系数 a_k,b_k 周期为 N
1	线性性质	$Ax(n) + By(n)$	$Aa_k + Bb_k$
2	时移性质	$x(n-n_0)$	$a_k e^{-jk\omega_0 n_0} = a_k e^{-jk(2\pi/N)n_0}$
3	频移性质	$e^{jM(2\pi/N)n} x(n)$	a_{k-M}

（续表）

序号	性质	离散时间周期信号 $x(n),y(n)$ 周期为 N,基波频率 $\omega_0=2\pi/N$	傅里叶级数系数 a_k,b_k 周期为 N
4	共轭性质	$x^*(n)$	a_{-k}^*
5	时间反转性质	$x(-n)$	a_{-k}
6	时域尺度变换性质	$x_{(m)}(n)=\begin{cases}x(n/m), & n\text{ 是 }m\text{ 的倍数}\\0, & \text{其他}\end{cases}$	$\frac{1}{m}a_k$
7	周期卷积性质	$\sum\limits_{m=\langle N\rangle}x(m)y(n-m)$	Na_kb_k
8	相乘性质	$x(n)y(n)$	$\sum\limits_{l=\langle N\rangle}a_lb_{k-l}$
9	一阶差分性质	$x(n)-x(n-1)$	$(1-\mathrm{e}^{-\mathrm{j}k(2\pi/N)})a_k$
10	累加性质	$\sum\limits_{k=-\infty}^{n}x(k)$,仅当 $a_0=0$ 才为有限值且为周期的	$\frac{1}{1-\mathrm{e}^{-\mathrm{j}k(2\pi/N)}}a_k$
11	实信号的共轭对称性	$x(n)$ 为实信号	$\begin{cases}a_k=a_k^*\\\mathrm{Re}[a_k]=\mathrm{Re}[a_{-k}]\\\mathrm{Im}[a_k]=-\mathrm{Im}[a_{-k}]\\\lvert a_k\rvert=\lvert a_{-k}\rvert\\\measuredangle a_k=-\measuredangle a_{-k}\end{cases}$
12	帕塞瓦尔定理	$\frac{1}{N}\sum\limits_{n=\langle N\rangle}\lvert x(n)\rvert^2=\sum\limits_{k=\langle N\rangle}\lvert a_k\rvert^2$	

对比表 6.1 与第 3 章给出的表 3.1 可以看出，离散时间周期信号的离散傅里叶级数(DFS) 的性质与连续时间周期信号的傅里叶级数(FS) 的性质有很大的相似性。

例 6.2　一离散时间周期性信号 $x(n)$ 满足以下条件：(a)$x(n)$ 的周期为 $N=6$；(b)$\sum\limits_{n=1}^{6}x(n)=2$；(c)$\sum\limits_{n=2}^{7}(-1)^nx(n)=1$；(d) 在满足以上三个条件的所有信号中，$x(n)$ 在每个周期的功率最小。试求 $x(n)$。

解　由给定条件，知本题涉及离散时间周期信号问题，设 $x(n)$ 的傅里叶级数系数为 a_k。

对照DFS定义式(6.5)，可知给定条件(b) 对应于DFS正变换式中 $k=0$ 的情况。由此可得 $a_0=1/3$。

由于 $(-1)^n=\mathrm{e}^{\mathrm{j}\pi n}=\mathrm{e}^{\mathrm{j}(2\pi/6)3n}$，对照 DFS 定义式(6.5)，可知给定条件(c) 对应于 DFS 正变换中 $k=3$ 的情况，故可得 $a_3=1/6$。

给定条件(d) 涉及信号或频谱的功率问题，依据帕塞瓦尔定理进行分析。由帕塞瓦尔定理，因 DFS 中每个非零值 a_k 均为平均功率 $P=\sum\limits_{k=0}^{5}\lvert a_k\rvert^2$ 提供一个正值的量，故为使给定信号平均功率 $P\to\min$，在已求得 $a_0=1/3$ 和 $a_3=1/6$ 的前提下，需要满足 $a_1=a_2=a_4=a_5=0$。这样，有 $x(n)=a_0+a_3\mathrm{e}^{\mathrm{j}\pi n}=\frac{1}{3}+\frac{1}{6}(-1)^n$。即 $x(n)=\frac{1}{3}+\frac{1}{6}(-1)^n$ 是满足全部给定条件的离散时间周期信号。

6.2.3 离散傅里叶级数对应频谱的特点

傅里叶级数与LTI系统及滤波概念
知识点

离散傅里叶级数系数的物理意义是表示离散时间周期信号 $x(n)$ 的频谱，即其展开的各谐波分量在频率轴上的分布。本节简要介绍离散时间周期信号频谱的主要特点。

1. 频谱的离散性

由定义 6.1 和图 6.2 可知，离散傅里叶级数所表示的频谱 a_k 是离散频谱。这种离散频谱的横轴表示离散频率，记为 k，其取值范围为 $(-\infty, +\infty)$。实际上，离散频率 k 表示的物理含义是信号基波频率 ω_0 的 k 倍，即 k 次谐波。离散频谱的纵轴则表示信号对应频率分量的幅度。

2. 频谱的周期性

由定义 6.1 和图 6.2 可知，离散傅里叶级数所表示的频谱 a_k 是周期性频谱，且频谱的周期与离散时间信号的周期相同，均为 N。这一点是与连续时间周期信号所对应傅里叶级数频谱的衰减性显著不同的。由于频谱周期性的存在，因此在分析离散时间周期性信号的频谱时，只需考察一个周期的频谱即可，而无需关注 k 的全部取值范围 $(-\infty, +\infty)$。进一步地，还是由于这种频谱的周期性，任意一个周期的频谱都能够代表整个信号的频率特性。当然，考察 $[0, N-1]$ 或考察以 $k=0$ 为中心的对称范围的频谱是常见的选择。

6.3 离散时间信号的傅里叶变换

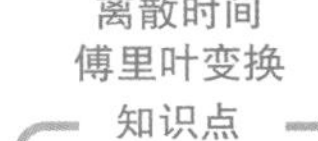

本书第 3 章详细介绍了连续时间周期信号傅里叶级数(FS)和连续时间信号傅里叶变换(FT)的基本概念与基本理论。本章前面部分又介绍了离散时间周期信号的傅里叶级数，即 DFS。从时间信号的连续性(或离散性)与周期性(或非周期性)的角度来说，本书迄今尚未涉及离散时间非周期信号的傅里叶变换问题。为了使本书关于傅里叶分析理论方法的介绍更为完整，也是由于离散时间非周期信号在理论上和应用上的极端重要性，本节及本章后续部分将系统介绍离散时间非周期信号的傅里叶变换[也称为离散时间傅里叶变换(Discrete-time Fourier Transform, DTFT)]。

本节将参照第 3 章的模式，把周期信号的周期推向无穷，从而由 DFS 推出 DTFT 的定义。

6.3.1 离散时间傅里叶变换的定义

1. 从 DFS 到 DTFT

从本章 6.1 节可知，DFS 是对应于离散时间周期信号的。为了讨论方便，本节把离散时间周期信号记为 $\tilde{x}(n)$，而把离散时间非周期信号记为 $x(n)$。

参见图 6.1 所示的离散时间周期性方波信号 $\tilde{x}(n)=\tilde{x}(n+N)$，若把图中离散时间周期

信号的周期 N 推向无穷，即定义一个新的信号 $x(n)$

$$x(n)=\begin{cases}\widetilde{x}(n)\text{，若}-N_1\leqslant n\leqslant N_1\\0\text{，若}\ |n|>N_1\end{cases}\tag{6.15}$$

则 $x(n)$ 是一个非周期信号，对应于周期信号 $\widetilde{x}(n)$ 的一个周期，且信号的非零值持续期是有限的，限制在 $-N_1\leqslant n\leqslant N_1$。式(6.15)的物理意义相当于在周期信号 $\widetilde{x}(n)$ 中截取一个周期，并令原始周期信号的其他部分均为零值。或者也可解释为把周期信号的周期 N 推向无穷，而保持所截取周期内的信号不变。这样操作的结果，可认为实现了由周期性信号到非周期信号的转变。

根据6.1节关于离散傅里叶级数的定义，将其改写为如下形式

$$a_k=\frac{1}{N}\sum_{n=\langle N\rangle}\widetilde{x}(n)\mathrm{e}^{-\mathrm{j}k\omega_0 n}=\frac{1}{N}\sum_{n=\langle N\rangle}\widetilde{x}(n)\mathrm{e}^{-\mathrm{j}k(2\pi/N)n}\tag{6.16}$$

$$\widetilde{x}(n)=\sum_{k=\langle N\rangle}a_k\mathrm{e}^{\mathrm{j}k\omega_0 n}=\sum_{k=\langle N\rangle}a_k\mathrm{e}^{\mathrm{j}k(2\pi/N)n}\tag{6.17}$$

注意到，式(6.16)和式(6.17)所示DFS表达式，与式(6.5)和式(6.6)给出的DFS定义式是相同的，只不过在这里用 $\widetilde{x}(n)$ 来表示离散时间周期性信号了。

把式(6.15)定义的非周期信号 $x(n)$ 代入式(6.16)，有

$$a_k=\frac{1}{N}\sum_{n=-N_1}^{N_1}x(n)\mathrm{e}^{-\mathrm{j}k\omega_0 n}=\frac{1}{N}\sum_{n=-\infty}^{+\infty}x(n)\mathrm{e}^{-\mathrm{j}k\omega_0 n}\tag{6.18}$$

若定义

$$X(\mathrm{e}^{\mathrm{j}\omega})=\sum_{n=-\infty}^{+\infty}x(n)\mathrm{e}^{-\mathrm{j}\omega n}$$

则可得到

$$a_k=\frac{1}{N}X(\mathrm{e}^{\mathrm{j}k\omega_0})\tag{6.19}$$

将式(6.19)代入式(6.16)，并考虑到 $\omega_0=\dfrac{2\pi}{N}$，则有

$$\widetilde{x}(n)=\frac{1}{2\pi}\sum_{k=\langle N\rangle}X(\mathrm{e}^{\mathrm{j}k\omega_0})\mathrm{e}^{\mathrm{j}k\omega_0 n}\omega_0\tag{6.20}$$

随着 N 的增加，ω_0 会减小，即频域中样本间隔减小。当 $N\to\infty$ 时，会发生以下变化：$\widetilde{x}(n)\to x(n)$，$\omega_0\to\mathrm{d}\omega$，$k\omega_0\to\omega$，式(6.20)在 N 范围内的求和式变为在 $0\sim2\pi$ 范围内的积分式，即

$$x(n)=\frac{1}{2\pi}\int_{2\pi}X(\mathrm{e}^{\mathrm{j}\omega})\mathrm{e}^{\mathrm{j}\omega n}\mathrm{d}\omega\tag{6.21}$$

式中，因被积函数是以 2π 为周期的，故周期性的积分区间可以取任意长度为 2π 的间隔。

从以上分析推导可见，由离散时间周期信号的非周期化，可以由离散傅里叶级数得到离散时间非周期信号的傅里叶变换，即离散时间傅里叶变换。

2. DTFT 的定义

定义 6.2　离散时间傅里叶变换　离散时间信号 $x(n)$ 的傅里叶变换(DTFT)定义为

$$X(\mathrm{e}^{\mathrm{j}\omega})=\sum_{n=-\infty}^{+\infty}x(n)\mathrm{e}^{-\mathrm{j}\omega n}\tag{6.22}$$

$$x(n)=\frac{1}{2\pi}\int_{2\pi}X(\mathrm{e}^{\mathrm{j}\omega})\mathrm{e}^{\mathrm{j}\omega n}\mathrm{d}\omega \tag{6.23}$$

其中,式(6.22)为正变换式,又称为分解式,式(6.23)为逆变换式,又称为综合式。

可见,离散时间傅里叶变换所得到的频谱$X(\mathrm{e}^{\mathrm{j}\omega})$是连续的,且为周期性的,周期为$2\pi$。进一步地,称式(6.22)和式(6.23)所示的$x(n)$和$X(\mathrm{e}^{\mathrm{j}\omega})$为一对离散时间傅里叶变换对,简记为

$$x(n)\overset{\mathrm{DTFT}}{\leftrightarrow}X(\mathrm{e}^{\mathrm{j}\omega}) \tag{6.24}$$

也可以像连续时间信号的傅里叶变换一样引入离散时间傅里叶变换算子$\mathscr{F}$和$\mathscr{F}^{-1}$,分别表示离散时间傅里叶变换及其逆变换为

$$\begin{aligned}X(\mathrm{e}^{\mathrm{j}\omega})&=\mathscr{F}[x(n)]\\x(n)&=\mathscr{F}^{-1}[X(\mathrm{e}^{\mathrm{j}\omega})]\end{aligned} \tag{6.25}$$

3. DTFT 的进一步说明

事实上,式(6.23)所示的综合式可以看作是把离散时间信号$x(n)$作为一种复指数序列$\mathrm{e}^{\mathrm{j}\omega n}$的线性组合来表示的,不过这些复指数序列的幅度是$\frac{1}{2\pi}X(\mathrm{e}^{\mathrm{j}\omega})\mathrm{d}\omega$,而它们各自在频率上是无限靠近的。因此,这种线性组合不是用求和式来表示的,而是用积分式表示的。

通常,称$X(\mathrm{e}^{\mathrm{j}\omega})$为信号$x(n)$的频谱,表示了$x(n)$是由这些不同频率成分的复指数信号组合成的。离散时间信号的频谱$X(\mathrm{e}^{\mathrm{j}\omega})$一般为复函数的形式,可以进一步表示为实部谱和虚部谱的形式为

$$X(\mathrm{e}^{\mathrm{j}\omega})=\mathrm{Re}[X(\mathrm{e}^{\mathrm{j}\omega})]+\mathrm{j}\,\mathrm{Im}[X(\mathrm{e}^{\mathrm{j}\omega})] \tag{6.26}$$

式中,$\mathrm{Re}[X(\mathrm{e}^{\mathrm{j}\omega})]$表示频谱的实部,$\mathrm{Im}[X(\mathrm{e}^{\mathrm{j}\omega})]$表示频谱的虚部。此外,傅里叶变换的频谱还可以表示为幅度谱与相位谱的形式,即

$$X(\mathrm{e}^{\mathrm{j}\omega})=|X(\mathrm{e}^{\mathrm{j}\omega})|\,\mathrm{e}^{\mathrm{j}\measuredangle X(\mathrm{e}^{\mathrm{j}\omega})} \tag{6.27}$$

式中,$|X(\mathrm{e}^{\mathrm{j}\omega})|$表示信号的幅度谱,又称为频谱的模(Magnitude)。$\measuredangle X(\mathrm{e}^{\mathrm{j}\omega})$表示信号的相位(Phase),又称为频谱的相频特性或相位谱。幅度谱和相位谱的计算式如式(6.28)所示

$$\begin{aligned}|X(\mathrm{e}^{\mathrm{j}\omega})|&=\sqrt{\{\mathrm{Re}[X(\mathrm{e}^{\mathrm{j}\omega})]\}^2+\{\mathrm{Im}[X(\mathrm{e}^{\mathrm{j}\omega})]\}^2}\\\measuredangle X(\mathrm{e}^{\mathrm{j}\omega})&=\arctan\left\{\frac{\mathrm{Im}[X(\mathrm{e}^{\mathrm{j}\omega})]}{\mathrm{Re}[X(\mathrm{e}^{\mathrm{j}\omega})]}\right\}\end{aligned} \tag{6.28}$$

需要注意的是,由于$X(\mathrm{e}^{\mathrm{j}\omega})$的周期性,且其周期为$2\pi$,因此所有关于DTFT的频率分析只需在一个周期内进行即可,并且由于每个周期的一致性,则这种频率分析在哪个周期进行都是一样的。

再有,对于连续傅里叶变换的频谱,频率Ω值越大表示频率越高。但是对于DTFT的频谱却不完全是这样。由于DTFT频谱的周期性,离散频率ω值增加到2π时,若继续增加则进入到下一个周期,频率的高低并不是完全取决于ω值的大小。一般来说,$\omega=2k\pi,k=0,\pm1,\pm2,\cdots$附近的频率均表示低频率成分,而$\omega=(2k+1)\pi,k=0,\pm1,\pm2,\cdots$附近的频率则均表示高频率成分。

6.3.2 离散时间傅里叶变换的计算

例 6.3 设离散时间信号$x(n)=a^n u(n)$,$|a|<1$。试求$x(n)$的离散时间傅里叶变换。

解 由离散时间傅里叶变换的定义式(6.22),有

$$X(e^{j\omega}) = \sum_{n=-\infty}^{+\infty} a^n u(n) e^{-j\omega n} = \sum_{n=0}^{+\infty} (ae^{-j\omega})^n = \frac{1}{1-ae^{-j\omega}}$$

图6.3分别给出了频谱 $X(e^{j\omega})$ 当 $a>0$ 和 $a<0$ 时的幅频特性和相频特性曲线。由图6.3中的两个幅度谱曲线可见，当 $a>0$ 时，由于 $X(e^{j\omega})$ 的主要频率成分集中在 $\omega=0$ 附近，展现出低频特性；而当 $a<0$ 时，由于 $X(e^{j\omega})$ 的主要频率成分集中在 $\omega=\pi$ 附近，则 $X(e^{j\omega})$ 展现出高频特性。这表明，尽管时间信号 $x(n)$ 与其频谱 $X(e^{j\omega})$ 的表达式都是确定的，但是由于其中参数(Parameter)a 的取值不同，信号及其频谱都会表现出不同的特性。实际上，参数的设计、选择与估计是信号分析与处理技术的重要内容。

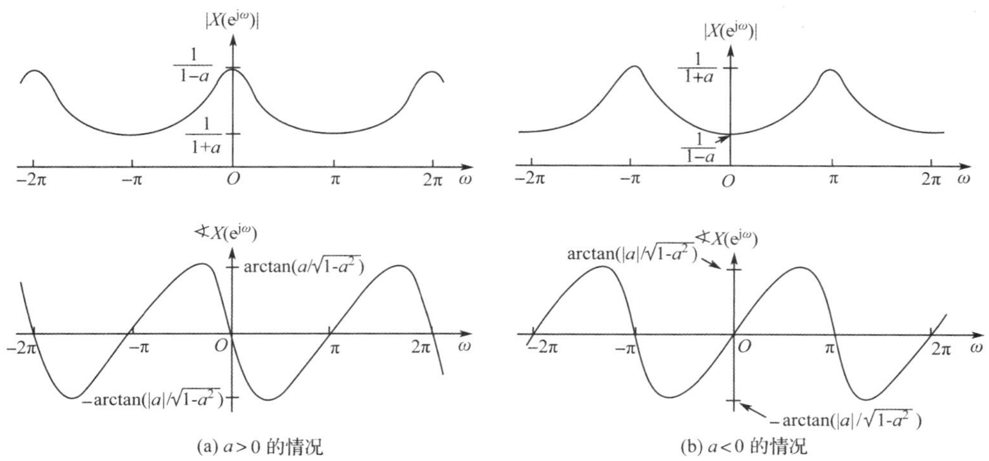

图 6.3　例 6.3 离散时间傅里叶变换的幅频特性与相频特性曲线

例 6.4　给定离散时间信号 $x(n)=a^{|n|}$，$|a|<1$，试计算该信号的离散时间傅里叶变换。

解　把给定信号代入离散时间傅里叶变换的定义式(6.22)，有

$$X(e^{j\omega}) = \sum_{n=-\infty}^{+\infty} a^{|n|} e^{-j\omega n} = \sum_{n=0}^{+\infty} a^n e^{-j\omega n} + \sum_{n=-\infty}^{-1} a^{-n} e^{-j\omega n} = \sum_{n=0}^{+\infty} (ae^{-j\omega})^n + \sum_{m=1}^{+\infty} (ae^{j\omega})^m$$

$$= \frac{1}{1-ae^{-j\omega}} + \frac{ae^{j\omega}}{1-ae^{j\omega}} = \frac{1-a^2}{1-2a\cos\omega+a^2}$$

显然，该信号的频谱是频率 ω 的实函数，其频谱图如图 6.4 所示。

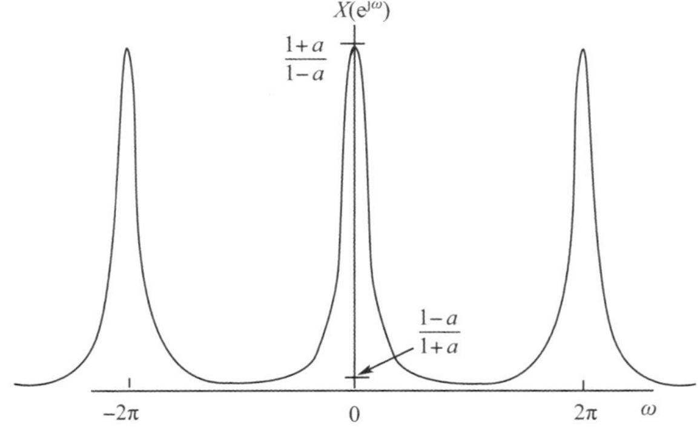

图 6.4　例 6.4 给定信号的频谱图

例 6.5 设离散时间矩形脉冲信号为 $x(n)=\begin{cases}1, & |n|\leqslant N_1 \\ 0, & |n|>N_1\end{cases}$。试求该信号的频谱。

解 把给定信号代入离散时间傅里叶变换定义式(6.22),有

$$X(e^{j\omega})=\sum_{n=-\infty}^{+\infty}x(n)e^{-j\omega n}=\sum_{n=-N_1}^{N_1}e^{-j\omega n}=\frac{\sin\omega(N_1+1/2)}{\sin(\omega/2)}$$

该信号的频谱曲线如图 6.5 所示。

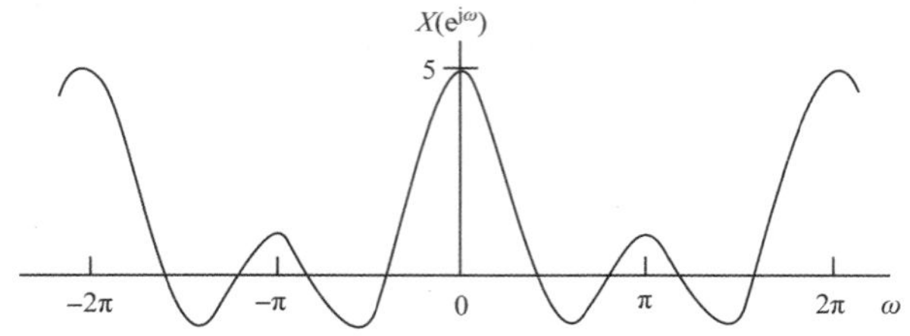

图 6.5 例 6.5 给定信号的频谱图

例 6.6 试计算下列频谱的离散时间傅里叶逆变换:

(a) $X(e^{j\omega})=1+3e^{-j\omega}+2e^{-j2\omega}-4e^{-j3\omega}+e^{-j10\omega}$;

(b) $X(e^{j\omega})=\dfrac{1-\frac{1}{3}e^{-j\omega}}{1-\frac{1}{4}e^{-j\omega}-\frac{1}{8}e^{-j2\omega}}$

解 (a) $x(n)=\mathscr{F}^{-1}[X(e^{j\omega})]=\delta(n)+3\delta(n-1)+2\delta(n-2)-4\delta(n-3)+\delta(n-10)$;

(b) 先对 $X(e^{j\omega})$ 进行部分分式展开,有

$$X(e^{j\omega})=\frac{1-\frac{1}{3}e^{-j\omega}}{1-\frac{1}{4}e^{-j\omega}-\frac{1}{8}e^{-j2\omega}}=\frac{1-\frac{1}{3}e^{-j\omega}}{\left(1-\frac{1}{2}e^{-j\omega}\right)\left(1+\frac{1}{4}e^{-j\omega}\right)}$$

$$=\frac{2}{9}\cdot\frac{1}{1-\frac{1}{2}e^{-j\omega}}+\frac{7}{9}\cdot\frac{1}{1+\frac{1}{4}e^{-j\omega}}$$

对上式做离散时间傅里叶逆变换,有

$$x(n)=\mathscr{F}^{-1}[X(e^{j\omega})]=\frac{2}{9}\left(\frac{1}{2}\right)^n u(n)+\frac{7}{9}\left(-\frac{1}{4}\right)^n u(n)$$

6.3.3 离散时间周期信号的傅里叶变换

与连续时间傅里叶变换的情况类似,尽管离散时间傅里叶变换主要是针对离散时间非周期信号进行的傅里叶变换,但是实际上,离散时间周期信号也可以表示为离散时间傅里叶变换的形式。

设离散时间周期信号 $x(n)$,其周期为 N,则其离散时间傅里叶变换为

$$X(e^{j\omega})=\sum_{k=-\infty}^{+\infty}2\pi a_k\delta\left(\omega-\frac{2\pi k}{N}\right) \tag{6.29}$$

由式(6.29) 可见,离散时间周期信号 $x(n)$ 的 DTFT 频谱实际上是一系列频域 $\delta(\cdot)$ 函数的

加权线性组合，而加权系数 a_k 则实际上是 $x(n)$ 的离散傅里叶级数的系数。由此可见，为了求取离散时间周期信号 $x(n)$ 的离散时间傅里叶变换 $X(e^{j\omega})$，需要先求取该信号的离散傅里叶级数 a_k，再将 a_k 代入式(6.29)即可得到 $X(e^{j\omega})$。由于 a_k 的周期性，可将 $X(e^{j\omega})$ 看作发生在基波频率 $\omega_0 = 2\pi/N$ 的整倍数频率上的一系列单位冲激。

例 6.7　设离散时间周期性脉冲序列表示为 $x(n) = \sum_{m=-\infty}^{+\infty} \delta(n - mN)$。试求该信号的离散时间傅里叶变换 $X(e^{j\omega})$。

解　先求 $x(n)$ 的离散傅里叶级数 a_k，有

$$a_k = \frac{1}{N}\sum_{n=\langle N\rangle} x(n)e^{-jk(2\pi/N)n} = \frac{1}{N}$$

把 $a_k = \frac{1}{N}$ 代入式(6.29)，有

$$X(e^{j\omega}) = \sum_{k=-\infty}^{+\infty} 2\pi a_k \delta\left(\omega - \frac{2\pi k}{N}\right) = \frac{2\pi}{N}\sum_{k=-\infty}^{+\infty} \delta\left(\omega - \frac{2\pi k}{N}\right)$$

图 6.6 给出了 $X(e^{j\omega})$ 的频谱曲线。

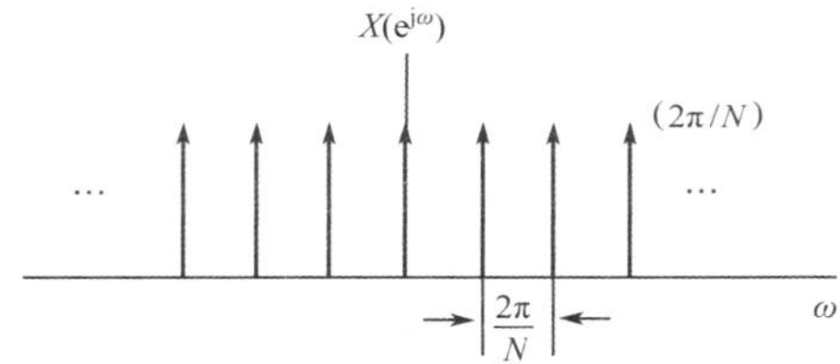

图 6.6　例 6.7 离散时间周期性冲激序列的频谱曲线

6.4　离散时间傅里叶变换的性质与常用变换对

作为傅里叶分析理论的重要内容，离散时间傅里叶变换(DTFT)有许多重要性质。其中一部分性质与连续时间傅里叶变换(FT)的性质相似，另一些性质则有差异。本节系统介绍离散时间傅里叶变换的性质及其常用的变换对。

为了下面讨论的方便，再次把离散时间信号 $x(n)$ 与其对应的离散时间傅里叶变换 $X(e^{j\omega})$ 简记为 $x(n) \overset{\text{DTFT}}{\leftrightarrow} X(e^{j\omega})$，也可记为 $X(e^{j\omega}) = \mathscr{F}[x(n)]$ 和 $x(n) = \mathscr{F}^{-1}[X(e^{j\omega})]$。

6.4.1　DTFT 的周期性

性质 6.6　DTFT 的周期性　设离散时间信号 $x(n)$ 的 DTFT 表示为 $X(e^{j\omega})$。其频谱 $X(e^{j\omega})$ 相对于频率变量 ω 是周期性的，且其周期为 2π。即满足

$$X[e^{j(\omega+2\pi)}]=X(e^{j\omega}) \tag{6.30}$$

上式可以容易地得到验证。考虑上式左边，有 $X(e^{j(\omega+2\pi)})=X(e^{j\omega}e^{j2\pi})=X(e^{j\omega})$。即 DTFT 频谱 $X(e^{j\omega})$ 具有周期性，且其周期为 2π。

需要注意的是，连续时间信号 $x(t)$ 的傅里叶变换 $X(j\Omega)$ 是不具有周期性的。

6.4.2 DTFT 的线性性质

性质 6.7 DTFT 的线性性质 设离散时间信号 $x_1(n)$ 和 $x_2(n)$，若满足 $x_1(n)\overset{\text{DTFT}}{\leftrightarrow}X_1(e^{j\omega})$，且 $x_2(n)\overset{\text{DTFT}}{\leftrightarrow}X_2(e^{j\omega})$，则 DTFT 的线性性质表示为

$$ax_1(n)+bx_2(n)\overset{\text{DTFT}}{\leftrightarrow}aX_1(e^{j\omega})+bX_2(e^{j\omega}) \tag{6.31}$$

式中，a 和 b 为任意常数。线性性质可以直接由离散时间傅里叶换的定义得到证明。

6.4.3 DTFT 的时移性质与频移性质

性质 6.8 DTFT 的时移性质 设离散时间信号 $x(n)$ 满足 $x(n)\overset{\text{DTFT}}{\leftrightarrow}X(e^{j\omega})$，则有

$$x(n-n_0)\overset{\text{DTFT}}{\leftrightarrow}e^{-j\omega n_0}X(e^{j\omega}) \tag{6.32}$$

即离散时间信号的时移对应于其频谱 $X(e^{j\omega})$ 的相移。

证明 由离散时间傅里叶逆变换的定义式 $x(n)=\dfrac{1}{2\pi}\displaystyle\int_{2\pi}X(e^{j\omega})e^{j\omega n}d\omega$，有

$$x(n-n_0)=\frac{1}{2\pi}\int_{2\pi}X(e^{j\omega})e^{j\omega(n-n_0)}d\omega=\frac{1}{2\pi}\int_{2\pi}[e^{-j\omega n_0}X(e^{j\omega})]e^{j\omega n}d\omega$$

则式(6.32)得证。

性质 6.9 DTFT 的频移性质 设离散时间信号 $x(n)$ 满足 $x(n)\overset{\text{DTFT}}{\leftrightarrow}X(e^{j\omega})$，则有

$$e^{j\omega_0 n}x(n)\overset{\text{DTFT}}{\leftrightarrow}X(e^{j(\omega-\omega_0)}) \tag{6.33}$$

即离散时间信号的频移对应于其信号 $x(n)$ 的相移。

仿照式(6.32)的证明，读者可自行证明式(6.33)。

6.4.4 DTFT 的共轭与共轭对称性质

性质 6.10 DTFT 的共轭与共轭对称性质 设离散时间信号 $x(n)$ 满足 $x(n)\overset{\text{DTFT}}{\leftrightarrow}X(e^{j\omega})$，则有

$$x^*(n)\overset{\text{DTFT}}{\leftrightarrow}X^*(e^{-j\omega}) \tag{6.34}$$

若 $x(n)$ 为实值序列，即满足 $x(n)=x^*(n)$，则有共轭对称关系为

$$X(e^{j\omega})=X^*(e^{-j\omega}) \tag{6.35}$$

类似于连续时间信号的傅里叶变换，可以把 $X(e^{j\omega})$ 分别表示为实部与虚部的形式，也可以表示为幅度与相位的形式为

$$X(e^{j\omega})=\mathrm{Re}[X(e^{j\omega})]+j\mathrm{Im}[X(e^{j\omega})] \tag{6.36a}$$

$$X(e^{j\omega})=|X(e^{j\omega})|e^{j\measuredangle X(e^{j\omega})} \tag{6.36b}$$

若满足 $x(n)=x^*(n)$，则有

$$\mathrm{Re}[X(\mathrm{e}^{\mathrm{j}\omega})]=\mathrm{Re}[X(\mathrm{e}^{-\mathrm{j}\omega})] \tag{6.37a}$$

$$\mathrm{Im}[X(\mathrm{e}^{\mathrm{j}\omega})]=-\mathrm{Im}[X(\mathrm{e}^{-\mathrm{j}\omega})] \tag{6.37b}$$

和

$$|X(\mathrm{e}^{\mathrm{j}\omega})|=|X(\mathrm{e}^{-\mathrm{j}\omega})| \tag{6.38a}$$

$$\measuredangle X(\mathrm{e}^{\mathrm{j}\omega})=-\measuredangle X(\mathrm{e}^{-\mathrm{j}\omega}) \tag{6.38b}$$

进一步地，实值信号 $x(n)$ 总可以表示为其偶部 $x_{\mathrm{e}}(n)$ 和奇部 $x_{\mathrm{o}}(n)$ 之和的形式。这样，二者的离散时间傅里叶变换分别表示为

$$\mathscr{F}[x_{\mathrm{e}}(n)]=\mathrm{Re}[X(\mathrm{e}^{\mathrm{j}\omega})] \tag{6.39a}$$

$$\mathscr{F}[x_{\mathrm{o}}(n)]=\mathrm{j}\,\mathrm{Im}[X(\mathrm{e}^{\mathrm{j}\omega})] \tag{6.39b}$$

6.4.5　DTFT 的差分性质与累加性质

性质 6.11　DTFT 的差分性质　设离散时间信号 $x(n)$ 满足 $x(n)\overset{\mathrm{DTFT}}{\leftrightarrow}X(\mathrm{e}^{\mathrm{j}\omega})$，其一阶差分定义为 $x(n)-x(n-1)$。则 DTFT 的差分性质为

$$x(n)-x(n-1)\overset{\mathrm{DTFT}}{\leftrightarrow}(1-\mathrm{e}^{\mathrm{j}\omega})X(\mathrm{e}^{\mathrm{j}\omega}) \tag{6.40}$$

显然，一阶差分的 DTFT 实际上是 $x(n)$ 与 $x(n-1)$ 各自 DTFT 的组合，是 DTFT 线性性质与时移性质的结合。另外，离散时间信号 $x(n)$ 的差分运算 $x(n)-x(n-1)$ 可以近似地看作连续时间信号 $x(t)$ 的微分或求导数运算 $\dfrac{\mathrm{d}x(t)}{\mathrm{d}t}$，也是数字信号处理中导数运算的近似实现方式。

性质 6.12　DTFT 的累加性质　设离散时间信号 $x(n)$ 满足 $x(n)\overset{\mathrm{DTFT}}{\leftrightarrow}X(\mathrm{e}^{\mathrm{j}\omega})$，其累加运算定义为 $y(n)=\sum\limits_{m=-\infty}^{n}x(m)$。则 DTFT 的累加性质表示为

$$\sum_{m=-\infty}^{n}x(m)\overset{\mathrm{DFTF}}{\leftrightarrow}\frac{1}{1-\mathrm{e}^{-\mathrm{j}\omega}}X(\mathrm{e}^{\mathrm{j}\omega})+\pi X(\mathrm{e}^{\mathrm{j}0})\sum_{k=-\infty}^{+\infty}\delta(\omega-2\pi k) \tag{6.41}$$

在上式右边的第二项中，$X(\mathrm{e}^{\mathrm{j}0})$ 表示信号频谱的直流分量。

与连续时间信号傅里叶变换的性质相对比，可知离散时间傅里叶变换的累加性质是与连续傅里叶变换的积分性质相对应的，即这里的信号累加运算 $\sum\limits_{m=-\infty}^{n}x(m)$，对应于连续时间信号的信号积分运算 $\int_{-\infty}^{t}x(\tau)\mathrm{d}\tau$。在数字信号处理的实现或计算机程序设计中，通常采用累加运算来近似替代积分运算。

例 6.8　试计算离散时间单位阶跃信号 $x(n)=u(n)$ 的离散时间傅里叶变换 $X(\mathrm{e}^{\mathrm{j}\omega})$。

解　考虑采用 DTFT 的累加性质求解。设 $g(n)=\delta(n)$，并考虑到 $G(\mathrm{e}^{\mathrm{j}\omega})=1$。由于单位阶跃信号实际上是单位冲激信号的累加，即

$$x(n)=u(n)=\sum_{m=-\infty}^{n}g(m)$$

对上式两边求取离散时间傅里叶变换，并应用累加性质，有

$$X(\mathrm{e}^{\mathrm{j}\omega})=\frac{1}{1-\mathrm{e}^{-\mathrm{j}\omega}}G(\mathrm{e}^{\mathrm{j}\omega})+\pi G(\mathrm{e}^{\mathrm{j}0})\sum_{k=-\infty}^{+\infty}\delta(\omega-2\pi k)=\frac{1}{1-\mathrm{e}^{-\mathrm{j}\omega}}+\pi\sum_{k=-\infty}^{+\infty}\delta(\omega-2\pi k)$$

6.4.6 DTFT 的时间反转性质

性质 6.13 DTFT 的时间反转性质 设离散时间信号 $x(n)$ 满足 $x(n) \overset{\text{DTFT}}{\leftrightarrow} X(e^{j\omega})$，则 DTFT 的时间反转性质为

$$x(-n) \overset{\text{DTFT}}{\leftrightarrow} X(e^{-j\omega}) \tag{6.42}$$

即时间信号的反转导致其 DTFT 的频谱反转。

证明 由于 $\mathscr{F}[x(-n)] = \sum_{n=-\infty}^{+\infty} x(-n)e^{-j\omega n} \overset{m=-n}{=} \sum_{m=-\infty}^{+\infty} x(m)e^{-j(-\omega)m}$，故式(6.42)得证。

6.4.7 DTFT 的时域扩展性质

DTFT 的时域宽展性质是与 FT 的时域尺度变换性质相对应的，但是又有明显的区别。对于连续时间 FT 的尺度变换，若满足 $x(t) \overset{\text{FT}}{\leftrightarrow} X(j\Omega)$，则有 $x(at) \overset{\text{FT}}{\leftrightarrow} \frac{1}{|a|}X\left(\frac{j\Omega}{a}\right)$。其中尺度参数 a 可以在实数域中取任意值。但是对于离散时间信号 $x(n)$，却不能这样设置尺度参数，这是由于 $x(n)$ 的离散性，若仿照连续时间信号设置尺度参数 a，只能取 a 为整数，这样才能保证 $x(an)$ 是有意义的，而不至于出现诸如 $x(n/2)$ 或 $x(n/3)$ 之类无定义的情况。

实际上，对于离散时间信号 $x(n)$，设 k 为一正整数，可定义一个新函数 $x_{(k)}(n)$，使得

$$x_{(k)}(n) = \begin{cases} x(n/k), & \text{若 } n \text{ 为 } k \text{ 的整数倍} \\ 0, & \text{若 } n \text{ 不为 } k \text{ 的整数倍} \end{cases} \tag{6.43}$$

仔细分析式(6.43)，可见其与连续时间信号的尺度变换可更好地对应起来。$x_{(k)}(n)$ 的作用相当于保留 $x(n)$ 当 n/k 为整数时的样本，而在 $x(n)$ 的相邻样本之间插入 $k-1$ 个零值，从而实现了信号的时域扩展。

性质 6.14 DTFT 的时域扩展性质 设离散时间信号 $x(n)$ 满足 $x(n) \overset{\text{DTFT}}{\leftrightarrow} X(e^{j\omega})$，则 DTFT 的时域扩展性质表示为

$$x_{(k)}(n) \overset{\text{DTFT}}{\leftrightarrow} X(e^{jk\omega}) \tag{6.44}$$

由式(6.44)可见，若离散时间信号扩展 k 倍，则其对应的频谱压缩为原来的 $1/k$。

证明 设 $X_{(k)}(e^{j\omega}) = \mathscr{F}[x_{(k)}(n)]$，则

$$X_{(k)}(e^{j\omega}) = \mathscr{F}[x_{(k)}(n)] = \sum_{n=-\infty}^{+\infty} x_{(k)}(n)e^{-j\omega n} \overset{n=rk}{=} \sum_{r=-\infty}^{+\infty} x_{(k)}(rk)e^{-j\omega rk}$$

由式(6.43)知 $x_{(k)}(rk) = x(r)$，故

$$X_{(k)}(e^{j\omega}) = \sum_{r=-\infty}^{+\infty} x_{(k)}(rk)e^{-j\omega rk} = \sum_{r=-\infty}^{+\infty} x(r)e^{-j(k\omega)r} = X(e^{jk\omega})$$

于是有

$$x_{(k)}(n) \overset{\text{DTFT}}{\leftrightarrow} X(e^{jk\omega})$$

6.4.8 DTFT 的频域微分性质

性质 6.15 DTFT 的频域微分性质 设离散时间信号 $x(n)$ 满足 $x(n) \overset{\text{DTFT}}{\leftrightarrow} X(e^{j\omega})$，则

DTFT 的频域微分性质表示为

$$nx(n) \overset{\text{DTFT}}{\leftrightarrow} \mathrm{j}\,\frac{\mathrm{d}X(\mathrm{e}^{\mathrm{j}\omega})}{\mathrm{d}\omega} \tag{6.45}$$

证明　由 DTFT 正变换定义式 $X(\mathrm{e}^{\mathrm{j}\omega})=\sum_{n=-\infty}^{+\infty}x(n)\mathrm{e}^{-\mathrm{j}\omega n}$，对其求取相对于频率变量 ω 的一阶导数，可得

$$\frac{\mathrm{d}X(\mathrm{e}^{\mathrm{j}\omega})}{\mathrm{d}\omega}=\frac{\mathrm{d}}{\mathrm{d}\omega}\left[\sum_{n=-\infty}^{+\infty}x(n)\mathrm{e}^{-\mathrm{j}\omega n}\right]=-\mathrm{j}\sum_{n=-\infty}^{+\infty}nx(n)\mathrm{e}^{-\mathrm{j}\omega n}$$

对上式两边分别乘以 j，则式(6.45)得证。

6.4.9 DTFT 的卷积性质

DTFT的卷积性质与乘法性质知识点

与连续傅里叶变换相同，离散时间傅里叶变换也有对应的卷积性质。

性质 6.16　DTFT 的卷积性质　设离散时间信号 $x(n)$ 满足 $x(n)\overset{\text{DTFT}}{\leftrightarrow}X(\mathrm{e}^{\mathrm{j}\omega})$，且离散时间 LTI 系统的单位冲激响应满足 $h(n)\overset{\text{DTFT}}{\leftrightarrow}H(\mathrm{e}^{\mathrm{j}\omega})$，则 DTFT 的卷积性质表示为

$$x(n)*h(n)\overset{\text{DTFT}}{\leftrightarrow}X(\mathrm{e}^{\mathrm{j}\omega})H(\mathrm{e}^{\mathrm{j}\omega}) \tag{6.46}$$

显然，与连续时间的情形相同，在时域中离散时间信号与系统的卷积，对应于频域中信号频谱与系统频率响应的乘积。读者可参照第 3 章关于傅里叶变换的卷积性质的证明自行证明 DTFT 的卷积性质。

例 6.9　给定离散时间 LTI 系统的单位冲激响应为 $h(n)=a^n u(n)$，$|a|<1$，其输入信号为 $x(n)=b^n u(n)$，$|b|<1$。试计算系统的输出信号 $y(n)$。

解　分别求取 $h(n)$ 与 $x(n)$ 的离散时间傅里叶变换，有 $H(\mathrm{e}^{\mathrm{j}\omega})=\mathscr{F}[h(n)]=\dfrac{1}{1-a\mathrm{e}^{-\mathrm{j}\omega}}$ 和 $X(\mathrm{e}^{\mathrm{j}\omega})=\mathscr{F}[x(n)]=\dfrac{1}{1-b\mathrm{e}^{-\mathrm{j}\omega}}$。这样，有

$$Y(\mathrm{e}^{\mathrm{j}\omega})=H(\mathrm{e}^{\mathrm{j}\omega})X(\mathrm{e}^{\mathrm{j}\omega})=\frac{1}{(1-a\mathrm{e}^{-\mathrm{j}\omega})(1-b\mathrm{e}^{-\mathrm{j}\omega})} \tag{6.47}$$

(a) 若满足 $a\neq b$，则可对 $Y(\mathrm{e}^{\mathrm{j}\omega})$ 进行部分分式展开，有 $Y(\mathrm{e}^{\mathrm{j}\omega})=\dfrac{A}{1-a\mathrm{e}^{-\mathrm{j}\omega}}+\dfrac{B}{1-b\mathrm{e}^{-\mathrm{j}\omega}}$。式中 A 和 B 为待定系数。可求得 $A=\dfrac{a}{a-b}$，$B=-\dfrac{b}{a-b}$。这样，对 $Y(\mathrm{e}^{\mathrm{j}\omega})$ 求取离散时间傅里叶逆变换，可得

$$y(n)=\frac{a}{a-b}a^n u(n)-\frac{b}{a-b}b^n u(n)=\frac{1}{a-b}[a^{n+1}-b^{n+1}]u(n) \tag{6.48}$$

(b) 若满足 $a=b$，则 $Y(\mathrm{e}^{\mathrm{j}\omega})=\dfrac{1}{(1-a\mathrm{e}^{-\mathrm{j}\omega})^2}$ 不可展开为部分分式形式。在这种情况下，可把 $Y(\mathrm{e}^{\mathrm{j}\omega})$ 改写为

$$Y(\mathrm{e}^{\mathrm{j}\omega})=\frac{1}{(1-a\mathrm{e}^{-\mathrm{j}\omega})^2}=\frac{\mathrm{j}}{a}\mathrm{e}^{\mathrm{j}\omega}\frac{\mathrm{d}}{\mathrm{d}\omega}\left(\frac{1}{1-a\mathrm{e}^{-\mathrm{j}\omega}}\right) \tag{6.49}$$

再利用 DTFT 的频域微分性质和已知的 DTFT 变换对 $a^n u(n)\overset{\text{DTFT}}{\leftrightarrow}\dfrac{1}{1-a\mathrm{e}^{-\mathrm{j}\omega}}$，可以得到

$$na^n u(n) \overset{\text{DTFT}}{\leftrightarrow} \mathrm{j}\frac{\mathrm{d}}{\mathrm{d}\omega}\left(\frac{1}{1-a\mathrm{e}^{-\mathrm{j}\omega}}\right) \tag{6.50}$$

将式(6.50)与式(6.49)进行对比，并在式(6.50)的基础上进行修正，以匹配式(6.49)中$Y(\mathrm{e}^{\mathrm{j}\omega})$的形式。需要考虑两个因素，一是$Y(\mathrm{e}^{\mathrm{j}\omega})$中有一个$\mathrm{e}^{\mathrm{j}\omega}$因子，需要在式(6.50)左边依据DTFT的时移性质进行修正；二是$Y(\mathrm{e}^{\mathrm{j}\omega})$中有一个$1/a$因子，也需要在式(6.50)时移修正后进行处理。经过这两个修正，可得到

$$(n+1)a^n u(n+1) \overset{\text{DTFT}}{\leftrightarrow} \frac{\mathrm{j}}{a}\mathrm{e}^{\mathrm{j}\omega}\frac{\mathrm{d}}{\mathrm{d}\omega}\left(\frac{1}{1-a\mathrm{e}^{-\mathrm{j}\omega}}\right) \tag{6.51}$$

显然，上式右边与式(6.49)所示的$Y(\mathrm{e}^{\mathrm{j}\omega})$完全相同。这样，式(6.51)的左边就是待求的输出信号$y(n)$，即

$$y(n) = (n+1)a^n u(n+1)$$

6.4.10 DTFT的乘法性质

性质6.17 DTFT的乘法性质 设离散时间信号$x_1(n)$和$x_2(n)$分别满足$x_1(n) \overset{\text{DTFT}}{\leftrightarrow} X_1(\mathrm{e}^{\mathrm{j}\omega})$和$x_2(n) \overset{\text{DTFT}}{\leftrightarrow} X_2(\mathrm{e}^{\mathrm{j}\omega})$，则DTFT的乘法性质表示为

$$x_1(n)x_2(n) \overset{\text{DTFT}}{\leftrightarrow} \frac{1}{2\pi}\int_{2\pi} X_1(\mathrm{e}^{\mathrm{j}\theta})X_2(\mathrm{e}^{\mathrm{j}(\omega-\theta)})\mathrm{d}\theta \tag{6.52}$$

上式右边表示频谱$X_1(\mathrm{e}^{\mathrm{j}\omega})$和$X_2(\mathrm{e}^{\mathrm{j}\omega})$的周期卷积(Periodic Convolution)。这表明，离散时间信号在时域的乘积，其DTFT表示为在频域的周期卷积，即在以2π为周期的范围内进行卷积运算。

证明 对式(6.52)左边取离散时间傅里叶变换，有

$$\begin{aligned}\mathscr{F}[x_1(n)x_2(n)] &= \sum_{n=-\infty}^{+\infty} x_1(n)x_2(n)\mathrm{e}^{-\mathrm{j}\omega n} = \sum_{n=-\infty}^{+\infty} x_2(n)\left[\frac{1}{2\pi}\int_{2\pi} X_1(\mathrm{e}^{\mathrm{j}\theta})\mathrm{e}^{\mathrm{j}\theta n}\mathrm{d}\theta\right]\mathrm{e}^{-\mathrm{j}\omega n} \\ &= \frac{1}{2\pi}\int_{2\pi} X_1(\mathrm{e}^{\mathrm{j}\theta})\left[\sum_{n=-\infty}^{+\infty} x_2(n)\mathrm{e}^{-\mathrm{j}(\omega-\theta)n}\right]\mathrm{d}\theta \\ &= \frac{1}{2\pi}\int_{2\pi} X_1(\mathrm{e}^{\mathrm{j}\theta})X_2(\mathrm{e}^{\mathrm{j}(\omega-\theta)})\mathrm{d}\theta\end{aligned}$$

6.4.11 DTFT的帕塞瓦尔定理

定理6.2 DTFT的帕塞瓦尔定理 若离散时间信号$x(n)$的频谱为$X(\mathrm{e}^{\mathrm{j}\omega})$，则DTFT的帕塞瓦尔定理表示为

$$\sum_{n=-\infty}^{+\infty} |x(n)|^2 = \frac{1}{2\pi}\int_{2\pi} |X(\mathrm{e}^{\mathrm{j}\omega})|^2 \mathrm{d}\omega \tag{6.53}$$

DTFT的帕塞瓦尔定理表示，离散时间信号$x(n)$的总能量与其DTFT频率域2π区间上单位频率能量$|X(\mathrm{e}^{\mathrm{j}\omega})|^2/(2\pi)$的积分相等。

DTFT帕塞瓦尔定理请读者参照连续时间傅里叶变换的帕塞瓦尔定理的证明自行证明。

6.4.12 DTFT 性质列表与常用 DTFT 变换对

1. 离散时间傅里叶变换的性质列表

表 6.2 给出了离散时间傅里叶变换的主要性质。

表 6.2 离散时间傅里叶变换的主要性质

序号	性质	离散时间非周期信号 $x(n), y(n)$	离散时间傅里叶变换 $X(e^{j\omega}), Y(e^{j\omega})$
1	线性性质	$ax(n)+by(n)$	$aX(e^{j\omega})+bY(e^{j\omega})$
2	时移性质	$x(n-n_0)$	$e^{-j\omega n_0}X(e^{j\omega})$
3	频移性质	$e^{j\omega n_0}x(n)$	$X[e^{j(\omega-\omega_0)}]$
4	共轭性质	$x^*(n)$	$X^*(e^{-j\omega})$
5	时间反转性质	$x(-n)$	$X(e^{-j\omega})$
6	时域扩展性质	$x_{(k)}(n)=\begin{cases}x(n/k),\text{若 } n \text{ 为 } k \text{ 的倍数}\\0,\text{若 } n \text{ 不为 } k \text{ 的倍数}\end{cases}$	$X(e^{jk\omega})$
7	卷积性质	$x(n)*y(n)$	$X(e^{j\omega})Y(e^{j\omega})$
8	相乘性质	$x(n)y(n)$	$\frac{1}{2\pi}\int_{2\pi}X(e^{j\theta})Y(e^{j(\omega-\theta)})d\theta$
9	时域差分性质	$x(n)-x(n-1)$	$(1-e^{-j\omega})X(e^{j\omega})$
10	时域累加性质	$\sum_{k=-\infty}^{n}x(k)$	$\frac{1}{1-e^{-j\omega}}X(e^{j\omega})+\pi X(e^{j0})\sum_{k=-\infty}^{+\infty}\delta(\omega-2k\pi)$
11	频域微分性质	$nx(n)$	$j\frac{dX(e^{j\omega})}{d\omega}$
12	实信号的共轭对称性	$x(n)$ 为实信号	$\begin{cases}X(e^{j\omega})=X^*(e^{-j\omega})\\\mathrm{Re}[X(e^{j\omega})]=\mathrm{Re}[X(e^{-j\omega})]\\\mathrm{Im}[X(e^{j\omega})]=-\mathrm{Im}[X(e^{-j\omega})]\\\lvert X(e^{j\omega})\rvert=\lvert X(e^{-j\omega})\rvert\\\measuredangle X(e^{j\omega})=-\measuredangle X(e^{-j\omega})\end{cases}$
13	帕塞瓦尔定理	$\sum_{n=-\infty}^{+\infty}\lvert x(n)\rvert^2=\frac{1}{2\pi}\int_{2\pi}\lvert X(e^{j\omega})\rvert^2d\omega$	

2. 离散时间傅里叶变换的常用变换对

表 6.3 给出了一些常用离散时间信号的傅里叶变换对。

表 6.3　常用离散时间信号的傅里叶变换对

序号	信号名称	离散时间信号 $x(n)$ 表达式	离散时间傅里叶变换 $X(e^{j\omega})$
1	复指数信号	$e^{j\omega_0 n}$	$\sum_{l=-\infty}^{\infty} 2\pi\delta(\omega-\omega_0-2\pi l)$
2	余弦信号	$\cos\omega_0 n$	$\sum_{l=-\infty}^{\infty} \pi[\delta(\omega-\omega_0-2\pi l)+\delta(\omega+\omega_0-2\pi l)]$
3	正弦信号	$\sin\omega_0 n$	$\frac{1}{j}\sum_{l=-\infty}^{\infty} \pi[\delta(\omega-\omega_0-2\pi l)-\delta(\omega+\omega_0-2\pi l)]$
4	常数序列	1	$\sum_{l=-\infty}^{\infty} 2\pi\delta(\omega-2\pi l)$
5	单位冲激信号	$\delta(n)$	1
6	单位阶跃信号	$u(n)$	$\frac{1}{1-e^{-j\omega}}+\sum_{k=-\infty}^{\infty}\pi\delta(\omega-2\pi k)$
7	单边指数信号	$a^n u(n)$，$\mid a\mid<1$	$\frac{1}{1-ae^{-j\omega}}$
8	矩形信号	$x(n)=\begin{cases}1, & \mid n\mid\leqslant N_1\\0, & \mid n\mid>N_1\end{cases}$	$\frac{\sin[\omega(N_1+1/2)]}{\sin(\omega/2)}$
9	sinc 信号	$\frac{\sin Wn}{\pi n}=\frac{W}{\pi}\mathrm{sinc}\left(\frac{Wn}{\pi}\right)$ $0<W<\pi$	$X(e^{j\omega})=\begin{cases}1, & 0\leqslant\mid\omega\mid\leqslant W\\0, & W<\mid\omega\mid\leqslant\pi\end{cases}$

6.5 傅里叶分析理论中的对偶性

傅里叶分析理论中的对偶性(Duality)对于信号与系统的理论分析和解题具有重要意义。所谓对偶性是指信号的时域波形与其频谱函数具有某种互换性或对称互易性。实际上，在本书的第 3 章已经介绍过连续时间傅里叶变换(FT)中信号与其频谱的对偶关系。

到目前为止，我们已经学习了傅里叶分析理论中最基础的四种傅里叶级数和傅里叶变换，即连续时间周期信号的傅里叶级数(FS)、连续时间信号的傅里叶变换(FT)、离散时间周期信号的傅里叶级数(DFS)和离散时间信号的离散时间傅里叶变换(DTFT)。在这四种傅里叶分析理论方法中，共涉及了三种时域与频域的对偶性关系，即 FT 中的对偶性、DFS 中的对偶性和 DTFT 与 FS 之间的对偶性。本节分别介绍这三种对偶性。

6.5.1　傅里叶变换中的对偶性

本书第 3 章的例 3.6 和例 3.7 给出了典型的傅里叶变换中对偶关系的例子，这两个例题的结果如图 3.10 所示。由这两个例题及对应的曲线可见，矩形时间信号的频谱为一 sinc 函数，而矩形频谱所对应的时间信号也为一 sinc 函数。

同样，我们也可以通过对 $\delta(t)$ 求取傅里叶变换而得到一个平坦的常数谱 $X(\mathrm{j}\Omega)=1$；而通过对 $\delta(\Omega)$ 求取傅里叶逆变换而得到一个平坦的常数时间信号 $x(t)=\dfrac{1}{2\pi}$。上述关系可以总结为

$$\begin{gathered}\delta(t)\overset{\mathrm{FT}}{\leftrightarrow}1\\ 1\overset{\mathrm{FT}}{\leftrightarrow}2\pi\delta(\Omega)\end{gathered}\tag{6.54}$$

可见，上式所示关系表现了傅里叶变换的时间-频率间的对偶关系。

进一步地，考察连续傅里叶变换的定义 3.2，将傅里叶变换的定义式再次表示如下

$$X(\mathrm{j}\Omega)=\int_{-\infty}^{+\infty}x(t)\mathrm{e}^{-\mathrm{j}\Omega t}\mathrm{d}t\tag{6.55}$$

$$x(t)=\frac{1}{2\pi}\int_{-\infty}^{+\infty}X(\mathrm{j}\Omega)\mathrm{e}^{\mathrm{j}\Omega t}\mathrm{d}\Omega\tag{6.56}$$

由上面两式可以看出，在傅里叶变换的定义中，时间信号 $x(t)$ 是连续的、且非周期的，而其频谱 $X(\mathrm{j}\Omega)$ 也是连续的、且非周期的。这种时间信号与频谱所共同具有的连续性（或离散性）和周期性（或非周期性）的性质，是决定连续傅里叶变换中对偶关系存在的决定性条件。

总结起来，FT 中的对偶关系可表示为：若满足 $x(t)\overset{\mathrm{FT}}{\leftrightarrow}X(\mathrm{j}\Omega)$，则

$$X(\mathrm{j}t)\overset{\mathrm{FT}}{\leftrightarrow}2\pi x(-\Omega)\tag{6.57}$$

实际上，在连续傅里叶变换（FT）的范围内，任一傅里叶变换对，在时间变量与频率变量交换之后，都有这种对偶关系，称为傅里叶变换的对偶性质。

例 6.10　给定连续时间信号 $g(t)=\dfrac{2}{1+t^2}$，试求其傅里叶变换 $G(\mathrm{j}\Omega)$。

解　对于本题所给定的连续时间信号，若用傅里叶变换的定义式来求解，则所对应的积分运算是非常难于计算的。若考虑用傅里叶变换的性质，只能依靠对偶性质了。

采用对偶性质求解傅里叶变换，必须知道与待求傅里叶变换的时间信号形式相同的一个频谱以及该频谱所对应的时间信号。在本题中，我们需要寻找一个频谱函数，该频谱函数的形式与 $g(t)$ 的形式相同。可将其设为

$$x(t)\overset{\mathrm{FT}}{\leftrightarrow}X(\mathrm{j}\Omega)=\frac{2}{1+\Omega^2}$$

根据以往的知识积累，可以得到这个信号，即

$$x(t)=\mathrm{e}^{-|t|}\overset{\mathrm{FT}}{\leftrightarrow}X(\mathrm{j}\Omega)=\frac{2}{1+\Omega^2}$$

把这一变换式写为傅里叶逆变换的形式，有

$$x(t) = \mathrm{e}^{-|t|} = \frac{1}{2\pi}\int_{-\infty}^{+\infty}\left(\frac{2}{1+\Omega^2}\right)\mathrm{e}^{-\mathrm{j}\Omega t}\,\mathrm{d}\Omega$$

将上式两边乘以 2π，并将 t 与 $-t$ 互换，可以得到

$$2\pi\mathrm{e}^{-|t|} = \int_{-\infty}^{+\infty}\left(\frac{2}{1+\Omega^2}\right)\mathrm{e}^{-\mathrm{j}\Omega t}\,\mathrm{d}\Omega$$

再将变量 t 和 Ω 名称互换，得到

$$2\pi\mathrm{e}^{-|\Omega|} = \int_{-\infty}^{+\infty}\left(\frac{2}{1+t^2}\right)\mathrm{e}^{-\mathrm{j}\Omega t}\,\mathrm{d}t$$

从而得到

$$G(\mathrm{j}\Omega) = \int_{-\infty}^{+\infty}\left(\frac{2}{1+t^2}\right)\mathrm{e}^{-\mathrm{j}\Omega t}\,\mathrm{d}t = 2\pi\mathrm{e}^{-|\Omega|}$$

6.5.2 离散傅里叶级数中的对偶性

为了讨论的方便，把本章定义 6.1 中关于离散傅里叶级数(DFS) 的定义式再次表示如下

$$a_k = \frac{1}{N}\sum_{n=\langle N\rangle} x(n)\mathrm{e}^{-\mathrm{j}k\omega_0 n} = \frac{1}{N}\sum_{n=\langle N\rangle} x(n)\mathrm{e}^{-\mathrm{j}k(2\pi/N)n} \tag{6.58}$$

$$x(n) = \sum_{k=\langle N\rangle} a_k\mathrm{e}^{\mathrm{j}k\omega_0 n} = \sum_{k=\langle N\rangle} a_k\mathrm{e}^{\mathrm{j}k(2\pi/N)n} \tag{6.59}$$

考察式(6.58) 与式(6.59)，显然，信号 $x(n)$ 是离散的、且为周期的，而其离散傅里叶级数的系数 a_k 也是离散的、且为周期的。这样，离散傅里叶级数的时间信号 $x(n)$ 与其频谱 a_k 构成了对偶关系。

可以确定，离散傅里叶级数的对偶关系表示为：若满足 $a_k \overset{\mathrm{DFS}}{\longleftrightarrow} x(n)$，则

$$a_n \overset{\mathrm{DFS}}{\longleftrightarrow} \frac{1}{N}x(-k) \tag{6.60}$$

式中，a_n 表示与原信号 $x(n)$ 傅里叶级数系数 a_k 相同结构形式的离散时间周期信号，$x(-k)$ 则表示与原信号 $x(n)$ 的时间反转 $x(-n)$ 相同结构形式的频谱，N 表示上述各周期信号与频谱的周期。

与连续时间傅里叶变换的情况相同，离散傅里叶级数的每一个变换对都有对应的对偶关系。并且，离散傅里叶级数的每一个性质也都有其对应的对偶关系存在。例如，离散傅里叶级数的时移性质与频移性质成对偶关系，而离散傅里叶级数的卷积性质与乘法性质也成对偶关系。

6.5.3 离散时间傅里叶变换与傅里叶级数之间的对偶性

傅里叶分析理论中的时间-频率对偶关系，除了前面两节介绍的 FT 中的对偶关系和 DFS 中的对偶关系之外，还有一种存在于连续时间周期信号的傅里叶级数(FS) 与离散时间信号的离散时间傅里叶变换(DTFT) 之间的对偶关系。把 FS 与 DTFT 的定义式再次给出如下

$$A_k = \frac{1}{T}\int_T x(t)\mathrm{e}^{-\mathrm{j}k\Omega_0 t}\mathrm{d}t = \frac{1}{T}\int_T x(t)\mathrm{e}^{-\mathrm{j}k(2\pi/T)t}\mathrm{d}t \tag{6.61}$$

$$x(t) = \sum_{k=-\infty}^{+\infty} A_k \mathrm{e}^{\mathrm{j}k\Omega_0 t} = \sum_{k=-\infty}^{+\infty} A_k \mathrm{e}^{\mathrm{j}k(2\pi/T)t} \tag{6.62}$$

$$X(\mathrm{e}^{\mathrm{j}\omega}) = \sum_{n=-\infty}^{+\infty} x(n)\mathrm{e}^{-\mathrm{j}\omega n} \tag{6.63}$$

$$x(n) = \frac{1}{2\pi}\int_{2\pi} X(\mathrm{e}^{\mathrm{j}\omega})\mathrm{e}^{\mathrm{j}\omega n}\mathrm{d}\omega \tag{6.64}$$

分析上面两组变换的定义式，可见，FS的时间信号$x(t)$是连续的且周期性的，而其对应的频谱A_k则是离散的、非周期的。显然，在FS范围内不存在满足对偶关系的条件。再者，在DTFT中，时间信号$x(n)$是离散的、非周期的，而对应的频谱$X(\mathrm{e}^{\mathrm{j}\omega})$则是连续的且周期的。显然，在DTFT范围内也不存在满足对偶关系的条件。

但是，若联合考察式(6.61)与式(6.64)，则可看到FS的频谱A_k与DTFT的时间信号$x(n)$二者都是离散的、且非周期的。此外，再联合考察式(6.62)与式(6.63)，可看到FS的时间信号$x(t)$与DTFT的频谱$X(\mathrm{e}^{\mathrm{j}\omega})$均为连续的、且为周期性的。因此，由FS和DTFT可以联合构成一种对偶关系。

例 6.11　试利用DTFT与FS的对偶性计算$x(n)=\dfrac{\sin(\pi n/2)}{\pi n}$的频谱$X(\mathrm{e}^{\mathrm{j}\omega})$。

解　为了利用对偶性质，需要找到一个连续时间周期信号$g(t)$，使其满足周期$T=2\pi$，且其傅里叶级数系数满足$A_k = x(k) = \dfrac{\sin(\pi k/2)}{\pi k}$。

根据常用的傅里叶级数变换对，有

$$g(t) = \begin{cases} 1, & |t| \leqslant T_1 \\ 0, & T_1 < |t| \leqslant \pi \end{cases} \overset{\mathrm{FS}}{\leftrightarrow} \frac{\sin(\pi k/2)}{\pi k} = A_k$$

满足上述条件要求。这样，取$T_1=\pi/2$，有$A_k = x(k)$。这时

$$A_k = \mathscr{F}[g(t)] = \frac{\sin(\pi k/2)}{\pi k} = \frac{1}{2\pi}\int_{-\pi}^{\pi} g(t)\mathrm{e}^{-\mathrm{j}k\Omega_0 t}\mathrm{d}t = \frac{1}{2\pi}\int_{-\pi/2}^{\pi/2}\mathrm{e}^{-\mathrm{j}kt}\mathrm{d}t$$

在上式中，$\Omega_0 = \dfrac{2\pi}{T} = 1$，$g(t)$在$\left[-\dfrac{\pi}{2},\dfrac{\pi}{2}\right]$区间恒为1。若将$k$与$n$互换，$t$与$\omega$互换，有

$$x(n) = \frac{\sin(\pi n/2)}{\pi n} = \frac{1}{2\pi}\int_{-\pi/2}^{\pi/2}\mathrm{e}^{-\mathrm{j}\omega n}\mathrm{d}\omega$$

在上式两边以$-n$代换n，并注意到$\dfrac{\sin(\pi n/2)}{\pi n}$为偶函数，则

$$x(n) = \frac{\sin(\pi n/2)}{\pi n} = \frac{1}{2\pi}\int_{-\pi/2}^{\pi/2}\mathrm{e}^{\mathrm{j}\omega n}\mathrm{d}\omega$$

上式中，

$$X(\mathrm{e}^{\mathrm{j}\omega}) = \begin{cases} 1, & |\omega| \leqslant \pi/2 \\ 0, & \pi/2 < |\omega| \leqslant \pi \end{cases}$$

6.6 离散时间LTI系统的频域分析

本节基于傅里叶分析理论，介绍离散时间LTI系统的频域分析方法。相对于系统的时域分析方法，系统的频域分析方法会更为简洁方便。

6.6.1 离散时间 LTI 系统的差分方程表示

用差分方程描述 LTI 系统是系统表示的一种基本方法。设 LTI 系统的输入和输出信号分别表示为 $x(n)$ 和 $y(n)$，则 LTI 系统线性常系数差分方程的一般形式表示为

$$\sum_{k=0}^{N} a_k y(n-k) = \sum_{k=0}^{M} b_k x(n-k) \tag{6.65}$$

式中，b_k 和 a_k 分别表示系统输入信号与输出信号的加权系数(请注意，这里的 b_k 和 a_k 不是离散傅里叶级数的系数)。M 和 N 分别表示输入项和输出项的阶数，一般满足 $N \geqslant M$。

若在时域对系统进行分析，则需要对式(6.65) 所示差分方程进行求解，常用的时域求解方法是递推求解法，比较繁琐，本书不做详细介绍，仅给出一例简要说明。

例 6.12 在信号处理过程中，设因果系统每接收到一个数据，就将该数据与前一时刻的处理结果进行平均。(a) 试求这一信号处理的输入-输出关系。(b) 若输入信号为 $x(n) = \delta(n)$，试求系统的输出信号 $y(n)$。

解 (a) 设当前时刻为 n，则当前时刻的输入信号和输出信号分别为 $x(n)$ 和 $y(n)$，前一时刻的输出信号为 $y(n-1)$。依题意，有

$$y(n) = \frac{1}{2}[x(n) + y(n-1)]$$

经整理，有

$$y(n) - \frac{1}{2}y(n-1) = \frac{1}{2}x(n)$$

显然，上式是一个一阶线性常系数差分方程，是式(6.65) 的一个特例。

(b) 考虑给定条件 $x(n) = \delta(n)$，且因系统的因果性，有 $y(-1) = 0$，这样，对上式给定差分方程进行递推求解，有

$$y(0) = \frac{1}{2}y(-1) + \frac{1}{2}x(0) = \frac{1}{2}$$

$$y(1) = \frac{1}{2}y(0) + \frac{1}{2}x(1) = \left(\frac{1}{2}\right)^2$$

$$y(2) = \frac{1}{2}y(1) + \frac{1}{2}x(2) = \left(\frac{1}{2}\right)^3$$

$$\vdots \qquad \vdots$$

$$y(n) = \frac{1}{2}y(n-1) + \frac{1}{2}x(n) = \left(\frac{1}{2}\right)^{n+1}$$

考虑到系统的因果性，则系统的输出信号为

$$y(n) = \left(\frac{1}{2}\right)^{n+1} u(n)$$

6.6.2　差分方程的频域求解与LTI系统的传递函数

对式(6.65)两边分别做离散时间傅里叶变换，依据DTFT的线性性质和时移性质，可以把式(6.65)所示的差分方程转变为以频率ω为自变量的代数方程，并可进一步求出系统的频率特性或称为传递函数$H(\mathrm{e}^{\mathrm{j}\omega})$，再对$H(\mathrm{e}^{\mathrm{j}\omega})$做离散时间傅里叶逆变换，则可得到系统的单位冲激响应$h(n)$。由此可见，LTI系统的差分方程是描述LTI系统的基本方式，经由差分方程，可以进一步求得系统的传递函数和单位冲激响应，并对系统进行深入的频域分析。

基于离散时间傅里叶变换的差分方程求解方法是LTI系统频域分析的主要方式。设输入信号和输出信号分别满足$x(n)\overset{\text{DTFT}}{\leftrightarrow}X(\mathrm{e}^{\mathrm{j}\omega})$和$y(n)\overset{\text{DTFT}}{\leftrightarrow}Y(\mathrm{e}^{\mathrm{j}\omega})$。对式(6.65)所示差分方程进行离散时间傅里叶变换，可得

$$\sum_{k=0}^{N}a_k\mathrm{e}^{-\mathrm{j}k\omega}Y(\mathrm{e}^{\mathrm{j}\omega})=\sum_{k=0}^{M}b_k\mathrm{e}^{-\mathrm{j}k\omega}X(\mathrm{e}^{\mathrm{j}\omega}) \tag{6.66}$$

对式(6.66)进行整理，可得离散时间LTI系统的频率特性(即传递函数)$H(\mathrm{e}^{\mathrm{j}\omega})$为

$$H(\mathrm{e}^{\mathrm{j}\omega})=\frac{Y(\mathrm{e}^{\mathrm{j}\omega})}{X(\mathrm{e}^{\mathrm{j}\omega})}=\frac{\sum\limits_{k=0}^{M}b_k\mathrm{e}^{-\mathrm{j}k\omega}}{\sum\limits_{k=0}^{N}a_k\mathrm{e}^{-\mathrm{j}k\omega}} \tag{6.67}$$

同样，可以定义系统的幅频特性$|H(\mathrm{e}^{\mathrm{j}\omega})|$和相频特性$\measuredangle H(\mathrm{e}^{\mathrm{j}\omega})$分别为

$$|H(\mathrm{e}^{\mathrm{j}\omega})|=\sqrt{\{\mathrm{Re}[H(\mathrm{e}^{\mathrm{j}\omega})]\}^2+\{\mathrm{Im}[H(\mathrm{e}^{\mathrm{j}\omega})]\}^2} \tag{6.68}$$

$$\measuredangle H(\mathrm{e}^{\mathrm{j}\omega})=\arctan\left\{\frac{\mathrm{Im}[H(\mathrm{e}^{\mathrm{j}\omega})]}{\mathrm{Re}[H(\mathrm{e}^{\mathrm{j}\omega})]}\right\} \tag{6.69}$$

进一步地，对系统频率特性$H(\mathrm{e}^{\mathrm{j}\omega})$求取离散时间傅里叶逆变换，可以得到系统的单位冲激响应为

$$h(n)=\mathscr{F}^{-1}[H(\mathrm{e}^{\mathrm{j}\omega})] \tag{6.70}$$

例6.13　给定因果LTI系统的差分方程与例6.12的相同，即$y(n)-\frac{1}{2}y(n-1)=\frac{1}{2}x(n)$，且给定系统的输入信号为$x(n)=\delta(n)$。试采用DTFT频域法求系统的单位冲激响应和输出信号。

解　对给定差分方程两边求取DTFT，有$Y(\mathrm{e}^{\mathrm{j}\omega})-\frac{1}{2}\mathrm{e}^{-\mathrm{j}\omega}Y(\mathrm{e}^{\mathrm{j}\omega})=\frac{1}{2}X(\mathrm{e}^{\mathrm{j}\omega})$。经整理，可得系统的频率特性$H(\mathrm{e}^{\mathrm{j}\omega})$为

$$H(\mathrm{e}^{\mathrm{j}\omega})=\frac{Y(\mathrm{e}^{\mathrm{j}\omega})}{X(\mathrm{e}^{\mathrm{j}\omega})}=\frac{1/2}{1-(1/2)\mathrm{e}^{-\mathrm{j}\omega}}$$

由于输入信号$x(n)=\delta(n)$，故其DTFT为$X(\mathrm{e}^{\mathrm{j}\omega})=1$。这样，系统输出的频谱$Y(\mathrm{e}^{\mathrm{j}\omega})$与系统频率响应$H(\mathrm{e}^{\mathrm{j}\omega})$相等。即$Y(\mathrm{e}^{\mathrm{j}\omega})=\frac{1/2}{1-(1/2)\mathrm{e}^{-\mathrm{j}\omega}}$。利用离散时间傅里叶逆变换可以求得系统的单位冲激响应$h(n)$和系统输出信号$y(n)$为

$$y(n)=h(n)=\frac{1}{2}\left(\frac{1}{2}\right)^n u(n)=\left(\frac{1}{2}\right)^{n+1}u(n)$$

显然，上式所示的结果与例 6.12 给出的结果相同。

例 6.14　设因果 LTI 系统的差分方程为 $y(n)-\frac{3}{4}y(n-1)+\frac{1}{8}y(n-2)=2x(n)$，试求系统的单位冲激响应。

解　由给定差分方程，可得系统的频率特性为

$$H(e^{j\omega})=\frac{2}{1-\frac{3}{4}e^{-j\omega}+\frac{1}{8}e^{-j2\omega}}=\frac{4}{1-\frac{1}{2}e^{-j\omega}}-\frac{2}{1-\frac{1}{4}e^{-j\omega}}$$

对上式做离散时间傅里叶逆变换，得到

$$h(n)=4\left(\frac{1}{2}\right)^n u(n)-2\left(\frac{1}{4}\right)^n u(n)$$

例 6.15　已知因果离散时间系统的单位冲激响应为 $h(n)=0.5^n u(n)$，输入信号为 $x(n)=0.8^n u(n)$。试求系统的输出信号 $y(n)$。

解　对 $h(n)$ 和 $x(n)$ 分别求取离散时间傅里叶变换，有 $H(e^{j\omega})=\frac{1}{1-0.5e^{-j\omega}}$ 和 $X(e^{j\omega})=\frac{1}{1-0.8e^{-j\omega}}$。则系统输出信号的频谱为

$$Y(e^{j\omega})=X(e^{j\omega})H(e^{j\omega})=\frac{1}{1-0.8e^{-j\omega}}\cdot\frac{1}{1-0.5e^{-j\omega}}=\frac{8/3}{1-0.8e^{-j\omega}}-\frac{5/3}{1-0.5e^{-j\omega}}$$

对上式求离散时间傅里叶逆变换，有

$$y(n)=\frac{8}{3}(0.8)^n u(n)-\frac{5}{3}(0.5)^n u(n)$$

6.6.3　离散时间信号的频谱与离散时间信号的滤波

1. 离散时间信号频谱表示

在本书前面章节，我们学习了各种信号对应的频谱问题。我们已经知道，所谓频谱，实际上是信号中各频率分量在频率轴上的分布曲线。到目前为止，我们已经学习了四种不同的时间信号以及他们各自对应的频谱，分别为：连续时间周期信号对应的离散、非周期频谱 A_k，其离散频率变量为 k，实际上是 $k\Omega_0$ 的简化（Ω_0 为基波频率）；连续时间非周期信号对应的连续、非周期频谱 $X(j\Omega)$，其频率变量为 Ω，称为模拟频率，单位为弧度 / 秒（rad/s），经由 $\Omega=2\pi F$ 得到的 F 称为频率，单位是赫兹（Hz）；离散时间周期信号对应的离散、周期频谱 a_k，其离散频率变量也是 k，实际上是 $k\omega_0$ 的简化（ω_0 为基波频率）；离散时间非周期信号对应的连续、周期频谱 $X(e^{j\omega})$，其频率变量为 ω，称为数字频率，单位为弧度（rad）。模拟频率 Ω 和数字频率 ω 之间的关系为 $\omega=\Omega T$（T 为信号的采样间隔）。图 6.7 给出了各类信号的时域波形及其对应频谱的示意图。

2. 离散时间信号的滤波与滤波器

本书第 3 章介绍了连续时间信号的滤波与滤波器的概念。所谓滤波，就是采用系统（这里称为滤波器）对信号进行处理，其目的主要是滤除或抑制信号中伴随的噪声和干扰，使得信号更加纯净，或更适合使用者的应用。而所谓滤波器，一般可看作是一种信号的频率选择系统，其作用是使信号中有用频率成分通过，而有效衰减无用频率成分，甚至严格禁止这些频率成分的通过。

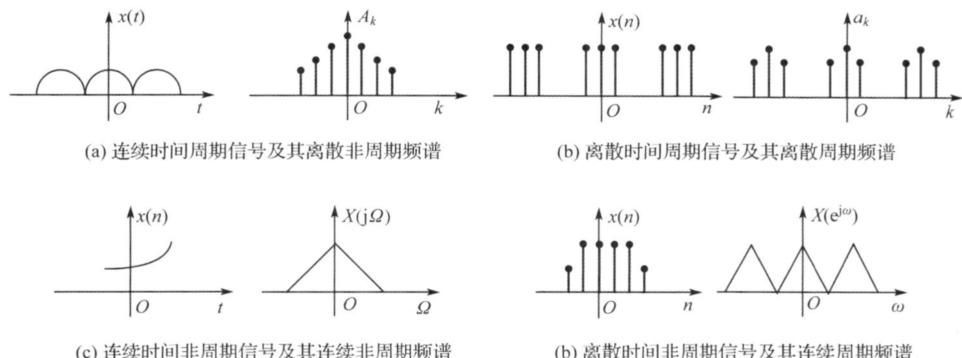

图 6.7　各类信号的时域波形及其对应的频谱

对于离散时间信号与系统，有关滤波与滤波器的基本概念是与连续时间信号与系统的情形是相同的，当然表现形式有一定的差别。与连续时间系统的情况相同，离散时间滤波器也可分为低通、高通、带通、带阻和全通五种基本形式。图 6.8 给出了这五种形式理想离散滤波器频率特性的示意图。

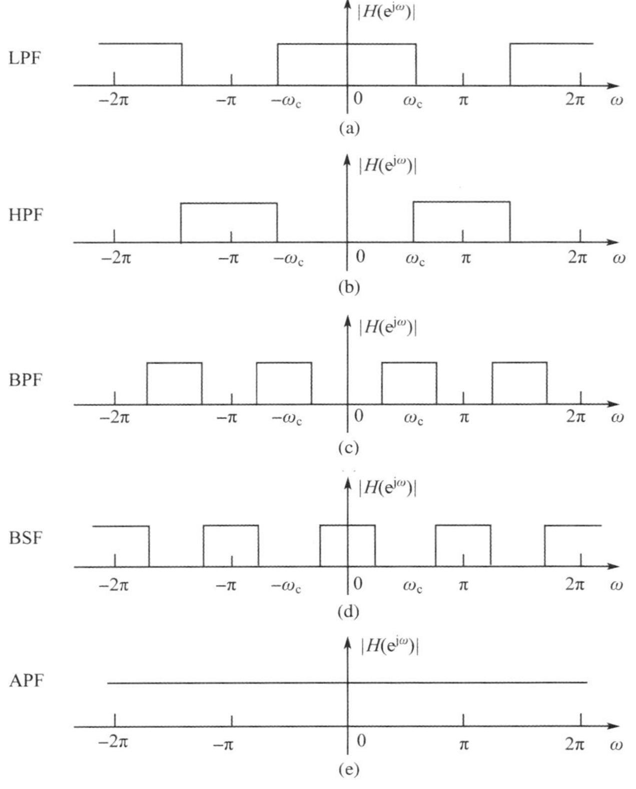

图 6.8　五种形式理想离散滤波器频率特性

图中，LPF、HPF、BPF、BSF 和 APF 分别表示低通滤波器(Low-pass Filter)、高通滤波器(High-pass Filter)、带通滤波器(Band-pass Filter)、带阻滤波器(Band-stop Filter) 和全

通滤波器(All-pass Filter)。由图可见,离散滤波器的频率特性是连续的且周期性的,周期均为 2π。在实际应用中,因离散滤波器一般均为实值系统,故其频谱为偶对称的。这种周期性与对称性,使我们实际上只需考虑频谱中 $0 \sim \pi$ 的频率范围即可。

下面给出例题,介绍依据 MATLAB 编程实现离散时间信号处理的例子。

例 6.16 设矩形离散时间信号为 $x(n)=u(n+N_1)-u(n-N_1)$。试利用 MATLAB 编程计算其频谱 $X(e^{j\omega})$。

解 按照题设要求,编写 MATLAB 程序代码如下:

```
n = -10:10;  x = rectpuls(n,9);  % 产生信号 x(n)
N = 1001;  % 对频谱在[0, 2π] 采样 1001 点
w = (0:N-1)/(N-1) * 2 * pi;  [Xw, Xn] = meshgrid(w,n);
Xw = x * exp(-j * Xn. * Xw);
figure;  plot(w,abs(Xw));  xlabel('\Omega');  title(' 离散时间傅里叶变换 ')
```

读者可自行运行上述 MATLAB 程序,并分析其结果。

例 6.17 设系统差分方程为 $y(n)+\frac{1}{2}y(n-1)=x(n)$。试依据 MATLAB 编程求取系统的频率响应 $H(e^{j\omega})$。

解 按照题设要求,编写 MATLAB 程序代码如下:

```
w = 0:0.01:10 * pi;
a = [1 0.5];  % 分母多项式系数
b = [1];  % 分子多项式系数
freqz(b,a,w)  % 绘制幅频特性与相频特性曲线
```

读者可自行运行上述 MATLAB 程序,绘出系统的幅频特性曲线和相频特性曲线,并分析其结果。

本章小结

本章关于离散傅里叶级数和离散时间傅里叶变换的介绍,是与第 3 章中关于连续傅里叶级数和连续傅里叶变换的介绍相对应的。在本章中,我们系统介绍了离散时间周期信号傅里叶级数的定义、性质与计算方法,介绍了离散时间傅里叶变换的定义、性质和计算方法,还介绍了离散时间系统的频域分析理论与方法等。此外,本章还总结性地介绍了傅里叶分析理论中的三种对偶关系,并结合前面章节的内容,总结归纳了各类信号与对应频谱的特点,最后介绍了离散时间信号的滤波与滤波器的概念和简单应用。这些理论和方法在后续学习及实践应用中都是十分重要的。

习　题

6.1　已知离散时间周期信号 $x_1(n)$ 和 $x_2(n)$ 的周期均为 $N(N=4)$，其各自对应的傅里叶级数系数分别为 a_k 和 b_k。且已知 $a_0=a_3=\frac{1}{2}a_1=\frac{1}{2}a_2=1$ 和 $b_0=b_1=b_2=b_3=1$。试根据离散傅里叶级数的相乘性质，确定信号 $g(n)=x_1(n)x_2(n)$ 的傅里叶级数系数 c_k。

6.2　已知周期为 $N=8$ 的离散傅里叶级数系数 a_k，求周期信号 $x(n)$。

(a)$a_k=\cos\left(\frac{k\pi}{4}\right)+\sin\left(\frac{3k\pi}{4}\right)$；　(b)$a_k=\begin{cases}\sin\left(\frac{k\pi}{3}\right), & 0\leqslant k\leqslant 6\\ 0, & k=7\end{cases}$；

(c)a_k 如图 6.9 所示。

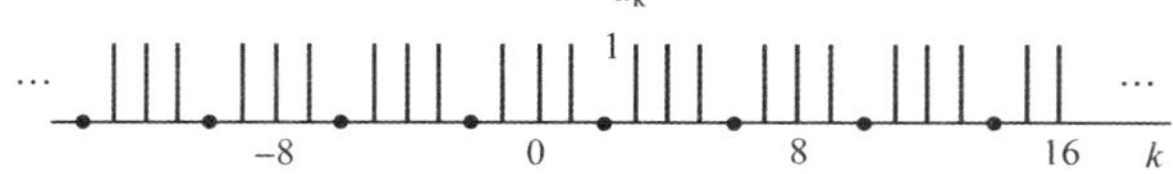

图 6.9　习题 6.2(c) 给定信号的波形

6.3　计算下列各式的离散时间傅里叶变换：

(a)$x(n)=\left(\frac{1}{2}\right)^{n-1}u(n-1)$；　(b)$x(n)=\left(\frac{1}{2}\right)^{|n-1|}$；

(c)$x(n)=\delta(n-1)+\delta(n+1)$

6.4　对于 $-\pi\leqslant\omega<\pi$，求下列各式的离散时间傅里叶变换：

(a)$X(e^{j\omega})=\sin(\frac{\pi}{3}n+\frac{\pi}{4})$；　(b)$X(e^{j\omega})=2+\cos(\frac{\pi}{6}n+\frac{\pi}{8})$

6.5　已知 $X(e^{j\omega})=\frac{1}{1-e^{-j\omega}}\left(\frac{\sin 3\omega/2}{\sin\omega/2}\right)+5\pi\delta(\omega)$，$-\pi<\omega\leqslant\pi$，求 $x(n)$。

6.6　一单位冲激响应为 $h_1(n)=\left(\frac{1}{3}\right)^n u(n)$ 的 LTI 系统与另一单位冲激响应为 $h_2(n)$ 的因果 LTI 系统并联后的频率响应为 $X(e^{j\omega})=\frac{-12+5e^{-j\omega}}{12-7e^{-j\omega}+e^{-j2\omega}}$，试求 $h_2(n)$。

6.7　设 $X(e^{j\omega})$ 为图 6.10 所示信号 $x(n)$ 的离散时间傅里叶变换。试不经计算 $X(e^{j\omega})$ 而求出以下结果：

(a)$X(e^{j0})$；　(b)$\measuredangle X(e^{j\omega})$；　(c)$\int_{-\pi}^{\pi}X(e^{j\omega})d\omega$；　(d)$X(e^{j\pi})$；

(e)$\int_{-\pi}^{\pi}|X(e^{j\omega})|^2 d\omega$

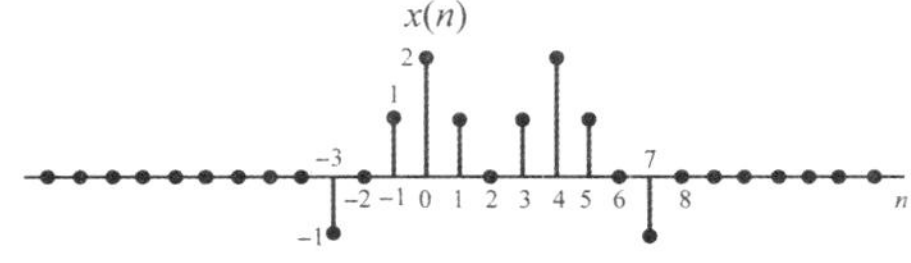

图 6.10　习题 6.7 给定信号 $x(n)$ 的离散时间傅里叶变换

6.8 设复信号 $x(n)$ 的离散时间傅里叶变换为 $X(e^{j\omega})$。试利用 $X(e^{j\omega})$ 导出下列信号的傅里叶变换式。

(a)$\mathrm{Re}[x(n)]$； (b)$x^*(-n)$

6.9 试证明离散时间傅里叶变换的卷积性质：$x(n)*h(n)\overset{\mathrm{DTFT}}{\leftrightarrow}X(e^{j\omega})H(e^{j\omega})$。

6.10 试利用定义式 $a_k=\frac{1}{N}\sum_{n=\langle N\rangle}x(n)e^{-jk\omega_0 n}$ 求周期信号 $x(n)=\sum_{m=-\infty}^{+\infty}[4\delta(N-4m)+8\delta(n-1-4m)]$在一个周期内的傅里叶级数系数。

6.11 设 $x(n)$ 为实的且奇对称的周期信号，周期为 $N=7$，傅里叶级数系数为 a_k。已知 $a_{15}=j$， $a_{16}=2j$， $a_{17}=3j$，试确定 a_1， a_{-1}， a_{-2}， a_{-3} 的值。

6.12 对信号 $x(n)$ 给出如下信息：

(1)$x(n)$ 是实偶信号；

(2)$x(n)$ 周期为 10，傅里叶级数系数为 a_k；

(3)$a_{11}=5$；

(4) $\frac{1}{10}\sum_{n=0}^{9}|x(n)|^2=50$。

试证明，$x(n)=A\cos(Bn+C)$，并给出常数 A、B 和 C 的值。

6.13 设一离散时间序列 $x(n)$ 如图 6.11 所示，试求其离散时间傅里叶变换 $X(e^{j\omega})$。

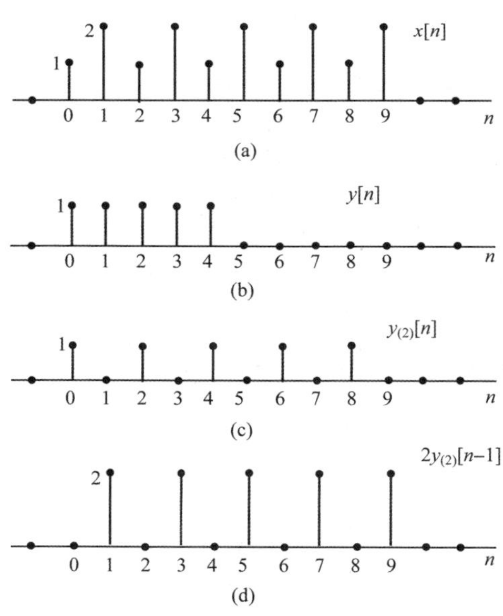

图 6.11 习题 6.13 给定的各信号离散时间序列

6.14 设离散时间 LTI 系统，其单位冲激响应为 $h(n)=\delta(n-n_0)$。(a) 试求系统的频率响应 $H(e^{j\omega})$。(b) 若输入信号为 $x(n)$，试求系统输出信号的频谱 $Y(e^{j\omega})$。

6.15　设离散时间理想低通滤波器的频率响应为一周期性矩形函数，即 $H(e^{j\omega})=\begin{cases}1, & |\omega|\leqslant\omega_0\\0, & \omega_0<|\omega|\leqslant\pi\end{cases}$。试求该系统的单位冲激响应 $h(n)$。

6.16　试求下列信号的离散时间傅里叶变换：

(a) $x(n)=\left(\frac{1}{3}\right)^{|n|}u(-n-2)$；(b) $x(n)=\sin\left(\frac{\pi}{2}n\right)+\cos n$；

(c) $x(n)=u(n-2)-u(n-6)$。

6.17　试求下列频谱的离散时间傅里叶逆变换：

(a) $X(e^{j\omega})=\begin{cases}1, & \frac{\pi}{4}<|\omega|\leqslant\frac{3\pi}{4}\\0, & \frac{3\pi}{4}<|\omega|\leqslant\pi,\quad 0<|\omega|\leqslant\frac{\pi}{4}\end{cases}$；(b) $X(e^{j\omega})=1+3e^{-j\omega}+2e^{-j2\omega}-4e^{-j3\omega}+e^{-j10\omega}$。

6.18　已知离散时间 LTI 系统的单位冲激响应为 $h(n)=\left(\frac{1}{2}\right)^{n}u(n)$，若输入信号为 $x(n)=\left(\frac{3}{4}\right)^{n}u(n)$，试求系统的输出信号 $y(n)$。

6.19　已知离散时间 LTI 系统的单位冲激响应为 $h(n)=\left(\frac{1}{2}\right)^{n}u(n)$，若输入信号为 $x(n)=(n+1)\left(\frac{1}{4}\right)^{n}u(n)$，试求系统的输出信号 $y(n)$。

6.20　设 $h_1(n)$ 和 $h_2(n)$ 均为因果 LTI 系统的单位冲激响应，二者的频率特性分别为 $H_1(e^{j\omega})$ 和 $H_2(e^{j\omega})$。试问下列等式是否成立?请给出论证过程。

$$\left[\frac{1}{2\pi}\int_{-\pi}^{\pi}H_1(e^{j\omega})d\omega\right]\left[\frac{1}{2\pi}\int_{-\pi}^{\pi}H_2(e^{j\omega})d\omega\right]=\frac{1}{2\pi}\int_{-\pi}^{\pi}H_1(e^{j\omega})H_2(e^{j\omega})d\omega$$

第7章 z变换与离散时间系统的复频域分析

内容提要

本章系统介绍离散时间信号 z 变换(z-transform, ZT)的基本理论与基本方法,系统介绍基于 z 变换的信号与系统的复频域分析方法,主要包括:z 变换的定义与根据定义的计算方法,z 变换收敛域的概念、性质与确定方法,逆 z 变换的计算方法,z 变换的主要性质及在 z 变换计算中的应用,z 变换与傅里叶变换及拉普拉斯变换的关系,以系统因果性和稳定性分析为核心的离散时间 LTI 系统复频域分析理论与方法,LTI 系统的方框图表示,以及单边 z 变换与应用等。本章内容是离散时间信号与系统、离散时间傅里叶变换和 LTI 系统频域分析的扩展与深入,对于完整地构建离散时间信号与系统的变换域分析理论方法具有重要作用,并且为后续关于数字信号处理课程的学习打下基础。

学习重点

- 离散时间信号与系统复频域分析的概念;
- z 变换的定义和依据定义的计算方法;
- z 变换收敛域的概念、性质与确定方法;
- 逆 z 变换的计算方法;
- z 变换的主要性质与依据性质的计算方法;
- z 变换与傅里叶变换及拉普拉斯变换的关系;
- 基于 z 变换的离散时间 LTI 系统因果性和稳定性分析;
- 离散时间 LTI 系统的方框图表示;
- 单边 z 变换的定义、计算与应用。

教学目标

理解离散时间信号与系统复频域分析的概念;

熟练掌握 z 变换的定义和依据定义的计算,熟练掌握逆 z 变换的计算方法;

熟练掌握 z 变换收敛域的概念、性质与确定方法;

熟练掌握 z 变换的主要性质和依据性质的计算方法;

理解 z 变换与傅里叶变换及拉普拉斯变换的关系；
深刻理解基于 z 变换的离散时间 LTI 系统因果性和稳定性分析理论与方法；
熟练掌握离散时间 LTI 系统的方框图表示方法；
掌握单边 z 变换的定义与特点，特别是掌握基于单边 z 变换的差分方程求解方法。

7.1 z 变换

z-变换
知识点

本书第 6 章系统介绍了离散时间傅里叶变换（DTFT）的概念、理论与方法，还特别介绍了基于 DTFT 的离散时间系统的频域分析方法。与连续时间信号与系统的傅里叶变换到拉普拉斯变换的扩展一样，离散时间信号与系统的离散时间傅里叶变换也具有进一步扩展推广的空间和可能。

正如我们在前面章节的学习中所看到的，拉普拉斯变换实际上是把傅里叶变换由频域推广到复频域，具体是通过把频率变量 Ω 扩展为 $s=\sigma+\mathrm{j}\Omega$ 而实现的。同样，我们也可以把DTFT的频率变量由 $\mathrm{e}^{\mathrm{j}\omega}$ 的形式扩展为 $z=r\mathrm{e}^{\mathrm{j}\omega}$ 的形式来实现由频域到复频域的变化，也就是由 DTFT 到 z 变换的扩展。其中，r 是幅度参数。若 $r=1$，则 z 退化为 $\mathrm{e}^{\mathrm{j}\omega}$，表示 z 变换退化为DTFT。由此可见，拉普拉斯变换和 z 变换均包含了傅里叶变换所对应频率域的信息，故称其对应的 s 域和 z 域为复频域。复频域分析往往会更有效地实现对信号与系统的分析，从而解决时域分析和频域描述的某些局限性。

z 变换（z-transform）是对离散时间信号与系统进行的一种数学变换。它在离散时间信号与系统中的地位，就如同拉普拉斯变换在连续时间信号与系统中的地位。z 变换是分析线性时不变系统的重要工具，在数字信号处理和计算机控制系统等领域有广泛的应用。

7.1.1 z 变换的定义

1. z 变换的定义

定义 7.1　z 变换　离散时间信号 $x(n)$ 的 z 变换及其逆变换分别定义为

$$X(z)=\sum_{n=-\infty}^{+\infty}x(n)z^{-n} \tag{7.1}$$

$$x(n)=\frac{1}{2\pi\mathrm{j}}\oint X(z)z^{n-1}\,\mathrm{d}z \tag{7.2}$$

式中，z 为复变量，常写为极坐标形式为

$$z=r\mathrm{e}^{\mathrm{j}\omega} \tag{7.3}$$

式中，r 表示复变量 z 的模或称为幅度，即 $r=|z|$；ω 表示 z 的相角，实际上是表示离散时间信号的角频率。

式(7.1) 和式(7.2) 给出了双边 z 变换（Bilateral z-transform，BZT）的定义，简称为ZT。其中，式(7.1) 为 z 变换的正变换，式(7.2) 为其逆变换。$\oint$ 表示半径为 r 的以原点为中心的封闭圆上逆时针方向环绕一周的积分。双边 z 变换可以记为 $X(z)=\mathscr{Z}[x(n)]$ 和 $x(n)=\mathscr{Z}^{-1}[X(z)]$。也常记为

$$x(n) \overset{\text{ZT}}{\longleftrightarrow} X(z) \tag{7.4}$$

本章7.6节会介绍单边 z 变换(Unilateral z-transform, UZT)的概念与应用。BZT与UZT都是 z 变换,但前者的求和是在$(-\infty,+\infty)$范围[式(7.1)]进行的,而后者的求和仅在$(0,+\infty)$范围进行。由于本章大部分情况以关注双边 z 变换为主,故将双边 z 变换简称为 z 变换(ZT),而只在7.6节介绍UZT时,才使用双边 z 变换这个名称或BZT以区别于单边 z 变换,即UZT。

2. z变换与离散时间傅里叶变换的关系

将式(7.3)代入式(7.1),有

$$X(z) = X(re^{j\omega}) = \sum_{n=-\infty}^{+\infty} x(n)\,(re^{j\omega})^{-n} = \sum_{n=-\infty}^{+\infty} [x(n)r^{-n}]e^{-j\omega n} \tag{7.5}$$

由上式可见,$X(z) = X(re^{j\omega})$ 实际上是离散时间信号 $x(n)$ 乘以实指数信号 r^{-n} 之后的离散时间傅里叶变换,可以写为 $X(re^{j\omega}) = \mathscr{F}\{x(n)r^{-n}\}$。

实指数信号 r^{-n} 可能是指数上升的,也可能是指数衰减的,取决于 r 的取值。若 $r=1$,则 z 变换退化为离散时间傅里叶变换。参照图7.1进行进一步的讨论:图7.1表示的是一个由复变量 z 定义的无穷大的复平面,称为 z 平面。在 z 平面中,横轴表示复变量 z 的实部,用Re表示,纵轴表示其虚部,用Im表示。若 z 的模为 $r=1$,则在 z 平面中对应一个半径为1的圆,称为单位圆(Unit Circle)。在 z 变换中,单位圆的作用与 s 平面上 $j\Omega$ 轴在拉普拉斯变换中所起的作用是一样的。这样,当 $r=1$ 时,一方面,式(7.5)所示的 z 变换退化为离散时间傅里叶变换;另一方面,$r=1$ 在 z 平面中定义了一个单位圆。由此可知,离散时间傅里叶变换实际上是定义在 z 平面单位圆上的 z 变换,是 z 变换的特例,而 z 变换则是离散时间傅里叶变换在整个 z 平面上的扩展。

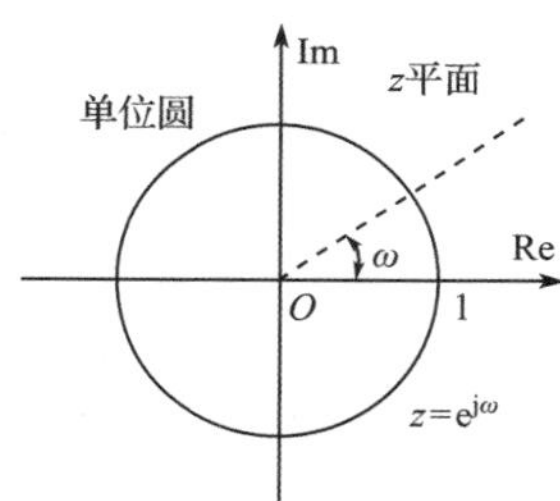

图7.1 z 平面及单位圆

与拉普拉斯变换相似,z 变换也存在一个收敛域(Region of Convergence, ROC)的问题。使 z 变换收敛的 z 值的集合称为收敛域,也记为ROC。

3. z变换计算举例

例7.1 试计算单边指数序列 $x(n) = a^n u(n)$ 的 z 变换。

解 将 $x(n)$ 代入 z 变换的定义式(7.1),有

$$X(z) = \sum_{n=-\infty}^{+\infty} a^n u(n) z^{-n} = \sum_{n=0}^{+\infty} (az^{-1})^n$$

上式中,$u(n)$ 的作用是确定求和限。显然,上式是一个无穷级数求和问题。为了使 $X(z)$ 收敛,要求满足 $\sum\limits_{n=0}^{+\infty} |az^{-1}|^n < \infty$,即要求满足该级数通项的模 $|az^{-1}|<1$,或写为 $|z|>$

$|a|$。这样，有

$$X(z)=\sum_{n=0}^{+\infty}(az^{-1})^n=\frac{1}{1-az^{-1}},\quad |z|>|a| \tag{7.6}$$

式中，$|z|>|a|$ 即为该信号 z 变换的收敛域。上式也可以写为 $X(z)=\dfrac{z}{z-a}$，$|z|>|a|$。

在给定序列 $x(n)=a^n u(n)$ 中，若 $a=1$，则 $x(n)=u(n)$ 为单位阶跃信号，其 z 变换可由式(7.6) 令 $a=1$ 得到，即

$$X(z)=\frac{1}{1-z^{-1}},\quad |z|>1 \tag{7.7}$$

与连续时间信号的拉普拉斯变换相同，z 变换的零点和极点也是非常重要的概念。使 z 变换 $X(z)$ 为 0 的 z 值称为零点，使 z 变换 $X(z)$ 趋于无穷的 z 值称为极点。在例 7.1 中，$z=0$ 为零点，$z=a$ 为极点。图 7.2(a) 给出了例 7.1 在 z 平面上收敛域和零极点的示意图，称为零极图或极零图(Pole-zero Plot)。图中的阴影部分表示 z 变换的收敛域。

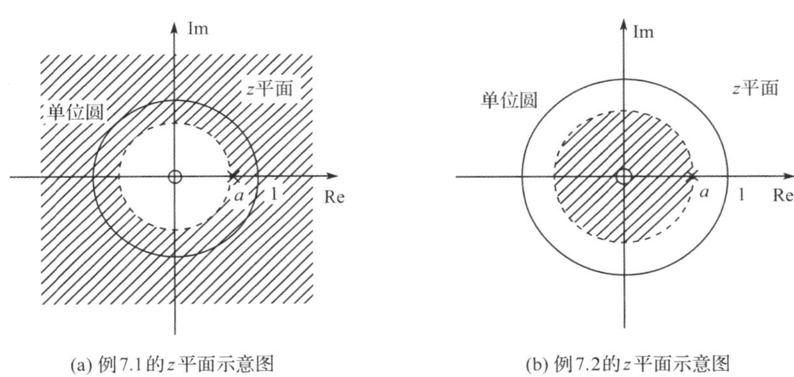

(a) 例7.1的z平面示意图　　(b) 例7.2的z平面示意图

图 7.2　z 变换的收敛域和零极点

一般来说，在 z 变换的零极图中应包含以下信息：

① 一个直角坐标系，其横轴表示复变量 z 的实部，即 $\mathrm{Re}[z]$，常简记为 Re；其纵轴表示复变量 z 的虚部，即 $\mathrm{Im}[z]$，常简记为 Im；

② 单位圆，即以上述直角坐标系原点为圆心，以 $r=1$ 为半径的圆；

③ $X(z)$ 的全部极点，在每个极点的坐标点处标注符号“×”；

④ $X(z)$ 的全部零点，在每个零点的坐标点处标注符号“○”；

⑤ $X(z)$ 的收敛域 ROC，以阴影形式标注；

⑥ 其他信息，例如标注“z 平面”和“单位圆”这样的文字。

例 7.2　试计算 $x(n)=-a^n u(-n-1)$ 的 z 变换。

解　将 $x(n)$ 代入 z 变换的定义式(7.1)，有

$$X(z)=-\sum_{n=-\infty}^{+\infty}a^n u(-n-1)z^{-n}=-\sum_{n=-\infty}^{-1}a^n z^{-n}=-\sum_{n=1}^{+\infty}a^{-n}z^n=1-\sum_{n=0}^{\infty}(a^{-1}z)^n$$

若满足 $|a^{-1}z|<1$，或写为 $|z|<|a|$，则 $X(z)$ 收敛为

$$X(z)=1-\frac{1}{1-a^{-1}z}=\frac{1}{1-az^{-1}},\quad |z|<|a| \tag{7.8}$$

比较式(7.8) 与式(7.6)，可以看出对于不同的离散时间序列，二者的 z 变换式是相同

的，不过二者的收敛域不同。因此需要特别注意的是，在表示 z 变换时，除了给出 z 变换的表达式之外，还一定要标注其收敛域。若不标注其收敛域而仅仅给出 z 变换的表达式，则这样的 z 变换是不完整的。图 7.2(b) 给出了例 7.2 的零极图和收敛域示意图。

例 7.3 设有限长序列 $x(n)=\begin{cases}1, & 0\leqslant n\leqslant N-1\\ 0, & 其他\end{cases}$，试求其 z 变换 $X(z)$。

解 由 z 变换的定义式(7.1)，有

$$X(z)=\sum_{n=-\infty}^{+\infty}x(n)z^{-n}=\sum_{n=0}^{N-1}z^{-n}=\frac{1-z^{-N}}{1-z^{-1}},\quad |z|>0$$

实际上，对于有限长序列的 z 变换，其收敛域应为整个 z 平面，但可能排除掉原点 $z=0$ 和 / 或无穷远处 $z=\infty$，这主要取决于有限长序列的起止时刻 N_1 和 N_2 的取值。若 N_1 为负且 N_2 为正，则 ROC 不包含 $z=0$ 和 $z=\infty$；若 N_1 为 0 或为正，且 N_2 为正，则 ROC 可以包含 $z=\infty$；若 N_1 为负，且 N_2 为 0 或为负，则 ROC 可以包含 $z=0$。以上讨论的是 z 变换收敛域的一个基本性质，下文还将进一步详细讨论。

例 7.4 试求离散时间信号 $x(n)=\left(\frac{1}{4}\right)^n\cos\left(\frac{\pi}{3}n\right)u(n)$ 的 z 变换 $X(z)$。

解 先依据欧拉公式将信号改写为 $x(n)=\frac{1}{2}\left(\frac{1}{4}\mathrm{e}^{\mathrm{j}\pi/3}\right)^n u(n)+\frac{1}{2}\left(\frac{1}{4}\mathrm{e}^{-\mathrm{j}\pi/3}\right)^n u(n)$ 的形式。这样，由 z 变换的定义式(7.1)，有

$$\begin{aligned}X(z)&=\sum_{n=-\infty}^{+\infty}\left[\frac{1}{2}\left(\frac{1}{4}\mathrm{e}^{\mathrm{j}\pi/3}\right)^n u(n)+\frac{1}{2}\left(\frac{1}{4}\mathrm{e}^{-\mathrm{j}\pi/3}\right)^n u(n)\right]z^{-n}\\&=\frac{1}{2}\sum_{n=0}^{+\infty}\left(\frac{1}{4}\mathrm{e}^{\mathrm{j}\pi/3}z^{-1}\right)^n+\frac{1}{2}\sum_{n=0}^{+\infty}\left(\frac{1}{4}\mathrm{e}^{-\mathrm{j}\pi/3}z^{-1}\right)^n\\&=\frac{1}{2}\cdot\frac{1}{1-\frac{1}{4}\mathrm{e}^{\mathrm{j}\pi/3}z^{-1}}+\frac{1}{2}\cdot\frac{1}{1-\frac{1}{4}\mathrm{e}^{-\mathrm{j}\pi/3}z^{-1}},\quad |z|>\frac{1}{4}\end{aligned}$$

请读者自行绘制 $X(z)$ 的零极图，并在图上标注零极点和收敛域。

7.1.2 z 变换的收敛域及其性质

1. z 变换的收敛域概念

z-变换的收敛域
知识点

与拉普拉斯变换相同，z 变换也存在一个收敛域(Region of Convergence，ROC)的问题。所谓 z 变换的收敛域，是使 z 变换收敛的 z 值的集合，记为 ROC。一般使用 $|z|$ 的取值范围来表示，例如 $|z|>a$ 或 $a<|z|<b$，等等。

进一步分析考察式(7.5)所示 z 变换与 DTFT 关系的表达式，可见，z 变换实质上是对离散时间信号 $x(n)$ 与衰减因子 r^{-n} 相乘后乘积的 DTFT。与 r^{-n} 相乘的目的是保证对 $x(n)r^{-n}$ 所做的 DTFT 能够有效收敛，即保证 $\sum\limits_{n=-\infty}^{+\infty}[x(n)r^{-n}]\mathrm{e}^{-\mathrm{j}\omega n}$ 能有效收敛。因此，z 变换 $X(z)$ 的收敛域存在是有条件的，即要保证 $x(n)r^{-n}$ 绝对可和，即满足

$$\sum_{n=-\infty}^{\infty}|x(n)z^{-n}|=\sum_{n=-\infty}^{\infty}|x(n)r^{-n}|<\infty \tag{7.9}$$

上式中 $|z|=r$ 的取值会影响到求和式是否收敛。使上式成立的 z 值的取值范围就是 z 变换的收敛域。

2. z 变换收敛域的性质

z 变换收敛域的性质对于计算离散时间信号的 z 变换和逆 z 变换具有重要意义。本节不加证明地给出 z 变换收敛域的主要性质。

性质 7.1　$X(z)$ 的 ROC 是在 z 平面上以原点为中心的圆环。

性质 7.2　ROC 内不包含任何极点。

性质 7.3　若 $x(n)$ 是有限长序列，则 $X(z)$ 的 ROC 为整个 z 平面，可能除去 $z=0$ 和/或 $z=\infty$。

性质 7.4　若 $X(z)$ 是有理的，则其 ROC 由其极点所界定，或者延伸至无穷远处。

性质 7.5　若 $x(n)$ 的 z 变换 $X(z)$ 是有理的，且若 $x(n)$ 是右边序列，则其 ROC 位于 z 平面上最外层极点的外边。特别地，若 $x(n)$ 是因果序列，则其 ROC 包括 $z=\infty$。

性质 7.6　若 $x(n)$ 的 z 变换 $X(z)$ 是有理的，且若 $x(n)$ 是左边序列，则其 ROC 位于 z 平面上最里层极点的里边，且向内延伸可能包括 $z=0$。特别地，若 $x(n)$ 是反因果序列(Anti-causal Sequence)，则其 ROC 包括 $z=0$。

性质 7.7　若 $x(n)$ 的 z 变换 $X(z)$ 是有理的，且若 $x(n)$ 是双边序列，则其 ROC 由 z 平面上 $X(z)$ 的两个极点界定的圆环所组成。

例 7.5　试求双边序列 $x(n)=a^{|n|}, a>0$ 的 z 变换 $X(z)$。

解　给定序列可以改写为 $x(n)=x_1(n)+x_2(n)=a^n u(n)+a^{-n}u(-n-1)$。其中 $x_1(n)$ 为右边序列，而 $x_2(n)$ 为左边序列。将 $x_1(n)$ 和 $x_2(n)$ 分别代入 z 变换定义式，有

$$X_1(z)=\mathscr{Z}[x_1(n)]=\frac{1}{1-az^{-1}},\quad |z|>a$$

$$X_2(z)=\mathscr{Z}[x_2(n)]=\frac{-1}{1-a^{-1}z^{-1}},\quad |z|<\frac{1}{a}$$

若给定参数满足 $a>1$，则 $X_1(z)$ 与 $X_2(z)$ 没有公共收敛域，故给定序列 $x(n)$ 的 z 变换不存在。若满足 $0<a<1$，则 $X_1(z)$ 与 $X_2(z)$ 的公共收敛域为 $a<|z|<1/a$。因此，给定序列的 z 变换为

$$X(z)=\frac{1}{1-az^{-1}}-\frac{1}{1-a^{-1}z^{-1}},\quad a<|z|<\frac{1}{a}$$

例 7.6　设序列 $x(n)$ 的 z 变换为 $X(z)=\dfrac{1}{\left(1-\frac{1}{2}z^{-1}\right)(1-2z^{-1})}$。(a) 试分析 $X(z)$ 的零极点情况；(b) 绘出 $X(z)$ 各种可能收敛域的零极图。

解　(a) 将给定序列的 z 变换表达式改写为

$$X(z)=\frac{1}{\left(1-\frac{1}{2}z^{-1}\right)(1-2z^{-1})}=\frac{z^2}{\left(z-\frac{1}{2}\right)(z-2)}$$

显然，$X(z)$ 有一个二阶零点，位于 $z=0$。且 $X(z)$ 有 2 个极点，分别为 $z=1/2$ 和 $z=2$。

(b) 由于 $X(z)$ 有 2 个不同的极点，因此其 ROC 有三种可能：即 ① $|z|>2$；② $|z|<1/2$；③ $1/2<|z|<2$。绘出 $X(z)$ 上述三种不同收敛域的零极图如图 7.3 所示。

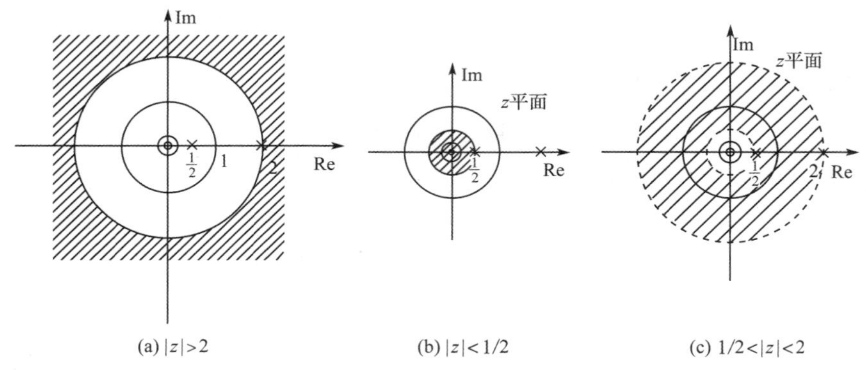

图 7.3 三种不同收敛域的零极图

例 7.7 试求单位冲激信号 $x(n)=\delta(n)$ 的 z 变换。

解 由 z 变换的定义式，有

$$X(z)=\mathscr{Z}[\delta(n)]=\sum_{n=-\infty}^{+\infty}\delta(n)z^{-n}=1,\quad |z|\geqslant 0 \tag{7.10}$$

由上述计算可知，单位冲激信号 $\delta(n)$ 的 z 变换为常数 1，与 z 的取值无关，表示这个 z 变换的收敛域为整个 z 平面，这与 z 变换收敛域的性质 7.3 是一致的。

7.1.3 逆 z 变换

式(7.2) 给出了逆 z 变换(Inverse z-transform) 的定义式。实际上，该式所示逆 z 变换的定义式可利用复变量 $z=re^{j\omega}$ 并经由式(7.5) 推导而得。与拉普拉斯逆变换求解相类似，逆 z 变换的求解需要利用复平面上的围线积分，故一般不采用这种由定义直接计算逆 z 变换的方式。本节介绍几种常用的逆 z 变换求解方法，包括部分分式法、留数法和幂级数展开法。

1. 逆 z 变换的部分分式求解法

逆 z 变换部分分式求解法的基本思路是把 z 变换表达式分解为部分分式，再对部分分式进行逆 z 变换。该方法的基本步骤是：

① 将有理 z 变换式 $X(z)$ 进行部分分式展开。

② 分别对部分分式的每一项进行逆 z 变换。

③ 对上述各逆 z 变换的结果求和。

例如，设离散时间信号 $x(n)$ 的 z 变换 $X(z)$ 表示为一组一阶项线性组合的形式为

$$X(z)=\sum_{i=1}^{m}X_i(z)=\sum_{i=1}^{m}\frac{A_i}{1-a_iz^{-1}} \tag{7.11}$$

式中，$X_i(z)$ 表示把有理 z 变换式 $X(z)$ 进行部分分式分解的第 i 项，A_i 为第 i 项对应的系数，

而 a_i 则表示第 i 项的极点。对于式(7.11)中的每个一阶项的逆 z 变换，都根据ROC与极点的关系有以下两种可能：

若 $X(z)$ 的ROC位于极点 $z=a_i$ 所对应的圆的外面，则相应一阶项的逆 z 变换为右边信号，写为

$$x_i(n)=\mathscr{Z}^{-1}\left\{\frac{A_i}{1-a_iz^{-1}}\right\}=A_ia_i^nu(n) \tag{7.12}$$

若 $X(z)$ 的ROC位于极点 $z=a_i$ 所对应的圆的里面，则相应一阶项的逆 z 变换为左边信号，写为

$$x_i(n)=\mathscr{Z}^{-1}\left\{\frac{A_i}{1-a_iz^{-1}}\right\}=-A_ia_i^nu(-n-1) \tag{7.13}$$

实际上，采用部分分式展开法求取逆 z 变换，部分分式的分解并不局限于式(7.11)所示的一阶项线性组合的形式，也可以包括二阶项或其他逆 z 变换易于直观求解的项。对于这些项的逆 z 变换求解，总的求解思路是与一阶项的情形相同的，即根据ROC与极点的关系分别对每一项求取逆 z 变换，再将各项逆 z 变换的结果求和。

例7.8　试求 $X(z)=\dfrac{3-\frac{5}{6}z^{-1}}{\left(1-\frac{1}{4}z^{-1}\right)\left(1-\frac{1}{3}z^{-1}\right)}$ 的逆 z 变换，其ROC分别为：(a) $|z|>\frac{1}{3}$；(b) $|z|<\frac{1}{4}$ 和 (c) $\frac{1}{4}<|z|<\frac{1}{3}$。

解　(a) 将 $X(z)$ 展开为部分分式，有 $X(z)=\dfrac{1}{1-\frac{1}{4}z^{-1}}+\dfrac{2}{1-\frac{1}{3}z^{-1}}$。因 $X(z)$ 为 z 的有理函数，且其ROC $|z|>\frac{1}{3}$ 位于最外面极点的外面，故 $X(z)$ 对应的 $x(n)$ 为右边信号。由式(7.12)其对应的逆 z 变换为

$$x(n)=\left(\frac{1}{4}\right)^nu(n)+2\left(\frac{1}{3}\right)^nu(n)$$

(b) 因 $X(z)$ 的ROC $|z|<\frac{1}{4}$ 在 $X(z)$ 最里面极点的里面，故对应的 $x(n)$ 为左边信号，由式(7.13)，有

$$x(n)=-\left(\frac{1}{4}\right)^nu(-n-1)-2\left(\frac{1}{3}\right)^nu(-n-1)$$

(c) 因 $X(z)$ 的ROC $\frac{1}{4}<|z|<\frac{1}{3}$ 位于极点 $z=1/4$ 的外面，但位于极点 $z=1/3$ 的里面。故对应 $z=1/4$ 这一项的时间信号为右边信号，对应 $z=1/3$ 这一项的时间信号为左边信号。由式(7.12)和式(7.13)，有

$$x(n)=\left(\frac{1}{4}\right)^nu(n)-2\left(\frac{1}{3}\right)^nu(-n-1)$$

例7.9　已知 $X(z)=\dfrac{z^{-2}}{(1-z^{-1})^2(1+z^{-1})}$，$|z|>1$，试求 $x(n)$。

解　给定 z 变换 $X(z)$ 的分母具有一个二阶重根，将 $X(z)$ 改写为 $X(z)/z$ 的形式，有 $\frac{X(z)}{z}=\frac{1}{(z-1)^2(z+1)}$。对 $X(z)/z$ 进行部分分式分解，有 $\frac{X(z)}{z}=\frac{A}{(z-1)^2}+\frac{B}{z-1}+\frac{C}{z+1}$。

求解 3 个待定系数 A,B,C，得到 $A=\frac{1}{2},B=-\frac{1}{4},C=\frac{1}{4}$。将 A,B,C 代入 $X(z)/z$ 的部分分式，有 $\frac{X(z)}{z}=\frac{1/2}{(z-1)^2}-\frac{1/4}{z-1}+\frac{1/4}{z+1}$。将上式改写为

$$X(z)=\frac{z^{-2}}{(1-z^{-1})^2(1+z^{-1})}=\frac{(1/2)z^{-1}}{(1-z^{-1})^2}-\frac{1/4}{1-z^{-1}}+\frac{1/4}{1+z^{-1}},\ |z|>1$$

根据 $X(z)$ 的 ROC 和极点的关系，对上式的每一项分别做逆 z 变换，再合成，可得

$$x(n)=\frac{1}{2}nu(n)-\frac{1}{4}u(n)+\frac{1}{4}(-1)^n u(n)$$

2. 逆 z 变换的留数求解法

由复变函数的留数定理，可以把式(7.2)所示逆 z 变换表示为各极点的留数之和，即

$$x(n)=\frac{1}{2\pi \mathrm{j}}\oint_C X(z)z^{n-1}\mathrm{d}z=\sum_m \mathrm{Res}[X(z)z^{n-1}]_{z=z_m} \tag{7.14}$$

式中，C 表示沿逆时针方向包围 z 平面原点的闭合积分路径，通常是 z 平面收敛域内以原点为中心的一个圆，Res 表示极点的留数；z_m 为 $X(z)z^{n-1}$ 的第 m 个极点。

由式(7.14)知，$X(z)$ 的逆 z 变换 $x(n)$ 的计算，可转变为求取 $X(z)z^{n-1}$ 在其围线 C 内各极点处留数之和的计算，这样比直接根据定义式计算逆 z 变换要简便得多。留数的计算方法为：

若 $X(z)z^{n-1}$ 在 $z=z_m$ 有一阶极点，则其留数为

$$\mathrm{Res}[X(z)z^{n-1}]_{z=z_m}=[(z-z_m)X(z)z^{n-1}]_{z=z_m} \tag{7.15}$$

若 $X(z)z^{n-1}$ 在 $z=z_m$ 有 p 阶重极点，则其留数为

$$\mathrm{Res}[X(z)z^{n-1}]_{z=z_m}=\frac{1}{(p-1)!}\left[\frac{\mathrm{d}^{p-1}}{\mathrm{d}z^{p-1}}(z-z_m)^p X(z)z^{n-1}\right]_{z=z_m} \tag{7.16}$$

得出各极点处的留数之后，再将各留数求和，则得到逆 z 变换 $x(n)$ 的表达式。

另外，需要特别注意的是，在运用留数法计算逆 z 变换时，对于不同的 n 值，在 $z=0$ 处 $X(z)z^{n-1}$ 可能出现额外的极点，并且这个极点可能具有不同的阶次，需要分别进行计算。例如，若 $n\geqslant 1$，则 $X(z)z^{n-1}$ 在 $z=0$ 处没有新增的极点；若 $n=0$，有 $X(z)z^{n-1}=X(z)z^{-1}$，则在 $z=0$ 处出现一个极点；若 $n=-1$，有 $X(z)z^{n-1}=X(z)z^{-2}$，则在 $z=0$ 处出现一个二阶重极点，等等。对于上述情况，需要在计算时加以注意。

例 7.10　试采用留数法求取 $X(z)=\frac{z^2}{(z-1)(z-0.5)},\ |z|>1$ 的逆 z 变换。

解　(a) 若 $n\geqslant -1$，则 $X(z)z^{n-1}$ 在 $z=0$ 处没有新增极点，仅有 2 个一阶极点，分别为 $z_1=1$ 和 $z_2=1/2$。这样，由留数法可求得

$$\mathrm{Res}[X(z)z^{n-1}]_{z=z_1}=\left[(z-1)\frac{z^2}{(z-1)(z-0.5)}z^{n-1}\right]_{z=1}=2$$

$$\mathrm{Res}[X(z)z^{n-1}]_{z=z_2}=\left[(z-0.5)\frac{z^2}{(z-1)(z-0.5)}z^{n-1}\right]_{z=0.5}=-(0.5)^n$$

由此，有 $x(n)=[2-(0.5)^n]u(n+1)$。又因 $n=-1$ 时，有 $x(n)=0$，故有

$$x(n)=[2-(0.5)^n]u(n)$$

(b) 若 $n<-1$，则 $X(z)z^{n-1}$ 在 $z=0$ 处有极点，不难求出与此极点相应的留数与上面两极点处留数的总和为 0，因此有 $x(n)=0$。

这样，结合(a)和(b)的结果，可得

$$x(n)=[2-(0.5)^n]u(n)$$

3. 逆 z 变换的幂级数展开法

由于 $x(n)$ 的 z 变换 $X(z)=\sum_{n=-\infty}^{\infty}x(n)z^{-n}$ 定义为 z^{-1} 的幂级数，因此只要在给定的 ROC 内将 $X(z)$ 展开成 z^{-1} 的幂级数，其系数就是要求的时间序列 $x(n)$。

考虑 $X(z)$ 为有理函数，将 $X(z)$ 写为分子多项式 $N(z)$ 和分母多项式 $D(z)$ 的形式为

$$X(z)=\frac{N(z)}{D(z)} \tag{7.17}$$

若 $X(z)$ 的 ROC 满足 $|z|>R_1$ 的形式，则 $x(n)$ 为因果序列，此时 $N(z)$ 和 $D(z)$ 按 z 的降幂(或 z^{-1} 的升幂)次序排列。若 $X(z)$ 的 ROC 满足 $|z|<R_2$ 的形式，则 $x(n)$ 为左边序列，此时 $N(z)$ 和 $D(z)$ 按 z 的升幂(或 z^{-1} 的降幂)次序排列。再利用长除法，可以求得 $x(n)$。这里的 R_1 和 R_2 分别表示 $X(z)$ 收敛域边界所对应的圆。

例 7.11 试利用幂级数展开法求 $X(z)=\dfrac{1}{1-az^{-1}}$，$|z|>|a|$ 的逆 z 变换。

解 由长除法，有

$$\begin{array}{r l}
 & 1+az^{-1}+a^2z^{-2}+\cdots \\
1-az^{-1} & \overline{\big)\,1\qquad\qquad\qquad\qquad} \\
 & \underline{1-az^{-1}} \\
 & \quad az^{-1} \\
 & \quad \underline{az^{-1}-a^2z^{-2}} \\
 & \qquad\quad a^2z^{-2} \\
 & \qquad\quad \vdots
\end{array}$$

可以写为 $X(z)=\dfrac{1}{1-az^{-1}}=1+az^{-1}+a^2z^{-2}+\cdots$。因 $|az^{-1}|<1$，故该级数收敛。将上式与 z 变换的定义式(7.1)比较，可得：$x(n)=0$，若 $n<0$，且 $x(0)=1$，$x(1)=a$，$x(2)=a^2$，…，这样，给定 $X(z)$ 的逆变换为

$$x(n)=a^nu(n)$$

例 7.12 试利用幂级数展开法求 $X(z)=\dfrac{1+2z^{-1}}{1-2z^{-1}+z^{-2}}$，$|z|<1$ 的逆 z 变换。

解 由给定 $X(z)$ 的收敛域，可知其逆 z 变换 $x(n)$ 为一左边序列。将 $X(z)$ 的分子和分母均改写为 z^{-1} 的降幂次排列形式，即 $X(z)=\dfrac{2z^{-1}+1}{z^{-2}-2z^{-1}+1}$。对上式进行长除法，可得

$$X(z)=2z+5z^2+\cdots=\sum_{n=1}^{+\infty}(3n-1)z^n=-\sum_{n=-\infty}^{-1}(3n+1)z^{-n}$$

这样,得到

$$x(n)=-(3n+1)u(-n-1)$$

4. 逆 z 变换的 MATLAB 编程求解法

z 变换和逆 z 变换均可以利用计算机编程来加以实现。这里给出一例,介绍依据 MATLAB 编程实现逆 z 变换,由给定的系统函数求解系统单位冲激响应,并实现系统的零极点分析及进一步的频域分析。

例 7.13 给定因果 LTI 系统的系统函数为 $H(z)=\dfrac{0.1453(1-3z^{-1}+3z^{-2}-z^{-3})}{1+0.1628z^{-1}+0.3403z^{-2}+0.0149z^{-3}}$。试依据 MATLAB 编程,(a) 求出系统的零点和极点,并绘制系统的零极图;(b) 绘制系统单位冲激响应 $h(n)$ 的曲线;(c) 绘制系统的频率响应的幅度响应曲线。

解 MATLAB 程序如下:

```
num = 0.14*[1 -3 3 -1];  den = [1 0.1628 0.3403 0.0149];  [z,p,k] = tf2zp(num,den);
  figure(1); zplane(num,den);
h = impz(num,den,41);  figure(2); stem(0:40,h,'fill');  xlabel('n');  title('单位冲激响应');
w = linspace(0,pi,1001);  H = freqz(num,den,w);  figure(3); plot(w/pi,abs(H));
xlabel('{\it\omega/}\pi');  title('幅度响应');
```

(a) 运行上述程序段,可以得到系统的零点和极点分别为

零点:$z=1.0000\quad 1.0000+0.0000\text{i}\quad 1.0000+0.0000\text{i}$

极点:$p=-0.0592+0.5758\text{i}\quad -0.0592-0.5758\text{i}\quad -0.0445$

绘制系统的零极图如图 7.4(a) 所示。

(b) 系统单位冲激响应 $h(n)$ 的曲线如图 7.4(b) 所示。

(c) 系统频率响应的幅度响应曲线如图 7.4(c) 所示。

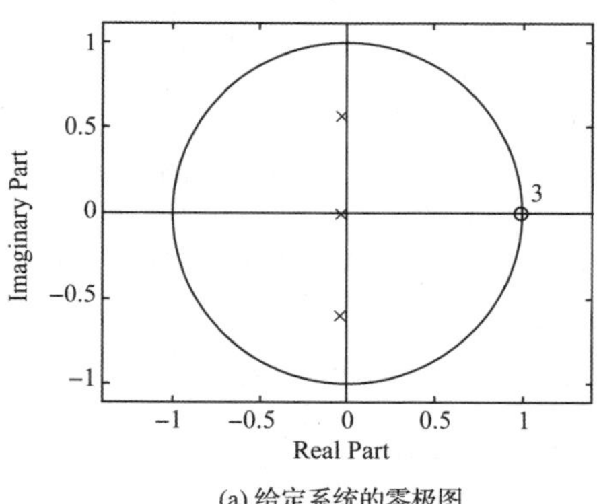

(a) 给定系统的零极图

图 7.4 例 7.13 给定系统的零极图、单位冲激响应曲线与幅度响应曲线

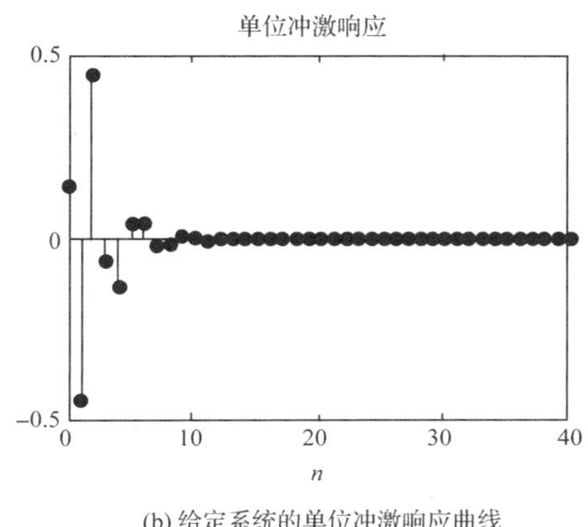

(b) 给定系统的单位冲激响应曲线

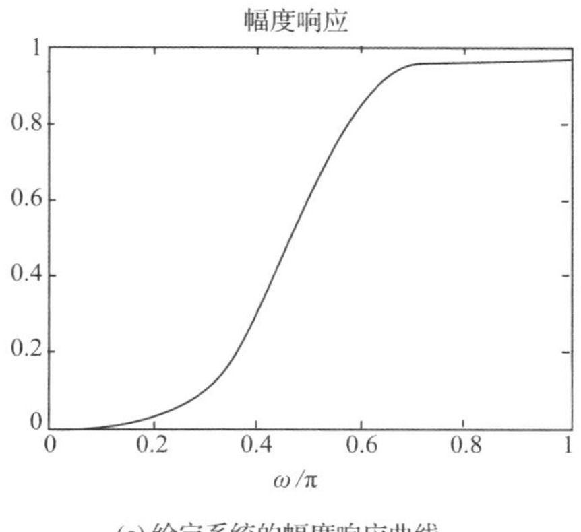

(c) 给定系统的幅度响应曲线

图 7.4　例 7.13 给定系统的零极图、单位冲激响应曲线与幅度响应曲线(续)

7.2　z变换的性质

本书介绍了信号与系统的 6 种变换方法，包括傅里叶级数、傅里叶变换、离散傅里叶级数、离散时间傅里叶变换、拉普拉斯变换和本章介绍的 z 变换。在这些变换方法中，每一种变换都具有一系列重要性质，这些性质对于深刻理解信号与系统的基本理论，对于进行习题的求解均具有重要意义。

本节介绍 z 变换的主要性质。由于这些性质的证明与其他各变换性质的证明类似，这里不再赘述。

7.2.1　z 变换的主要性质

1. z 变换的线性性质

性质 7.8　z 变换的线性性质　设两离散时间信号 $x_1(n)$ 和 $x_2(n)$，若满足 $x_1(n) \overset{\text{ZT}}{\longleftrightarrow} X_1(z)$，ROC $= R_1$ 和 $x_2(n) \overset{\text{ZT}}{\longleftrightarrow} X_2(z)$，ROC $= R_2$，则 z 变换的线性性质表示为

$$ax_1(n)+bx_2(n) \overset{\text{ZT}}{\longleftrightarrow} aX_1(z)+bX_2(z),\text{ROC 包括 } R_1 \cap R_2 \tag{7.18}$$

式中，$R_1 \cap R_2$ 表示 $X_1(z)$ 与 $X_2(z)$ 各自收敛域的交集。不过，线性组合后的收敛域并不局限于这个交集，可能会由于 $X_1(z)$ 与 $X_2(z)$ 的运算而产生新的零点与原有极点对消，从而使收敛域扩大，故表示为“ROC 包括 $R_1 \cap R_2$”的形式。

例 7.14　给定两个因果序列 $x_1(n)=a^n u(n)$ 和 $x_2(n)=a^n u(n-1)$。试求(a) $x_1(n)$ 和 $x_2(n)$ 的 z 变换，并表示二者的收敛域 R_1 和 R_2；(b) $y(n)=x_1(n)-x_2(n)$ 的 z 变换，并表示其收敛域。

解　(a) $x_1(n)$ 和 $x_2(n)$ 的 z 变换分别为

$$X_1(z)=\mathscr{Z}[x_1(n)]=\sum_{n=0}^{+\infty}a^n z^{-n}=\frac{1}{1-az^{-1}},\quad R_1:|z|>|a|$$

$$X_2(z)=\mathscr{Z}[x_2(n)]=\sum_{n=1}^{+\infty}a^n z^{-n}=\frac{az^{-1}}{1-az^{-1}},\quad R_2:|z|>|a|$$

显然，$x_1(n)$ 和 $x_2(n)$ z 变换的收敛域均为 $|z|>|a|$，均不是整个 z 平面。

(b) 依据线性性质计算 $y(n)=x_1(n)-x_2(n)$ 的 z 变换为

$$Y(z)=\mathscr{Z}[y(n)]=\frac{1}{1-az^{-1}}-\frac{az^{-1}}{1-az^{-1}}=1\quad R:|z|\geqslant 0$$

显然，$y(n)$ z 变换的收敛域为整个 z 平面。这表明，经过线性计算，原本在 $|z|>|a|$ 收敛的两个无穷序列，其收敛域扩大到整个 z 平面。若从时域分析，$y(n)=x_1(n)-x_2(n)=\delta(n)$ 是一个有限时宽信号，故其收敛域是整个 z 平面。

2. z 变换的时移性质

性质 7.9 z 变换的时移性质 若离散时间信号满足 $x(n)\overset{\text{ZT}}{\leftrightarrow}X(z)$，ROC $=R$，则 z 变换的时移性质为

$$x(n-n_0)\overset{\text{ZT}}{\leftrightarrow}z^{-n_0}X(z),\text{ROC}=R,\text{可能排除或加上原点或无穷远点}\tag{7.19}$$

上式表明，离散时间信号 $x(n)$ 的时移，对应其 z 变换 $X(z)$ 乘以一个相移因子。需要注意的是，由于 $X(z)$ 乘以 z^{-n_0}，使得乘积 $X(z)z^{-n_0}$ 会在 $z=0$ 处引入额外的零点（若 $n_0<0$）或极点（若 $n_0>0$）。这种新引入的零点或极点，会抵消掉 $X(z)$ 在 $z=0$ 处原有的极点或零点，从而使 $X(z)$ 原有的收敛域发生变化。

例 7.15 试求下列离散时间信号的 z 变换：(a) $x_1(n)=\delta(n)$；(b) $x_2(n)=\delta(n+1)$；(c) $x_3(n)=\delta(n-1)$。

解 (a) $X_1(z)=\mathscr{Z}[\delta(n)]=\sum_{n=-\infty}^{+\infty}\delta(n)z^{-n}=1$，　ROC：$|z|\geqslant 0$；

(b) $X_2(z)=\mathscr{Z}[\delta(n+1)]=z^{-(-1)}X_1(z)=z$，　ROC：$0\leqslant|z|<\infty$；

(c) $X_3(z)=\mathscr{Z}[\delta(n-1)]=z^{-1}X_1(z)=z^{-1}$，　ROC：$|z|>0$

考虑一离散时间 LTI 系统，其单位冲激响应为 $h(n)=\delta(n-1)$，则系统输出为 $y(n)=x(n-1)$，即输出是输入信号的单位延迟。这里 $\delta(n-1)$ 的作用是使输出信号相对于输入信号产生单位延迟，故可称 $\delta(n-1)$ 为单位延迟器。由例 7.15 知，$\mathscr{Z}[\delta(n-1)]=z^{-1}$，则 z^{-1} 也称为单位延迟器，在后续离散时间系统的 z 域分析中，常用 z^{-1} 表示系统对信号的单位延迟。

3. z 变换的 z 域尺度变换性质

性质 7.10 z 变换的 z 域尺度变换性质 若离散时间信号满足 $x(n)\overset{\text{ZT}}{\leftrightarrow}X(z)$，ROC $=R$，则 z 变换的 z 域尺度变换性质为

$$z_0^n x(n)\overset{\text{ZT}}{\leftrightarrow}X\left(\frac{z}{z_0}\right),\quad \text{ROC}=|z_0|R\tag{7.20}$$

式中，z_0 为 z 域尺度变换因子。$|z_0|R$ 表示收敛域 R 的尺度变化。尺度变换性质的含义可以理解为，若 z 是 $X(z)$ 收敛域中一点，则 $|z_0|z$ 就在对应的 $X(z/z_0)$ 的收敛域中。同样，若 $X(z)$ 有一个极点（或零点）在 $z=a$ 处，则 $X(z/z_0)$ 就有一个极点（或零点）在 $z=z_0a$ 处。

例 7.16 已知 $x(n)=\cos\left(\frac{\pi}{3}n\right)u(n)$ 的 z 变换为 $X(z)=\frac{1}{2}\cdot\frac{1}{1-e^{j\pi/3}z^{-1}}+\frac{1}{2}\cdot$

$\frac{1}{1-\mathrm{e}^{-\mathrm{j}\pi/3}z^{-1}}$，$|z|>1$。试求 $y(n)=\left(\frac{1}{4}\right)^n x(n)$ 的 z 变换。

解　依据 z 变换的 z 域尺度变换性质，有

$$y(n)=\left(\frac{1}{4}\right)^n x(n)\overset{\mathrm{ZT}}{\longleftrightarrow}X\left(\frac{z}{1/4}\right)=X(4z)=Y(z)$$

这样，有

$$Y(z)=\mathscr{Z}\left[\left(\frac{1}{4}\right)^n x(n)\right]=X(4z)=\frac{1}{2}\cdot\frac{1}{1-\mathrm{e}^{\mathrm{j}\pi/3}(4z)^{-1}}+\frac{1}{2}\cdot\frac{1}{1-\mathrm{e}^{-\mathrm{j}\pi/3}(4z)^{-1}}$$

$$=\frac{1}{2}\cdot\frac{1}{1-\frac{1}{4}\mathrm{e}^{\mathrm{j}\pi/3}z^{-1}}+\frac{1}{2}\cdot\frac{1}{1-\frac{1}{4}\mathrm{e}^{-\mathrm{j}\pi/3}z^{-1}},\quad |z|>\frac{1}{4}$$

对照例 7.16 与例 7.4，可见二者的结果完全相同。

4. z 变换的时间反转性质

性质 7.11　z 变换的时间反转性质　若离散时间信号满足 $x(n)\overset{\mathrm{ZT}}{\longleftrightarrow}X(z)$，$\mathrm{ROC}=R$，则 z 变换的时间反转性质为

$$x(-n)\overset{\mathrm{ZT}}{\longleftrightarrow}X\left(\frac{1}{z}\right),\quad \mathrm{ROC}=\frac{1}{R}\tag{7.21}$$

上式表明，时间信号 $x(n)$ 的反转，对应于其 z 变换的自变量求逆，且收敛域有相应的变化。具体来说，若 z_0 在 $X(z)$ 的收敛域内，则 $1/z_0$ 就在 $X(1/z)$ 的收敛域内。若 $x(n)$ 为一右边序列，则 $x(-n)$ 为一左边序列，且 $x(n)$ 的 ROC 是某个圆的外部区域，而 $x(-n)$ 的 ROC 变为一个圆的内部区域。

例 7.17　设离散时间信号 $x(n)$ 为偶信号，其有理 z 变换为 $X(z)$。试证明 $X(z)=X(z^{-1})$。

证明　因 $x(n)\overset{\mathrm{ZT}}{\longleftrightarrow}X(z)$，$\mathrm{ROC}=R$，由 z 变换的时间反转性质，有

$$x(-n)\overset{\mathrm{ZT}}{\longleftrightarrow}X\left(\frac{1}{z}\right)=X(z^{-1}),\quad \mathrm{ROC}=\frac{1}{R}$$

又因 $x(n)=x(-n)$，故

$$X(z)=X(z^{-1})$$

5. z 变换的共轭性质

性质 7.12　z 变换的共轭性质　若离散时间信号满足 $x(n)\overset{\mathrm{ZT}}{\longleftrightarrow}X(z)$，$\mathrm{ROC}=R$，则 z 变换的共轭性质为

$$x^*(n)\overset{\mathrm{ZT}}{\longleftrightarrow}X^*(z^*),\quad \mathrm{ROC}=R\tag{7.22}$$

由共轭性质，若 $x(n)$ 是实序列，则 $X(z)$ 的零、极点或为实数，或为一对共轭复数。具体来说，在共轭复数的情况下，若 $X(z)$ 在 $z=z_0$ 有一个极点(或零点)，则必存在一个与 z_0 共轭的极点(或零点)$z=z_0^*$。

6. z 变换的卷积性质

性质 7.13　z 变换的卷积性质　若两离散时间信号满足 $x_1(n)\overset{\mathrm{ZT}}{\longleftrightarrow}X_1(z)$，$\mathrm{ROC}=R_1$ 和 $x_2(n)\overset{\mathrm{ZT}}{\longleftrightarrow}X_2(z)$，$\mathrm{ROC}=R_2$，则 z 变换的卷积性质为

$$x_1(n)*x_2(n)\overset{\mathrm{ZT}}{\longleftrightarrow}X_1(z)X_2(z),\quad \mathrm{ROC}\text{ 包括 }R_1\cap R_2\tag{7.23}$$

显然，z 变换的卷积性质把离散时间信号的卷积运算转变为各自 z 变换的乘积运算，且其收敛域包括二者收敛域的交集。也就是说，卷积运算会由于零极点对消而导致收敛域扩大。

例 7.18　给定离散时间 LTI 系统的单位冲激响应为 $h(n)=a^n u(n)$，系统输入信号为 $x(n)=u(n)-u(n-N)$。试求系统的输出信号 $y(n)$。

解　由 z 变换的卷积性质，有 $Y(z)=H(z)X(z)$。其中

$H(z)=\dfrac{1}{1-az^{-1}}$，$|z|>|a|$，且 $X(z)=\dfrac{1-z^{-N}}{1-z^{-1}}$，$|z|>0$。故

$$
\begin{aligned}
Y(z)=H(z)X(z)&=\frac{1-z^{-N}}{(1-az^{-1})(1-z^{-1})}\\
&=\frac{1}{(1-az^{-1})(1-z^{-1})}-\frac{z^{-N}}{(1-az^{-1})(1-z^{-1})},\ |z|>|a|
\end{aligned}
$$

设上式最后一个等号第一项为 $Y_1(z)$，即 $Y_1(z)=\dfrac{1}{(1-az^{-1})(1-z^{-1})}$，$|z|>|a|$。$Y_1(z)$ 可分解为

$$
Y_1(z)=\frac{a}{a-1}\cdot\frac{1}{1-az^{-1}}+\frac{1}{1-a}\cdot\frac{1}{1-z^{-1}}
$$

求 $Y_1(z)$ 的逆 z 变换，有

$$
y_1(n)=\frac{a}{a-1}\cdot a^n u(n)+\frac{1}{1-a}\cdot u(n)=\frac{1-a^{n+1}}{1-a}u(n)
$$

设 $Y(z)$ 表达式中最后一个等号的第二项为 $Y_2(z)$，即 $Y_2(z)=-\dfrac{z^N}{(1-az^{-1})(1-z^{-1})}$，$|z|>|a|$。显然，有 $Y_2(z)=-z^N Y_1(z)$。这样，有 $y_2(n)=-y_1(n-N)$。于是

$$
y(n)=y_1(n)-y_1(n-N)=\frac{1-a^{n+1}}{1-a}u(n)-\frac{1-a^{n-N+1}}{1-a}u(n-N)
$$

例 7.19　求下列单边指数序列的卷积：$x(n)=a^n u(n)$，$h(n)=b^n u(n)$。

解　对 $x(n)$ 和 $h(n)$ 求 z 变换，有 $X(z)=\dfrac{1}{1-az^{-1}}$，$|z|>|a|$ 和 $H(z)=\dfrac{1}{1-bz^{-1}}$，$|z|>|b|$。

当 $a\neq b$ 时，则由卷积性质，有

$$
Y(z)=H(z)X(z)=\frac{1}{1-az^{-1}}\cdot\frac{1}{1-bz^{-1}}=\frac{1}{(1-az^{-1})(1-bz^{-1})},\quad |z|>\max[|a|,|b|]
$$

把 $Y(z)$ 展开成部分分式，有

$$
Y(z)=\frac{1}{a-b}\left[\frac{a}{1-az^{-1}}-\frac{b}{1-bz^{-1}}\right]
$$

其逆 z 变换为

$$
y(n)=\frac{1}{a-b}(a^{n+1}+b^{n+1})u(n)
$$

请读者自行考虑 $a=b$ 的情况。

7. z 变换的 z 域微分性质

性质 7.14　z 变换的 z 域微分性质　若离散时间信号满足 $x(n)\overset{ZT}{\longleftrightarrow}X(z)$，ROC $=R$，则

z 变换的 z 域微分性质为

$$nx(n) \overset{\text{ZT}}{\leftrightarrow} -z\frac{\mathrm{d}X(z)}{\mathrm{d}z},\quad \text{ROC}=R \tag{7.24}$$

z 变换的 z 域微分性质在计算一些逆 z 变换时很有用处。

例 7.20　设 $x(n)$ 的 z 变换为 $X(z)=\log(1+az^{-1})$，$|z|>|a|$，试求 $x(n)$。

解　依据 z 域微分性质，可把给定非有理 z 变换 $X(z)$ 转变为有理函数形式，即

$$nx(n) \overset{\text{ZT}}{\leftrightarrow} -z\frac{\mathrm{d}X(z)}{\mathrm{d}z}=\frac{az^{-1}}{1+az^{-1}},\quad |z|>|a|$$

由于 $a(-a)^n u(n) \overset{\text{ZT}}{\leftrightarrow} \dfrac{a}{1+az^{-1}}$，　$|z|>|a|$，再由 z 变换的时移性质，有

$$nx(n)=a(-a)^{n-1}u(n-1) \overset{\text{ZT}}{\leftrightarrow} \frac{az^{-1}}{1+az^{-1}},\quad |z|>|a|$$

因此，有

$$x(n)=-\frac{(-a)^n}{n}u(n-1)$$

例 7.21　试求 $x(n)=na^{n-1}u(n)$ 的 z 变换。

解　由于 $a^n u(n) \overset{\text{ZT}}{\leftrightarrow} \dfrac{1}{1-az^{-1}}$，$|z|>|a|$。利用 z 域微分性质，有

$$na^n u(n) \overset{\text{ZT}}{\leftrightarrow} -z\frac{\mathrm{d}}{\mathrm{d}z}\left[\frac{1}{1-az^{-1}}\right]=\frac{az^{-1}}{(1-az^{-1})^2},\quad |z|>|a|$$

将上式两边同除以 a，有

$$x(n)=na^{n-1}u(n) \overset{\text{ZT}}{\leftrightarrow} -z\frac{\mathrm{d}}{\mathrm{d}z}\left[\frac{1}{1-az^{-1}}\right]=\frac{z^{-1}}{(1-az^{-1})^2},\quad |z|>|a|$$

这样

$$X(z)=\frac{z^{-1}}{(1-az^{-1})^2},\quad |z|>|a|$$

7.2.2　z 变换的初值定理与终值定理

1. z 变换的初值定理

定理 7.1　z 变换的初值定理　若因果离散时间信号满足 $x(n) \overset{\text{ZT}}{\leftrightarrow} X(z)$，$\text{ROC}=R$，则 z 变换的初值定理为

$$x(0)=\lim_{z\to\infty}X(z) \tag{7.25}$$

证明　对于因果离散时间信号 $x(n)$，由于

$$X(z)=\sum_{n=0}^{+\infty}x(n)z^{-n}=x(0)+x(1)z^{-1}+x(2)z^{-2}+\cdots$$

当 $z\to\infty$ 时，上式的等式右边除第一项 $x(0)$ 外，其余各项均为 0，因此有

$$x(0)=\lim_{z\to\infty}X(z)$$

初值定理表明，对于因果序列 $x(n)$，可以直接由 $X(z)$ 求得其对应时间序列的初始值 $x(0)$，而不必进行逆 z 变换。由初值定理还可看出，若因果序列 $x(n)$ 在 $n=0$ 时刻为有限值，则当 $z\to\infty$ 时，$X(z)$ 一定是有限值。

例 7.22　已知因果离散时间信号 $x(n)$ 的 z 变换为 $X(z)=\dfrac{1-\frac{2}{3}z^{-1}}{\left(1-\frac{1}{3}z^{-1}\right)\left(1-\frac{1}{4}z^{-1}\right)}$，$|z|>\frac{1}{3}$。试求 $x(0)$。

解　由 z 变换的初值定理，无需计算逆 z 变换，可以得到

$$\begin{aligned}x(0)&=\lim_{z\to\infty}X(z)\\&=\lim_{z\to\infty}\left[\frac{1-\frac{2}{3}z^{-1}}{\left(1-\frac{1}{3}z^{-1}\right)\left(1-\frac{1}{4}z^{-1}\right)}\right]=1\end{aligned}$$

2. z 变换的终值定理

定理 7.2　z 变换的终值定理　若因果离散时间信号满足 $x(n)\overset{\text{ZT}}{\leftrightarrow}X(z)$，$\text{ROC}=R$，且 $X(z)$ 除在 $z=1$ 处可以有一阶极点外，全部其他极点都在单位圆内，则 z 变换的终值定理为

$$\lim_{n\to\infty}x(n)=\lim_{z\to1}[(z-1)X(z)] \tag{7.26}$$

由于 z 变换的终值定理的证明需要用到单边 z 变换的时移性质，因此留到 7.6 节通过例 7.34 给出。

例 7.23　已知因果离散时间信号 $x(n)$ 的 z 变换为 $X(z)=\dfrac{z-\frac{2}{3}}{(z-1)\left(z-\frac{1}{3}\right)\left(z-\frac{1}{4}\right)}$，$|z|>1$。试求 $x(\infty)=\lim_{n\to\infty}x(n)$。

解　由 z 变换的终值定理，无需计算逆 z 变换，可以得到

$$\begin{aligned}x(\infty)&=\lim_{n\to\infty}x(n)\\&=\lim_{z\to1}[(z-1)X(z)]\\&=\lim_{z\to1}\left[(z-1)\frac{z-\frac{2}{3}}{(z-1)\left(z-\frac{1}{3}\right)\left(z-\frac{1}{4}\right)}\right]\\&=\frac{\frac{1}{3}}{\frac{2}{3}\times\frac{3}{4}}=\frac{1}{3}\times2=\frac{2}{3}\end{aligned}$$

7.2.3　z 变换的主要性质列表

表 7.1 给出了 z 变换的主要性质列表。

表 7.1　　z 变换的主要性质

序号	性质	离散时间信号 $x(n), x_1(n), x_2(n)$	z 变换 $X(z), X_1(z), X_2(z)$	ROC R, R_1, R_2
1	线性性质	$ax_1(n)+bx_2(n)$	$aX_1(z)+bX_2(z)$	包括 $R_1\cap R_2$
2	时移性质	$x(n-n_0)$	$z^{-n_0}X(z)$	R(可能增加或去除原点或 ∞ 点)
3	z 域尺度变换性质	$e^{j\omega_0 n}x(n)$	$X(e^{-j\omega_0}z)$	R
		$z_0^n x(n)$	$X(\frac{z}{z_0})$	$\lvert z_0\rvert R$
		$a^n x(n)$	$X(a^{-1}z)$	R 的比例伸缩
4	时间反转性质	$x(-n)$	$X(z^{-1})$	R^{-1}
5	时间扩展性质	$x_{(k)}(n)=\begin{cases}x(r), & n=rk\\ 0, & n\neq rk\end{cases}$	$X(z^k)$	$R^{1/k}$
6	共轭性质	$x^*(n)$	$X^*(z^*)$	R
7	卷积性质	$x_1(n)*x_2(n)$	$X_1(z)X_2(z)$	包括 $R_1\cap R_2$
8	一阶差分	$x(n)-x(n-1)$	$(1-z^{-1})X(z)$	包括 $R_1\cap\{\lvert z\rvert>0\}$
9	时域累加性质	$\sum\limits_{k=-\infty}^{n}x(k)$	$\frac{1}{1-z^{-1}}X(z)$	包括 $R_1\cap\{\lvert z\rvert>1\}$
10	z 域微分性质	$nx(n)$	$-z\frac{dX(z)}{dz}$	R
11	初值定理	若 $n<0, x(n)=0$	$x(0)=\lim\limits_{z\to\infty}X(z)$	
12	终值定理	若 $n<0, x(n)=0$	$\lim\limits_{n\to\infty}x(n)=\lim\limits_{z\to 1}(z-1)X(z)$	

7.2.4　常用 z 变换对

z 变换的常用变换对对于解决 z 变换相关问题很有帮助。表 7.2 给出了常用的 z 变换对。

表 7.2　　常用 z 变换对

序号	信号名称	信号 $x(n)$ 表达式	z 变换 $X(z)$	ROC
1	单位冲激信号	$\delta(n)$	1	全部 z
2	单位阶跃信号	$u(n)$	$\frac{1}{1-z^{-1}}$	$\lvert z\rvert>1$
3	反向单位阶跃信号	$-u(-n-1)$	$\frac{1}{1-z^{-1}}$	$\lvert z\rvert<1$
4	单边指数信号	$a^n u(n)$	$\frac{1}{1-az^{-1}}$	$\lvert z\rvert>\lvert a\rvert$
5	反向单边指数信号	$-a^n u(-n-1)$	$\frac{1}{1-az^{-1}}$	$\lvert z\rvert<\lvert a\rvert$

续表

序号	信号名称	信号 $x(n)$ 表达式	z 变换 $X(z)$	ROC
6	单边指数信号与自变量乘积	$na^n u(n)$	$\dfrac{az^{-1}}{(1-az^{-1})^2}$	$\|z\|>\|a\|$
		$-na^n u(-n-1)$	$\dfrac{az^{-1}}{(1-az^{-1})^2}$	$\|z\|<\|a\|$
7	单边余弦信号	$(\cos\omega_0 n)u(n)$	$\dfrac{1-(\cos\omega_0)z^{-1}}{1-(2\cos\omega_0)z^{-1}+z^{-2}}$	$\|z\|>1$
8	单边正弦信号	$(\sin\omega_0 n)u(n)$	$\dfrac{(\sin\omega_0)z^{-1}}{1-(2\cos\omega_0)z^{-1}+z^{-2}}$	$\|z\|>1$

7.3 z变换与其他变换的关系

7.3.1 z 变换与傅里叶变换及傅里叶级数的关系

考虑长度为 N 的离散时间信号 $x(n)$，并假设 $x(n)$ 的周期性延拓为 $\tilde{x}(n)$。把 $\tilde{x}(n)$ 和 $x(n)$ 各自对应的离散傅里叶级数 a_k、离散时间傅里叶变换 $X(\mathrm{e}^{\mathrm{j}\omega})$ 和 z 变换 $X(z)$ 的表达式列出如下

$$a_k=\frac{1}{N}\sum_{n=0}^{N-1}\tilde{x}(n)\mathrm{e}^{-\mathrm{j}k(2\pi/N)n} \tag{7.27}$$

$$X(\mathrm{e}^{\mathrm{j}\omega})=\sum_{n=0}^{N-1}x(n)\mathrm{e}^{-\mathrm{j}\omega n} \tag{7.28}$$

$$X(z)=\sum_{n=0}^{N-1}x(n)z^{-n} \tag{7.29}$$

在式(7.27)中，求和区间取周期性离散时间信号 $\tilde{x}(n)$ 在$[0,N-1]$区间的数值。而在式(7.28)和式(7.29)中，也均在有限时宽信号的$[0,N-1]$区间取值计算。

因 z 变换的复变量 z 定义为 $z=r\mathrm{e}^{\mathrm{j}\omega}$，故 $X(z)$ 可以写为

$$X(z)=\sum_{n=0}^{N-1}x(n)z^{-n}=\sum_{n=0}^{N-1}x(n)\,(r\mathrm{e}^{\mathrm{j}\omega})^{-n}=\sum_{n=0}^{N-1}[r^{-n}x(n)]\mathrm{e}^{-\mathrm{j}\omega n} \tag{7.30}$$

或者反过来写为

$$X(\mathrm{e}^{\mathrm{j}\omega})=\sum_{n=0}^{N-1}x(n)\mathrm{e}^{-\mathrm{j}\omega n}=X(z)\big|_{z=\mathrm{e}^{\mathrm{j}\omega}} \tag{7.31}$$

式(7.30)表明，$X(z)$ 是对离散时间信号 $x(n)$ 进行衰减后的离散时间傅里叶变换。而式(7.31)则表明，$X(\mathrm{e}^{\mathrm{j}\omega})$ 是 z 平面上 $r=1$ 即单位圆上的 z 变换。如图 7.5 所示。

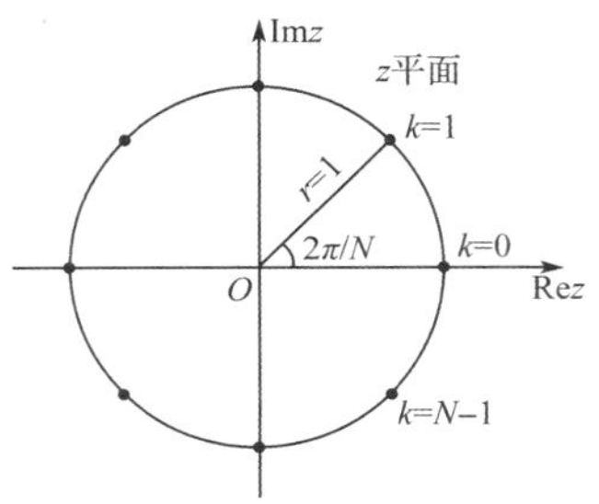

图 7.5　z 变换与傅里叶变换和傅里叶级数关系

如图 7.5 所示，$X(z)$ 在 z 平面上满足其收敛条件的整个收敛域取值，而 $X(e^{j\omega})$ 仅定义在 z 平面的单位圆上。因 $X(e^{j\omega})$ 是连续的且周期的，故可以看作在单位圆上连续取值，并周期性旋转，旋转周期为 2π。

此外，离散傅里叶级数 a_k 是离散的且周期性的，可以看作是对离散时间傅里叶变换 $X(e^{j\omega})$ 的等间隔采样，因此也可以看作是在 z 平面单位圆上等间隔取值，并周期性旋转，旋转周期也是 2π。这样，DFS、DTFT 与 z 变换的关系可以表示为

$$a_k = \frac{1}{N} X(e^{j\omega}) \Big|_{\omega=\frac{2\pi k}{N}} = \frac{1}{N} X(z) \Big|_{z=e^{j(2\pi/N)k}} \tag{7.32}$$

若对周期性 DFS 取主值区间，则对应于另一种傅里叶变换，称为离散傅里叶变换(Discrete Fourier Transform, DFT)，记为 $X(k)$。这是一种离散的且非周期性的频谱，是一种具有非常重要实用意义的傅里叶变换，我们将在后续的“数字信号处理”课程中学习。

7.3.2　z 变换与拉普拉斯变换的关系

z 变换与拉普拉斯变换是两种不同的变换，它们各自处理的对象是截然不同的。拉普拉斯变换是针对连续时间信号与系统的，而 z 变换则是针对离散时间信号与系统的。但是，正如连续时间信号与系统同离散时间信号与系统是可以通过采样与插值拟合互相转换一样，拉普拉斯变换与 z 变换也是互相联系，在一定条件下可以互相转换的。

1. z 平面与 s 平面的映射关系

本书第 5 章介绍了连续时间信号 $x(t)$ 的理想冲激序列采样问题。经理想冲激序列采样后的信号 $x_p(t)$ 表示为

$$x_p(t) = x(t)p(t) = \sum_{n=-\infty}^{+\infty} x(nT)\delta(t-nT) \tag{7.33}$$

式中，$p(t) = \sum_{n=-\infty}^{+\infty} \delta(t-nT)$ 为理想冲激序列，T 为采样周期。对上式求拉普拉斯变换，有

$$\begin{aligned} X_p(s) &= \int_{-\infty}^{+\infty} x_p(t) e^{-st} dt = \int_{-\infty}^{+\infty} \Big[\sum_{n=-\infty}^{+\infty} x(nT)\delta(t-nT) \Big] e^{-st} dt \\ &= \sum_{n=-\infty}^{+\infty} x(nT) \int_{-\infty}^{+\infty} \delta(t-nT) e^{-st} dt \\ &= \sum_{n=-\infty}^{+\infty} x(nT) e^{-snT} \end{aligned} \tag{7.34}$$

定义

$$z = \mathrm{e}^{sT} \text{ 或 } s = \frac{1}{T}\ln z \tag{7.35}$$

则式(7.34)成为复变量 z 的函数,可写为

$$X(z) = \sum_{n=-\infty}^{+\infty} x(n)z^{-n} \tag{7.36}$$

显然,式(7.36)就是采样后信号的 z 变换。这样,通过定义离散时间信号 $x(n)$ 对应的复变量 z 与连续时间信号 $x(t)$ 对应的复变量 s 的关系,可以把信号的拉普拉斯变换与 z 变换联系起来。

进一步地,为了说明 s 平面与 z 平面的映射关系,把复变量 s 和 z 分别写为直角坐标和极坐标形式为

$$\begin{aligned} s &= \sigma + \mathrm{j}\Omega \\ z &= r\mathrm{e}^{\mathrm{j}\omega} \end{aligned} \tag{7.37}$$

把式(7.37)代入式(7.35),有 $r\mathrm{e}^{\mathrm{j}\omega} = \mathrm{e}^{(\sigma+\mathrm{j}\Omega)T}$,于是,可以得到

$$r = \mathrm{e}^{\sigma T} \tag{7.38a}$$

$$\omega = \Omega T \tag{7.38b}$$

式(7.38a)和式(7.38b)表明:

①s 平面上虚轴映射到 z 平面上的单位圆,右半 s 平面映射到 z 平面的单位圆外,而左半 s 平面则映射到 z 平面的单位圆内。

②s 平面的实轴映射到 z 平面的正实轴,平行于实轴的直线映射到 z 平面是始于原点的辐射线,通过 $\frac{\mathrm{j}k\Omega_s}{2}$,$k=\pm 1, \pm 3, \cdots$ 而平行于实轴的直线则映射到 z 平面的负实轴。其中,Ω_s 表示信号的采样频率。

③ 由于 $\mathrm{e}^{\mathrm{j}\omega}$ 是以 Ω_s 为周期的周期函数,因此在 s 平面上沿虚轴移动,对应于在 z 平面上沿单位圆周期性旋转。每平移 Ω_s,则沿单位圆旋转一周,因此 $s-z$ 映射不是单值映射。

表 7.3 给出了 z 平面与 s 平面的映射关系

表 7.3　z 平面与 s 平面的映射关系

s 平面($s=\sigma+\mathrm{j}\Omega$)		z 平面($z=r\mathrm{e}^{\mathrm{j}\omega}$)	
左半 s 平面 ($\sigma<0$)	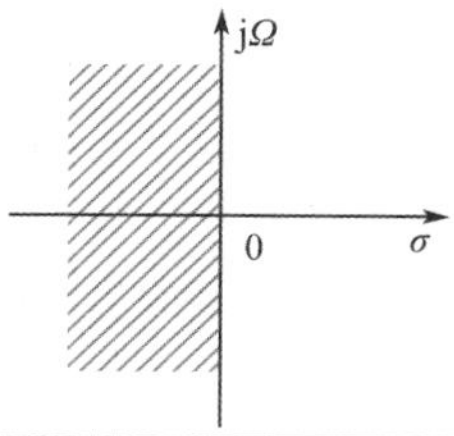 jΩ, 0, σ	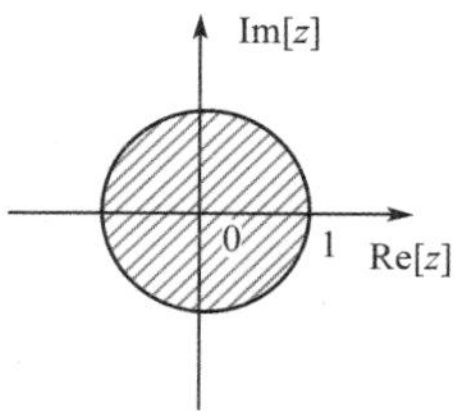 Im[z], 0, 1, Re[z]	单位圆内 ($r<1$)
虚轴 ($\sigma=0$)	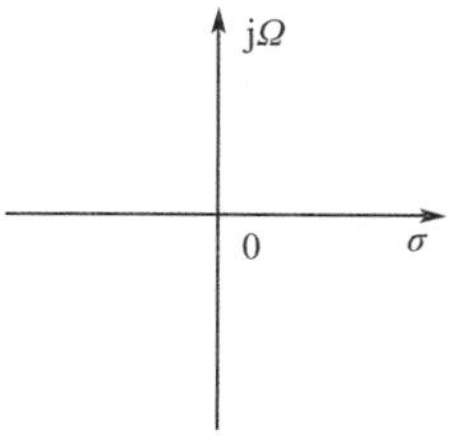 jΩ, 0, σ	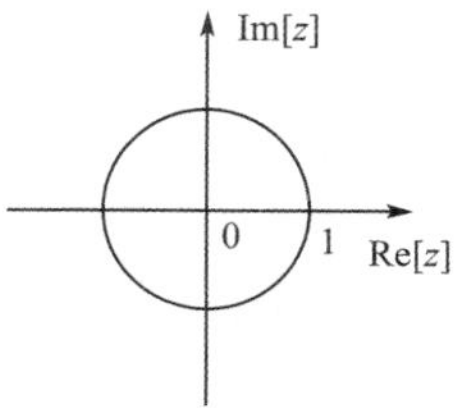 Im[z], 0, 1, Re[z]	单位圆上 ($r=1$)

续表

s 平面($s=\sigma+\mathrm{j}\Omega$)		z 平面($z=r\mathrm{e}^{\mathrm{j}\omega}$)	
右半 s 平面 ($\sigma>0$)	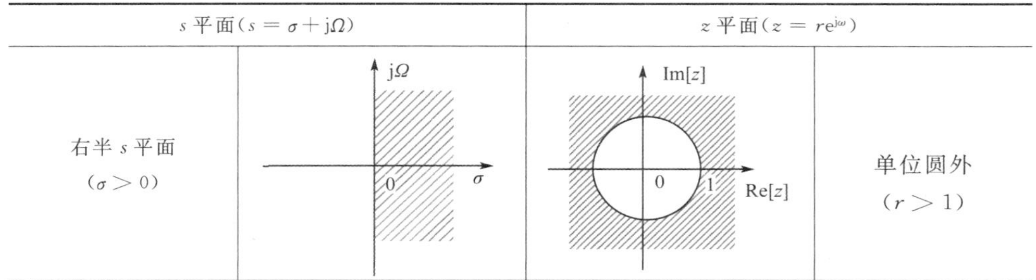		单位圆外 ($r>1$)

2. z 变换与拉普拉斯变换表达式的对应关系

设连续时间信号 $x(t)$ 经过均匀采样得到离散时间信号 $x(n)$，且已知 $\mathscr{L}[x(t)]=X(s)$，$\mathscr{Z}[x(n)]=X(z)$。下面讨论如何由 $X(s)$ 映射为 $X(z)$ 的问题。

以因果实指数信号 $x(t)=A\mathrm{e}^{-at}u(t),a>0$ 为例来进行分析。对 $x(t)$ 做拉普拉斯变换，有

$$X(s)=\mathscr{L}[x(t)]=\mathscr{L}[A\mathrm{e}^{-at}u(t)]=\frac{A}{s+a},\mathrm{Re}[s]>-a \tag{7.39}$$

对 $x(t)$ 做均匀采样，得到 $x(nT)=A\mathrm{e}^{-anT}u(nT),a>0$。不失一般性，假定 $T=1$，则有 $x(nT)=x(n)$。对 $x(n)$ 做 z 变换，可得

$$X(z)=\mathscr{Z}[x(n)]=\mathscr{Z}[A\mathrm{e}^{-anT}u(n)]=\frac{A}{1-\mathrm{e}^{-aT}z^{-1}},\ |z|>|\mathrm{e}^{-aT}| \tag{7.40}$$

若假定连续时间信号 $x(t)$ 由 N 个因果实指数信号 $x_i(t)=A_i\mathrm{e}^{-a_it}u(t),i=1,2,\cdots,N$ 的线性组合构成，即

$$x(t)=\sum_{i=1}^{N}x_i(t)=\sum_{i=1}^{N}A_i\mathrm{e}^{-a_it}u(t) \tag{7.41}$$

式中，$a_i>0,i=1,2,\cdots,N$。$x(t)$ 对应的拉普拉斯变换为

$$X(s)=\mathscr{L}\Big[\sum_{i=1}^{N}x_i(t)\Big]=\mathscr{L}\Big[\sum_{i=1}^{N}A_i\mathrm{e}^{-a_it}u(t)\Big]=\sum_{i=1}^{N}\frac{A_i}{s+a_i},\mathrm{Re}[s]>\max[-a_i] \tag{7.42}$$

对式(7.41)信号进行均匀采样，可得

$$x(n)=\sum_{i=1}^{N}x_i(n)=\sum_{i=1}^{N}A_i\mathrm{e}^{-a_inT}u(n) \tag{7.43}$$

其对应的 z 变换为

$$X(z)=\mathscr{Z}\Big[\sum_{i=1}^{N}x_i(n)\Big]=\mathscr{Z}\Big[\sum_{i=1}^{N}A_i\mathrm{e}^{-a_inT}u(n)\Big]=\sum_{i=1}^{N}\frac{A_i}{1-\mathrm{e}^{-a_iT}z^{-1}},\ |z|>\max|\mathrm{e}^{-a_iT}| \tag{7.44}$$

式(7.42)和式(7.44)实际上给出了 z 变换表达式与拉普拉斯变换表达式的对应关系。

例 7.24　给定连续时间单边实指数信号 $x(t)=\mathrm{e}^{-2t}u(t)$。(a) 试求其拉普拉斯变换 $X(s)$。(b) 依据 z 变换与拉普拉斯变换表达式的对应关系，直接写出对应离散时间信号 $x(n)=\mathrm{e}^{-2nT}u(n)$ 的 z 变换式。

解　(a) 给定信号的拉普拉斯变换为

$$X(s)=\frac{1}{s+2},\mathrm{Re}[s]>-2$$

(b) 由 z 变换与拉普拉斯变换表达式的对应关系，可直接写出

$$X(z)=\frac{1}{1-\mathrm{e}^{-2T}z^{-1}},\ |z|>|\mathrm{e}^{-2T}|$$

7.4 离散时间LTI系统的复频域分析

线性常系数差分方程表征LTI系统知识点

与连续时间LTI系统的复频域分析类似，相对于时域分析和频域分析而言，离散时间信号与系统的复频域分析具有许多优点。复频域分析可用于求解线性差分方程，可确定系统的因果性和稳定性，也可退化到频域进行信号与系统的频域分析。本节重点介绍基于 z 变换的LTI系统复频域分析问题。

7.4.1 差分方程的 z 变换求解与系统函数

1. 差分方程的 z 变换求解

本书2.1节介绍了差分方程的概念及其时域解法。在时域求解差分方程，或采用与求解微分方程相类似的方法进行求解；或采用递推方式求解，即用输入信号和以前时刻的输出信号来推出当前时刻的输出信号值。总的来说，差分方程的时域求解是比较麻烦的。本章我们学习了 z 变换的理论与方法，z 变换可以方便地进行差分方程的求解，这种变换域求解方法比时域求解更为简便，是经常采用的方法。

设离散时间LTI系统差分方程的一般形式如式(7.45)所示

$$\sum_{k=0}^{N}a_k y(n-k)=\sum_{k=0}^{M}b_k x(n-k) \tag{7.45}$$

式中，$x(n)$ 和 $y(n)$ 分别表示方程的输入项和输出项；M，N 分别表示输入项和输出项的阶数；b_k，a_k 分别表示输入项和输出项的加权系数。假定系统满足初始松弛条件，对上式两边做 z 变换，得到

$$\sum_{k=0}^{N}a_k z^{-k}Y(z)=\sum_{k=0}^{M}b_k z^{-k}X(z) \tag{7.46}$$

可见，经过对差分方程做 z 变换，已经把原有的差分方程式(7.45)转变为一个 z 域的线性代数方程，可以进一步把系统输出的 z 变换 $Y(z)$ 表示为

$$Y(z)=\frac{\sum_{k=0}^{M}b_k z^{-k}}{\sum_{k=0}^{N}a_k z^{-k}}X(z) \tag{7.47}$$

例7.25 给定离散时间因果系统的差分方程为 $y(n)-\frac{1}{2}y(n-1)=x(n)$。若输入信号 $x(n)=(1/3)^n u(n)$，初始松弛条件，试求系统的输出信号 $y(n)$。

解 对给定系统差分方程两边求 z 变换，得到 $Y(z)-\frac{1}{2}z^{-1}Y(z)=X(z)$。对给定输入

信号 $x(n)$ 做 z 变换，有 $X(z)=\mathscr{Z}\{(1/3)^n u(n)\}=\dfrac{1}{1-(1/3)z^{-1}}$，$|z|>|a|$。这样

$$Y(z)=\frac{X(z)}{1-(1/2)z^{-1}}=\frac{1}{[1-(1/2)z^{-1}][1-(1/3)z^{-1}]}=\frac{A}{1-(1/2)z^{-1}}+\frac{B}{1-(1/3)z^{-1}}$$

由上式解出 $A=3,B=-2$，则有 $Y(z)=\dfrac{3}{1-(1/2)z^{-1}}-\dfrac{2}{1-(1/3)z^{-1}}$。对 $Y(z)$ 求逆 z 变换，有

$$y(n)=3\left(\frac{1}{2}\right)^n u(n)-2\left(\frac{1}{3}\right)^n u(n)$$

2. 离散时间系统的系统函数

对式(7.45)所示LTI系统差分方程做 z 变换，并对式(7.46)做进一步整理，可定义LTI系统的系统函数为

$$H(z)=\frac{Y(z)}{X(z)}=\frac{\sum_{k=0}^{M}b_k z^{-k}}{\sum_{k=0}^{N}a_k z^{-k}} \tag{7.48}$$

与系统的单位冲激响应 $h(n)$ 一样，系统函数 $H(z)$ 是反映LTI系统本质特征的复频域函数。需要注意的是，尽管式(7.48)所表示的系统函数 $H(z)$ 是输出信号 z 变换与输入信号 z 变换之比，但是实际上，系统函数的特性与输入信号及输出信号无关，所表示的是独立于输入和输出的系统本身的特性。无论输入信号如何变化，LTI系统的系统函数特性是不变的。

此外，LTI系统的系统函数 $H(z)$ 是其单位冲激响应 $h(n)$ 的 z 变换，表示为

$$H(z)=\mathscr{Z}[h(n)] \tag{7.49}$$

对于离散时间LTI系统，其特征函数表示为 $x(n)=z^n$ 的形式。若把 $x(n)=z^n$ 送入LTI系统 $h(n)$，有

$$y(n)=h(n)*x(n)=\sum_{k=-\infty}^{+\infty}h(k)z^{n-k}=z^n\sum_{k=-\infty}^{+\infty}h(k)z^{-k}=z^nH(z)=H(z)x(n)$$

显然，上式中的特征值 $H(z)$ 就是系统单位冲激响应 $h(n)$ 的 z 变换，就是系统函数。

一个由线性常系数差分方程所表示的系统，其系统函数总是有理的。系统函数是对LTI系统进行分析的强有力工具。由式(7.48)所表示的系统函数，还可以得到进一步的信息。

第一，系统的零点和极点可以分别令式(7.48)的分子为0和分母为0而得到。由系统的零点和极点以及系统的ROC，可以进一步分析系统的因果性和稳定性等方面的特性。

第二，式(7.48)反映了LTI系统输入、输出信号与系统函数之间的关系。由该式，有

$$Y(z)=H(z)X(z) \tag{7.50}$$

式(7.50)实际上是 z 变换的卷积性质。它表明，在时域由 $y(n)=h(n)*x(n)$ 表示的卷积和运算，可以经由 z 变换而转变为系统函数 $H(z)$ 与输入信号 z 变换 $X(z)$ 的乘积运算，这显著减小了计算量。并且，$h(n)$ 与 $H(z)$ 为一对 z 变换对。

第三，如果在 $H(z)$ 中令 $|z|=1$（或 $z=e^{j\omega}$），则可以得到离散时间系统的频率响应（又称为传递函数）$H(e^{j\omega})$，可以由此进一步分析系统的频率特性。

例 7.26　设离散时间LTI系统的差分方程为 $y(n)-0.6y(n-1)-0.16y(n-2)=$

$5x(n)$，系统满足初始松弛条件。试求：(a) 该系统的系统函数 $H(z)$；(b) 系统的单位冲激响应 $h(n)$。

解 (a) 对给定差分方程两边求 z 变换，有

$$Y(z)-0.6z^{-1}Y(z)-0.16z^{-2}Y(z)=5X(z)$$

由上式可得系统函数 $H(z)$ 为

$$H(z)=\frac{5}{1-0.6z^{-1}-0.16z^{-2}}=\frac{1}{1+0.2z^{-1}}+\frac{4}{1-0.8z^{-1}}$$

(b) 求系统的单位冲激响应。由于给定系统未确定因果性和稳定性，需根据收敛域与极点的关系逐一讨论：

(1) 若 $H(z)$ 的收敛域满足 $|z|>0.8$，则 $h(n)=(-0.2)^n u(n)+4\times 0.8^n u(n)$。

(2) 若 $H(z)$ 的收敛域满足 $|z|<0.2$，则 $h(n)=-(-0.2)^n u(-n-1)-4\times 0.8^n u(-n-1)$。

(3) 若 $H(z)$ 的收敛域满足 $0.2<|z|<0.8$，则 $h(n)=(-0.2)^n u(n)-4\times 0.8^n u(-n-1)$。

7.4.2 离散时间 LTI 系统的因果性分析

LTI 系统的因果性分析对于了解系统的特性具有重要意义。在前面章节，我们已经学习了在时域判定系统因果性的方法。在学习了 z 变换之后，我们可以在复频域更为简便地进行离散时间 LTI 系统因果性的判定与分析。

用z-变换分析和表征LTI系统知识点

1. 离散时间 LTI 系统因果性的时域判定

这里简要回顾一下在时域判定离散时间系统因果性的方法。

若离散时间系统在任意时刻的输出仅取决于当前时刻及过去时刻的输入，则该系统为因果系统，否则为非因果关系。

对于离散时间 LTI 系统，通常利用系统的单位冲激响应 $h(n)$ 来判定系统的因果性，即若离散时间 LTI 系统的单位冲激响应满足

$$h(n)=0,\quad n<0 \tag{7.51}$$

则该系统为因果系统，否则为非因果系统。此外，若离散时间 LTI 系统为因果系统，则式(7.51)亦得到满足。

一般来说，因果系统的单位冲激响应对应于一个右边序列，且该序列在 $n<0$ 区间其值恒为 0。

2. 离散时间 LTI 系统因果性的复频域判定

在复频域，基于 z 变换，依据 LTI 系统的系统函数 $H(z)$，我们可以得到因果 LTI 系统的以下两个性质，并可以方便地依据这些性质进行系统因果性的判定。

性质 7.15 离散时间系统因果性充要条件 当且仅当离散时间 LTI 系统的系统函数 $H(z)$ 的 ROC 位于 z 平面某一圆的外面，且包含无穷远点，则该系统是因果的。

性质 7.16 有理离散时间系统因果性充要条件 一个具有有理系统函数 $H(z)$ 的离散时间 LTI 系统是因果的，当且仅当(a) 其 ROC 位于最外层极点外面某一圆的外面；且(b) 若 $H(z)$ 表示为分子多项式与分母多项式之比，则其分子的阶次不能高于分母的阶次。

上面两个性质表明，在复频域基于 LTI 系统的系统函数 $H(z)$ 来判定系统的因果性，主要考察系统 ROC 与极点的关系，并考察 $H(z)$ 的分子多项式与分母多项式的阶次关系。

例 7.27 给定离散时间 LTI 系统的系统函数为 $H(z)=\dfrac{z^3+3z^2+2z+1}{z^2+5z+2}$，试判定系统的因果性。

解 根据性质 7.16，因给定有理 $H(z)$ 的分子阶次高于分母阶次，故该系统是非因果系统。

例 7.28 给定离散时间 LTI 系统 $H(z)=\dfrac{2z^2-\frac{5}{2}z}{z^2-\frac{5}{2}z+1}$，$|z|>2$，试判定系统的因果性。

解 该有理系统 $H(z)$ 有 2 个极点，即 $z_1=\dfrac{1}{2}$，$z_2=2$，因系统的 ROC 在最外面极点的外面，且 $H(z)$ 分子的阶次不高于分母阶次，故该系统是因果系统。

7.4.3 离散时间 LTI 系统的稳定性分析

保证系统的稳定性，是设计离散时间系统的基本要求，因此，判定系统的稳定性是非常重要的。

1. 离散时间 LTI 系统稳定性的时域判定

若离散时间系统在小信号输入的条件下，系统的输出是有界的，则称该系统是稳定系统。

对于离散时间 LTI 系统，通常采用系统的单位冲激响应 $h(n)$ 来判定系统的稳定性，即若系统单位冲激响应满足绝对可和条件

$$\sum_{k=-\infty}^{+\infty}|h(k)|<\infty \tag{7.52}$$

则该系统是稳定系统，否则为不稳定系统。

2. 离散时间 LTI 系统稳定性的复频域判定

在复频域，基于 z 变换，依据 LTI 系统的系统函数 $H(z)$，我们可以得到稳定 LTI 系统的以下两个性质，并可以方便地依据这些性质进行系统稳定性的判定。

性质 7.17 离散时间系统稳定性充要条件 当且仅当 LTI 系统的系统函数 $H(z)$ 的 ROC 包括单位圆 $|z|=1$ 时，该系统是稳定的。

性质 7.18 有理离散时间因果系统稳定性充要条件 具有有理系统函数 $H(z)$ 的因果 LTI 系统，当且仅当 $H(z)$ 的全部极点都位于单位圆内时，系统是稳定的。

显然，在复频域依据系统函数 $H(z)$ 来判定系统的稳定性，主要需要考察系统的收敛域中是否包含单位圆。若包含，则系统是稳定的，反之则是不稳定的。

例 7.29 试判定离散时间系统 $H(z)=\dfrac{2z^2-\frac{5}{2}z}{z^2-\frac{5}{2}z+1}$，$|z|>2$ 的稳定性。

解 由于该系统 $H(z)$ 的收敛域不包括单位圆，因此该系统是不稳定的。

例 7.30　试确定因果系统 $H(z)=\dfrac{1}{1-az^{-1}}$，$|z|>|a|$ 满足稳定性的条件(式中 $a\neq 0$)。

解　该系统有一个极点，即 $z=a$。要使该系统稳定，必须使极点在单位圆内，即须满足 $|a|<1$。这与其单位冲激响应 $h(n)=a^n u(n)$ 满足稳定性的条件是一致的。

7.4.4 离散时间系统函数与单位冲激响应的关系

离散时间 LTI 系统的系统函数 $H(z)$ 与系统的单位冲激响应 $h(n)$ 是一对 z 变换对，二者之间有密切的联系，并且系统在时域的特点可以确定性地表现在复频域中，反之亦然。

表 7.4 给出了因果系统的系统函数 $H(z)$ 与系统单位冲激响应 $h(n)$ 的一些对应关系。

表 7.4　　系统函数与系统单位冲激响应的对应关系

序号	$H(z)$ 的极点情况	系统函数 $H(z)$	单位冲激响应 $h(n)$	说明
1	单实极点 $z=a$	$H(z)=\dfrac{1}{1-az^{-1}}$	$h(n)=a^n u(n)$	若 $\|a\|>1$，则极点在单位圆外，$h(n)$ 为增幅指数序列
				若 $\|a\|<1$，则极点在单位圆内，$h(n)$ 为衰减指数序列
				若 $\|a\|=1$，则极点在单位圆上，$h(n)$ 为等幅序列或正负交替等幅序列
2	共轭极点 $z_1=re^{j\theta}, z_2=re^{-j\theta}$	$H(z)=\dfrac{A}{1-re^{j\theta}z^{-1}}+\dfrac{A^*}{1-re^{-j\theta}z^{-1}}$	$h(n)=2r^n\cos(\theta n)u(n)$	若 $r>1$，则极点在单位圆外，$h(n)$ 为增幅振荡序列
				若 $r<1$，则极点在单位圆内，$h(n)$ 为衰减振荡序列
				若 $r=1$，则极点在单位圆上，$h(n)$ 为等幅振荡序列

由表 7.4 可见，系统函数的极点位置决定了系统单位冲激响应的形式，而系统函数的零点则对单位冲激响应的影响较小，一般只影响其幅度或增益。

例 7.31　给定离散时间因果系统的差分方程为

$$y(n)+0.2y(n-1)-0.24y(n-2)=x(n)+x(n-1)$$

假定系统满足初始松弛条件。(a) 试求该系统的系统函数 $H(z)$；(b) 试确定该系统的收敛域并讨论稳定性；(c) 求该系统的单位冲激响应 $h(n)$；(d) 若系统的输入信号为 $x(n)=u(n)$，试求系统的输出信号 $y(n)$。

解　(a) 对给定差分方程两边做 z 变换，有

$$Y(z)+0.2z^{-1}Y(z)-0.24z^{-2}Y(z)=X(z)+z^{-1}X(z)$$

整理，得系统函数为 $H(z)=\dfrac{Y(z)}{X(z)}=\dfrac{1+z^{-1}}{1+0.2z^{-1}-0.24z^{-2}}$

(b)$H(z)$ 的两个极点分别为 $z_1 = 0.4$ 和 $z_2 = -0.6$，二者均在单位圆内。因给定系统为因果系统，故系统的收敛域为 $|z| > |-0.6| = 0.6$。因 ROC 包含单位圆，故给定系统是稳定系统。

(c) 对 $H(z)$ 做部分分式分解，有 $H(z) = \dfrac{1.4}{1-0.4z^{-1}} - \dfrac{0.4}{1+0.6z^{-1}}$，$|z| > 0.6$，则 $h(n)$ 为

$$h(n) = 1.4\,(0.4)^n u(n) - 0.4\,(-0.6)^n u(n)$$

(d) 由给定输入信号 $x(n) = u(n)$，有 $X(z) = \dfrac{1}{1-z^{-1}}$，$|z| > 1$。于是

$$\begin{aligned} Y(z) &= H(z)X(z) = \frac{1+z^{-1}}{(1-z^{-1})(1-0.4z^{-1})(1+0.6z^{-1})} \\ &= \frac{2.08}{1-z^{-1}} - \frac{0.93}{1-0.4z^{-1}} - \frac{0.15}{1+0.6z^{-1}},\ |z| > 1 \end{aligned}$$

对上式取逆 z 变换，有

$$y(n) = [2.08 - 0.93\,(0.4)^n - 0.15\,(-0.6)^n]u(z)$$

7.5 离散时间LTI系统的复频域模拟与方框图表示

7.5.1 离散时间系统模拟的基本运算器

离散时间系统模拟的主要运算器包括加法运算器、乘系数运算器和单位延迟运算器等，如图 7.6 所示。其中，加法运算器和乘系数运算器与第 4 章介绍的连续时间系统模拟的加法运算器和乘系数运算器是基本相同的。

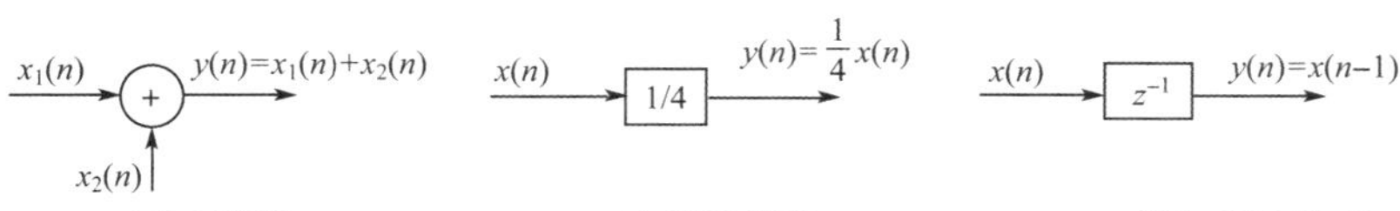

图 7.6　离散时间系统模拟的三种基本方式

1. 加法运算器

加法运算器是表示两个信号或多个信号求和运算的运算器。以图 7.6(a) 所示的两个信号求和运算为例，在时域和复频域加法运算器的运算表示为

$$\begin{aligned} y(n) &= x_1(n) + x_2(n) \\ Y(z) &= X_1(z) + X_2(z) \end{aligned} \tag{7.53}$$

2. 乘系数运算器

乘系数运算器表示信号与常数系数的相乘运算器，在时域和复频域乘系数运算表示为

$$\begin{aligned} y(n) &= ax(n) \\ Y(z) &= aX(z) \end{aligned} \tag{7.54}$$

式中 a 表示常数系数。与式(7.54) 对应的乘系数运算方框图表示如图 7.6(b) 所示。

3. 单位延迟运算器

单位延迟运算器表示信号的延迟运算。若假定初始条件为零，则单位延迟运算器的时域和复频域表示为

$$\begin{aligned} y(n) &= x(n-1) \\ Y(z) &= z^{-1}X(z) \end{aligned} \tag{7.55}$$

与式(7.55) 对应的单位延迟运算器方框图表示如图 7.6(c) 所示。

7.5.2 离散时间 LTI 系统的方框图表示

1. 系统的基本互连方式

与连续时间 LTI 系统的基本互联方式相同，离散时间 LTI 系统主要有以下三种基本互连方式，即系统的级联(Cascade)、并联(Parallel) 和反馈(Feedback)。图 7.7 给出了这三种连接形式的方框图。

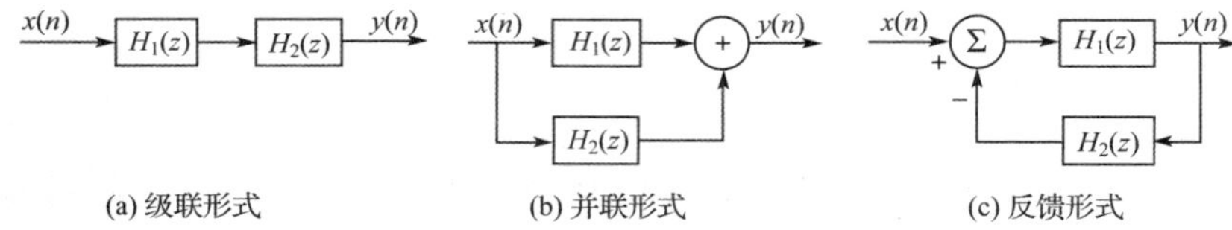

图 7.7 系统互连的三种基本形式

设系统互连后的系统函数为 $H(z) = \dfrac{Y(z)}{X(z)}$，则对于图 7.7(a) 所示的级联系统，有

$$H(z) = H_1(z) \cdot H_2(z) \tag{7.56}$$

对于图 7.7(b) 所示的并联系统，有

$$H(z) = H_1(z) + H_2(z) \tag{7.57}$$

对于图 7.7(c) 所示的反馈系统，有

$$H(z) = \frac{H_1(z)}{1 + H_1(z)H_2(z)} \tag{7.58}$$

式(7.58) 中，$H_1(z)$ 表示前向支路，$H_2(z)$ 表示反馈支路。需要特别注意的是，式(7.58) 分母中的"+"号，是与图 7.7(c) 中反馈支路的"−"号相匹配的。若将反馈支路的"−"号改为"+"号，则式(7.58) 分母中的"+"号应修改为"−"号。若不改变式(7.58) 分母中的符号，则需在反馈支路中把"$H_2(z)$"修改为"$-H_2(z)$"。读者可自行推导验证。

2. 一阶系统与二阶系统的方框图表示

(1) 一阶系统的方框图表示

设一阶因果 LTI 系统的系统函数为

$$H(z) = \frac{1}{1 + az^{-1}} \tag{7.59}$$

上式所示系统可以用反馈系统的方框图表示，如图 7.8 所示。其中，前向支路 $H_1(z) = 1$，反馈支路 $H_2(z) = az^{-1}$。

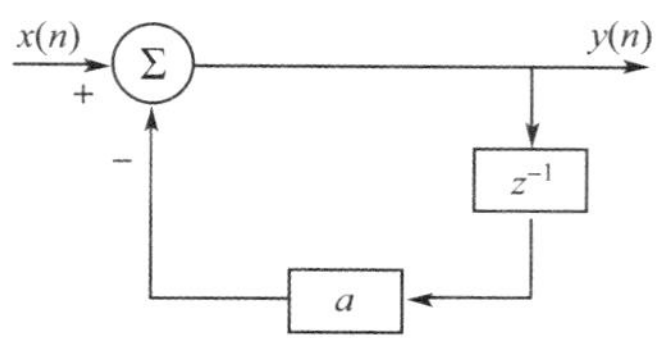

图 7.8 一阶反馈系统的方框图表示

设因果 LTI 系统的系统函数为

$$H(z)=\frac{b_0+b_1z^{-1}}{1+az^{-1}} \tag{7.60}$$

上式所示系统可以用一个反馈系统$\frac{1}{1+az^{-1}}$与一个前向系统 $b_0+b_1z^{-1}$ 的级联表示，如图7.9 所示。

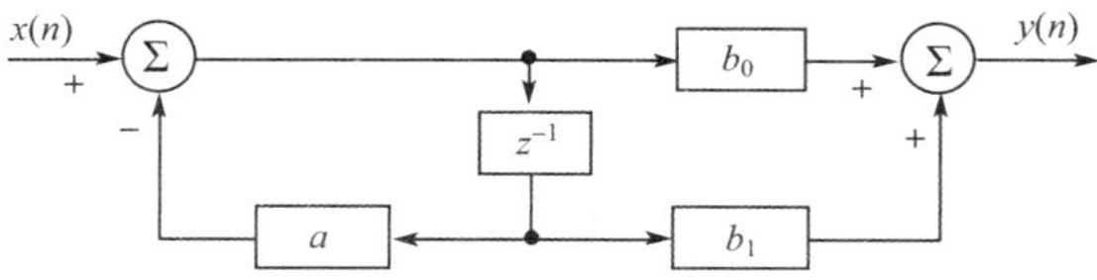

图 7.9 一阶反馈和前向级联系统的方框图表示

(2) 二阶系统的方框图表示

设二阶因果 LTI 系统的系统函数为

$$H(z)=\frac{1}{1+a_1z^{-1}+a_2z^{-2}} \tag{7.61}$$

上式所示系统可以用一个二阶反馈系统的方框图表示，如图 7.10 所示。

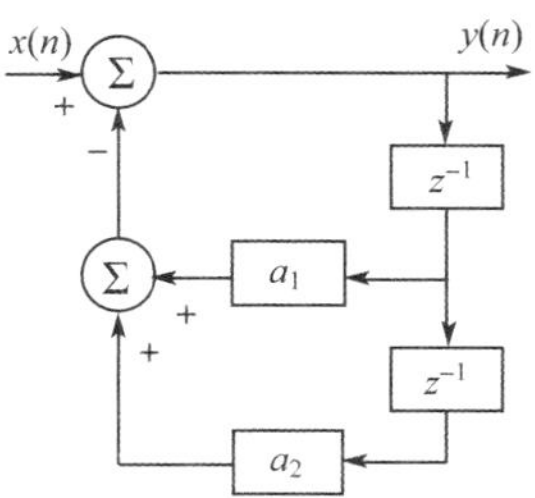

图 7.10 二阶反馈系统的方框图表示

设二阶因果 LTI 系统的系统函数为

$$H(z)=\frac{b_0+b_1z^{-1}+b_2z^{-2}}{1+a_1z^{-1}+a_2z^{-2}} \tag{7.62}$$

上式所示系统可以用一个二阶反馈系统$\frac{1}{1+a_1z^{-1}+a_2z^{-2}}$与一个二阶前向系统 $b_0+b_1z^{-1}+b_2z^{-2}$ 的级联表示，如图 7.11 所示。

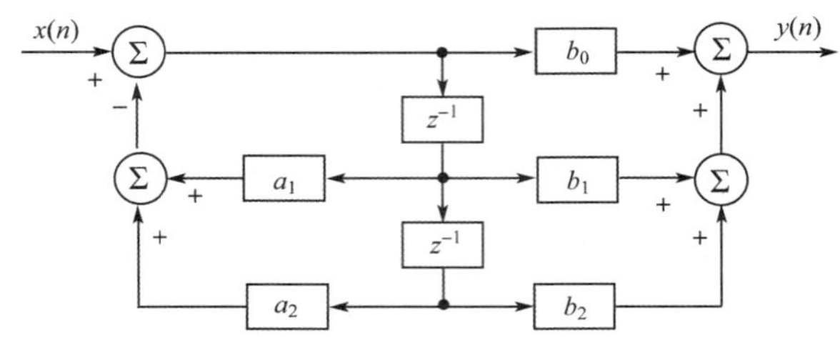

(a) 二阶系统结构图 1

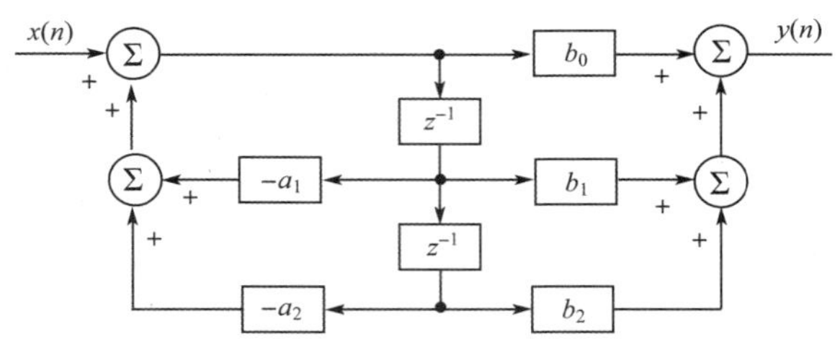

(b) 二阶系统结构图 2

图 7.11　二阶反馈与前向级联系统的方框图表示

需要注意的是，在上述各方框图中［除图 7.11(b) 外］，输入信号 $x(n)$ 与反馈信号均为相减关系。若将输入信号 $x(n)$ 与反馈信号改为相加关系，如图 7.11(b) 所示，则方框图中反馈支路对应的系数应改变符号，即把图 7.11(a) 中的 a_1 和 a_2 均修改为图 7.11(b) 的 $-a_1$ 和 $-a_2$。这两种方式都是正确的，并且在文献中均得到广泛使用，请读者注意。

3. 高阶系统的方框图表示

在理论研究和实际应用中，我们还会经常遇到高阶离散时间系统。与高阶连续时间系统的情况相类似，对于高阶离散时间系统，常采用直接型、级联型和并联型结构来进行模拟，这里进行简要介绍。

(1) 高阶系统的直接型结构

设 N 阶因果 LTI 系统的系统函数为

$$H(z)=\frac{b_0+b_1z^{-1}+b_2z^{-2}+\cdots+b_Mz^{-M}}{1+a_1z^{-1}+a_2z^{-2}+\cdots+a_Nz^{-N}} \tag{7.63}$$

以图 7.11(b) 所示二阶系统结构图为基础，将其扩展为 N 阶直接型结构(假定 $M=N$)，如图 7.12 所示。

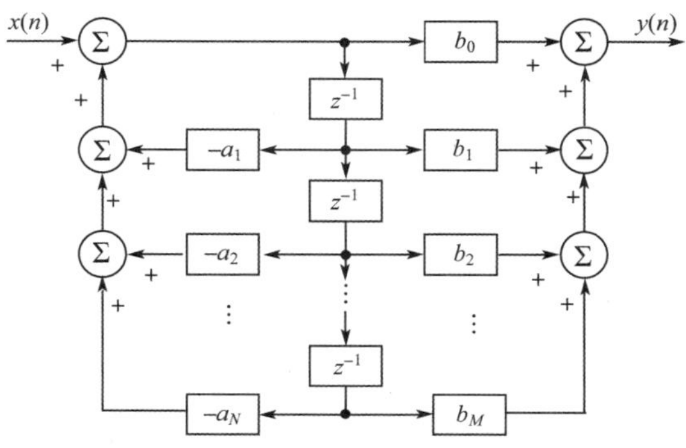

图 7.12　N 阶直接型结构系统框图

另一种常见的 N 阶因果 LTI 系统的系统框图如图 7.13 所示。

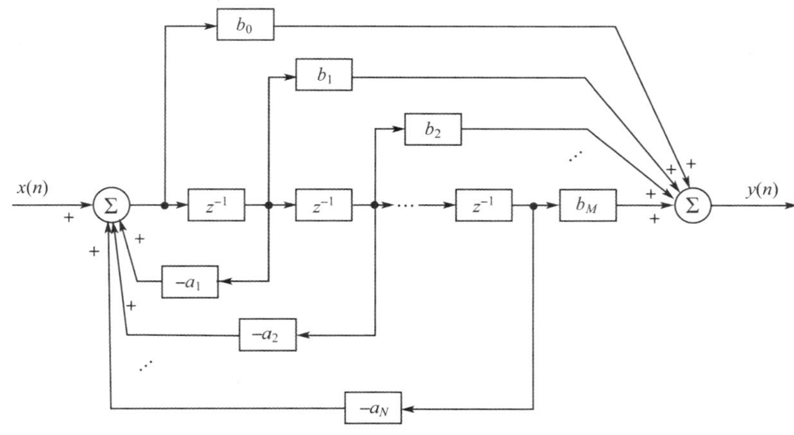

图 7.13　N 阶直接型结构系统框图的另一种形式

值得注意的是，图 7.12 与图 7.13 两种结构形式是等价的。再有，在这两个图中，反馈至输入端的信号都标注了“+”号，故对应反馈支路的系数均取了“−”号。

（2）高阶系统的级联型结构和并联型结构

若将离散时间因果 LTI 系统 $H(z)=\dfrac{N(z)}{D(z)}$ 分解为一阶项或二阶项的乘积形式，且每个一阶项和二阶项均分别采用图 7.9 或图 7.11 所示直接型结构模型进行模拟实现，则可以得到系统的级联型结构的模拟，即

$$H(z)=\prod_{l=1}^{L}H_l(z) \tag{7.64}$$

式中，$H_l(z)$，$l=1,2,\cdots,L$ 表示把 $H(z)$ 分解的 L 个一阶或二阶因子。其中每一个 $H_l(z)$ 均可用直接型结构来模拟。

若把 $H(z)$ 展开成一阶或二阶部分分式的形式，即

$$H(z)=\sum_{l=1}^{L}H_l(z) \tag{7.65}$$

则可得到系统的并联实现结构。其中每一个 $H_l(z)$ 均可用直接型结构来模拟。

图 7.14 给出了高阶离散时间系统级联结构和并联结构的示意图。

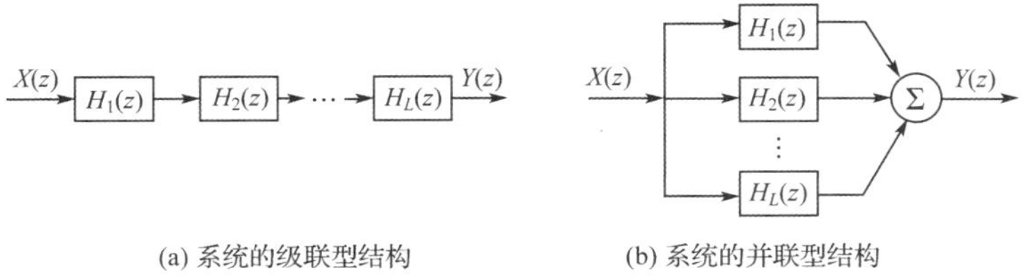

图 7.14　高阶离散时间系统级联型结构和并联型结构

7.6 单边z变换

7.6.1 单边 z 变换的定义

本章前面各节给出的关于 z 变换的定义、性质和计算等内容，实际上均为双边 z 变换的内容，即离散时间信号的取值范围可以由 $-\infty$ 延伸到 $+\infty$。与单边拉普拉斯变换类似，z 变换也有单边的形式，称为单边 z 变换(Unilateral z-transform, UZT)。其主要特点是对离散时间信号 z 变换的定义仅考虑 0 至 $+\infty$ 的范围。单边 z 变换与双边 z 变换有许多相同或相似的性质，但是在求解不具有初始松弛条件的线性常系数差分方程方面，单边 z 变换弥补了双边 z 变换的局限性，具有特别重要的作用。

定义 7.2 单边 z 变换 离散时间序列 $x(n)$ 的单边 z 变换定义为

$$X_{\mathrm{u}}(z)=\sum_{n=0}^{+\infty}x(n)z^{-n} \tag{7.66}$$

记为

$$x(n)\overset{\mathrm{UZT}}{\leftrightarrow}X_{\mathrm{u}}(z) \tag{7.67}$$

也常写为 $X_{\mathrm{u}}(z)=\mathscr{UZ}[x(n)]$。

与双边 z 变换不同，单边 z 变换的求和运算仅在 n 为非负值的区间进行，而无论当 $n<0$ 时 $x(n)$ 是否为零。由于单边 z 变换相当于总是对因果信号进行 z 变换，因此其收敛域总是位于 z 平面上某个极点对应的圆的外面。另外，单边逆 z 变换的计算与双边逆 z 变换基本相同。

例 7.32 设离散时间信号为 $x(n)=\left(\frac{1}{2}\right)^{n+1}u(n+1)$。(a) 试求该信号的双边 z 变换；(b) 试求该信号的单边 z 变换。

解 (a) 根据双边 z 变换的定义和性质，有 $X(z)=\sum_{n=-\infty}^{+\infty}x(n)z^{-n}=\dfrac{z}{1-\frac{1}{2}z^{-1}}$，$|z|>\frac{1}{2}$。

(b) 根据单边 z 变换的定义，有 $X_{\mathrm{u}}(z)=\sum_{n=0}^{+\infty}x(n)z^{-n}=\sum_{n=0}^{+\infty}\left(\frac{1}{2}\right)^{n+1}z^{-n}=\dfrac{1/2}{1-\frac{1}{2}z^{-1}}$，$|z|>\frac{1}{2}$。

显然，对于给定的非因果信号，二者的结果是不同的。

7.6.2 单边 z 变换的性质

单边 z 变换的许多性质是与双边 z 变换相同的，例如线性、共轭、卷积、z 域尺度变换和 z 域微分等性质，但是也有一些是不同的。

本小节择要介绍单边 z 变换的若干性质。

性质 7.19 单边 z 变换的时间延迟性质 设离散时间信号 $x(n)$ 满足 $x(n) \overset{\text{UZT}}{\leftrightarrow} X_u(z)$，则单边 z 变换的时间延迟性质表示为

$$x(n-1) \overset{\text{UZT}}{\leftrightarrow} z^{-1}X_u(z) + x(-1) \tag{7.68}$$

式中，$x(-1)$ 为 $x(n)$ 在 $n=-1$ 时刻的取值。

证明 设 $y(n)=x(n-1)$，则

$$\begin{aligned}Y_u(z) &= \sum_{n=0}^{+\infty} x(n-1)z^{-n} = x(-1) + \sum_{n=1}^{+\infty} x(n-1)z^{-n} = x(-1) + \sum_{n=0}^{+\infty} x(n)z^{-(n+1)} \\ &= z^{-1}X_u(z) + x(-1)\end{aligned}$$

这样，有

$$Y_u(z) = z^{-1}X_u(z) + x(-1) \tag{7.69}$$

则式(7.68)得证。

重复利用式(7.69)，设 $w(n)=y(n-1)=x(n-2)$，则有

$$W_u(z) = x(-2) + x(-1)z^{-1} + z^{-2}X_u(z)$$

继续这个迭代过程，可以得到任意正整数 m 阶时间延迟 $v(n)=x(n-m)$ 的单边 z 变换。

$$V_u(z) = x(-m) + x(-m+1)z^{-1} + \cdots + z^{-m}X_u(z) \tag{7.70}$$

性质 7.20 单边 z 变换的时间超前性质 设离散时间信号 $x(n)$ 满足 $x(n) \overset{\text{UZT}}{\leftrightarrow} X_u(z)$，则单边 z 变换的时间超前性质表示为

$$x(n+1) \overset{\text{UZT}}{\leftrightarrow} zX_u(z) - zx(0) \tag{7.71}$$

式中，$x(0)$ 为 $x(n)$ 在 $n=0$ 时刻的取值。

证明 设 $y(n)=x(n+1)$，则

$$\begin{aligned}Y_u(z) &= \sum_{n=0}^{+\infty} x(n+1)z^{-n} = \sum_{m=1}^{+\infty} x(m)z^{-(m-1)} = z\sum_{m=1}^{+\infty} x(m)z^{-m} \\ &= z\left[\sum_{n=0}^{+\infty} x(n)z^{-n} - x(0)\right] = zX_u(z) - zx(0)\end{aligned}$$

这样，有

$$Y_u(z) = zX_u(z) - zx(0) \tag{7.72}$$

则式(7.71)得证。

表 7.5 给出了单边 z 变换所特有的一些性质。

表 7.5 单边 z 变换的主要性质

序号	性质	离散时间信号 $x(n)$	单边 z 变换 $X_u(s)$
1	时间延迟性质	$x(n-1)$	$z^{-1}X_u(z)+x(-1)$
2	时间超前性质	$x(n+1)$	$zX_u(z)-zx(0)$
3	一阶差分性质	$x(n)-x(n-1)$	$(1-z^{-1})X_u(z)-x(-1)$

表 7.5 没有特别指出单边 z 变换的收敛域，这是由于单边 z 变换的收敛域总是在 z 平面上某个极点对应的圆的外面。单边 z 变换是求解具有非初始松弛条件差分方程的有力工具。

7.6.3 单边 z 变换计算举例

例 7.33 给定离散时间因果系统的差分方程为 $y(n)+3y(n-1)=x(n)$，其输入信号为 $x(n)=8u(n)$，系统的初始条件为 $y(-1)=1$。试求系统的输出信号 $y(n)$。

解 对给定差分方程两边做单边 z 变换，并利用线性性质和时间延迟性质，有

$$Y_{\mathrm{u}}(z)+3\times 1+3z^{-1}Y_{\mathrm{u}}(z)=\frac{8}{1-z^{-1}}$$

对 $Y_{\mathrm{u}}(z)$ 求解，得到：$Y_{\mathrm{u}}(z)=-\dfrac{3\times 1}{1+3z^{-1}}+\dfrac{8}{(1+3z^{-1})(1-z^{-1})}=\dfrac{3}{1+3z^{-1}}+\dfrac{2}{1-z^{-1}}$

对上式求单边逆 z 变换，得到 $y(n)=[3(-3)^n+2]u(n)$。

例 7.34 试证明 z 变换的终值定理。即证明因果信号满足 $\lim\limits_{n\to\infty}x(n)=\lim\limits_{z\to 1}[[(z-1)X(z)]]$。

证明 由单边 z 变换的时间超前性质 $x(n+1)\overset{\text{UZT}}{\longleftrightarrow}zX_{\mathrm{u}}(z)-zx(0)$，有

$$\mathscr{UZ}[x(n+1)-x(n)]=zX_{\mathrm{u}}(z)-zx(0)-X_{\mathrm{u}}(z)=(z-1)X_{\mathrm{u}}(z)-zx(0)$$

取极限，有

$$\lim_{z\to 1}[(z-1)X_{\mathrm{u}}(z)-zx(0)]=\lim_{z\to 1}\left\{\sum_{n=0}^{+\infty}[x(n+1)-x(n)]z^{-n}\right\}$$

经整理，有

$$\begin{aligned}\lim_{z\to 1}[(z-1)X_{\mathrm{u}}(z)]&=x(0)+[x(1)-x(0)]+[x(2)-x(1)]+[x(3)-x(2)]+\cdots\\&=x(\infty)=\lim_{n\to\infty}x(n)\end{aligned}$$

由上式，z 变换的终值定理得证。

本章小结

本章系统介绍了离散时间信号 z 变换的基本理论与基本方法，系统介绍了基于 z 变换的信号与系统的复频域分析方法，主要包括：z 变换的定义与计算，z 变换收敛域的概念、性质与确定方法，z 变换的主要性质及在 z 变换计算中的应用，z 变换与傅里叶变换及拉普拉斯变换的关系，以系统因果性和稳定性分析为核心的离散时间 LTI 系统复频域分析理论与方法，离散时间 LTI 系统的方框图表示，以及单边 z 变换的定义、性质与应用等。本章的学习对于完整地构建离散时间信号与系统的变换域分析理论方法具有重要作用。

习 题

7.1 计算下列各离散时间信号的 z 变换。

(a) $x(n)=\delta(n+2)$；(b) $x(n)=\delta(n-2)$；(c) $x(n)=(-1)^n u(n)$；(d) $x(n)=(1/2)^{n+1}u(n+3)$

7.2 计算下列 z 变换的逆变换。

(a) $X(z)=\dfrac{1-z^{-1}}{1-\frac{1}{4}z^{-2}},\quad |z|>\dfrac{1}{2}$；(b) $X(z)=\dfrac{1-z^{-1}}{1-\frac{1}{4}z^{-2}},\quad |z|<\dfrac{1}{2}$；

(c) $X(z)=\dfrac{z^{-1}-1/2}{1-\frac{1}{2}z^{-1}},\quad |z|>\dfrac{1}{2}$；(d) $X(z)=\dfrac{z^{-1}-1/2}{1-\frac{1}{2}z^{-1}},\quad |z|<\dfrac{1}{2}$

7.3 判断下列稳定 LTI 系统是否为因果系统。

(a) $H(z)=\dfrac{1-\frac{3}{4}z^{-1}+\frac{1}{2}z^{-2}}{z^{-1}\left(1-\frac{1}{2}z^{-1}\right)\left(1-\frac{1}{3}z^{-1}\right)}$；(b) $H(z)=\dfrac{z-\frac{1}{2}}{z^2+\frac{1}{2}z-\frac{3}{16}}$

7.4 已知 $a^n u(n)\overset{\text{FT}}{\leftrightarrow}\dfrac{1}{1-az^{-1}},\quad |z|>|a|$，试求 $X(z)=\dfrac{1-\frac{1}{3}z^{-1}}{(1-z^{-1})(1+2z^{-1})},\quad |z|>2$ 的逆 z 变换。

7.5 已知信号 $y(n)=x_1(n+3)*x_2(-n+1)$，其中 $x_1(n)=\left(\dfrac{1}{2}\right)^n u(n)$，$x_2(n)=\left(\dfrac{1}{3}\right)^n u(n)$。试利用 z 变换的性质求 $Y(z)$。

7.6 一离散时间因果 LTI 系统的差分方程为 $y(n)=y(n-1)+y(n-2)+x(n-1)$。

(a) 试求该系统的系统函数，并画出 $H(z)$ 的零极图，指出其收敛域；

(b) 求系统的单位冲激响应；

(c) 若该系统是不稳定的，求一个满足上面差分方程的稳定系统（非因果）的单位冲激响应。

7.7 已知 $x(n)=\left(\dfrac{1}{2}\right)^n u(n)$。试利用 z 变换求解因果 LTI 系统的差分方程 $y(n)-\dfrac{1}{2}y(n-1)+\dfrac{1}{4}y(n-2)=x(n)$。

7.8 已知一个离散时间系统的系统函数为 $H(z)=\dfrac{1+z^{-1}}{(1-z^{-1})(1-2z^{-1})}$。

(a) 试写出 $H(z)$ 每一种可能的收敛域；

(b) 如果收敛域为 $|z|<1$，试求离散时间系统单位冲激响应 $h(n)$ 的表达式；

(c) 如果收敛域为 $|z|>2$，试判断该系统的因果性与稳定性。

7.9 一因果 LTI 系统如图 7.15 所示。(a) 试求该系统的差分方程；(b) 试判定系统的稳定性。

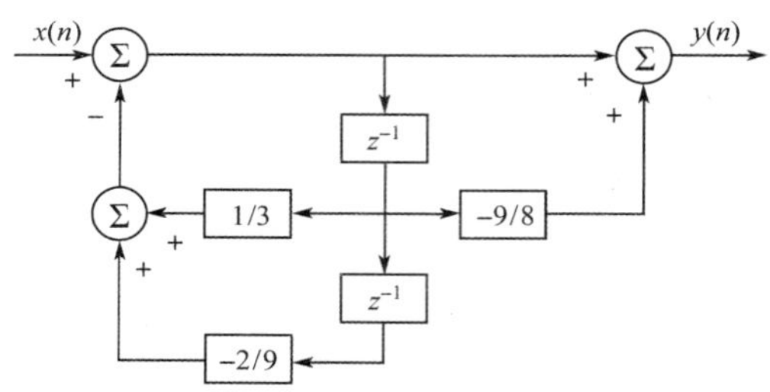

图 7.15 给定因果 LTI 系统的方框图

7.10 求下列离散时间信号的单边 z 变换。

(a) $x(n)=\delta(n+5)$；(b) $x(n)=2^n u(-n)+\left(\frac{1}{4}\right)^n u(n-1)$；(c) $x(n)=\left(-\frac{1}{3}\right)^{n-2} u(n-2)$

7.11 给出下面各系统的差分方程和初始条件，试用单边 z 变换求系统的输出信号。

(a) $y(n)+3y(n-1)=x(n),\quad x(n)=\left(\frac{1}{2}\right)^n u(n),\quad y(-1)=1$；

(b) $y(n)-\frac{1}{2}y(n-1)=x(n)-\frac{1}{2}x(n-1),\quad x(n)=u(n),\quad y(-1)=1$；

(c) $y(n)-\frac{1}{2}y(n-1)=x(n)-\frac{1}{2}x(n-1),\quad x(n)=u(n),\quad y(-1)=0$

7.12 设 $x(n)=x(-n)$，其有理 z 变换为 $X(z)$。

(a) 根据 z 变换的定义证明 $X(z)=X\left(\frac{1}{z}\right)$；

(b) 若 $X(z)$ 的一个极点出现在 $z=z_0$，则在 $z=1/z_0$ 也一定有一个极点；

(c) 根据 $\delta(n+1)+\delta(n-1)$ 验证(b)的结果。

7.13 已知因果LTI系统的系统函数为 $H(z)=\frac{1}{1-az^{-1}}$。(a) 写出系统的差分方程；(b) 画出该系统的方框图；(c) 求系统的频率响应，并画出 $a=0,0.5,1$ 三种情况下系统的幅频响应曲线。

7.14 设一离散时间因果 LTI 系统，其单位冲激响应为 $h(n)=\delta(n)-\delta(n-1)$，试利用 z 变换求输出信号 $y(n)$。

7.15 已知离散时间信号 $x(n)$ 的 z 变换为 $X(z)=\frac{az^{-1}}{(1-az^{-1})^2}$，$|z|>|a|$，试求 $x(n)$。

7.16　设二阶离散时间系统的系统函数为 $H(z)=\dfrac{1}{1-(2r\cos\theta)z^{-1}+r^2z^{-2}}$，(a) 试确定该系统的极点；(b) 若 $H(z)$ 为因果系统，试分析系统的稳定性。

7.17　已知离散时间 LTI 系统的如下信息，试求解该系统的系统函数 $H(z)$。

(a) 若系统的输入是 $x_1(n)=(1/6)^n u(n)$，则系统输出为 $y_1(n)=[a(1/2)^n+10\times(1/3)^n]u(n)$；

(b) 若 $x_2(n)=(-1)^n$，则系统输出为 $y_2(n)=(7/4)\times(-1)^n$

7.18　试绘制离散时间系统 $H(z)=\dfrac{1-\frac{7}{4}z^{-1}-\frac{1}{2}z^{-2}}{1+\frac{1}{4}z^{-1}-\frac{1}{8}z^{-2}}$ 的直接型方框图。

7.19　给定因果离散时间信号 $x(n)$ 的单边 z 变换为 $X_u(z)=\dfrac{3-\frac{5}{6}z^{-1}}{\left(1-\frac{1}{4}z^{-1}\right)\left(1-\frac{1}{3}z^{-1}\right)}$，试求 $x(n)$。

7.20　已知离散时间信号 $x(n)$ 的 z 变换为 $X(z)=4z^2+2+3z^{-1}$，$0<|z|<+\infty$。试求 $x(n)$。

第8章 线性反馈系统

内容提要

本章主要介绍线性反馈系统的基本概念、基本理论及主要应用，还介绍了线性反馈系统的根轨迹分析法和奈奎斯特稳定性判据。尽管线性反馈系统的概念与基本方法在本书前面章节有不同程度的引入和介绍，但对本章内容的学习，会使读者进一步深刻理解线性反馈系统的基本思路和分析方法，一方面有助于对本书前面章节关于系统分析方法的总结与提升，另一方面为进一步深入学习信号处理与系统分析理论奠定基础。

学习重点

- 线性反馈系统的概念，特别是负反馈与正反馈的概念；
- 线性反馈系统的基本特性与主要应用；
- 根轨迹的概念与线性反馈系统的根轨迹分析方法；
- 线性反馈系统的奈奎斯特稳定性判据；

教学目标

深刻理解并熟练掌握线性反馈系统的基本概念、基本理论、主要特性与主要应用；

熟练掌握基于线性反馈系统改善系统各类不理想特性的方法；

了解根轨迹的概念与线性反馈系统的根轨迹分析方法；

了解线性反馈系统的奈奎斯特稳定性判据。

8.1 线性反馈系统的概念

8.1.1 反馈与反馈系统的概念

线性反馈系统
知识点

1. 反馈的基本概念

所谓反馈(Feedback),在早期的中文文献中也常称为回授,是电子信息技术和控制工程领域常用的基本概念,指将系统的输出信号或其一部分返回到输入端,并以某种方式改变输入,进而影响系统功能的过程。

反馈可分为负反馈(Negative Feedback)和正反馈(Positive Feedback)两种。负反馈使反馈的输出起到与输入相反的作用,使系统输出与系统目标的误差减小,系统趋于稳定;而正反馈则使反馈的输出起到与输入相似的作用,使系统偏差不断增大,甚至使系统振荡。在电子信息技术领域和控制技术领域,对负反馈的研究是核心问题。

所谓反馈系统(Feedback System)是基于反馈原理建立的信号调节系统或自动控制系统。该系统根据系统输出变化的信息来进行调节和控制,即通过比较系统实际输出与期望输出之间的误差,削弱或消除这种误差以获得预期的系统性能。在反馈系统中,通常既存在由输入端到输出端的信号前向通路,也包含从输出端到输入端的信号反馈通路,两者组成一个闭合的回路。因此,反馈系统又常称为闭环系统(Closed-loop System),而相对于闭环系统而言,未构成反馈环路的系统则常称为开环系统(Open-loop System)。

反馈的概念是在 18 世纪由英国人引入经济理论领域的,但当时人们并没有把它看作一个普适的抽象概念。19 世纪 60 年代,美国人开始在英语中使用“反馈”的动词形式“to feed back”。1909 年,阴极射线管的发明人、诺贝尔奖获得者布劳恩(Karl Ferdinand Braun,1850—1918)开始将“Feedback”这个短语作为名词来使用,表示电路中元件之间的耦合方式。1912 年底,研究者在早期的真空管电子放大器上发现,如果经过精心调节将放大器输出的信号返回到其输入端,可以改善其放大能力,但也可能导致电路发生啸叫。这样,从系统输出到输入的反馈机制,使得“反馈”(Feedback)作为一个单独的术语在 20 世纪 20 年代出现了更高的使用频率。

近代反馈系统理论的形成大约是在 20 世纪 30 年代。美国贝尔实验室布莱克(Black)与奈奎斯特(Nyquist)及伯德(Bode)等人都为反馈理论的形成做出了贡献。20 世纪 40 年代到 50 年代,反馈理论已成为控制系统设计的一种基本方法而得到更为广泛的应用,控制论的创始人维纳(Wiener,1894—1964)及其继承者,把反馈视为控制论的基础理论之一。历史进入到 21 世纪,反馈与反馈系统的概念早已成为电子信息技术和控制工程领域最常用的术语之一,并在系统分析与设计中起着极其重要的作用。

2. 简单反馈系统举例

以目标定位技术中雷达天线旋转角度控制为例,简要说明开环控制与闭环反馈控制的特点与区别。

图 8.1 给出了开环控制雷达天线旋转角度的示意图和方框图。

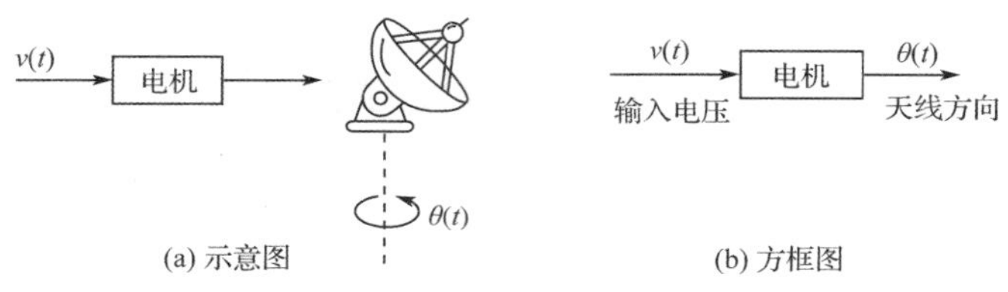

图 8.1　雷达天线旋转角度开环控制

如图 8.1(a) 所示，$v(t)$ 表示电机的输入电压，$\theta(t)$ 表示雷达天线旋转平台的方向或角度位置，显然，图 8.1 所示系统为一个开环控制系统。在开环控制系统中，需要准确了解雷达天线的初始角和目标角以及整个系统详细的电气特性和机械特性，这样可以给定系统的输入电压 $v(t)$ 的精确特性，从而不用反馈也能把天线平台调整到所要求的方向上。然而，开环系统有两个致命的局限性：第一，为了准确确定雷达天线的方位角，开环系统必须准确掌握要定位目标的准确位置信息和整个系统详细的电气特性和机械特性，而在实际应用中，这些信息往往是不易准确获取的。第二，在准确确定了雷达天线的位置之后，一旦目标发生位置变化，开环系统需要重新了解上述信息，而不能在原有准确定位的基础上进行自动调整。

闭环反馈控制系统则可以克服开环系统的上述两个问题。图 8.2 给出了闭环反馈控制雷达天线旋转角度的示意图和方框图。

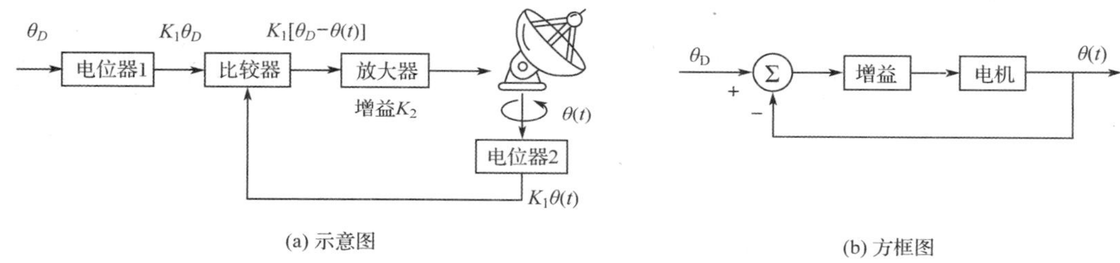

图 8.2　雷达天线旋转角度闭环反馈控制

如图 8.2 所示，θ_D 表示反馈系统的参考输入，即所要求的雷达天线方位角。电位器 1 把所要求的方位角 θ_D 正比地转换为电压 $K_1\theta_D$，而电位器 2 则用于产生一个正比于天线实际方位角 $\theta(t)$ 的电压 $K_1\theta(t)$，这两个电压信号在比较器中进行比较，产生一个误差电压信号 $K_1[\theta_D-\theta(t)]$，这个误差信号经放大后驱动电机以便调整天线旋转角度。

进一步考察闭环反馈控制系统可知，要使雷达天线准确地对准观测目标，只需已知要观测的方位角，而无需其他先验知识。此外，一旦天线对准了观测目标，任何偏离这个正确位置的扰动，都会被电位器 2 捕捉到，并产生误差信号。系统依据这个误差信号对偏离的天线进行调整，以使天线返回到正确的方向上来。这种调整，实际上是依赖于反馈而实现的。

实际上，在工程实际中存在许多反馈技术应用的实例。例如化工系统的控制、汽车燃料系统的控制、供暖系统的控制以及电冰箱的温度控制等。在日常生活中，也存在许多反馈应用的实例。例如许多读者可能在儿时做过这样的游戏：伸平手掌，在手指上直立一根竹竿，设法尽量稳定住竹竿而不使其倒下。实际上，竹竿通常是很难稳定在手指上的，总是趋向于朝某个方向倒下。为了不使其倒下，就需要不停地向可能倒下的方向移动手指，这就需要获取可能倒下方向的信息，并依据这些信息调整手指的运动方向和速度，这实际上就是一种反馈控制技术的应用。

8.1.2　线性反馈系统的一般表示

图 8.3 分别给出了连续时间 LTI 反馈系统和离散时间 LTI 反馈系统的原理框图。

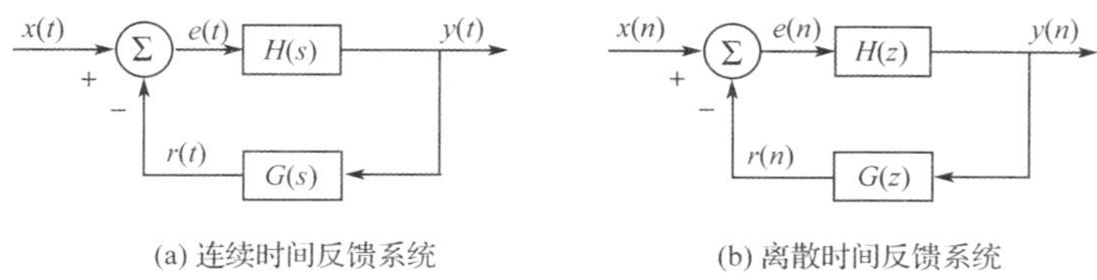

图 8.3　连续时间和离散时间 LTI 反馈系统原理框图

在本章的讨论中，有几点约定需要特别说明：第一，本章所讨论的如图 8.3 所示的 LTI 反馈系统，均假定为因果系统。因此，图中的拉普拉斯变换形式和 z 变换形式的表示，既可以是双边变换，也可以是单边变换，且所对应拉普拉斯变换的 ROC 均在最右边极点的右边，而所对应 z 变换的 ROC 则均位于最外层极点的外面。第二，因连续时间反馈系统与离散时间反馈系统二者在本质上是相同的，故除非特别需要，本章将主要讨论连续时间 LTI 反馈系统，而不专门讨论离散时间 LTI 反馈系统。第三，反馈系统的反馈信号 $r(t)$ 或 $r(n)$ 与输入信号求和时，均标注为"—"号的形式，因此图中的误差信号 $e(t)$ 或 $e(n)$ 均为输入信号与反馈信号之差的形式。如本书前文所述，反馈支路符号的选取问题，将会对反馈系统的闭环系统函数的表达式有影响，请读者注意。

由图 8.3，可以分别得到连续时间和离散时间 LTI 反馈系统的闭环系统函数为

$$Q(s)=\frac{Y(s)}{X(s)}=\frac{H(s)}{1+G(s)H(s)} \tag{8.1}$$

$$Q(z)=\frac{Y(z)}{X(z)}=\frac{H(z)}{1+G(z)H(z)} \tag{8.2}$$

在式(8.1) 和式(8.2) 中，$Q(s)$ 或 $Q(z)$ 表示反馈系统的闭环系统函数，$H(s)$ 或 $H(z)$ 表示系统的前向支路(Forward Path) 系统函数，$G(s)$ 或 $G(z)$ 表示系统的反馈支路(Feedback Path) 系统函数。读者需要注意的是，因在图 8.3 中对反馈信号标注了"—"号，故式(8.1) 和式(8.2) 分母中取"+"号。若在图 8.3 中对反馈信号 $r(t)$ 或 $r(n)$ 标注"+"号，通常将反馈支路系统函数 $G(s)$ 或 $G(z)$ 改写为 $-G(s)$ 或 $-G(z)$，以便使式(8.1) 和式(8.2) 不发生变化。然而，若在图 8.3 中对反馈信号 $r(t)$ 或 $r(n)$ 标注"+"号而不改变反馈支路系统函数 $G(s)$ 或 $G(z)$ 的符号，则反馈系统闭环系统函数的表达式将发生变化，请读者自行推导。

若反馈信号起到削弱输入信号的作用，则称这种反馈为负反馈。若反馈信号起到加强输入信号的作用，则称这种反馈为正反馈。由于负反馈具有许多优良特性，因而在电子技术和控制工程中得到广泛应用，例如可以利用负反馈来改善系统的灵敏度、频响特性、稳定性等。而正反馈也有一定的应用价值，例如利用正反馈构成自激振荡电路等。

8.2 线性反馈系统的基本特性与应用

8.2.1 改善系统的灵敏度

灵敏度(sensitivity)是指某方法或某系统对单位浓度或单位量待测物质变化所致响应量的变化程度。在不同的应用目标和使用条件下，对灵敏度有不同的要求。例如对于测量传感器或对应的测量系统而言，一般要求其灵敏度高些，即能够对被测量更细微的变化有所反映；而对于一般电子系统而言，往往不希望系统的整体特性随外界环境发生显著变化，从这个意义上来说，系统的灵敏度低些为好。本小节介绍的是依据反馈技术改善上述后一种情况下的系统灵敏度，即依据反馈技术，降低系统对于外界扰动的灵敏度。

定义系统灵敏度 S 为

$$S=\frac{\Delta Q/Q}{\Delta H/H} \tag{8.3}$$

式中，$\Delta Q/Q$ 表示系统增益的相对变化，而 $\Delta H/H$ 则表示系统中指定部件增益的相对变化。

进一步分析式(8.3)，可见该式所反映的是指定部件(例如无反馈时开环增益)所引起整个闭环系统对外界条件变化的灵敏度。灵敏度越低，系统性能的相对稳定性越好。参考图8.1和式(8.1)，对于开环系统，由于不具有反馈支路 $G(s)$，则 $Q(s)=H(s)$，因此开环系统的灵敏度为

$$S_{\text{open}}=1 \tag{8.4}$$

而对于闭环系统，由于引入了反馈环节，使系统的灵敏度显著下降。一般认为，反馈环节的使用，会使闭环系统的灵敏度降低为

$$S_{\text{close}}=\frac{1}{1+GH} \tag{8.5}$$

由于 $1+GH\gg 1$，故 $S_{\text{close}}\ll S_{\text{open}}$，即闭环灵敏度显著低于开环灵敏度，使得系统的稳定性得到显著提升。

例 8.1 假定需要设计一个增益为 $H_1=10$ 的功率放大器。但在使用中，若外部环境发生变化，其增益下降为5，使得系统性能发生过大偏差，无法使用。试设计一个前置放大器 H_2，并引入反馈技术形成闭环系统，降低系统的灵敏度问题。

解 设计反馈闭环系统如图8.4所示。

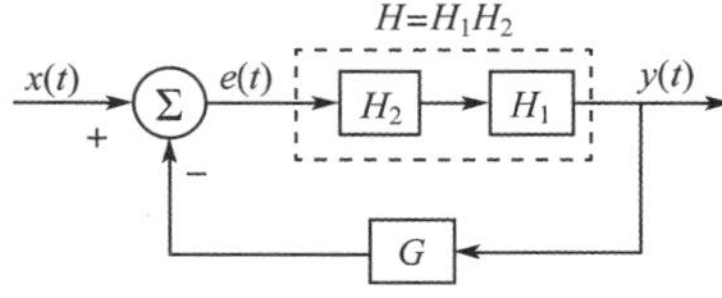

图 8.4 利用反馈技术改善系统灵敏度举例

其中，$H_1=10$ 为原有功率放大器，$H_2=100$ 为新增前置放大器，与 H_1 级联，二者共同构成闭环反馈系统的前向支路，即 $H=H_1H_2=1\ 000$。反馈支路的增益设计为 $G=0.099$。这

样，系统的闭环增益为

$$Q = \frac{H}{1+GH} = \frac{1\ 000}{1+0.099\times 1\ 000} = 10$$

可见，闭环系统的增益 Q 与原设计功率放大器增益 $H_1 = 10$ 相同。

现考察功率放大器的增益由 $H_1 = 10$ 下降到 $H'_1 = 5$ 时闭环系统的增益特性。由于 $H' = H'_1 H_2 = 500$，则闭环系统增益变为

$$Q' = \frac{H'}{1+GH'} = \frac{500}{1+0.099\times 500} = 9.9 \approx 10$$

显然，系统的闭环增益变化极小，几乎不影响系统的性能。

再分析一下上述开环系统与闭环系统的灵敏度，可见，对于开环系统，其灵敏度为 $S_{\text{open}} = 1$；而对于闭环反馈系统，系统的灵敏度下降为 $S_{\text{close}} = \dfrac{1}{1+GH} = \dfrac{1}{1+0.099\times 1\ 000} = 0.01$，从而显著改善了系统的稳定性。

8.2.2 改善系统的频率特性

系统的频率特性是电子信息技术中受到普遍关注的重要问题。例如在模拟电子技术中，运算放大器在开环状态下往往具有很高的增益和较窄的带宽。为了满足实际应用的需要，常引入反馈系统，以便调整参数扩展系统带宽。与此同时，系统的增益一般会下降，但增益与带宽的乘积(称为增益带宽积）不变。

例 8.2 给定因果连续时间 LTI 开环系统的系统函数为 $H(s) = \dfrac{Aa}{s+a}$。式中，假定 $A > 0$，且 $s = -a$ 为系统的极点，$H(s)$ 为一低通滤波器。试求：(a) 开环系统 $H(s)$ 的频率特性 $H(\mathrm{j}\Omega)$、直流增益与 3dB 带宽(即系统功率下降到其最大值一半时的带宽)。(b) 试设计闭环反馈系统以调整系统的频率特性，并求闭环反馈系统的频率特性、直流增益和 3dB 带宽。

解 (a) 由给定开环系统的系统函数 $H(s)$，可得其频率响应为

$$H(\mathrm{j}\Omega) = H(s)\big|_{s=\mathrm{j}\Omega} = \frac{Aa}{\mathrm{j}\Omega + a}$$

给定开环系统的幅频特性即增益为 $|H(\mathrm{j}\Omega)| = \left|\dfrac{Aa}{\mathrm{j}\Omega+a}\right| = \dfrac{Aa}{\sqrt{a^2+\Omega^2}}$。由系统的模平方函数最大值的 $\dfrac{1}{2}$，即由 $[|H(\mathrm{j}\Omega)|^2]_{\Omega=a} = \left.\dfrac{A^2a^2}{a^2+\Omega^2}\right|_{\Omega=a} = \dfrac{A^2}{2}$ 可求得开环系统的 3dB 带宽为

$$W_{3\text{dB}}^{(\text{open})} = a \tag{8.6}$$

给定开环系统的直流增益为

$$|H(\mathrm{j}\Omega)|_{\Omega=0} = A \tag{8.7}$$

(b) 设计闭环反馈系统如图 8.5 所示。

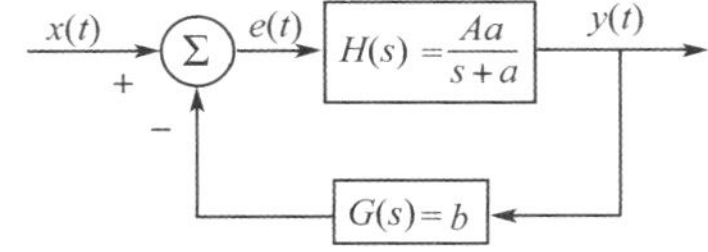

图 8.5 利用反馈系统改善系统频率特性

图中，给定开环系统作为闭环反馈系统的前向支路，构造反馈支路为 $G(s)=b$，且 $b>0$。整个闭环反馈系统的系统函数为

$$Q(s)=\frac{H(s)}{1+G(s)H(s)}=\frac{\dfrac{Aa}{s+a}}{1+\dfrac{Aab}{s+a}}=\frac{Aa}{s+(1+Ab)a}$$

显然，闭环系统的极点已经由开环系统的 $s=-a$ 移动至 $s=-(1+Ab)a$。由 $Q(s)$ 可得闭环反馈系统的频率响应为

$$Q(\mathrm{j}\Omega)=Q(s)\big|_{s=\mathrm{j}\Omega}=\frac{Aa}{s+(1+Ab)a}\bigg|_{s=\mathrm{j}\Omega}=\frac{Aa}{\mathrm{j}\Omega+(1+Ab)a}$$

进一步可求得闭环系统的增益为 $|Q(\mathrm{j}\Omega)|=\left|\dfrac{Aa}{\mathrm{j}\Omega+(1+Ab)a}\right|=\dfrac{Aa}{\sqrt{[(1+Ab)a]^2+\Omega^2}}$。由系统的模平方函数最大值的 $\dfrac{1}{2}$，即由 $[|H(\mathrm{j}\Omega)|^2]_{\Omega=(1+Ab)a}=\dfrac{A^2a^2}{(1+Ab)^2a^2+\Omega^2}\bigg|_{\Omega=(1+Ab)a}=\dfrac{[A/(1+Ab)]^2}{2}$，可求得系统的 3dB 带宽为

$$W_{3\mathrm{dB}}^{(\mathrm{close})}=a(1+Ab) \tag{8.8}$$

显然，与式(8.6)所示开环系统的 3 dB 带宽相比，闭环系统的 3 dB 带宽扩展到 $1+Ab$ 倍。

闭环系统的直流增益为

$$|Q(\mathrm{j}\Omega)|_{\Omega=0}=\frac{A}{1+Ab} \tag{8.9}$$

由上式可见，闭环系统的直流增益下降为开环直流增益的 $\dfrac{1}{1+Ab}$。

再考察开环系统与闭环系统的增益带宽积：对于开环系统，增益带宽积为

$$C^{(\mathrm{open})}=W_{3\mathrm{dB}}^{(\mathrm{open})}\,|H(\mathrm{j}\Omega)|_{\Omega=0}=aA \tag{8.10}$$

而对于闭环系统，其增益带宽积为

$$C^{(\mathrm{close})}=W_{3\mathrm{dB}}^{(\mathrm{close})}\,|Q(\mathrm{j}\Omega)|_{\Omega=0}=a(1+Ab)\cdot\frac{A}{1+Ab}=aA \tag{8.11}$$

显然，$C^{(\mathrm{close})}=C^{(\mathrm{open})}$，即闭环反馈系统的增益带宽积与原始开环系统的增益带宽积相等。这表明，反馈系统引入所带来的系统带宽的扩展，是以系统增益的牺牲为代价的。

另一方面，系统频率特性的调整也会反映到系统的时域特性变化上。若从时域观察，引入反馈可以减小系统阶跃响应的上升时间，即反馈所引起的系统带宽展宽的效应等效于系统时域响应的时间常数的减小。

8.2.3 逆系统设计

在通信技术和控制工程领域，时常会遇到这种情况，即需要实现某个已知系统的逆系统。一般可有两种解决方案：一种是专门设计出这个已知系统的逆系统，另一种是利用反馈技术实现这个已知系统的逆系统。后一种方案是比较常用的技术。

假定已知系统的系统函数为 $P(s)$，设该系统的逆系统表示为 $1/P(s)$。构建反馈系统如图 8.6 所示。

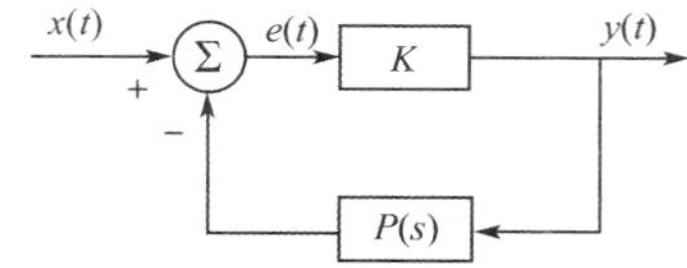

图 8.6　利用反馈实现已知系统的逆系统

图中，反馈系统的前向支路设计为一个增益足够大的常数系统，即 $H(s)=K$，而将已知系统设置在反馈支路，即 $G(s)=P(s)$。这样，闭环反馈系统的系统函数为

$$Q(s)=\frac{H(s)}{1+G(s)H(s)}=\frac{K}{1+KP(s)}$$

由于前向支路的增益足够大，满足 $KP(s)\gg 1$，因此有 $1+KP(s)\approx KP(s)$。这样，有

$$Q(s)=\frac{K}{1+KP(s)}\approx\frac{1}{P(s)} \tag{8.12}$$

显然，闭环反馈系统很好地实现了基于已知系统的逆系统设计。

例 8.3　在模拟电子技术中，已知 RC 桥 T 网络的系统函数为

$$P(s)=\frac{(RCs)^2+\frac{2}{\alpha}RCs+1}{(RCs)^2+\left(\frac{2}{\alpha}+\alpha\right)RCs+1}$$

式中，$\alpha\gg 1$，R 和 C 分别表示电路中的电阻和电容，均为正值。分析 $P(s)$ 的频率特性，可知其为一带阻滤波器。试设计闭环反馈结构，实现给定系统的逆系统，使其成为带通滤波器。

解　依据反馈系统设计已知系统逆系统的规则，构建闭环反馈系统如图 8.6 所示。图中，前向支路设计为一个增益足够大的常数系统，即 $H(s)=K$，可采用线性运算放大器来构成。而将已知系统设置在反馈支路，即 $G(s)=P(s)$。只要满足 K 足够大，可得闭环反馈系统的系统函数为

$$Q(s)=\frac{H(s)}{1+G(s)H(s)}=\frac{K}{1+KP(s)}\approx\frac{(RCs)^2+\left(\frac{2}{\alpha}+\alpha\right)RCs+1}{(RCs)^2+\frac{2}{\alpha}RCs+1}=\frac{1}{P(s)}$$

显然，实现了给定系统的逆系统设计。

8.2.4　非理想元件的补偿

校正开环系统的某些非理想特性是反馈技术的主要应用之一。本节以运算放大器非理想的开环特性校正补偿为例介绍反馈技术在校正开环系统非理想特性方面的应用。

运算放大器具有很多优良的特性，例如极高的输入阻抗和极低的输出阻抗，很高的开环增益与共模抑制比等，使得运算放大器成为电子技术中不可或缺的最常用的电子器件之一。但是另一方面，运算放大器也有一定的应用短板，例如尽管运算放大器可以提供几个数量级的放大倍数，这种增益却是不稳定的，可能随时间、频率和环境温度产生波动，甚至会引入非线性失真。

通过适当设计反馈结构，可以校正和补偿运算放大器的这些非理想特性。所设计的闭环反馈系统如图 8.7 所示。

前向支路设置为开环运算放大器 $H(s)$，具有很高的增益，但不够稳定；反馈支路设置为一个常数衰减电路，即 $G(s)=K$。这样闭环系统的系统函数为

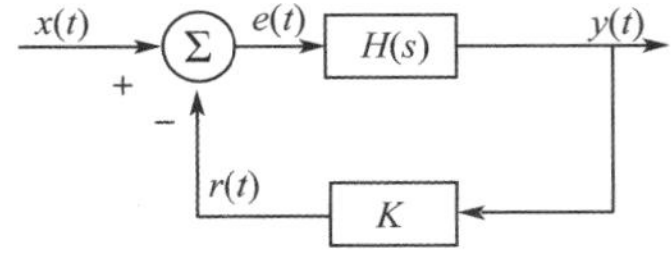

图 8.7　非理想元件的补偿与校正

$$Q(s)=\frac{H(s)}{1+KH(s)}$$

若考察系统的频率特性，则对应地有

$$Q(\mathrm{j}\Omega)=\frac{H(\mathrm{j}\Omega)}{1+KH(\mathrm{j}\Omega)}$$

设在给定的频带内，有 $|KH(\mathrm{j}\Omega)|\gg 1$，则有

$$Q(\mathrm{j}\Omega)\approx\frac{1}{K} \tag{8.13}$$

上式表明，闭环反馈系统的增益是一个常数，不随频率变化，变得更加稳定了，从而校正或补偿了开环运算放大器的不稳定特性。

实际上，反馈技术的使用会降低系统的增益。但是，只要开环增益 $|H(\mathrm{j}\Omega)|$ 足够大，其在频率和温度等方面的变化就不会影响闭环系统增益的稳定性。且闭环系统增益的降低，可以通过闭环系统灵敏度的降低来得到更有效的补偿。因此，只要开环增益足够大，闭环放大器就能提供所要求的增益，并显著改善系统的稳定性。

8.2.5　不稳定系统的稳定化

在实际应用中，确实存在一些无法替换的不稳定开环系统，例如火箭轨道的控制、核电站中核反应堆的控制、飞行器的稳定以及动物繁殖的自然节制与人为节制的控制等。反馈技术应用的主要领域之一，就是通过构造闭环反馈系统，在不改变原有不稳定开环系统的前提下，使原有的不稳定系统稳定化。

1. 一阶不稳定系统的稳定化 — 比例反馈系统

设一阶连续时间因果系统的系统函数为

$$H(s)=\frac{b}{s-a} \tag{8.14}$$

式中，$a>0$ 且 $b>0$。因极点 $a>0$，故 $H(s)$ 为不稳定系统。为了使该系统变为稳定系统，考虑设计一个闭环反馈结构，如图 8.7 所示。

图中，前向支路 $H(s)$ 为给定的不稳定系统，反馈支路设置一个常数，即 $G(s)=K$。这样，闭环系统的系统函数为

$$Q(s)=\frac{H(s)}{1+G(s)H(s)}=\frac{\dfrac{b}{s-a}}{1+K\dfrac{b}{s-a}}=\frac{b}{s-a+Kb} \tag{8.15}$$

显然，闭环系统 $Q(s)$ 的极点为 $s=a-Kb$。由于系统的因果性，为了使闭环系统为稳定系统，需要使 $Q(s)$ 的极点位于左半 s 平面，即需要选择参数 a、b 和 K，使得

$$s=a-Kb<0 \tag{8.16}$$

由于参数 a 和 b 是给定不稳定系统故有的，不方便改变，故只能选择 K，使式(8.16)得到满

足，即把 $Q(s)$ 的极点移到左半 s 平面。解式(8.16)不等式，可得

$$K > a/b \tag{8.17}$$

即只要选择反馈系统的参数 $K > a/b$，就可以保证闭环反馈系统为稳定系统，从而实现了不稳定系统的稳定化。

这种在反馈支路中采用一个常数增益使得不稳定系统变为稳定系统，称为比例反馈系统(Proportional Feedback System)。由图 8.7 可见，反馈信号 $r(t) = Ky(t)$，即反馈信号是与系统输出成比例关系的。

2. 二阶不稳定系统的稳定化——比例加微分反馈系统

设二阶连续时间因果系统的系统函数为

$$H(s) = \frac{b}{s^2 + a} \tag{8.18}$$

$H(s)$ 的零极点情况如图 8.8 所示。

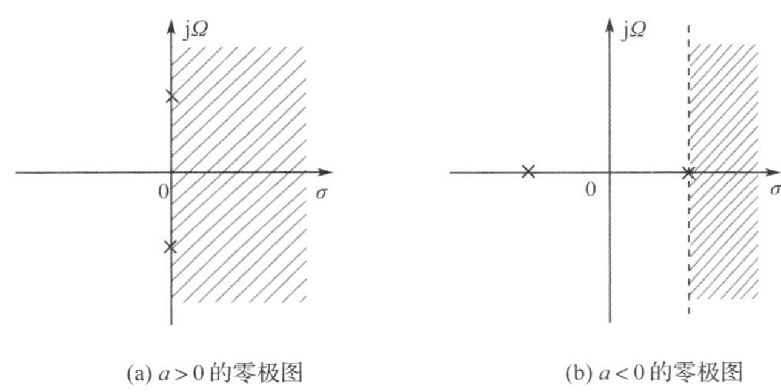

图 8.8 给定二阶不稳定系统的零极图

由图可见，二阶系统 $H(s)$ 有两个极点，其分布与参数 a 的取值有关。若 $a > 0$，不失一般性假定 $a = 1$，则 $H(s)$ 的两个极点为 $s_{1,2} = \pm \mathrm{j}$，均位于 s 平面的 $\mathrm{j}\Omega$ 轴上，如图 8.8(a) 所示。由于其 ROC 不包含 $\mathrm{j}\Omega$ 轴，故系统不稳定。若 $a < 0$，不失一般性假定 $a = -1$，则 $H(s)$ 的两个极点为 $s_{1,2} = \pm 1$，均位于 s 平面的 σ 轴上，且左半 s 平面一个，右半 s 平面一个，如图 8.8(b) 所示。由于其 ROC 不包含 $\mathrm{j}\Omega$ 轴，故系统不稳定。因此，无论式(8.18)的极点属于上述何种情况，该二阶系统都是不稳定的。

对于这样的二阶不稳定系统，究竟如何设计构建闭环反馈系统来实现稳定化呢?先采用比例反馈技术试探一下。即构建如图 8.7 所示的闭环反馈系统，其中，前向支路设置为 $H(s) = \dfrac{b}{s^2 + a}$，反馈支路设置为 $G(s) = K$。这样，闭环系统的系统函数为

$$Q(s) = \frac{b}{s^2 + (a + Kb)} \tag{8.19}$$

显然，上式与式(8.18)具有几乎相同的特点，即这样的闭环系统仍然有两个极点，或分布在 $\mathrm{j}\Omega$ 轴上，或分别分布在左半 s 平面与右半 s 平面。这两种情况的 ROC 都不包含 $\mathrm{j}\Omega$ 轴，因此这种比例反馈技术不能把不稳定的二阶系统变为稳定系统。

在反馈系统中，若反馈支路的系统函数 $G(s)$ 为常数，反馈信号是按比例把输出信号反馈到输入端，故称这种反馈方式为比例反馈方式。若 $G(s)$ 中含有 s 项，即把输出信号经微分后反馈到输入端，则称这种反馈方式为微分反馈方式。若在 $G(s)$ 中含有 $1/s$ 项，即把输出信

号经积分后反馈到输入端，则称这种反馈方式为积分反馈方式。同时含有以上三者的反馈，称为比例-积分-微分反馈控制系统，简称为 PID 系统。

考虑采用比例＋微分方式构建反馈支路 $G(s)$，即设

$$G(s)=K_1+K_2s \tag{8.20}$$

式中，K_1 和 K_2 为待定常数。按照图 8.9 构建闭环反馈系统。

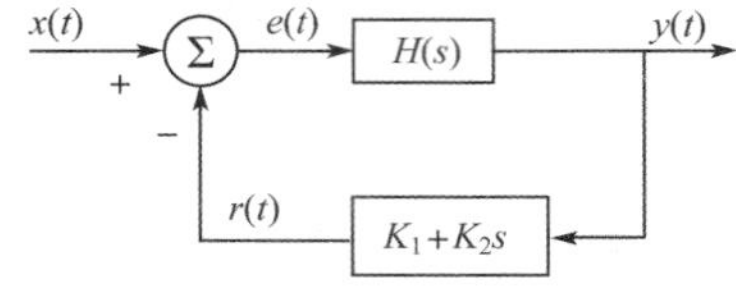

图 8.9 比例＋微分反馈系统用于改善二阶系统的稳定性

这样，新构建的闭环反馈系统的系统函数为

$$Q(s)=\frac{b}{s^2+bK_2s+(a+K_1b)} \tag{8.21}$$

只要选择 K_1 和 K_2 满足下列关系

$$\begin{cases}bK_2>0\\ a+K_1b>0\end{cases} \tag{8.22}$$

就能保证闭环系统的极点位于左半 s 平面，使整个闭环系统变为稳定系统。

例 8.4 给定二阶因果系统的系统函数为 $H(s)=\frac{1}{s^2-1}$。(a) 试判定 $H(s)$ 的稳定性。(b) 若 $H(s)$ 是不稳定的，试设计闭环反馈系统，使闭环系统为稳定系统。

解 (a) 给定系统的极点为 $s_1=1, s_2=-1$，因给定系统为因果系统，其 ROC 应满足 $\mathrm{Re}[s]>1$，不包含 $\mathrm{j}\Omega$ 轴，故给定系统 $H(s)$ 为不稳定系统。

(b) 采用比例＋微分反馈方式构建闭环反馈系统如图 8.9 所示，这样，闭环系统的系统函数为

$$Q(s)=\frac{1}{s^2+K_2s+(-1+K_1)} \tag{8.23}$$

根据式(8.22) 给出的参数选择准则，选择 $K_1=3$ 和 $K_2=3$，则式(8.23) 变为

$$Q(s)=\frac{1}{s^2+3s+2}=\frac{1}{(s+2)(s+1)} \tag{8.24}$$

上式所示闭环系统具有两个极点，分别为 $s_1=-1, s_2=-2$，均位于左半 s 平面，其 ROC 包含 $\mathrm{j}\Omega$ 轴，故闭环反馈系统是稳定的。图 8.10 给出了二阶不稳定系统稳定化前后的零极图。

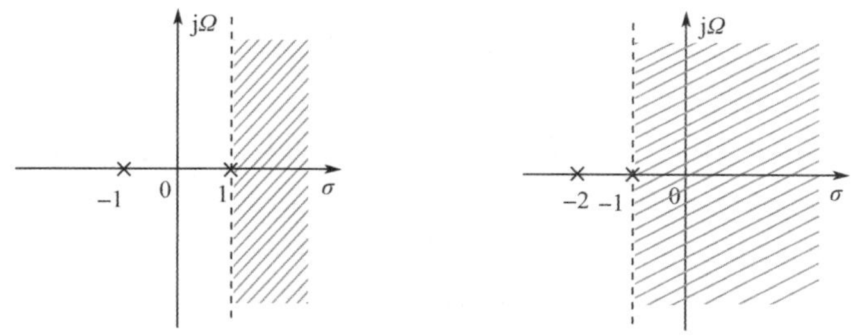

图 8.10 例 8.4 二阶不稳定系统稳定化前后的零极图

8.2.6 跟踪系统

这里所说的"跟踪"(Tracking),主要是指系统输出对系统输入的跟踪或追踪。这个问题在许多领域具有重要的应用价值。例如,本章前文介绍的雷达天线方位角的定位问题,实际上就是一个跟踪问题,即闭环反馈控制系统通过实时测量天线实际的方位角,与预先设定的方位角进行对比,形成误差信号,并用于进一步驱动执行装置以调整雷达天线的方向,最终达到误差最小。反馈环路的作用就是提供一种机制,以驱动雷达天线跟着输入变化。再如,在无人机或飞机自动驾驶系统中,输入信号是预定的飞行路径等,而自动驾驶仪反馈系统的作用是控制飞机的方向舵、副翼和升降舵等执行机构,以保证飞机按照预定的航线飞行,这也是一种输出对输入的跟踪。

尽管现代电子信息技术中跟踪系统大多依据计算机来实现输出对输入的跟踪,例如自动驾驶仪基本上是计算机化的。不过,为了与本章前面内容匹配,这里仍使用连续时间系统的模式。计算机化的离散时间系统跟踪系统模式本质上是与连续时间跟踪系统模式相同的。

1. 跟踪系统原理框图

图 8.11 给出了连续时间跟踪系统的原理框图。

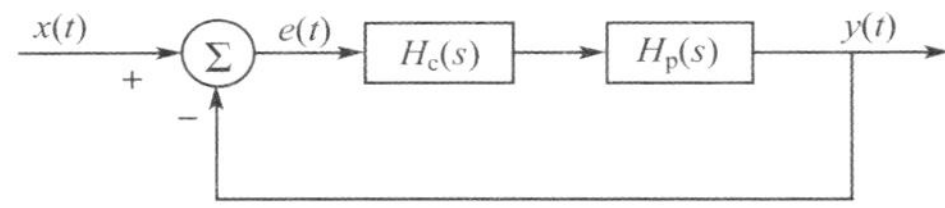

图 8.11 连续时间跟踪系统原理框图

显然,图中所示跟踪系统实际上是一个闭环反馈控制系统。图中,$H_p(s)$ 表示被控系统,即其输出是要被控制的,$H_p(s)$ 的下标 p 是英文单词 plant 的缩写,常简称为"工厂",表示被控制的诸如发电厂、大型工业设备、供热系统以及化工厂等;$H_c(s)$ 表示补偿系统,是需要在跟踪系统中设计的部分。$H_c(s)$ 的输入为 $e(t)=x(t)-y(t)$,表示跟踪系统输入信号与输出信号之差。$H_c(s)$ 的输出就是 $H_p(s)$ 的输入,在实际应用中,$H_p(s)$ 的输入就是施加到飞机方向舵驱动系统上的真正的物理输入,或者是施加到雷达天线旋转驱动电机上的真正的电压。

2. 系统分析

因图 8.11 中前向支路 $H_c(s)$ 与 $H_p(s)$ 为级联关系,故可设

$$H(s)=H_c(s)H_p(s) \tag{8.25}$$

这样,闭环反馈系统的系统函数为

$$Q(s)=\frac{Y(s)}{X(s)}=\frac{H(s)}{1+H(s)} \tag{8.26}$$

从而,有

$$Y(s)=\frac{H(s)}{1+H(s)}X(s) \tag{8.27}$$

因 $Y(s)=H(s)E(s)$,故误差信号 $E(s)$ 为

$$E(s)=\frac{1}{1+H(s)}X(s) \tag{8.28}$$

若考虑系统的频率特性,令 $s=\mathrm{j}\Omega$ 并代入式(8.28),有

$$E(\mathrm{j}\Omega)=\frac{1}{1+H(\mathrm{j}\Omega)}X(\mathrm{j}\Omega) \tag{8.29}$$

一个性能优良的跟踪系统需要具有两个方面的特性：第一个特点是跟踪性能好，即输入与输出之间的误差信号即跟踪误差 $e(t)$ 或 $E(\mathrm{j}\Omega)$ 小，最好是趋于 0。表示为

$$E(\mathrm{j}\Omega)=\frac{1}{1+H(\mathrm{j}\Omega)}X(\mathrm{j}\Omega)\rightarrow 0 \tag{8.30}$$

第二个特点是对于其他来源的误差，例如测量系统的热噪声等干扰不敏感，或具有较好的抑制能力。我们把这两个优良特性简称为"跟踪好"和"不敏感"。

考虑这两个特性，进一步分析上面各式所表示的闭环跟踪系统。由式(8.29)和式(8.30)可见，为了使跟踪误差达到最小，对于 $X(\mathrm{j}\Omega)$ 非零的那些频率范围，希望前向支路的增益 $|H(\mathrm{j}\Omega)|$ 尽可能大。但是，若考虑反馈支路中难免会混入的干扰噪声等附加误差源，则闭环系统前向支路的增益 $|H(\mathrm{j}\Omega)|$ 应该尽量小。关于这种反馈支路附加误差源的引入，请参见图 8.12 给出的系统框图。

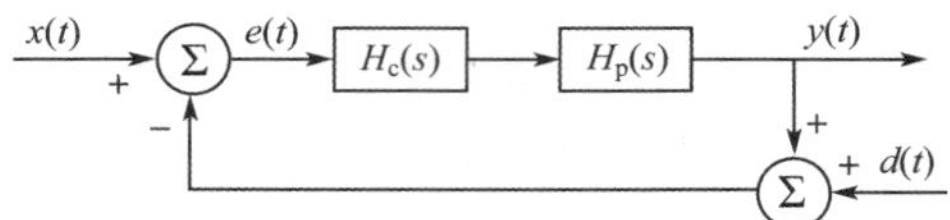

图 8.12 引入附加误差源的闭环反馈跟踪系统原理框图

图中，d(t) 表示反馈支路引入的附加误差源。由图 8.12，有 $E(s)=X(s)-[Y(s)+D(s)]$，而 $Y(s)=H(s)E(s)=H(s)X(s)-H(s)Y(s)-H(s)D(s)$，从而可以得到输出信号与输入信号和附加误差源的关系为

$$Y(s)=\frac{H(s)}{1+H(s)}X(s)-\frac{H(s)}{1+H(s)}D(s) \tag{8.31}$$

显然，为了使附加噪声源 $d(t)$ 或 $D(s)$ 的影响最小，前向支路 $H(s)$ 要尽量小，使得式(8.31)的第二项达到最小。

综上所述，前向支路 $H(s)$ 的设计，主要是前向支路中补偿系统 $H_c(s)$ 的设计，应该折中考虑"跟踪好"和"不敏感"这两个方面的影响。此外，在很多实际应用中，$x(t)$ 往往是低频信号，而附加误差源往往具有高频特性。因此在设计补偿系统 $H_c(s)$ 时，常使其增益 $|H_c(\mathrm{j}\Omega)|$ 在低频范围较高，而在高频范围较低。

例 8.5 给定因果闭环反馈跟踪系统如图 8.11 所示。其中，被控系统 $H_p(s)=\frac{\alpha}{s+\alpha}$，$\alpha\neq 0$，补偿系统 $H_c(s)=K$。如何选择 K 值，可使得闭环跟踪系统是稳定的？

解 如图 8.11 所示，给定闭环系统的系统函数为 $Q(s)=\frac{Y(s)}{X(s)}=\frac{H(s)}{1+H(s)}$。其中，$H(s)=H_c(s)H_p(s)=\frac{K\alpha}{s+\alpha}$。这样

$$Q(s)=\frac{H(s)}{1+H(s)}=\frac{K\alpha}{s+\alpha+K\alpha}=\frac{K\alpha}{s+(1+K)\alpha} \tag{8.32}$$

由式(8.32)可知，闭环系统 $Q(s)$ 的极点为 $s=-(1+K)\alpha$。

若 $\alpha>0$，则需满足 $-(1+K)<0$，即 $K>-1$ 才能使 $Q(s)$ 为稳定系统。

若 $\alpha<0$，则需满足 $-(1+K)>0$，即 $K<-1$ 才能使 $Q(s)$ 为稳定系统。

8.2.7 正反馈产生自激振荡

若反馈信号的极性与系统输入信号的极性相同，从而起着增强系统净输入信号的作用，

则称这种反馈为正反馈。在电子技术中，利用正反馈可以提高放大器增益，提高放大器对频率的选择性，并常用来产生有用的周期性振荡信号。

用图 8.13 可以解释连续时间正反馈系统的基本原理。实际上，一个线性反馈系统究竟是形成正反馈还是形成负反馈，关键因素是反馈信号 $r(t)$ 究竟是使系统的净输入信号(又称为误差信号)$e(t)$ 增加了还是减少了。若 $r(t)$ 使 $e(t)$ 增加，则属于正反馈系统；若 $r(t)$ 使 $e(t)$ 减小，则属于负反馈系统。

图 8.13(a) 和图 13(b) 所示反馈系统的闭环系统函数分别表示为

$$Q(s)=\frac{Y(s)}{X(s)}=\frac{H(s)}{1-G(s)H(s)} \tag{8.33a}$$

$$Q(s)=\frac{Y(s)}{X(s)}=\frac{H(s)}{1+G(s)H(s)} \tag{8.33b}$$

显然，对于图 8.13(a) 或式(8.33a) 来说，若 $G(s)H(s)=1$，则 $Q(s)\to\infty$，是一种正反馈结构。而对于图 8.13(b) 或式(8.33b) 来说，若 $G(s)H(s)=-1$，也有 $Q(s)\to\infty$，也可构成正反馈结构。

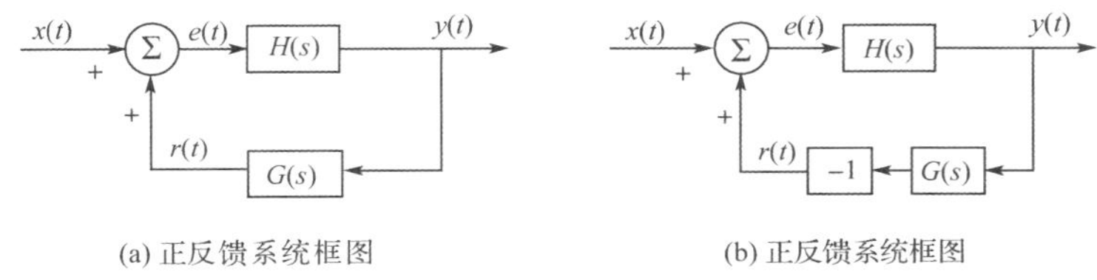

(a) 正反馈系统框图 (b) 正反馈系统框图

图 8.13 连续时间正反馈系统原理框图

通常，使用系统的环路增益 $G(s)H(s)$ 的模和相位来确定正反馈系统。依据 8.13(a)，若该系统满足 $G(s)H(s)=1$，则有 $R(s)=E(s)$。进一步地，若 $X(s)=0$，因 $E(s)=X(s)+R(s)$，故在没有任何输入信号的情况下，输出仍可自动维持，表明系统产生自激振荡。因此，等式

$$G(s)H(s)=1 \tag{8.34}$$

是系统产生自激振荡的条件。上式可以进一步分解为模和相位两部分来说明，即满足模为 1，且相位为 0 或 2π，是反馈系统成为正反馈系统且产生自激振荡的条件。

图 8.13(b) 实际上是图 8.13(a) 的变形，可见二者的差别主要反映在图 8.13(b) 反馈支路 $G(s)$ 上级联了一个“-1”模块。依据图 8.13(b)，系统的振荡条件变为

$$G(s)H(s)=-1 \tag{8.35}$$

其模条件仍为 1，而相位条件为 π。

对于正弦波振荡器，由图 8.13(a)，其振荡条件为

$$G(\mathrm{j}\Omega_0)H(\mathrm{j}\Omega_0)=1 \tag{8.36a}$$

由图 8.13(b)，其振荡条件为

$$G(\mathrm{j}\Omega_0)H(\mathrm{j}\Omega_0)=-1 \tag{8.36b}$$

上面两式中，Ω_0 为振荡频率。对于等幅振荡的自激振荡系统，其闭环系统函数的极点是位于 $\mathrm{j}\Omega$ 轴上的一对共轭极点，系统处于临界稳定状态。

实际上，自激振荡系统中大多工作于非线性状态下的电子器件，开机接入电源后，由于非常微小的扰动借助正反馈的作用产生自激振荡，此时环路增益大于 1。随着幅度增强，非

线性器件使环路增益自动减小，最后平衡于等幅振荡状态。

例 8.6 给定正反馈系统如图 8.13(a) 所示。图中，前向支路 $H(s)=K$，反馈支路 $G(s)=\dfrac{RCs}{(RCs)^2+3RCs+1}$，其中 R 和 C 分别表示电路系统的电阻和电容，均为正值。试确定 K 的取值，以保证该反馈系统可以得到稳定的正弦振荡，并确定正弦振荡的频率。

解 根据式(8.34) 给出的自激振荡条件，有

$$G(s)H(s)=\frac{KRCs}{(RCs)^2+3RCs+1}=1$$

解上式方程，可以得到当 $K=3$ 时，$s=\pm\mathrm{j}\dfrac{1}{RC}$，满足自激振荡条件。此时，正弦振荡的频率为 $\Omega_0=\dfrac{1}{RC}$。

实际上，在电路起振时，有 $K>3$，由于电子器件的非线性作用，随着振幅的增大，而使 K 值减小，最终平衡于 $K=3$，维持等幅振荡。

8.3 线性反馈系统的根轨迹分析法

8.3.1 根轨迹的概念与闭环极点方程

1. 根轨迹的概念

所谓根轨迹(Root Locus) 是指系统函数中某一参量变化时，闭环系统的极点即其特征方程[式(8.39)] 的根在复平面上变化的轨迹。利用根轨迹来对线性反馈系统的特性进行分析，称为系统的根轨迹分析法。

我们知道，反馈系统的性能取决于闭环系统函数的特性。若闭环系统中某个增益是可调节的，例如在下面例 8.7 中反馈支路的增益 K，随着这个参量的变化，闭环系统的极点(即闭环系统特征方程的根) 会随之变化。这种参量的变化会带来系统某些特性的变化。例如改变系统的稳定性，改变系统的增益，改变系统的带宽等。因此，需要一种方法，把闭环系统函数 $Q(s)$ 或对于离散时间系统的闭环系统函数 $Q(z)$ 的极点位置作为可调节参量的函数以作图的方式直观地表示出来，这就是根轨迹法的作用。本节主要讨论连续时间系统的情况。

2. 闭环极点方程

参考图 8.14 所示的带有可调增益 K 的基本反馈系统。其中，图 8.14(a) 的可调增益 K 位于闭环系统的前向支路，而图 8.14(b) 的可调增益 K 则位于闭环系统的反馈支路。

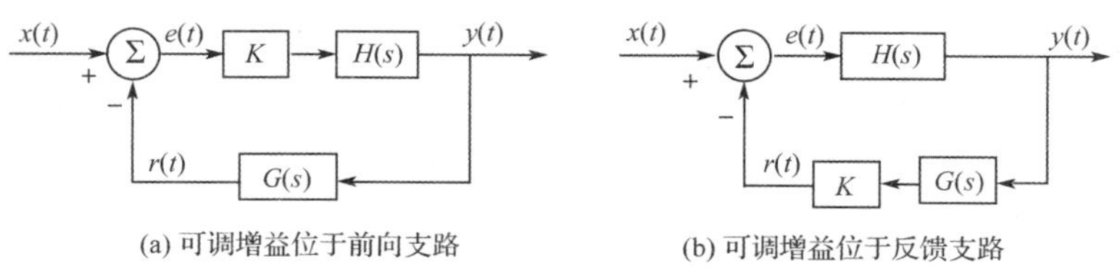

图 8.14 带有可调增益的反馈系统

图 8.14(a) 和图 8.14(b) 闭环系统函数分别表示为

$$Q(s)=\frac{KH(s)}{1+KG(s)H(s)} \tag{8.37}$$

$$Q(s)=\frac{H(s)}{1+KG(s)H(s)} \tag{8.38}$$

由式(8.37) 和式(8.38) 可见，两种形式闭环反馈系统的系统函数之分母均为 $1+KG(s)H(s)$。由此定义闭环系统的极点方程(又称为特征方程) 为

$$1+KG(s)H(s)=0 \tag{8.39}$$

由式(8.39) 可得求解闭环极点的基本方程(Basic Equation) 为

$$G(s)H(s)=-\frac{1}{K} \tag{8.40}$$

显然，若 $K=0$，则 $G(s)H(s)=-\frac{1}{K}\to\infty$，即式(8.40) 的解为 $G(s)H(s)$ 的极点；而若 $|K|\to\infty$，则 $G(s)H(s)=-\frac{1}{K}=0$，即式(8.40) 的解为 $G(s)H(s)$ 的零点。

例 8.7　设连续时间反馈系统如图 8.14(b) 所示。其中，前向支路为 $H(s)=\frac{s}{s-2}$，反馈支路 $G(s)=2/s$，可调增益 K 与 $G(s)$ 级联。(a) 试求闭环系统的系统函数；(b) 试求闭环极点基本方程；(c) 试分析 $K=0$ 和 $|K|=\infty$ 时系统的零极点情况。

解　(a) 闭环反馈系统的系统函数为

$$Q(s)=\frac{H(s)}{1+KG(s)H(s)}=\frac{\frac{s}{s-2}}{1+K\left(\frac{2}{s}\right)\left(\frac{s}{s-2}\right)}=\frac{s}{s-2(1-K)}$$

(b) 由式(8.39)，可得闭环极点的基本方程为

$$G(s)H(s)=\frac{2}{s-2}=-\frac{1}{K}$$

(c) 由上式可知，若 $K=0$，即 $1/K=\infty$，对应于 $G(s)H(s)$ 的极点 $s=2$。若 $|K|=\infty$，即 $1/K=0$，对应于 $G(s)H(s)$ 的零点。因 $G(s)H(s)=\frac{2}{s-2}$ 中分子的阶次低于分母的阶次，故表示所对应的零点在无穷远处。

8.3.2　角判据

考虑式(8.40) 所示闭环极点基本方程 $G(s)H(s)=-\frac{1}{K}$，由于等式右边的 $-\frac{1}{K}$ 为一实数，因此若设 s_0 为闭环系统的极点，则 $G(s_0)H(s_0)$ 也应为一实数，即

$$G(s_0)H(s_0)=|G(s_0)H(s_0)|\,e^{j\angle G(s_0)H(s_0)} \tag{8.41}$$

式(8.41) 中的相位函数须满足

$$\angle G(s_0)H(s_0)=m\pi \tag{8.42}$$

式中，m 为整数。上式称为根轨迹的角判据(Angle Criterion)，它可以帮助我们确定在某些增益 K 值条件下，点 s_0 是否可能成为闭环系统的极点。

若 s_0 使得式(8.42) 中 m 为奇数，则 $e^{j\angle G(s_0)H(s_0)}=-1$，且由式(8.41)，有

$$G(s_0)H(s_0) = -|G(s_0)H(s_0)| \tag{8.43}$$

将式(8.43)代入式(8.40),可发现,若

$$K = \frac{1}{|G(s_0)H(s_0)|} \tag{8.44}$$

则 s_0 就是式(8.40)所示极点基本方程的一个解,也是一个闭环极点。

同理,若 s_0 使得式(8.42)中 m 为偶数,则由式(8.41),有

$$G(s_0)H(s_0) = |G(s_0)H(s_0)| \tag{8.45}$$

于是,若

$$K = -\frac{1}{|G(s_0)H(s_0)|} \tag{8.46}$$

则 s_0 就是式(8.40)所示极点基本方程的一个解,也是一个闭环极点。

这样,根轨迹的概念可以进一步归纳为:闭环系统的根轨迹就是 s 平面上闭环极点位置随 K 值从 $-\infty$ 到 ∞ 变化的轨迹,是满足角判据式(8.42)的点的集合。

进一步地,把式(8.42)中 m 分别为奇数和偶数的情况总结如下:

若 m 为奇数,则满足式(8.42)的点 s_0 位于根轨迹上,且对于 $K>0$ 的某个值来说,s_0 是一个闭环极点。使得 s_0 成为闭环极点的增益值 K 由式(8.44)确定。

若 m 为偶数,则满足式(8.42)的点 s_0 位于根轨迹上,且对于 $K<0$ 的某个值来说,s_0 是一个闭环极点。使得 s_0 成为闭环极点的增益值 K 由式(8.46)确定。

8.3.3 根轨迹的作图规则

假定开环系统 $G(s)H(s)$ 具有如下标准形式

$$G(s)H(s) = \frac{s^m + b_{m-1}s^{m-1} + \cdots + b_0}{s^n + a_{n-1}s^{n-1} + \cdots + a_0} = \frac{\prod_{k=1}^{m}(s-\beta_k)}{\prod_{k=1}^{n}(s-\alpha_k)} \tag{8.47}$$

式中,β_k 和 α_k 分别表示开环系统的零点和极点,并假定满足 $m \leqslant n$。

根轨迹是 s 平面(对于离散时间系统则是 z 平面)上闭环极点随系统参数 K 变化的轨迹。逐点改变 K 值,并求出相应极点的位置,即可绘出根轨迹图。但是,当系统函数较为复杂时,这样做过于繁琐。在实际应用中,常依据角判据得出的根轨迹作图规则,可以较为简便地绘制根轨迹图。本节简要介绍这些作图规则。

(1) 由于开环系统 $G(s)H(s)$ 的分母为 n 阶多项式,因此根轨迹具有 n 条分支。

(2) 根轨迹始于开环系统 $G(s)H(s)$ 的极点,止于 $G(s)H(s)$ 的零点。

(3) 根轨迹对 s 平面的实轴呈镜像对称关系。

(4) 若有一段实轴,在它右边的实轴上 $G(s)H(s)$ 的极点与零点总数是奇数,则此段实轴是根轨迹的一部分。

(5) 两支根轨迹的交点可由以下方程求得

$$\frac{\mathrm{d}}{\mathrm{d}s}[G(s)H(s)] = 0 \tag{8.48}$$

(6) 根轨迹与 s 平面虚轴的交点可由以下方程求出

$$1 + G(\mathrm{j}\Omega)H(\mathrm{j}\Omega) = 0 \tag{8.49}$$

(7) 随着 $|K| \to \infty$，根轨迹的每一分支都趋于 $G(s)H(s)$ 的一个零点。因假定 $m \leqslant n$，故这些零点中的 $(n-m)$ 个沿各自的"渐近线"趋向无穷远处。渐近线与实轴交角为

$$\frac{l\pi}{n-m}, l = 1, 3, 5, \cdots \tag{8.50}$$

共 $(n-m)$ 个正奇数。

(8) 渐近线会交于实轴上一点，称为渐近线重心，其坐标为

$$\sigma_0 = \frac{(\alpha_1 + \alpha_2 + \cdots + \alpha_n) - (\beta_1 + \beta_2 + \cdots + \beta_m)}{n-m} \tag{8.51}$$

例 8.8 已知闭环反馈系统如图 8.15 所示，试绘制其根轨迹图。

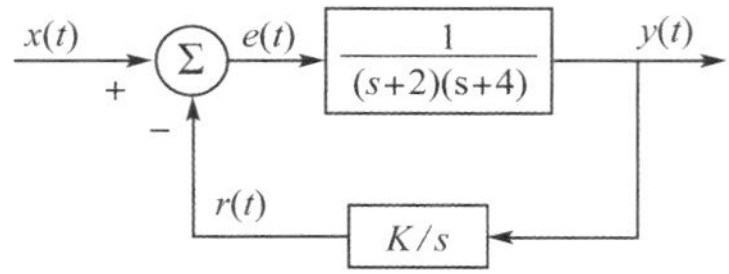

图 8.15 例 8.8 给定的闭环反馈系统框图

解 由图可得给定系统的开环系统函数为 $G(s)H(s) = \dfrac{K}{s(s+2)(s+4)}$。显然，$G(s)H(s)$ 有三个极点，即 $\alpha_1 = 0, \alpha_2 = -2, \alpha_3 = -4$，没有有限零点。这样，根轨迹有三个分支，分别起始于 0、-2 和 -4。当 $K \to +\infty$ 时，三个分支均终止于无穷远处。

参见图 8.16 所示根轨迹图。在实轴上，$0 \sim -2$ 和 $-4 \sim -\infty$ 这两段的右方都具有奇数个极、零点，因此，这两段都是根轨迹的一部分。在图 8.16 中，根轨迹均使用粗线箭头方式标注。渐近线的重心 $\sigma_0 = -2$ 由式(8.51)求出。由式(8.50)可求出渐近线与实轴交角为 $\pi/3$，π 和 $5\pi/3$。三个渐近线分支的交汇点满足式(8.48)，由此可解出两个根，分别为 $s_1 = -2 - \dfrac{2\sqrt{3}}{3}$ 和 $s_2 = -2 + \dfrac{2\sqrt{3}}{3}$。将这两个根代入极点方程可求出相应的 K 值为 $K_{1,2} = \pm 3.08$，舍去不合理的负值，得到 s_2 对应的 K 值为 $K = 3.08$。这样，$s_2 = -0.85$ 即为各分支交汇点。最后，由式(8.49)可求得根轨迹与 $\mathrm{j}\Omega$ 轴的交点为 $\Omega = \pm 2\sqrt{2}$，对应的 K 值为 $K = 48$。显然，当 $K \geqslant 48$ 时，系统有极点移入右半 s 平面，系统是不稳定的。以上结果均绘制在图 8.16 中。

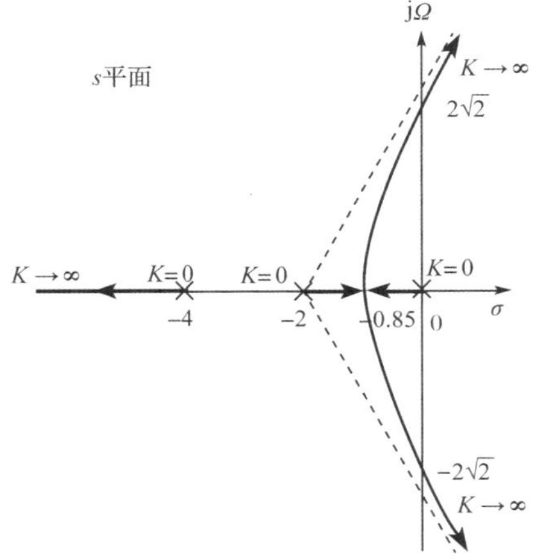

图 8.16 例 8.8 的根轨迹

图 8.16 可以表示出当增益 K 变化时闭环反馈系统的稳定性特性。

8.4 奈奎斯特稳定性判据简介

8.4.1 奈奎斯特稳定性判据的概念与奈奎斯特图

1. 奈奎斯特稳定性判据的概念

根轨迹方法给出了闭环极点位置随系统增益变化的详细情况，这种方法对于设计反馈系统和校正器性能，特别是研究系统的稳定性条件具有重要意义。但是，根轨迹法有两个局限性，一是根轨迹法需要反馈系统前向支路和反馈支路系统函数的解析表达式，有时不易得到；二是根轨迹法要求上述系统函数为有理表达式时才能适用。根轨迹法的这些局限性限制了根轨迹法的广泛应用，并给新方法的产生提供了动力。

奈奎斯特判据(Nyquist Criterion) 是研究反馈系统稳定性的另一种作图描述方法。与根轨迹法相比，奈奎斯特稳定性判据无需求解极点的精确位置，而只是判断对应某 K 值的系统是否稳定，且无需了解系统函数的表达式。这种方法既可以适用于由实验得到的数据，也可以适用于非有理函数描述的反馈系统分析。

参见图 8.14 给出的闭环反馈系统，这个因果闭环系统的极点可由下列极点方程(亦称为特征方程) 来求解

$$1+KG(s)H(s)=0 \tag{8.52}$$

要保证因果闭环系统的稳定性，需要上式的解，即闭环系统的极点均位于左半 s 平面。而奈奎斯特判据的基本思路，是通过检查 $G(s)H(s)$ 沿 jΩ 轴的值来确定是否有极点落入右半 s 平面的。

2. 奈奎斯特图

奈奎斯特判据是依据奈奎斯特图(Nyquist Plot) 对系统的稳定性进行判定的。

设闭环反馈系统如图 8.14(b) 所示，其闭环系统函数为

$$Q(s)=\frac{H(s)}{1+KG(s)H(s)} \tag{8.53}$$

定义上式分母所表示的开环系统函数为

$$W(s)=1+KG(s)H(s) \tag{8.54}$$

我们知道，系统函数(无论开环还是闭环) 均为复变量 s 的函数。给定一个 s 值，就可得到一个对应的系统函数值。若假定复变量 s 中 $\sigma=0$，并令其在 s 平面中沿 jΩ 轴移动，则可在系统函数对应的复平面中得到一条曲线，称这条曲线为系统函数的复轨迹，在分析系统稳定性时，称之为奈奎斯特图。

图 8.17 给出了 s 平面的 jΩ 轴映射于开环系统函数 $W(s)$ 对应的复平面所构成的奈奎斯特图。

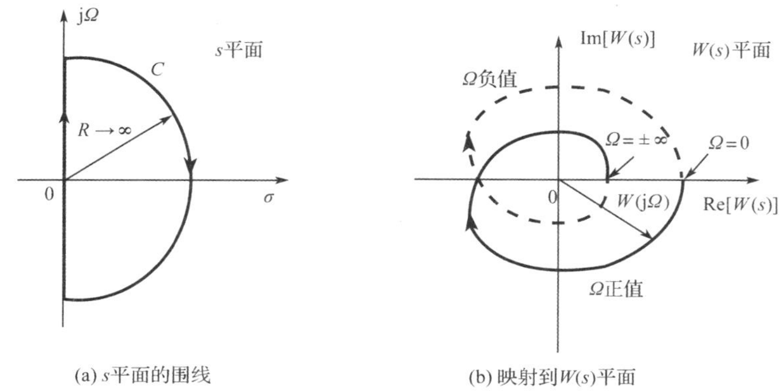

图 8.17　s 平面的 jΩ 轴映射于开环系统函数 W(s) 对应的复平面所构成的奈奎斯特图

如图 8.17 所示，s 平面内围线由 jΩ 轴和右半 s 平面中半径为 $R\to\infty$ 的半圆组成，即围线包含了全部右半 s 平面。当 s 沿 jΩ 轴从 $-\infty$ 变到 ∞ 时，在 $W(s)$ 平面映射得到其复轨迹，称为奈奎斯特图。

考虑图 8.14 所示的闭环反馈系统。这个系统的稳定性要求式(8.54) 所示的开环系统在右半 s 平面没有零点。式(8.54) 可进一步改写为

$$W(s)=\frac{1}{K}+G(s)H(s)=\frac{b_ns^n+b_{n-1}s^{n-1}+\cdots+b_0}{a_ns^n+a_{n-1}s^{n-1}+\cdots+a_0}\tag{8.55}$$

注意到在式(8.55) 中，我们保留了式(8.54) 中开环系统函数的函数名。式(8.55) 假定了开环系统的极点数至少要等于其零点数，这在一般情况下是可以满足的。这样，当 $s=\mathrm{j}\Omega=\pm\infty$ 时，$W(s)$ 趋于实常数，映射在 $W(s)$ 平面为实轴上的一个点。而当 $s=\mathrm{j}\Omega=0$ 时，映射到 $W(s)$ 平面也是实轴上的一个点。由于 $W(\mathrm{j}\Omega)$ 的模和辐角分别是 Ω 的偶函数和奇函数，因此在奈奎斯特图中，Ω 从 $0\sim+\infty$ 的轨迹曲线与从 $0\sim-\infty$ 的轨迹曲线是相对于实轴镜像对称的，且奈奎斯特图对应的 Ω 从 $-\infty\sim+\infty$ 的曲线是封闭曲线。

8.4.2　连续时间 LTI 系统的奈奎斯特判据

1. 围线性质

若 s 平面内一闭合路径 C 以顺时针方向环绕一周，则沿该闭合路径的 s 值所对应的 $W(s)$ 曲线以顺时针方向环绕 $W(s)$ 平面原点的净次数，等于 s 平面上闭合路径 C 内包含的 $W(s)$ 的极点数减去其零点数。

通常，在实际应用时，把 $W(s)$ 的逆时针围线看成是负的顺时针围线。若 $W(s)$ 在闭合路径 C 内有一个极点，而无零点，则 $W(s)$ 一定有一个逆时针方向的围线，或等效于一个负的顺时针围线。

2. 连续时间 LTI 系统的奈奎斯特判据

由式(8.55) 可知，$W(s)$ 的极点就是 $G(s)H(s)$ 的极点，而 $W(s)$ 的零点是闭环系统的极点。此外，因 $G(\mathrm{j}\Omega)H(\mathrm{j}\Omega)=W(\mathrm{j}\Omega)-\frac{1}{K}$，故 $G(\mathrm{j}\Omega)H(\mathrm{j}\Omega)$ 围绕点 $-\frac{1}{K}$ 的次数就是 $W(\mathrm{j}\Omega)$ 绕原点的次数。当 Ω 从 $-\infty\sim\infty$ 变化时，$G(\mathrm{j}\Omega)H(\mathrm{j}\Omega)$ 的图就是奈奎斯特图。这样，由围线性质可以得到式(8.56) 所示规则

$$N_{\mathrm{C}}^{(\mathrm{clockwise})}=N_{\mathrm{RP}}^{(\mathrm{close})}-N_{\mathrm{RP}}^{(GH)} \tag{8.56}$$

式中，$N_{\mathrm{C}}^{(\mathrm{clockwise})}$ 表示奈奎斯特图顺时针绕 $-\frac{1}{K}$ 点的净次数，$N_{\mathrm{RP}}^{(\mathrm{close})}$ 表示右半平面内闭环极点的数量，$N_{\mathrm{RP}}^{(GH)}$ 表示右半平面内 $G(s)H(s)$ 的极点数量。

定理 8.1　连续时间奈奎斯特稳定性判据　一个闭环系统若要是稳定的，$G(\mathrm{j}\Omega)H(\mathrm{j}\Omega)$ 的奈奎斯特图顺时针方向环绕 $-\frac{1}{K}$ 点的净次数必须等于 $G(s)H(s)$ 在右半平面内极点数的负值。或者说逆时针方向环绕 $-\frac{1}{K}$ 点的净次数必须等于 $G(s)H(s)$ 在右半平面内的极点数。

定理 8.1 给出的连续时间奈奎斯特稳定性判据，可有效地判定连续时间系统的稳定性。由定理 8.1 可见，若 $G(s)$ 和 $H(s)$ 都是稳定的，则奈奎斯特图就是 $G(s)$ 与 $H(s)$ 级联的频率响应。由于 $G(s)H(s)$ 在右半平面没有极点，故奈奎斯特判据对系统稳定性的要求，就是其奈奎斯特图环绕 $-\frac{1}{K}$ 点的净次数为零。

例 8.9　给定连续时间因果闭环反馈系统，其前向支路系统函数为 $H(s)=\frac{1}{0.5s+1}$，反馈支路系统函数为 $G(s)=\frac{1}{s+1}$。试依据奈奎斯特判据确定系统的稳定性条件。

解　由给定条件知，所给系统没有右半 s 平面的开环极点。故对于稳定性判定，依据奈奎斯特稳定性判据，要求对点 $-\frac{1}{K}$ 的净环绕次数为零。按照 Ω 从 $-\infty\sim+\infty$ 的变化，绘制 $G(\mathrm{j}\Omega)H(\mathrm{j}\Omega)$ 的奈奎斯特图如图 8.18 所示。

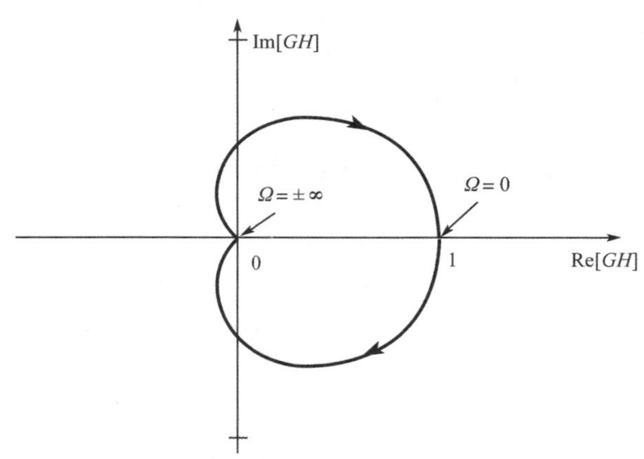

图 8.18　例 8.9 $G(\mathrm{j}\Omega)H(\mathrm{j}\Omega)$ 的奈奎斯特图

由图 8.18 可见，若点 $-\frac{1}{K}$ 落在所示奈奎斯特围线的外面，则由奈奎斯特判据，知给定闭环系统是稳定的。这样，有 $-\frac{1}{K}\leqslant 0$，或 $-\frac{1}{K}>1$。这等效于 $K\geqslant 0$，或 $-1<K<0$。把这两个条件结合起来，有 $K>-1$。即只要满足 $K>-1$，给定闭环系统就一定是稳定的。

例 8.10　给定 $G(s)H(s)=\frac{s+1}{(s-1)(0.5s+1)}$，且该系统的奈奎斯特图如图 8.19 所

示。试确定系统的稳定性条件。

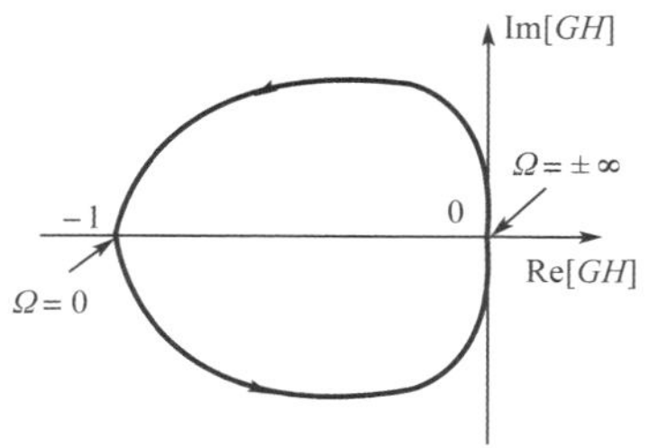

图 8.19 例 8.10 给定 $G(\mathrm{j}\Omega)H(\mathrm{j}\Omega)$ 的奈奎斯特图

解 由于$G(s)H(s)$在右半平面有一个极点，因此对于系统的稳定性，要求逆时针围绕点$-\dfrac{1}{K}$一次，因此要求点$-\dfrac{1}{K}$落在这条围线的里面。于是，当且仅当$-1<-\dfrac{1}{K}<0$，即$K>1$时，系统是稳定的。

本章小结

作为电子信息技术和控制工程领域非常重要的技术手段之一，线性反馈系统受到普遍的重视并得到广泛的应用。本章系统介绍了线性反馈系统的基本理论、方法和主要应用，特别是依据线性反馈技术对多种非理想系统的改善方法。本章还简要介绍了与线性反馈系统密切相关的根轨迹分析法和奈奎斯特稳定性判据。对本章内容的学习，对于读者进一步深刻理解线性反馈系统的基本思路和分析方法并进行深入学习具有重要意义。

习 题

8.1 设连续时间线性反馈系统的闭环反馈结构如图 8.3(a) 所示，试推导闭环系统的系统函数 $Q(s)$。

8.2 设离散时间线性反馈系统的闭环反馈结构如图 8.3(b) 所示，试推导闭环系统的系统函数 $Q(z)$。

8.3 给定连续时间 LTI 系统的结构图如图 8.20 所示。试求总的系统函数 $Q(s)=Y(s)/X(s)$。

8.4 考虑图 8.20 所示连续时间反馈系统，若 $H(s)=\dfrac{1}{s-1}$，$G(s)=s-b$，试求使闭环系统稳定的 b 值。

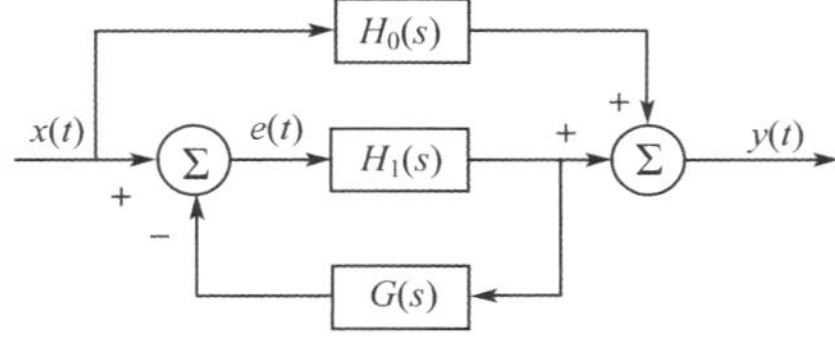

图 8.20 习题 8.3 给定连续时间 LTI 系统的结构图

8.5　已知因果LTI系统 A 的微分方程为 $\frac{\mathrm{d}y^2(t)}{\mathrm{d}t}+\frac{\mathrm{d}y(t)}{\mathrm{d}t}+y(t)=\frac{\mathrm{d}x(t)}{\mathrm{d}t}$。现要用一个闭环反馈系统 $Q(s)$ 来实现该系统，且已知闭环系统的前向支路为 $H(s)=\frac{1}{s+1}$，试求反馈支路的系统函数 $G(s)$。

8.6　给定不稳定因果系统的系统函数为 $H(s)=\frac{1}{s-2}$，试设计一反馈系统，使闭环系统为稳定系统。

8.7　给定二阶因果系统的系统函数为 $H(s)=\frac{1}{s^2+1}$。(a) 试判定系统 $H(s)$ 的稳定性；(b) 若系统不稳定，试设计反馈系统，使闭环系统为稳定系统。

8.8　给定闭环系统如图8.3(a) 所示，其中 $H(s)=K$，$G(s)=\frac{s+1}{s+100}$。试求下列 K 值条件下，闭环系统的极点和零点。(a)$K=0.1$；(b)$K=1$；(c)$K=10$；(d)$K=100$。

8.9　给定连续时间因果反馈系统如图8.3(a) 所示。若 $H(s)=\frac{1}{(s+1)(s+3)}$，$G(s)=1$。试求闭环系统的系统函数及其对应的单位冲激响应。

8.10　假定一个反馈系统的闭环极点满足 $\frac{1}{(s+2)(s+3)}=-\frac{1}{K}$。试利用根轨迹法确定使该反馈系统稳定的 K 值范围。

8.11　已知连续时间反馈系统，其闭环极点满足 $G(s)H(s)=\frac{1}{s+1}=-\frac{1}{K}$。试利用奈奎斯特图和奈奎斯特稳定性判据确定该闭环系统为稳定系统的 K 值范围。

第9章 线性系统的状态变量分析

内容提要

与前面章节的内容有所区别，本章引入一种不同的信号与系统分析方法，即线性系统的状态变量分析方法。这种方法依据对系统的状态分析而实现对系统诸性能的分析，而不是依据系统的输入-输出关系来进行这种分析。本章在介绍线性系统的状态和状态变量概念的基础上，引出系统状态方程与输出方程的概念及其一般描述方式，重点介绍连续时间系统状态方程的建立方法与求解方法，介绍离散时间系统状态方程的建立方法与求解方法。通过对本章的学习，读者可以了解并掌握一种不同的信号与系统分析方法，并给后续课程中基于系统状态方程的信号处理理论与方法的进一步学习奠定基础。

学习重点

- 状态与状态变量的概念，系统状态方程与输出方程的概念；
- 连续时间与离散时间系统状态方程与输出方程的一般性描述；
- 由电路图、微分方程、系统框图和系统函数建立连续时间系统状态方程的方法；
- 连续时间系统状态方程的求解方法；
- 由差分方程、系统框图和系统函数建立离散时间系统状态方程的方法；
- 离散时间系统状态方程的求解方法。

教学目标

深刻理解并熟练掌握系统的状态、状态变量和状态方程与输出方程的概念；
掌握连续时间与离散时间系统状态方程与输出方程的一般形式；
熟练掌握连续时间系统状态方程的建立方法与求解方法；
掌握离散时间系统状态方程的建立方法与求解方法。

9.1 系统状态方程的概念

本书前面各章节介绍了线性系统的多种表示和分析方法，包括时域分析方法与变换域分析方法等，尽管各种方法有诸多不同，但所有这些方法关注的均为系统输入信号与输出信号之间的直接关系。一旦建立了描述系统输入-输出关系的数学模型，一般就不再关注系统内部的具体变化情况，而只考虑系统的时域特性和变换域特性对系统输出的影响。这种描述和分析系统输入信号和输出信号随时间或频率等变量变化规律的方法，一般称为线性系统的输入-输出分析法，也称为系统的外部描述法。这种描述和分析方法对于简单的单输入-单输出(Single-input Single-output, SISO)系统的分析是很方便的。

但是，随着科学技术的发展，现代工程技术中所采用的系统日趋复杂，常用多输入-多输出(Multiple-input Multiple-output, MIMO)系统的概念来描述和分析。并且，在现代通信技术与控制工程中，人们不再满足于研究系统输出信号的变化，而同时需要研究系统内部一些变量的变化规律，因此需要一种能有效描述系统内部状态的方法。这就是系统状态变量分析法产生的技术背景。

系统的状态变量分析法在现代科学技术，特别是在航天技术、自动控制、网络通信、雷达与声呐信号处理等领域得到普遍的重视和广泛的应用。与经典的输入-输出法相比，系统的状态变量分析法具有很多特点和优点，简要说明如下：

① 系统的状态变量分析法可提供关于系统更多的信息，适用于描述 MIMO 系统。它不仅可以给出系统的输出响应，还可以给出系统内部的各种状态信息。

② 系统的状态变量分析法可以方便地利用线性代数这个有力工具，可以把繁杂的数学表达式表示成简单的矩阵形式，并可以把状态变量的微分方程或差分方程纳入一种统一的标准形式，便于计算机表示与分析求解。

③ 系统的状态变量分析法适用范围广泛，它不仅可以用来分析复杂的 LTI 系统，还可以分析线性时变系统(Linear Time-varying System)和非线性系统(Non-linear System)。

④ 系统的状态变量分析法特别适合利用计算机编程进行系统分析与求解，无论是线性系统还是非线性系统，且无论系统的输入信号多么复杂，都可以较为方便地利用计算机通过状态方程进行数值求解。

此外，与经典的输入-输出法相比，系统的状态变量分析法更适合描述与分析较为复杂的系统，特别是 MIMO 系统。而对于较为简单的 SISO 系统，其优势不一定能体现出来，也许经典的输入-输出法会更有用武之地。

9.1.1 系统的状态、状态变量与状态方程

系统状态变量分析法包含两个关键环节，即系统模型的建立与系统模型的求解。所谓系统模型建立，一般而言，就是根据给定系统的条件和状态变量分析法的规则建立系统的状态方程(State Equation)和输出方程(Output Equation)。而系统模型的求解，就是依据已建立的状态方程和输出方程，求出所需要的系统状态和系统输出，以便对系统进行进一步的分析

与应用。

在系统的状态变量分析法中，有关系统的状态、状态变量、状态方程和输出方程的基本概念需要提前了解清楚。

1. 几个基本概念

系统状态（System State）：能够表征系统在某时刻及某时刻以后全部性状的一组最少的物理量，是系统历史中能影响未来性态的那些成分的概括。

状态变量（State Variable）：能够表示系统状态的那些变量称为系统的状态变量。只要知道 $t=t_0$ 时这组变量和 $t \geqslant t_0$ 时的输入，则可以完全确定系统在任何时间 $t \geqslant t_0$ 的行为。以矢量形式表示的状态变量称为状态矢量（State Vector）。

状态方程：描述状态变量变化规律的一组一阶微分方程组（对于连续时间系统）或一阶差分方程组（对于离散时间系统），其中每一个等式的左边是状态变量的一阶导数或一阶差分，而等式右边则只包含状态变量和输入信号。由系统的状态方程，可以求得系统的状态变量随时间变化的规律。

输出方程：描述系统输出信号与系统状态之间关系的代数方程组，其中每一个等式的左边是系统的输出信号，而等式右边则只包含状态变量和输入信号。由系统的输出方程，可以经由系统的状态和输入而求得系统的输出。

2. 一个简单的例子

下面通过一个简单的例子来说明系统状态变量分析法的概念与思路。

例 9.1　给定 LC 滤波电路如图 9.1 所示。试列出求解该电路的微分方程组。

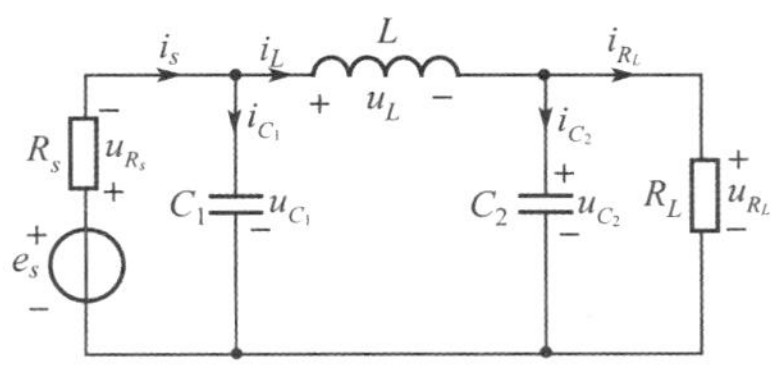

图 9.1　例 9.1 给定 LC 滤波电路的电路图

解　在给定的 LC 滤波电路中，依据电路理论，可以列出如下电路方程：

$$\begin{cases} u_L(t)=u_{C_1}(t)-u_{C_2}(t) \\ i_{C_1}(t)=i_s(t)-i_L(t) \\ i_{C_2}(t)=i_L(t)-i_{R_L}(t) \end{cases} \tag{9.1}$$

图 9.1 所示 LC 滤波电路中含有 3 个储能元件，故该系统的阶数为 3，因此其状态变量的数量亦为 3。通常选择电路中状态不能突变的独立电感电流和电容电压作为系统的状态变量。因此在本例中，选择电感电流 $i_L(t)$、电容电压 $u_{C_1}(t)$ 和 $u_{C_2}(t)$ 作为系统状态变量。此外，输入信号为该电路的信号源 $e_s(t)$。电路中各元件 L, C_1, C_2, R_L 均为确定的常数元件，且均为正值。

由电感和电容元件上电压与电流的关系，有

$$u_L(t)=L\frac{\mathrm{d}i_L(t)}{\mathrm{d}t},\quad i_{C_1}(t)=C_1\frac{\mathrm{d}u_{C_1}(t)}{\mathrm{d}t},\quad i_{C_2}(t)=C_2\frac{\mathrm{d}u_{C_2}(t)}{\mathrm{d}t}$$

再把式(9.1)中非状态变量的量改写为由状态变量和电路中其他已知量表示的形

式，有

$$\begin{cases} L\dfrac{\mathrm{d}i_L(t)}{\mathrm{d}t}=u_{C_1}(t)-u_{C_2}(t) \\ C_1\dfrac{\mathrm{d}u_{C_1}(t)}{\mathrm{d}t}=\dfrac{e_s(t)-u_{C_1}(t)}{R_s}-i_L(t) \\ C_2\dfrac{\mathrm{d}u_{C_2}(t)}{\mathrm{d}t}=i_L(t)-\dfrac{u_{C_2}(t)}{R_L} \end{cases} \tag{9.2}$$

式(9.2)可以进一步整理为

$$\begin{cases} i_L'(t)=0i_L+\dfrac{1}{L}u_{C_1}(t)-\dfrac{1}{L}u_{C_2}(t) \\ u_{C_1}'(t)=-\dfrac{1}{C_1}i_L(t)-\dfrac{1}{R_sC_1}u_{C_1}(t)+0u_{C_2}(t)+\dfrac{1}{R_sC_1}e_s(s) \\ u_{C_2}'(t)=\dfrac{1}{C_2}i_L(t)+0u_{C_1}(t)-\dfrac{1}{R_LC_2}u_{C_2}(t) \end{cases} \tag{9.3}$$

简单分析一下式(9.3)所示的线性微分方程组，可见每一个方程都是一阶线性微分方程，其等式左边均为状态变量的一阶导数，而等式右边则为状态变量与输入信号的线性组合，方程组中的系数均为电路元件的数值。上述分析与状态方程的概念完全一致。实际上，式(9.3)所示方程组就是给定 LC 滤波电路的状态方程。

通过求解式(9.3)所示状态方程，可以得到给定 LC 滤波器选定的状态变量，即电感电流 $i_L(t)$、电容电压 $u_{C_1}(t)$ 和 $u_{C_2}(t)$ 的表达式。进一步地，若已经求得了上述状态变量，是否可以进一步求得系统内部的其他信息和系统的输出信息呢？答案是肯定的。实际上，图 9.1 所示 LC 滤波器中所标注的所有变量，例如输入电流 i_s，输入电阻上的电压 u_{R_s}，流经两个电容 C_1 和 C_2 的电流 i_{C_1} 和 i_{C_2}，输出负载 R_L 上的电压和电流 u_{R_L} 和 i_{R_L} 等，均可以通过这些量与状态变量之间的联系以及元器件电压电流之间的关系得到求解。因此，只要系统的状态变量得到了，该系统所有信息均可以进一步求得。

9.1.2 系统状态方程的一般形式

1. 状态方程与输出方程变量命名

为了规范地描述系统状态方程与输出方程，对状态方程与输出方程中各变量的表示方法做一个规定。

设连续时间系统有 k 个状态变量，表示为 $q_1(t),q_2(t),\cdots,q_k(t)$。为书写简便，也常省略时间变量 t，而仅表示为 $q_1,q_2,\cdots,q_k$。设系统有输入信号 l 个和输出信号 m 个，分别表示为 $x_1(t),x_2(t),\cdots,x_l(t)$（简记为 $x_1,x_2,\cdots,x_l$）和 $y_1(t),y_2(t),\cdots,y_m(t)$（简记为 $y_1,y_2,\cdots,y_m$）。

2. 连续时间系统状态方程与输出方程的一般形式

设所关注的系统是连续时间 LTI 系统，则系统的状态方程和输出方程均为各状态变量与各输入信号的线性组合形式。系统状态方程的一般形式如式(9.4)所示

$$\begin{cases} q_1'(t)=a_{11}q_1(t)+a_{12}q_2(t)+\cdots+a_{1k}q_k(t)+b_{11}x_1(t)+b_{12}x_2(t)+\cdots+b_{1l}x_l(t) \\ q_2'(t)=a_{21}q_1(t)+a_{22}q_2(t)+\cdots+a_{2k}q_k(t)+b_{21}x_1(t)+b_{22}x_2(t)+\cdots+b_{2l}x_l(t) \\ \quad\vdots \qquad\qquad\qquad\qquad \vdots \\ q_k'(t)=a_{k1}q_1(t)+a_{k2}q_2(t)+\cdots+a_{kk}q_k(t)+b_{k1}x_1(t)+b_{k2}x_2(t)+\cdots+b_{kl}x_l(t) \end{cases} \tag{9.4}$$

式(9.4)为连续时间LTI系统状态方程的一般形式。式中，$q_i'(t)$，$i=1,2,\cdots,k$ 表示系统状态变量 $q_i(t)$，$i=1,2,\cdots,k$ 的一阶导数；a_{ij}，$i=1,2,\cdots,k$；$j=1,2,\cdots,k$ 表示各状态变量的加权系数；b_{ij}，$i=1,2,\cdots,k$；$j=1,2,\cdots,l$ 表示各输入信号 $x_i(t)$，$i=1,2,\cdots,l$ 的加权系数。

式(9.4)所示的状态方程常表示为矩阵方程的形式，如式(9.5)所示

$$\begin{bmatrix} q_1'(t) \\ q_2'(t) \\ \vdots \\ q_k'(t) \end{bmatrix}=\begin{bmatrix} a_{11} & a_{12} & \cdots & a_{1k} \\ a_{21} & a_{22} & \cdots & a_{2k} \\ \vdots & \vdots & \ddots & \vdots \\ a_{k1} & a_{k2} & \cdots & a_{kk} \end{bmatrix}\begin{bmatrix} q_1(t) \\ q_2(t) \\ \vdots \\ q_k(t) \end{bmatrix}+\begin{bmatrix} b_{11} & b_{12} & \cdots & b_{1l} \\ b_{21} & b_{22} & \cdots & b_{2l} \\ \vdots & \vdots & \ddots & \vdots \\ b_{k1} & b_{k2} & \cdots & b_{kl} \end{bmatrix}\begin{bmatrix} x_1(t) \\ x_2(t) \\ \vdots \\ x_l(t) \end{bmatrix} \tag{9.5}$$

分别定义式(9.5)所示状态方程中状态矢量 $\boldsymbol{q}(t)$、状态矢量的一阶导数矢量 $\boldsymbol{q}'(t)$ 和输入信号矢量 $\boldsymbol{x}(t)$ 如式(9.6)所示

$$\boldsymbol{q}(t)=\begin{bmatrix} q_1(t) \\ q_2(t) \\ \vdots \\ q_k(t) \end{bmatrix},\quad \boldsymbol{q}'(t)=\begin{bmatrix} q'_1(t) \\ q'_2(t) \\ \vdots \\ q_k'(t) \end{bmatrix},\quad \boldsymbol{x}(t)=\begin{bmatrix} x_1(t) \\ x_2(t) \\ \vdots \\ x_l(t) \end{bmatrix} \tag{9.6}$$

定义系数矩阵 $\boldsymbol{A}$ 和 $\boldsymbol{B}$ 如式(9.7)所示

$$\boldsymbol{A}=\begin{bmatrix} a_{11} & a_{12} & \cdots & a_{k1} \\ a_{21} & a_{22} & \cdots & a_{k2} \\ \vdots & \vdots & \ddots & \vdots \\ a_{k1} & a_{k2} & \cdots & a_{kk} \end{bmatrix},\quad \boldsymbol{B}=\begin{bmatrix} b_{11} & b_{12} & \cdots & b_{1l} \\ b_{21} & b_{22} & \cdots & b_{2l} \\ \vdots & \vdots & \ddots & \vdots \\ b_{k1} & b_{k2} & \cdots & b_{kl} \end{bmatrix} \tag{9.7}$$

显然，系数矩阵 $\boldsymbol{A}$ 的维数为 $k\times k$，而系数矩阵 $\boldsymbol{B}$ 的维数为 $k\times l$。由式(9.6)和式(9.7)的定义，式(9.5)所示状态方程可以写为非常简化的矩阵方程形式为

$$\boldsymbol{q}'(t)=\boldsymbol{A}\boldsymbol{q}(t)+\boldsymbol{B}x(t) \tag{9.8}$$

上式为一 k 维矢量的一阶线性微分方程。在经典的输入-输出法中，要描述这样系统，其对应的微分方程是 k 阶的。而状态变量法则以状态变量的复杂性为代价，换取了微分方程的简化，即由 k 阶微分方程简化为矩阵形式的一阶微分方程。

读者需要注意的是：在式(9.8)所示矩阵形式的状态方程中，各量均以加粗的形式表示。在本章中，小写加粗表示矢量，大写加粗则表示矩阵。

连续时间线性 LTI 系统的一般性输出方程表示为

$$\begin{cases} y_1(t)=c_{11}q_1(t)+c_{12}q_2(t)+\cdots+c_{1k}q_k(t)+d_{11}x_1(t)+d_{12}(t)x_2(t)+\cdots+d_{1l}x_l(t) \\ y_2(t)=c_{21}q_1(t)+c_{22}q_2(t)+\cdots+c_{2k}q_k(t)+d_{21}x_1(t)+d_{22}(t)x_2(t)+\cdots+d_{2l}x_l(t) \\ \quad\vdots \qquad\qquad\qquad\qquad \vdots \\ y_m(t)=c_{m1}q_1(t)+c_{m2}q_2(t)+\cdots+c_{mk}q_k(t)+d_{m1}x_1(t)+d_{m2}(t)x_2(t)+\cdots+d_{ml}x_l(t) \end{cases} \tag{9.9}$$

式(9.9)所示输出方程，也可以写成矩阵方程形式为

$$\begin{bmatrix} y_1(t) \\ y_2(t) \\ \vdots \\ y_m(t) \end{bmatrix} = \begin{bmatrix} c_{11} & c_{12} & \cdots & c_{1k} \\ c_{21} & c_{22} & \cdots & c_{2k} \\ \vdots & \vdots & \ddots & \vdots \\ c_{m1} & c_{m2} & \cdots & c_{mk} \end{bmatrix} \begin{bmatrix} q_1(t) \\ q_2(t) \\ \vdots \\ q_k(t) \end{bmatrix} + \begin{bmatrix} d_{11} & d_{12} & \cdots & d_{1l} \\ d_{21} & d_{22} & \cdots & d_{2l} \\ \vdots & \vdots & \ddots & \vdots \\ d_{m1} & d_{m2} & \cdots & d_{ml} \end{bmatrix} \begin{bmatrix} x_1(t) \\ x_2(t) \\ \vdots \\ x_l(t) \end{bmatrix} \tag{9.10}$$

定义输出矢量 $\boldsymbol{y}(t)$ 为

$$\boldsymbol{y}(t) = [y_1(t) \quad y_2(t) \quad \cdots \quad y_m(t)]^{\mathrm{T}} \tag{9.11}$$

式中，上标“T”表示转置运算。定义系数矩阵 $\boldsymbol{C}$ 和 $\boldsymbol{D}$ 为

$$\boldsymbol{C} = \begin{bmatrix} c_{11} & c_{12} & \cdots & c_{1k} \\ c_{21} & c_{22} & \cdots & c_{2k} \\ \vdots & \vdots & \ddots & \vdots \\ c_{m1} & c_{m2} & \cdots & c_{mk} \end{bmatrix}, \quad \boldsymbol{D} = \begin{bmatrix} d_{11} & d_{12} & \cdots & d_{1l} \\ d_{21} & d_{22} & \cdots & d_{2l} \\ \vdots & \vdots & \ddots & \vdots \\ d_{m1} & d_{m2} & \cdots & d_{ml} \end{bmatrix} \tag{9.12}$$

显然，系数矩阵 $\boldsymbol{C}$ 的维数为 $m \times k$，而系数矩阵 $\boldsymbol{D}$ 的维数为 $m \times l$。由式(9.12)的定义，式(9.11)所示输出方程可以写为简化的矩阵方程形式为

$$\boldsymbol{y}(t) = \boldsymbol{C}\boldsymbol{q}(t) + \boldsymbol{D}\boldsymbol{x}(t) \tag{9.13}$$

读者需要注意的是，在式(9.8)和式(9.13)所示的简化矩阵方程中，输入矢量、输出矢量、状态矢量和状态矢量的一阶导数矢量均为时间变量 t 的函数。有时为了使公式更为简洁，也常省略时间变量 t。

3. 离散时间系统状态方程与输出方程的一般形式

离散时间系统的状态方程和输出方程与连续时间系统的状态方程和输出方程具有相似的形式。式(9.14)给出了离散时间系统状态方程的一般形式

$$\begin{cases} q_1(n+1) = a_{11}q_1(n) + a_{12}q_2(n) + \cdots + a_{1k}q_k(n) + b_{11}x_1(n) + b_{12}x_2(n) + \cdots + b_{1l}x_l(n) \\ q_2(n+1) = a_{21}q_1(n) + a_{22}q_2(n) + \cdots + a_{2k}q_k(n) + b_{21}x_1(n) + b_{22}x_2(n) + \cdots + b_{2l}x_l(n) \\ \quad\vdots \qquad\qquad\qquad\qquad \vdots \\ q_k(n+1) = a_{k1}q_1(n) + a_{k2}q_2(n) + \cdots + a_{kk}q_k(n) + b_{k1}x_1(n) + b_{k2}x_2(n) + \cdots + b_{kl}x_l(n) \end{cases} \tag{9.14}$$

离散时间系统输出方程的一般形式表示为

$$\begin{cases} y_1(n) = c_{11}q_1(n) + c_{12}q_2(n) + \cdots + c_{1k}q_k(n) + d_{11}x_1(n) + d_{12}x_2(n) + \cdots + d_{1l}x_l(n) \\ y_2(n) = c_{21}q_1(n) + c_{22}q_2(n) + \cdots + c_{2k}q_k(n) + d_{21}x_1(n) + d_{22}x_2(n) + \cdots + d_{2l}x_l(n) \\ \quad\vdots \qquad\qquad\qquad\qquad \vdots \\ y_m(n) = c_{m1}q_1(n) + c_{m2}q_2(n) + \cdots + c_{mk}q_k(n) + d_{m1}x_1(n) + d_{m2}x_2(n) + \cdots + d_{ml}x_l(n) \end{cases} \tag{9.15}$$

式(9.14)和式(9.15)均可以写为矩阵方程形式为

$$\begin{bmatrix} q_1(n+1) \\ q_2(n+1) \\ \vdots \\ q_k(n+1) \end{bmatrix} = \begin{bmatrix} a_{11} & a_{12} & \cdots & a_{1k} \\ a_{21} & a_{22} & \cdots & a_{2k} \\ \vdots & \vdots & \ddots & \vdots \\ a_{k1} & a_{k2} & \cdots & a_{kk} \end{bmatrix} \begin{bmatrix} q_1(n) \\ q_2(n) \\ \vdots \\ q_k(n) \end{bmatrix} + \begin{bmatrix} b_{11} & b_{12} & \cdots & b_{1l} \\ b_{21} & b_{22} & \cdots & b_{2l} \\ \vdots & \vdots & \ddots & \vdots \\ b_{k1} & b_{k2} & \cdots & b_{kl} \end{bmatrix} \begin{bmatrix} x_1(n) \\ x_2(n) \\ \vdots \\ x_l(n) \end{bmatrix} \tag{9.16}$$

$$\begin{bmatrix} y_1(n) \\ y_2(n) \\ \vdots \\ y_m(n) \end{bmatrix} = \begin{bmatrix} c_{11} & c_{12} & \cdots & c_{1k} \\ c_{21} & c_{22} & \cdots & c_{2k} \\ \vdots & \vdots & \ddots & \vdots \\ c_{m1} & c_{m2} & \cdots & c_{mk} \end{bmatrix} \begin{bmatrix} q_1(n) \\ q_2(n) \\ \vdots \\ q_k(n) \end{bmatrix} + \begin{bmatrix} d_{11} & d_{12} & \cdots & d_{1l} \\ d_{21} & d_{22} & \cdots & d_{2l} \\ \vdots & \vdots & \ddots & \vdots \\ d_{m1} & d_{m2} & \cdots & d_{ml} \end{bmatrix} \begin{bmatrix} x_1(n) \\ x_2(n) \\ \vdots \\ x_l(n) \end{bmatrix} \tag{9.17}$$

分别定义式(9.16)和式(9.17)中状态矢量 $\boldsymbol{q}(n)$、状态矢量的一阶差分 $\boldsymbol{q}(n+1)$、输入信号矢量 $\boldsymbol{x}(n)$ 和输出矢量 $\boldsymbol{y}(n)$，如式(9.18)所示

$$\boldsymbol{q}(n) = \begin{bmatrix} q_1(n) \\ q_2(n) \\ \vdots \\ q_k(n) \end{bmatrix}, \quad \boldsymbol{q}(n+1) = \begin{bmatrix} q_1(n+1) \\ q_2(n+1) \\ \vdots \\ q_k(n+1) \end{bmatrix}, \quad \boldsymbol{x}(n) = \begin{bmatrix} x_1(n) \\ x_2(n) \\ \vdots \\ x_l(n) \end{bmatrix} \quad \boldsymbol{y}(n) = \begin{bmatrix} y_1(n) \\ y_2(n) \\ \vdots \\ y_m(n) \end{bmatrix} \tag{9.18}$$

则式(9.16)和式(9.17)所示的状态方程和输出方程可改写为简化的矩阵方程形式为

$$\boldsymbol{q}(n+1) = \boldsymbol{A}\boldsymbol{q}(n) + \boldsymbol{B}\boldsymbol{x}(n) \tag{9.19}$$

$$\boldsymbol{y}(n) = \boldsymbol{C}\boldsymbol{q}(n) + \boldsymbol{D}\boldsymbol{x}(n) \tag{9.20}$$

式(9.19)和式(9.20)中，系数矩阵 $\boldsymbol{A}$、$\boldsymbol{B}$、$\boldsymbol{C}$ 和 $\boldsymbol{D}$ 定义为

$$\begin{gathered} \boldsymbol{A} = \begin{bmatrix} a_{11} & a_{12} & \cdots & a_{1k} \\ a_{21} & a_{22} & \cdots & a_{2k} \\ \vdots & \vdots & \ddots & \vdots \\ a_{k1} & a_{k2} & \cdots & a_{kk} \end{bmatrix}, \quad \boldsymbol{B} = \begin{bmatrix} b_{11} & b_{12} & \cdots & b_{1l} \\ b_{21} & b_{22} & \cdots & b_{2l} \\ \vdots & \vdots & \ddots & \vdots \\ b_{k1} & b_{k2} & \cdots & b_{kl} \end{bmatrix}, \\ \boldsymbol{C} = \begin{bmatrix} c_{11} & c_{12} & \cdots & c_{1k} \\ c_{21} & c_{22} & \cdots & c_{2k} \\ \vdots & \vdots & \ddots & \vdots \\ c_{m1} & c_{m2} & \cdots & c_{mk} \end{bmatrix}, \quad \boldsymbol{D} = \begin{bmatrix} d_{11} & d_{12} & \cdots & d_{1l} \\ d_{21} & d_{22} & \cdots & d_{2l} \\ \vdots & \vdots & \ddots & \vdots \\ d_{m1} & d_{m2} & \cdots & d_{ml} \end{bmatrix} \end{gathered} \tag{9.21}$$

9.2 连续时间系统状态方程的建立方法

9.2.1 由电路图建立状态方程

本章例9.1给出了一个由 *LC* 滤波电路建立系统状态方程的例子，本节给出另外一个由电路图建立状态方程的例子，并按照连续时间系统状态方程与输出方程的一般性模型，将该电路表示成状态方程与输出方程的形式。

例 9.2 给定 *RLC* 滤波电路如图9.2所示。试写出该电路的状态方程和输出方程。

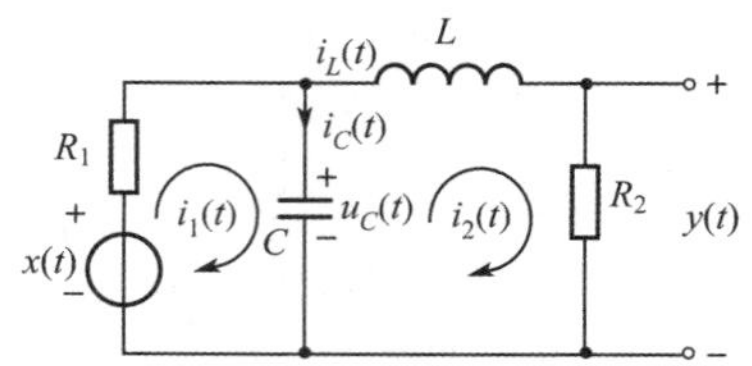

图 9.2　例 9.2 给定的 *RLC* 滤波电路

解　设定给定系统的电容电压和电感电流为状态变量，有 $q_1(t)=u_C(t)$ 和 $q_2(t)=i_L(t)$。列写电路的节点电流方程和回路电压方程为

$$Cq_1'(t)=i_1(t)-i_2(t)=i_1(t)-q_2(t)$$

$$R_1i_1(t)+q_1(t)=x(t)$$

$$Li_2'(t)+R_2i_2(t)-q_1(t)=0$$

经整理，可得系统状态方程为

$$\begin{cases} q_1'(t)=-\dfrac{1}{R_1C}q_1(t)-\dfrac{1}{C}q_2(t)+\dfrac{1}{R_1C}x(t) \\ q_2'(t)=\dfrac{1}{L}q_1(t)-\dfrac{R_2}{L}q_2(t) \end{cases}$$

系统的输出方程为

$$y(t)=R_2q_2(t)$$

把系统的状态方程和输出方程写为矩阵方程形式，有

$$\begin{bmatrix} q_1'(t) \\ q_2'(t) \end{bmatrix}=\begin{bmatrix} -\dfrac{1}{R_1C} & -\dfrac{1}{C} \\ \dfrac{1}{L} & -\dfrac{R_2}{L} \end{bmatrix}\begin{bmatrix} q_1(t) \\ q_2(t) \end{bmatrix}+\begin{bmatrix} \dfrac{1}{R_1C} \\ 0 \end{bmatrix}x(t)$$

$$y(t)=\begin{bmatrix} 0 & R_2 \end{bmatrix}\begin{bmatrix} q_1(t) \\ q_2(t) \end{bmatrix}$$

结合例 9.2，由电路图建立状态方程和输出方程的一般步骤如下：

① 选择状态变量。一般选择独立电感电流和独立电容电压作为状态变量。

② 列写电路方程。一般围绕电感电流的导数列写回路电压方程，围绕电容电压的导数列写节点电流方程。

③ 写出状态方程。通过整理步骤 ① 和 ②，可得到系统的状态方程。

④ 写出输出方程。求解输出与状态变量和输入的关系，得到系统的输出方程。

9.2.2　由微分方程建立状态方程

线性常系数微分方程是经典输入-输出法中描述 LTI 系统的基本方法。由给定的线性常系数微分方程，可以较为方便地得出系统的状态方程和输出方程。一般来说，k 阶线性微分方程所对应的状态变量数为 k。

由 ***I–O*** 方程建立状态方程
知识点

例 9.3　给定连续时间 LTI 系统的微分方程为

$$\frac{d^3y(t)}{dt^3}+a_2\frac{d^2y(t)}{dt^2}+a_1\frac{dy(t)}{dt}+a_0y(t)=b_0x(t)$$

试写出该系统的状态方程和输出方程。

解　因该系统的微分方程的阶数为3阶，故其系统状态变量数也是3个。选取状态变量为 $q_1(t)=y(t)$，$q_2(t)=\dfrac{\mathrm{d}y(t)}{\mathrm{d}t}=y'(t)$，$q_3(t)=\dfrac{\mathrm{d}^2y(t)}{\mathrm{d}t^2}=y''(t)$。

根据给定微分方程与选定状态变量的关系，可以列写出系统的状态方程为

$$\begin{cases}q_1'(t)=q_2(t)\\ q_2'(t)=q_3(t)\\ q_3'(t)=y'''(t)=-a_0q_1(t)-a_1q_2(t)-a_2q_3(t)+b_0x(t)\end{cases}$$

系统的输出方程为

$$y(t)=q_1(t)$$

这样，系统的状态方程和输出方程的矩阵形式为

$$\begin{bmatrix}q_1'(t)\\ q_2'(t)\\ q_3'(t)\end{bmatrix}=\begin{bmatrix}0 & 1 & 0\\ 0 & 0 & 1\\ -a_0 & -a_1 & -a_2\end{bmatrix}\begin{bmatrix}q_1(t)\\ q_2(t)\\ q_3(t)\end{bmatrix}+\begin{bmatrix}0\\ 0\\ b_0\end{bmatrix}x(t)$$

$$y(t)=\begin{bmatrix}1 & 0 & 0\end{bmatrix}\begin{bmatrix}q_1(t)\\ q_2(t)\\ q_3(t)\end{bmatrix}$$

9.2.3　由系统函数建立状态方程

由系统函数建立系统状态方程是状态方程建立的主要方法之一。与由系统微分方程建立系统状态方程相比，这种方法具有适用范围宽、形式灵活多样等特点，因而受到普遍重视。

本书第4章详细介绍了连续时间系统的方框图模拟方法与系统函数的概念。我们知道，连续时间系统的系统函数是与其方框图一一对应的。本小节基于系统函数的概念以及与系统函数对应的方框图，详细介绍由系统函数和系统方框图建立系统状态方程与输出方程的方法。

1. 给定系统函数建立状态方程的三种方法

给定连续时间系统的系统函数 $H(s)$，其方框图模拟实现基本上有三种不同的方法，即直接实现法、级联实现法和并联实现法。而这三种模拟框图的实现方法均各自对应一种状态方程与输出方程的建立方法，分别称为直接型、级联型和并联型。下面以一个例题介绍系统状态方程和输出方程建立的这三种方法。

例 9.4　设连续时间因果 LTI 系统的系统函数 $H(s)$ 为

$$H(s)=\frac{Y(s)}{X(s)}=\frac{4s+10}{s^3+8s^2+19s+12}$$

试分别采用(a) 直接型、(b) 级联型和(c) 并联型构建系统模拟框图，并建立该系统的状态方程和输出方程。

解　(a) 直接型

图 9.3 给出了直接型实现给定系统函数的方框图。因给定系统为3阶系统，故需要设定3个状态变量。一般选择积分器的输出作为系统的状态变量，如图 9.3 中的 $q_1(t)$、$q_2(t)$ 和 $q_3(t)$ 所示。由图 9.3 可列出给定系统的直接型状态方程和输出方程为

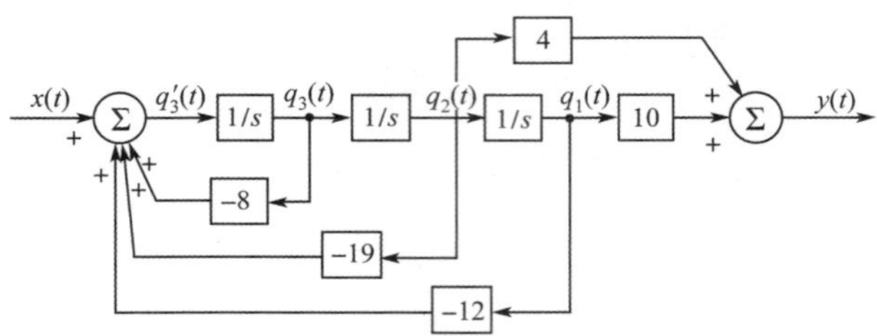

图 9.3　例 9.4 直接型实现给定系统函数的方框图

$$\begin{cases} q_1'(t) = q_2(t) \\ q_2'(t) = q_3(t) \\ q_3'(t) = -12q_1(t) - 19q_2(t) - 8q_3(t) + x(t) \end{cases} \tag{9.22}$$

$$y(t) = 10q_1(t) + 4q_2(t) \tag{9.23}$$

系统状态方程与输出方程的矩阵方程形式为

$$\begin{bmatrix} q_1'(t) \\ q_2'(t) \\ q_3'(t) \end{bmatrix} = \boldsymbol{Aq} + \boldsymbol{Bx} = \begin{bmatrix} 0 & 1 & 0 \\ 0 & 0 & 1 \\ -12 & -19 & -8 \end{bmatrix} \begin{bmatrix} q_1(t) \\ q_2(t) \\ q_3(t) \end{bmatrix} + \begin{bmatrix} 0 \\ 0 \\ 1 \end{bmatrix} x(t) \tag{9.24}$$

$$y(t) = \boldsymbol{Cq} + \boldsymbol{Dx} = [10 \quad 4 \quad 0] \begin{bmatrix} q_1(t) \\ q_2(t) \\ q_3(t) \end{bmatrix} \tag{9.25}$$

(b) 级联型

把给定系统函数 $H(s)$ 分解为一阶项乘积的形式，即 $H(s) = \frac{1}{s+1} \cdot \frac{1}{s+3} \cdot \frac{4s+10}{s+4}$。图 9.4 给出了级联型实现给定系统函数的方框图。所选定的状态变量 $q_1(t)$，$q_2(t)$ 和 $q_3(t)$ 如图所示。

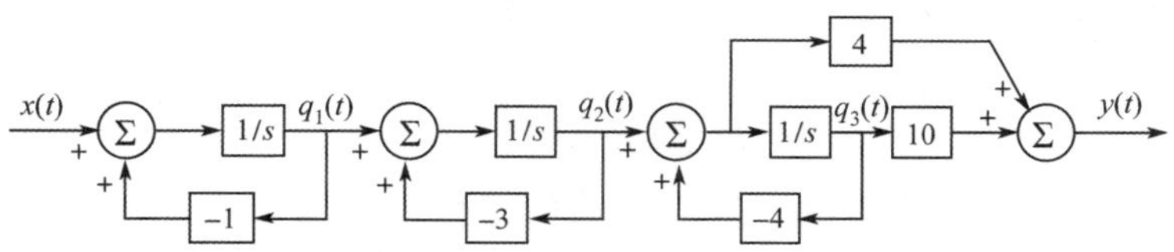

图 9.4　例 9.4 级联型实现给定系统函数的方框图

由图 9.4，可以列出给定系统的级联型状态方程为

$$\begin{cases} q_1'(t) = -q_1(t) + x(t) \\ q_2'(t) = q_1(t) - 3q_2(t) \\ q_3'(t) = q_2(t) - 4q_3(t) \end{cases} \tag{9.26}$$

系统的输出方程为

$$y(t) = 4q_3'(t) + 10q_3(t) = 4q_2(t) - 6q_3(t) \tag{9.27}$$

系统状态方程与输出方程的矩阵形式为

$$\begin{bmatrix} q_1'(t) \\ q_2'(t) \\ q_3'(t) \end{bmatrix} = \begin{bmatrix} -1 & 0 & 0 \\ 1 & -3 & 0 \\ 0 & 1 & -4 \end{bmatrix} \begin{bmatrix} q_1(t) \\ q_2(t) \\ q_3(t) \end{bmatrix} + \begin{bmatrix} 1 \\ 0 \\ 0 \end{bmatrix} x(t) \tag{9.28}$$

$$y(t)=\begin{bmatrix}0 & 4 & -6\end{bmatrix}\begin{bmatrix}q_1(t)\\q_2(t)\\q_3(t)\end{bmatrix} \tag{9.29}$$

(c) 并联型

把给定系统函数 $H(s)$ 进行部分分式分解，可得 $H(s)=\frac{1}{s+1}+\frac{1}{s+3}-\frac{2}{s+4}$。图 9.5 给出了并联型实现给定系统函数的方框图。所选定的状态变量 $q_1(t)$，$q_2(t)$ 和 $q_3(t)$ 如图所示。

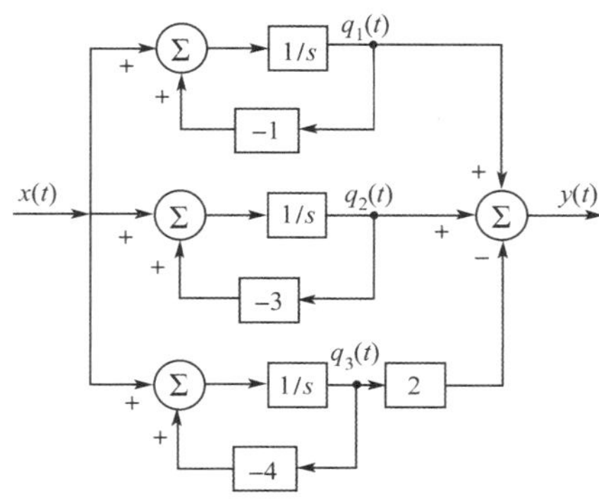

图 9.5　例 9.4 并联型实现给定系统函数的方框图

由图 9.5，可以列出给定系统的状态方程为

$$\begin{cases}q_1'(t)=-q_1(t)+x(t)\\q_2'(t)=-3q_2(t)+x(t)\\q_3'(t)=-4q_3(t)+x(t)\end{cases} \tag{9.30}$$

系统的输出方程为

$$y(t)=q_1(t)+q_2(t)-2q_3(t) \tag{9.31}$$

系统状态方程与输出方程的矩阵形式为

$$\begin{bmatrix}q_1'(t)\\q_2'(t)\\q_3'(t)\end{bmatrix}=\begin{bmatrix}-1 & 0 & 0\\0 & -3 & 0\\0 & 0 & -4\end{bmatrix}\begin{bmatrix}q_1(t)\\q_2(t)\\q_3(t)\end{bmatrix}+\begin{bmatrix}1\\1\\1\end{bmatrix}x(t) \tag{9.32}$$

$$y(t)=\begin{bmatrix}1 & 1 & -2\end{bmatrix}\begin{bmatrix}q_1(t)\\q_2(t)\\q_3(t)\end{bmatrix} \tag{9.33}$$

读者需要注意的是，系统状态方程与输出方程的结果，是与系统状态变量的设置有关的。若系统状态变量设置的顺序有所不同，则所得到的状态方程和输出方程是不同的，不过在本质上是一致的。

2. k 阶系统状态方程的建立

以上三种形式的由 3 阶系统函数建立系统状态方程和输出方程的方法，可以进一步推广到 k 阶连续时间因果 LTI 系统的一般情况。下面简要说明 k 阶因果系统的并联型状态方程和输出方程的建立方法，而直接型和级联型结构的情况则请读者自行推演。

设 k 阶因果系统部分分式形式的系统函数表示为

$$H(s)=\frac{c_1}{s+\lambda_1}+\frac{c_2}{s+\lambda_2}+\cdots+\frac{c_k}{s+\lambda_k} \tag{9.34}$$

由式(9.34)可绘出该系统的并联型方框图如图9.6所示。

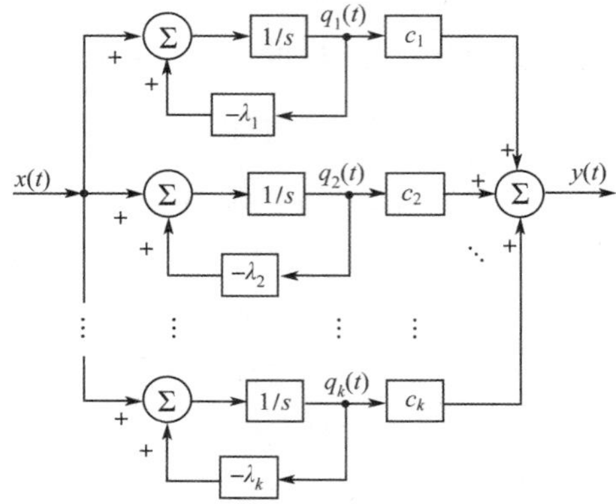

图 9.6 k 阶连续时间因果系统并联型结构方框图

由图9.6可以列出 k 阶因果系统并联型状态方程为

$$\begin{cases} q_1'(t)=-\lambda_1 q_1(t)+x(t) \\ q_2'(t)=-\lambda_2 q_2(t)+x(t) \\ \quad\vdots \qquad\qquad \vdots \\ q_k'(t)=-\lambda_k q_k(t)+x(t) \end{cases} \tag{9.35}$$

k 阶系统的并联型输出方程为

$$y(t)=c_1q_1(t)+c_2q_2(t)+\cdots+c_kq_k(t) \tag{9.36}$$

k 阶系统的并联型状态方程与输出方程的矩阵形式为

$$\begin{bmatrix} q_1'(t) \\ q_2'(t) \\ \vdots \\ q_k'(t) \end{bmatrix}=\boldsymbol{Aq}+\boldsymbol{Bx}=\begin{bmatrix} -\lambda_1 & 0 & \cdots & 0 \\ 0 & -\lambda_2 & \cdots & 0 \\ \vdots & \vdots & \ddots & 0 \\ 0 & 0 & \cdots & -\lambda_k \end{bmatrix}\begin{bmatrix} q_1(t) \\ q_2(t) \\ \vdots \\ q_k(t) \end{bmatrix}+\begin{bmatrix} 1 \\ 1 \\ \vdots \\ 1 \end{bmatrix}x(t) \tag{9.37}$$

$$y(t)=\boldsymbol{Cq}+\boldsymbol{Dx}=\begin{bmatrix} c_1 & c_2 & \cdots & c_k \end{bmatrix}\begin{bmatrix} q_1(t) \\ q_2(t) \\ \vdots \\ q_k(t) \end{bmatrix} \tag{9.38}$$

由式(9.37)和式(9.38),可以总结归纳出并联型状态方程和输出方程的规律:状态方程的系数矩阵 **A** 为一对角阵,对角线上的元素依次对应于系统函数的各极点;系数矩阵 **B** 为一列矢量,其各元素均为1;输出方程系数矩阵 **C** 的各元素依次对应于系统函数部分分式的系数;系数矩阵 **D** 不出现,这是因为在并联型结构中,输出信号与输入信号之间是没有直接通路的。

实际上,根据直接型结构和级联型结构来建立状态方程和输出方程,相应的各系数矩阵也是具有一定的规律的。读者可参考例9.4自行总结并推广这些规律。

9.3 连续时间系统状态方程的求解

一般来说，连续时间系统状态方程主要采用两种方法求解，即时域求解与复频域求解。本节介绍这两种求解方法。

9.3.1 连续时间系统状态方程的时域求解

1. 矩阵指数的定义与性质

矩阵指数 $e^{\boldsymbol{A}t}$ 定义为

$$e^{\boldsymbol{A}t}=\boldsymbol{I}+\boldsymbol{A}t+\frac{1}{2!}\boldsymbol{A}^2t^2+\cdots+\frac{1}{n!}\boldsymbol{A}^nt^n+\cdots=\sum_{n=0}^{+\infty}\frac{1}{n!}\boldsymbol{A}^nt^n \tag{9.39}$$

式中，$\boldsymbol{I}$ 为 $k\times k$ 单位矩阵，$e^{\boldsymbol{A}t}$ 为一个 $k\times k$ 的矩阵函数。矩阵指数 $e^{\boldsymbol{A}t}$ 具有以下主要性质：

$$e^{\boldsymbol{A}t}e^{-\boldsymbol{A}t}=\boldsymbol{I} \tag{9.40}$$

$$e^{\boldsymbol{A}t}=(e^{\boldsymbol{A}t})^{-1} \tag{9.41}$$

$$\frac{d}{dt}e^{\boldsymbol{A}t}=\boldsymbol{A}e^{\boldsymbol{A}t}=e^{\boldsymbol{A}t}\boldsymbol{A} \tag{9.42}$$

2. 连续时间系统状态方程的时域求解方法

设连续时间系统状态方程的矩阵形式表示为

$$\boldsymbol{q}'(t)=\boldsymbol{A}\boldsymbol{q}(t)+\boldsymbol{B}\boldsymbol{x}(t) \tag{9.43}$$

设定系统的初始状态为

$$\boldsymbol{q}(0^-)=\begin{bmatrix}q_1(0^-) & q_2(0^-) & \cdots & q_k(0^-)\end{bmatrix}^{\mathrm{T}} \tag{9.44}$$

对式(9.43)两边左乘 $e^{-\boldsymbol{A}t}$，并整理，有

$$e^{-\boldsymbol{A}t}\boldsymbol{q}'(t)-e^{-\boldsymbol{A}t}\boldsymbol{A}\boldsymbol{q}(t)=e^{-\boldsymbol{A}t}\boldsymbol{B}\boldsymbol{x}(t) \tag{9.45}$$

依据矩阵求导公式，整理可得

$$\frac{d}{dt}[e^{-\boldsymbol{A}t}\boldsymbol{q}(t)]=e^{-\boldsymbol{A}t}\boldsymbol{B}\boldsymbol{x}(t) \tag{9.46}$$

对上式两边积分，并考虑给定的初始条件，有

$$e^{-\boldsymbol{A}t}\boldsymbol{q}(t)-\boldsymbol{q}(0^-)=\int_{0^-}^{t}e^{-\boldsymbol{A}\tau}\boldsymbol{B}\boldsymbol{x}(\tau)d\tau \tag{9.47}$$

对上式两边左乘 $e^{\boldsymbol{A}t}$，并利用式(9.40)矩阵指数的性质，可得状态方程的一般解为

$$\boldsymbol{q}(t)=e^{\boldsymbol{A}t}\boldsymbol{q}(0^-)+\int_{0^-}^{t}e^{-\boldsymbol{A}(\tau-t)}\boldsymbol{B}\boldsymbol{x}(\tau)d\tau=e^{\boldsymbol{A}t}\boldsymbol{q}(0^-)+e^{\boldsymbol{A}t}\boldsymbol{B}*\boldsymbol{x}(t) \tag{9.48}$$

把式(9.48)代入系统输出方程 $\boldsymbol{y}(t)=\boldsymbol{C}\boldsymbol{q}(t)+\boldsymbol{D}\boldsymbol{x}(t)$，则可得到系统输出方程的解为

$$\boldsymbol{y}(t)=\boldsymbol{C}\boldsymbol{q}(t)+\boldsymbol{D}\boldsymbol{x}(t)=\boldsymbol{C}e^{\boldsymbol{A}t}\boldsymbol{q}(0^-)+\boldsymbol{C}e^{\boldsymbol{A}t}\boldsymbol{B}*\boldsymbol{x}(t)+\boldsymbol{D}\boldsymbol{x}(t) \tag{9.49}$$

上式中，等式右边的第一项是系统的零输入解，第二项和第三项是系统的零状态解。通常，称矩阵指数 $e^{\boldsymbol{A}t}$ 为系统的状态转移矩阵(State Transition Matrix)，反映了系统状态变化的本质特征。

9.3.2 连续时间系统状态方程的复频域求解

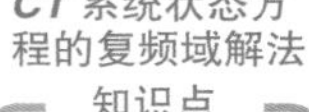

知识点

1. 状态方程的单边拉普拉斯变换

再次给出连续时间系统的状态方程和输出方程的矩阵形式如下

$$\boldsymbol{q}'(t)=\boldsymbol{A}\boldsymbol{q}(t)+\boldsymbol{B}\boldsymbol{x}(t) \tag{9.50}$$

$$\boldsymbol{y}(t)=\boldsymbol{C}\boldsymbol{q}(t)+\boldsymbol{D}\boldsymbol{x}(t) \tag{9.51}$$

考虑到状态变量的初始状态，对式(9.50)和式(9.51)所示状态方程和输出方程两边做单边拉普拉斯变换，有

$$s\boldsymbol{Q}_{\mathrm{u}}(s)-\boldsymbol{q}(0^-)=\boldsymbol{A}\boldsymbol{Q}_{\mathrm{u}}(s)+\boldsymbol{B}\boldsymbol{X}_{\mathrm{u}}(s) \tag{9.52}$$

$$\boldsymbol{Y}_{\mathrm{u}}(s)=\boldsymbol{C}\boldsymbol{Q}_{\mathrm{u}}(s)+\boldsymbol{D}\boldsymbol{X}_{\mathrm{u}}(s) \tag{9.53}$$

在式(9.52)和式(9.53)中，$\boldsymbol{Q}_{\mathrm{u}}(s)$是状态变量$\boldsymbol{q}(t)$的单边拉普拉斯变换，$\boldsymbol{X}_{\mathrm{u}}(s)$和$\boldsymbol{Y}_{\mathrm{u}}(s)$则分别为输入信号$\boldsymbol{x}(t)$和输出信号$\boldsymbol{y}(t)$的单边拉普拉斯变换。即

$$\boldsymbol{q}(t)\overset{\text{ULT}}{\leftrightarrow}\boldsymbol{Q}_{\mathrm{u}}(s),\quad \boldsymbol{x}(t)\overset{\text{ULT}}{\leftrightarrow}\boldsymbol{X}_{\mathrm{u}}(s),\quad \boldsymbol{y}(t)\overset{\text{ULT}}{\leftrightarrow}\boldsymbol{Y}_{\mathrm{u}}(s) \tag{9.54}$$

需要注意的是，这里的状态变量$\boldsymbol{q}(t)$、输入信号$\boldsymbol{x}(t)$和输出信号$\boldsymbol{y}(t)$都是时域的矢量形式，而它们的单边拉普拉斯变换$\boldsymbol{Q}_{\mathrm{u}}(s)$、$\boldsymbol{X}_{\mathrm{u}}(s)$和$\boldsymbol{Y}_{\mathrm{u}}(s)$均为变换域的矢量形式。这里之所以采用大写加粗形式表示这些变换域矢量，是由于本书将所有变换域函数均表示为大写形式，而将所有矢量均表示为加粗形式。因此，这两个因素的结合，构成了这些变换域矢量的大写加粗形式。

2. 状态方程的复频域求解

连续时间系统状态方程与输出方程复频域解法的基本思路，是首先对矩阵形式的时域状态方程和输出方程做单边拉普拉斯变换而将其变换到复频域，再经过复频域的矩阵运算，解出状态变量和输出信号的拉普拉斯变换形式，最后再将这些复频域形式的变量和信号逆变换到时域，得到状态方程和输出方程的时域解。在这里，采用单边拉普拉斯变换的目的是在变换中有效代入系统的初始状态信息。

对系统状态方程式(9.50)和输出方程式(9.51)分别做单边拉普拉斯变换，可得式(9.52)和式(9.53)。对式(9.52)进行整理，可得

$$(s\boldsymbol{I}-\boldsymbol{A})\boldsymbol{Q}_{\mathrm{u}}(s)=\boldsymbol{q}(0^-)+\boldsymbol{B}\boldsymbol{X}_{\mathrm{u}}(s) \tag{9.55}$$

式中，$\boldsymbol{I}$为$k\times k$阶单位阵。若$(s\boldsymbol{I}-\boldsymbol{A})$可逆，则有

$$\boldsymbol{Q}_{\mathrm{u}}(s)=(s\boldsymbol{I}-\boldsymbol{A})^{-1}[\boldsymbol{q}(0^-)+\boldsymbol{B}\boldsymbol{X}_{\mathrm{u}}(s)]=(s\boldsymbol{I}-\boldsymbol{A})^{-1}\boldsymbol{q}(0^-)+(s\boldsymbol{I}-\boldsymbol{A})^{-1}\boldsymbol{B}\boldsymbol{X}_{\mathrm{u}}(s) \tag{9.56}$$

对上式取单边拉普拉斯逆变换，则可得状态变量的时域矢量形式为

$$\boldsymbol{q}(t)=\mathscr{UL}^{-1}[\boldsymbol{Q}_{\mathrm{u}}(s)]=\mathscr{UL}^{-1}[(s\boldsymbol{I}-\boldsymbol{A})^{-1}q(0^-)]+\mathscr{UL}^{-1}[(s\boldsymbol{I}-\boldsymbol{A})^{-1}\boldsymbol{B}\boldsymbol{X}_{\mathrm{u}}(s)] \tag{9.57}$$

由式(9.56)和式(9.57)可见，无论是状态变量的复频域形式还是时域形式，其解均为两部分的合成。其中第一部分仅由初始状态$\boldsymbol{q}(0^-)$决定，而与输入信号无关。若初始状态为零，则这部分的状态变量亦为零，称这部分状态变量为系统状态变量的零输入分量。第二部分仅由系统的输入信号决定，而与系统的初始状态无关。当输入信号为零时，这部分状态变量亦为零，称这部分状态变量为系统状态变量的零状态分量。

进一步地，把式(9.56)代入系统复频域输出方程式(9.53)，有

$$\boldsymbol{Y}_{\mathrm{u}}(s)=\boldsymbol{C}\boldsymbol{Q}_{\mathrm{u}}(s)+\boldsymbol{D}\boldsymbol{X}_{\mathrm{u}}(s)=\boldsymbol{C}(s\boldsymbol{I}-\boldsymbol{A})^{-1}\boldsymbol{q}(0^{-})+[\boldsymbol{C}(s\boldsymbol{I}-\boldsymbol{A})^{-1}\boldsymbol{B}+\boldsymbol{D}]\boldsymbol{X}_{\mathrm{u}}(s) \tag{9.58}$$

分别定义系统的零输入响应和零状态响应为

$$\boldsymbol{Y}_{\mathrm{u}}^{(\mathrm{zi})}(s)=\boldsymbol{C}(s\boldsymbol{I}-\boldsymbol{A})^{-1}\boldsymbol{q}(0^{-}) \tag{9.59}$$

$$\boldsymbol{Y}_{\mathrm{u}}^{(\mathrm{zs})}(s)=[\boldsymbol{C}(s\boldsymbol{I}-\boldsymbol{A})^{-1}\boldsymbol{B}+\boldsymbol{D}]\boldsymbol{X}_{\mathrm{u}}(s) \tag{9.60}$$

分别对式(9.59)和式(9.60)做单边拉普拉斯逆变换，可得系统零输入响应和零状态响应的时域形式，即

$$\boldsymbol{y}_{\mathrm{zi}}(t)=\mathscr{U}\mathscr{L}^{-1}[\boldsymbol{Y}_{\mathrm{u}}^{(\mathrm{zi})}(s)]=\mathscr{U}\mathscr{L}^{-1}[\boldsymbol{C}(s\boldsymbol{I}-\boldsymbol{A})^{-1}\boldsymbol{q}(0^{-})] \tag{9.61}$$

$$\boldsymbol{y}_{\mathrm{zs}}(t)=\mathscr{U}\mathscr{L}^{-1}[\boldsymbol{Y}_{\mathrm{u}}^{(\mathrm{zs})}(s)]=\mathscr{U}\mathscr{L}^{-1}\{[\boldsymbol{C}(s\boldsymbol{I}-\boldsymbol{A})^{-1}\boldsymbol{B}+\boldsymbol{D}]\boldsymbol{X}_{\mathrm{u}}(s)\} \tag{9.62}$$

3. 系统函数矩阵与状态转移矩阵

式(9.60)或式(9.62)所示的零状态响应，其本质是由系统输入信号所引起的系统输出，而与系统的初始状态无关。这样，类似于输入-输出法中系统函数的概念，可定义系统函数矩阵(System Function Matrix) $\boldsymbol{H}_{\mathrm{u}}(s)$ 为

$$\boldsymbol{H}_{\mathrm{u}}(s)=\boldsymbol{C}(s\boldsymbol{I}-\boldsymbol{A})^{-1}\boldsymbol{B}+\boldsymbol{D} \tag{9.63}$$

这样，系统的零状态响应式(9.60)又可以改写为

$$\boldsymbol{Y}_{\mathrm{u}}^{(\mathrm{zs})}(s)=\boldsymbol{H}_{\mathrm{u}}(s)\boldsymbol{X}_{\mathrm{u}}(s) \tag{9.64}$$

系统函数矩阵(又称为转移函数矩阵)的作用与系统函数的作用是相同的。不过在输入-输出法中，一般只考虑系统的单输入单输出问题，而在状态变量法中，输入和输出均可能有多个，即所谓的MIMO系统。由式(9.63)定义的系统函数矩阵$\boldsymbol{H}_{\mathrm{u}}(s)$是一个$m\times l$矩阵，对应于$l$个输入信号和$m$个输出信号。其第$i$行第$j$列元素$H_{\mathrm{u}}^{(i,j)}(s)$，对应于第$j$个输入信号$X_{\mathrm{u}}^{(j)}(s)$对第$i$个输出信号$Y_{\mathrm{u}}^{(j)}(s)$的贡献，表示为

$$Y_{\mathrm{u}}^{(i)}(s)=H_{\mathrm{u}}^{(i,j)}(s)X_{\mathrm{u}}^{(j)}(s) \tag{9.65}$$

注意到，式(9.65)中的各量不再是矢量或矩阵，均为标量，故均未用加粗表示。

由式(9.56)或式(9.57)可见，若输入信号为零，则系统的状态变量$\boldsymbol{Q}_{\mathrm{u}}(s)$或$\boldsymbol{q}(t)$仅为系统初始状态的函数，即此时有

$$\boldsymbol{Q}_{\mathrm{u}}(s)=(s\boldsymbol{I}-\boldsymbol{A})^{-1}\boldsymbol{q}(0^{-}) \tag{9.66}$$

定义系统的状态转移矩阵(State Transition Matrix)为

$$\boldsymbol{\Phi}_{\mathrm{u}}(s)=(s\boldsymbol{I}-\boldsymbol{A})^{-1} \tag{9.67}$$

显然，系统状态转移矩阵的作用是使系统的状态从初始状态过渡到任意时刻t的状态，故称为状态转移矩阵，又称为特征矩阵(Characteristic Matrix)。

对式(9.66)做单边拉普拉斯逆变换，可得零输入条件下系统的状态转移方程为

$$\boldsymbol{q}(t)=\mathscr{U}\mathscr{L}^{-1}[\boldsymbol{\Phi}_{\mathrm{u}}(s)\boldsymbol{q}(0^{-})]=\boldsymbol{\varphi}(t)\boldsymbol{q}(0^{-}) \tag{9.68}$$

式中，$\boldsymbol{\varphi}(t)=\mathscr{U}\mathscr{L}^{-1}[\boldsymbol{\Phi}_{\mathrm{u}}(s)]$。

需要补充说明的是状态转移矩阵$\boldsymbol{\Phi}_{u}(s)=(s\boldsymbol{I}-\boldsymbol{A})^{-1}$的求解问题，实际上是一个矩阵求逆的问题，需要按照线性代数或矩阵论的规则进行计算求解。一般解法为

$$(s\boldsymbol{I}-\boldsymbol{A})^{-1}=\frac{\mathrm{adj}(s\boldsymbol{I}-\boldsymbol{A})}{|s\boldsymbol{I}-\boldsymbol{A}|} \tag{9.69}$$

式中，$\mathrm{adj}(s\boldsymbol{I}-\boldsymbol{A})$表示矩阵$(s\boldsymbol{I}-\boldsymbol{A})$的伴随矩阵，而$|s\boldsymbol{I}-\boldsymbol{A}|$则表示矩阵$(s\boldsymbol{I}-\boldsymbol{A})$的行列式。

例 9.5　设系统的状态方程和输出方程分别为$\begin{cases}q_1'(t)=q_1(t)+x(t)\\ q_2'(t)=q_1(t)-3q_2(t)\end{cases}$和 $y(t)=-\frac{1}{4}q_1(t)+q_2(t)$。系统的初始状态为 $q_1(0^-)=1, q_2(0^-)=2$。系统输入信号为 $x(t)=u(t)$。

(a) 将给定系统的状态方程和输出方程写为矩阵形式，并写出系数矩阵 $\boldsymbol{A}$、$\boldsymbol{B}$、$\boldsymbol{C}$ 和 $\boldsymbol{D}$；

(b) 求该系统零输入响应、零状态响应和全输出信号；

(c) 求该系统的系统函数矩阵、状态转移矩阵和状态转移方程。

解　(a) 给定系统的状态方程和输出方程的矩阵形式为

$$\begin{bmatrix}q_1'(t)\\ q_2'(t)\end{bmatrix}=\begin{bmatrix}1 & 0\\ 1 & -3\end{bmatrix}\begin{bmatrix}q_1(t)\\ q_2(t)\end{bmatrix}+\begin{bmatrix}1\\ 0\end{bmatrix}x(t),\qquad y(t)=\begin{bmatrix}-\frac{1}{4} & 1\end{bmatrix}\begin{bmatrix}q_1(t)\\ q_2(t)\end{bmatrix}$$

系数矩阵 $\boldsymbol{A}$、$\boldsymbol{B}$、$\boldsymbol{C}$ 和 $\boldsymbol{D}$ 为

$$\boldsymbol{A}=\begin{bmatrix}1 & 0\\ 1 & -3\end{bmatrix},\quad \boldsymbol{B}=\begin{bmatrix}1\\ 0\end{bmatrix},\quad \boldsymbol{C}=\begin{bmatrix}-\frac{1}{4} & 1\end{bmatrix},\quad \boldsymbol{D}=\boldsymbol{0}$$

系统初始条件的矩阵形式为

$$\boldsymbol{q}(0^-)=\begin{bmatrix}q_1(0^-)\\ q_2(0^-)\end{bmatrix}=\begin{bmatrix}1\\ 2\end{bmatrix}$$

(b) 由式(9.58) 可以求得系统的全输出信号的复频域形式。需要先计算$(s\boldsymbol{I}-\boldsymbol{A})^{-1}$。由于

$$s\boldsymbol{I}-\boldsymbol{A}=s\begin{bmatrix}1 & 0\\ 0 & 1\end{bmatrix}-\begin{bmatrix}1 & 0\\ 1 & -3\end{bmatrix}=\begin{bmatrix}s-1 & 0\\ -1 & s+3\end{bmatrix},$$

$$|s\boldsymbol{I}-\boldsymbol{A}|=(s-1)(s+3),\quad \operatorname{adj}(s\boldsymbol{I}-\boldsymbol{A})=\begin{bmatrix}s+3 & 0\\ 1 & s-1\end{bmatrix}$$

因此有

$$(s\boldsymbol{I}-\boldsymbol{A})^{-1}=\frac{\operatorname{adj}(s\boldsymbol{I}-\boldsymbol{A})}{|s\boldsymbol{I}-\boldsymbol{A}|}=\frac{1}{(s-1)(s+3)}\begin{bmatrix}s+3 & 0\\ 1 & s-1\end{bmatrix}=\begin{bmatrix}\frac{1}{s-1} & 0\\ \frac{1}{(s-1)(s+3)} & \frac{1}{s+3}\end{bmatrix}$$

由式(9.59) 和式(9.60)，可分别求出系统的零输入响应和零状态响应为

$$\boldsymbol{Y}_{\mathrm{u}}^{(\mathrm{zi})}(s)=\boldsymbol{C}(s\boldsymbol{I}-\boldsymbol{A})^{-1}\boldsymbol{q}(0^-)=\begin{bmatrix}-\frac{1}{4} & 1\end{bmatrix}\begin{bmatrix}\frac{1}{s-1} & 0\\ \frac{1}{(s-1)(s+3)} & \frac{1}{s+3}\end{bmatrix}\begin{bmatrix}1\\ 2\end{bmatrix}$$

$$=\begin{bmatrix}-\frac{1}{4(s+3)} & \frac{1}{s+3}\end{bmatrix}\begin{bmatrix}1\\ 2\end{bmatrix}=\frac{7}{4}\cdot\frac{1}{s+3}$$

$$\boldsymbol{Y}_{\mathrm{u}}^{(\mathrm{zs})}(s)=[\boldsymbol{C}(s\boldsymbol{I}-\boldsymbol{A})^{-1}\boldsymbol{B}+\boldsymbol{D}]\boldsymbol{X}_{\mathrm{u}}(s)=\begin{bmatrix}-\frac{1}{4} & 1\end{bmatrix}\begin{bmatrix}\frac{1}{s-1} & 0\\ \frac{1}{(s-1)(s+3)} & \frac{1}{s+3}\end{bmatrix}\begin{bmatrix}1\\ 0\end{bmatrix}\frac{1}{s}$$

$$=\frac{1}{12}\left(\frac{1}{s+3}-\frac{1}{s}\right)$$

对上面两式做单边拉普拉斯逆变换，可得系统零输入响应和零状态响应的时域形式为

$$\boldsymbol{y}_{zi}(t)=\mathscr{UL}^{-1}[\boldsymbol{Y}_u^{(zi)}(s)]=\mathscr{UL}^{-1}\left[\frac{7}{4}\cdot\frac{1}{s+3}\right]=\frac{7}{4}\mathrm{e}^{-3t}u(t)$$

$$\boldsymbol{y}_{zs}(t)=\mathscr{UL}^{-1}[\boldsymbol{Y}_u^{(zs)}(s)]=\mathscr{UL}^{-1}\left[\frac{1}{12}\left(\frac{1}{s+3}-\frac{1}{s}\right)\right]=\frac{1}{12}(\mathrm{e}^{-3t}-1)u(t)$$

显然 $\boldsymbol{y}_{zi}(t)$ 和 $\boldsymbol{y}_{zs}(t)$ 均为标量形式。可分别写为 $y_{zi}(t)$ 和 $y_{zs}(t)$。这样由上面两式，可得系统的全输出信号为

$$y(t)=y_{zi}(t)+y_{zs}(t)=\frac{7}{4}\mathrm{e}^{-3t}u(t)+\frac{1}{12}(\mathrm{e}^{-3t}-1)u(t)=\left(\frac{11}{6}\mathrm{e}^{-3t}-\frac{1}{12}\right)u(t)$$

(c) 由式(9.63) 可以求得系统的系统函数矩阵为

$$\boldsymbol{H}_u(s)=\boldsymbol{C}(s\boldsymbol{I}-\boldsymbol{A})^{-1}\boldsymbol{B}+\boldsymbol{D}=-\frac{1}{4(s+3)}$$

由式(9.67) 可求得系统的状态转移矩阵为

$$\boldsymbol{\Phi}_u(s)=(s\boldsymbol{I}-\boldsymbol{A})^{-1}=\begin{bmatrix}\dfrac{1}{s-1} & 0\\ \dfrac{1}{(s-1)(s+3)} & \dfrac{1}{s+3}\end{bmatrix}$$

由式(9.68) 可求得状态转移方程为

$$\boldsymbol{q}(t)=\mathscr{UL}^{-1}[\boldsymbol{\Phi}_u(s)\boldsymbol{q}(0^-)]=\mathscr{UL}^{-1}\left\{\begin{bmatrix}\dfrac{1}{s-1} & 0\\ \dfrac{1}{(s-1)(s+3)} & \dfrac{1}{s+3}\end{bmatrix}\begin{bmatrix}1\\2\end{bmatrix}\right\}$$

$$=\begin{bmatrix}\mathrm{e}^{t}u(t) & 0\\ \dfrac{1}{4}(\mathrm{e}^{t}-\mathrm{e}^{-3t})u(t) & \mathrm{e}^{-3t}u(t)\end{bmatrix}\begin{bmatrix}1\\2\end{bmatrix}$$

$$=\begin{bmatrix}\mathrm{e}^{t}u(t)\\ \dfrac{1}{4}(\mathrm{e}^{t}-\mathrm{e}^{-3t})u(t)+2\mathrm{e}^{-3t}u(t)\end{bmatrix}=\begin{bmatrix}\mathrm{e}^{t}u(t)\\ \left(\dfrac{1}{4}\mathrm{e}^{t}+\dfrac{7}{4}\mathrm{e}^{-3t}\right)u(t)\end{bmatrix}$$

例 9.5 实际上是一个单输入单输出系统。下面再给一表示多输入多输出系统的状态变量求解方法的例题。

例 9.6 给定系统的状态方程和输出方程分别为

$$\begin{bmatrix}q_1'(t)\\q_2'(t)\end{bmatrix}=\begin{bmatrix}2 & 3\\0 & -1\end{bmatrix}\begin{bmatrix}q_1(t)\\q_2(t)\end{bmatrix}+\begin{bmatrix}0 & 1\\1 & 0\end{bmatrix}\begin{bmatrix}x_1(t)\\x_2(t)\end{bmatrix},$$

$$\begin{bmatrix}y_1(t)\\y_2(t)\end{bmatrix}=\begin{bmatrix}1 & 1\\0 & -1\end{bmatrix}\begin{bmatrix}q_1(t)\\q_2(t)\end{bmatrix}+\begin{bmatrix}1 & 0\\1 & 0\end{bmatrix}\begin{bmatrix}x_1(t)\\x_2(t)\end{bmatrix}$$

系统的初始状态和输入信号分别表示为

$$\begin{bmatrix}q_1(0^-)\\q_2(0^-)\end{bmatrix}=\begin{bmatrix}2\\-1\end{bmatrix},\qquad\begin{bmatrix}x_1(t)\\x_2(t)\end{bmatrix}=\begin{bmatrix}u(t)\\\mathrm{e}^{-3t}u(t)\end{bmatrix}$$

试求该系统的状态变量和输出信号。

解 先计算$(s\boldsymbol{I}-\boldsymbol{A})^{-1}$。根据式(9.69)，有

$$(s\boldsymbol{I}-\boldsymbol{A})^{-1}=\frac{\mathrm{adj}(s\boldsymbol{I}-\boldsymbol{A})}{|s\boldsymbol{I}-\boldsymbol{A}|}=\begin{bmatrix}\dfrac{1}{s-2} & \dfrac{3}{(s-1)(s+1)}\\ 0 & \dfrac{1}{s+1}\end{bmatrix}$$

对给定输入信号做单边拉普拉斯变换，有$\boldsymbol{X}_{\mathrm{u}}(s)=\begin{bmatrix}\frac{1}{s} & \frac{1}{s+3}\end{bmatrix}^{\mathrm{T}}$。由式(9.56)，有

$$\begin{aligned}\boldsymbol{Q}_{\mathrm{u}}(s)&=(s\boldsymbol{I}-\boldsymbol{A})^{-1}[\boldsymbol{q}(0^{-})+\boldsymbol{B}\boldsymbol{X}_{\mathrm{u}}(s)]\\&=\begin{bmatrix}\frac{1}{s-2} & \frac{3}{(s-1)(s+1)}\\0 & \frac{1}{s+1}\end{bmatrix}\left\{\begin{bmatrix}2\\-1\end{bmatrix}+\begin{bmatrix}0 & 1\\1 & 0\end{bmatrix}\begin{bmatrix}\frac{1}{s}\\\frac{1}{s+3}\end{bmatrix}\right\}\\&=\begin{bmatrix}\frac{1}{s-2}+\frac{1}{s+1}\\-\frac{1}{s+1}\end{bmatrix}+\begin{bmatrix}\frac{0.7}{s-2}-\frac{1.5}{s}+\frac{1}{s+1}-\frac{0.2}{s+3}\\\frac{1}{s}-\frac{1}{s+1}\end{bmatrix}\end{aligned}$$

对$\boldsymbol{Q}_{\mathrm{u}}(s)$求取单边拉普拉斯逆变换，可得系统状态变量的时域表达式为

$$\begin{aligned}\boldsymbol{q}(t)&=\mathscr{UL}^{-1}[\boldsymbol{Q}_{\mathrm{u}}(s)]\\&=\mathscr{UL}^{-1}\left\{\begin{bmatrix}\frac{1}{s-2}+\frac{1}{s+1}\\-\frac{1}{s+1}\end{bmatrix}+\begin{bmatrix}\frac{0.7}{s-2}-\frac{1.5}{s}+\frac{1}{s+1}-\frac{0.2}{s+3}\\\frac{1}{s}-\frac{1}{s+1}\end{bmatrix}\right\}\\&=\begin{bmatrix}\mathrm{e}^{2t}+\mathrm{e}^{-t}\\-\mathrm{e}^{-t}\end{bmatrix}+\begin{bmatrix}0.7\mathrm{e}^{2t}-\mathrm{e}^{-t}-0.2\mathrm{e}^{-3t}-1.5\\1-\mathrm{e}^{-t}\end{bmatrix}\\&=\begin{bmatrix}1.7\mathrm{e}^{2t}+2\mathrm{e}^{-t}-0.2\mathrm{e}^{-3t}-1.5\\1-2\mathrm{e}^{-t}\end{bmatrix}u(t)\end{aligned}$$

由输出方程式(9.58)可得系统输出信号为

$$\begin{aligned}\boldsymbol{Y}_{\mathrm{u}}(s)&=\boldsymbol{C}(s\boldsymbol{I}-\boldsymbol{A})^{-1}\boldsymbol{q}(0^{-})+[\boldsymbol{C}(s\boldsymbol{I}-\boldsymbol{A})^{-1}\boldsymbol{B}+\boldsymbol{D}]\boldsymbol{X}_{\mathrm{u}}(s)\\&=\begin{bmatrix}1 & 1\\0 & -1\end{bmatrix}\boldsymbol{Q}_{\mathrm{u}}(s)+\begin{bmatrix}1 & 0\\1 & 0\end{bmatrix}\begin{bmatrix}\frac{1}{s}\\\frac{1}{s+3}\end{bmatrix}\\&=\begin{bmatrix}\frac{1}{s-2}\\\frac{1}{s+1}\end{bmatrix}+\begin{bmatrix}\frac{0.7}{s-2}+\frac{0.5}{s}-\frac{0.2}{s+3}\\\frac{1}{s+1}\end{bmatrix}\end{aligned}$$

对$\boldsymbol{Y}_{\mathrm{u}}(s)$求取单边拉普拉斯逆变换，可得系统输出信号的时域表达式为

$$\boldsymbol{y}(t)=\begin{bmatrix}y_1(t)\\y_2(t)\end{bmatrix}=\mathscr{UL}^{-1}[\boldsymbol{Y}_{\mathrm{u}}(s)]=\begin{bmatrix}1.7\mathrm{e}^{2t}-0.2\mathrm{e}^{-3t}+0.5\\2\mathrm{e}^{2t}\end{bmatrix}u(t)$$

利用MATLAB编程，可以比较方便地求得例9.6所示系统的状态方程和输出方程的数值解，参见以下程序段：

```
clear;
A = [2 3; 0 -1];  B = [0 1; 1 0];  C = [1 1; 0 -1];  D = [1 0; 1 0];
q0 = [2 - 1];  dt = 0.01;  t = 0:dt:4;  x(:,1) = ones(length(t),1);  x(:,2) =
exp(-3 * t);
sys = ss(A,B,C,D);  [y,t,q] = lsim(sys,x,t,q0);  % 获得系统状态方程和输出方程的数值解
subplot(1,2,1);  plot(t,y(:,1));  ylabel('y_{1}(t)');  xlabel('t');  grid;
```

```
subplot(1,2,2); plot(t,y(:,2)); ylabel('y_{2}(t)'); xlabel('t'); grid;
```

运行以上程序段，可以分别得到例 9.6 的输出信号 $y_1(t)$ 和 $y_2(t)$ 的曲线形式如图 9.7 所示。

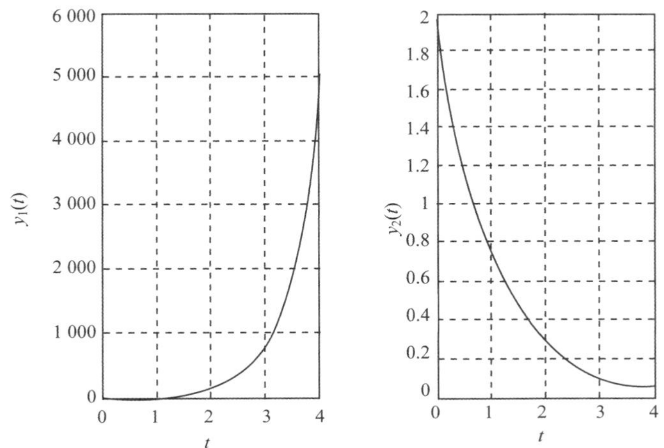

图 9.7 经由 MATLAB 编程得到的例 9.6 所示连续时间系统输出信号的数值解

9.4 离散时间系统状态方程的建立方法

与连续时间系统建立状态方程的方法相似，离散时间系统状态方程的建立主要包括由差分方程建立状态方程、由系统框图或系统函数建立状态方程和由研究对象的运动规律建立状态方程等方法。本节对这几种方法做简要介绍。

9.4.1 由系统差分方程建立状态方程

已知因果离散时间LTI系统的差分方程，通过设定状态变量，可以把差分方程转换为状态方程和输出方程，下面以一例加以说明。

例 9.7 给定因果离散时间 LTI 系统的二阶差分方程为

$$y(n+2)+a_1y(n+1)+a_0y(n)=b_0x(n)$$

试写出该系统的状态方程和输出方程。

解 因给定系统为二阶系统，故有 2 个状态变量。选择 $y(n)$ 和 $y(n+1)$ 为系统的状态变量，即设定 $q_1(n)=y(n)$，$q_2(n)=y(n+1)$。由给定差分方程可得系统的状态方程和输出方程为

$$\begin{cases}q_1(n+1)=y(n+1)=q_2(n)\\ q_2(n+1)=y(n+2)=-a_0q_1(n)-a_1q_2(n)+b_0x(n)\end{cases}$$

$$y(n)=q_1(n)$$

将上述状态方程和输出方程写为矩阵形式，有

$$\begin{bmatrix} q_1(n+1) \\ q_2(n+1) \end{bmatrix} = \begin{bmatrix} 0 & 1 \\ -a_0 & -a_1 \end{bmatrix} \begin{bmatrix} q_1(n) \\ q_2(n) \end{bmatrix} + \begin{bmatrix} 0 \\ b_0 \end{bmatrix} x(n)$$

$$y(n) = \begin{bmatrix} 1 & 0 \end{bmatrix} \begin{bmatrix} q_1(n) \\ q_2(n) \end{bmatrix}$$

由本例题可见，由给定系统的差分方程建立状态方程的关键环节是合理选择系统的状态变量。一般常选择系统的输出信号及其差分形式作为状态变量，且差分方程的阶数与状态方程的个数相等。

9.4.2 由系统框图建立状态方程

由系统函数和系统框图建立系统状态方程是离散时间LTI系统建立状态方程与输出方程的主要方法之一。对于给定的系统函数，通常先绘制出其系统框图，再通过选定每个延迟单元的输出作为状态变量，并根据延迟单元的输入与输出关系列出其状态方程和输出方程。对于直接给出的系统框图，则免去了由系统函数绘制系统框图的过程，而直接选择状态变量并列写状态方程和输出方程。

例 9.8 给定离散时间因果 LTI 系统的系统函数为 $H(z) = \dfrac{3z^{-1} + 4z^{-3}}{1 + \dfrac{1}{4}z^{-1} - \dfrac{1}{4}z^{-2} - \dfrac{1}{16}z^{-3}}$。试写出该系统的状态方程和输出方程。

解 先根据给定系统函数绘制系统的直接型方框图，如图 9.8 所示。

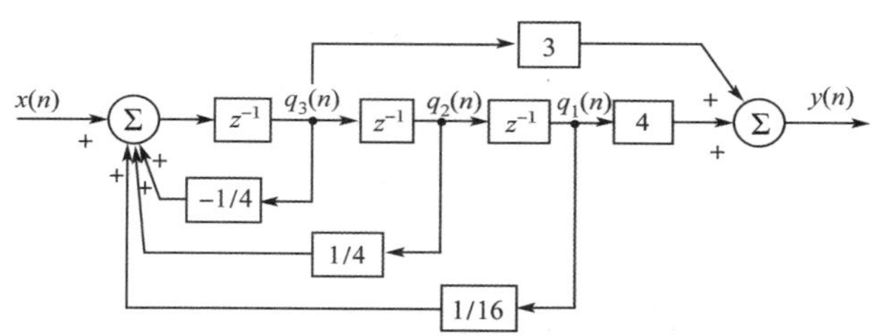

图 9.8 例 9.8 给定系统函数对应的直接型方框图

因给定系统为 3 阶系统，故选择三个延迟单元的输出作为状态变量 $q_1(n)$、$q_2(n)$ 和 $q_3(n)$，如图 9.8 所示。则系统的状态方程和输出方程分别为

$$\begin{bmatrix} q_1(n+1) \\ q_2(n+1) \\ q_3(n+1) \end{bmatrix} = \begin{bmatrix} 0 & 1 & 0 \\ 0 & 0 & 1 \\ 1/16 & 1/4 & -1/4 \end{bmatrix} \begin{bmatrix} q_1(n) \\ q_2(n) \\ q_3(n) \end{bmatrix} + \begin{bmatrix} 0 \\ 0 \\ 1 \end{bmatrix} x(n)$$

$$y(n) = \begin{bmatrix} 4 & 0 & 3 \end{bmatrix} \begin{bmatrix} q_1(n) \\ q_2(n) \\ q_3(n) \end{bmatrix}$$

实际上，根据给定的系统函数，也可以绘制级联型和并联型的系统结构图，并进一步得到系统的级联型和并联型状态方程和输出方程，建议读者自行完成。

9.4.3 由研究对象的运动规律建立状态方程

离散时间系统的状态方程常通过总结归纳研究对象的运动规律而建立，具有重要的应用价值。下面举一例来说明这种方法。

例 9.9 试依据某地区人口增长的简化动态模型建立该地区人口增长的状态方程。

解 把该地区人口数据按照年龄段划分为k组，小组序号为$i=0,1,\cdots,k-1$。其中，人口的年龄随序号i的增加而增加。设n表示离散时间序号，按年计算。

设$q_i(n)$表示第i组第n年的人口数量。这样，$q_0(n)$和$q_{k-1}(n)$分别表示人口中年龄最小一组和年龄最大一组的人口数量。

设$\alpha_i,i=0,1,\cdots,k-1$为人口的生育系数，定义$\beta_i=\dfrac{q_{i+1}(n+1)}{q_i(n)},i=0,1,\cdots,k-2$为存活系数，而最小年龄组$q_0(n)$的数量变化取决于各年龄组生育的综合结果。这样，可以建立系统状态方程为

$$\begin{cases}q_{k-1}(n+1)=\beta_{k-2}q_{k-2}(n)\\ q_{k-2}(n+1)=\beta_{k-3}q_{k-3}(n)\\ \qquad\vdots\qquad\qquad\vdots\\ q_1(n+1)=\beta_0q_0(n)\end{cases}$$

$$q_0(n+1)=\alpha_0q_0(n)+\alpha_1q_1(n)+\cdots+\alpha_{k-1}q_{k-1}(n)$$

把上述方程写成矩阵形式，有

$$\begin{bmatrix}q_{k-1}(n+1)\\ q_{k-2}(n+1)\\ \vdots\\ q_1(n+1)\end{bmatrix}=\begin{bmatrix}\beta_{k-2}&0&\cdots&0\\ 0&\beta_{k-3}&\cdots&0\\ \vdots&\vdots&\ddots&0\\ 0&0&\cdots&\beta_0\end{bmatrix}\begin{bmatrix}q_{k-2}(n)\\ q_{k-3}(n)\\ \vdots\\ q_0(n)\end{bmatrix}$$

$$q_0(n+1)=\begin{bmatrix}\alpha_0&\alpha_1&\cdots&\alpha_{k-1}\end{bmatrix}\begin{bmatrix}q_0(n)\\ q_1(n)\\ \vdots\\ q_{k-1}(n)\end{bmatrix}$$

9.5 离散时间系统状态方程的求解

与连续时间系统状态方程的求解方法相似，离散时间系统状态方程的求解方法也可以分为时域解法和复频域解法两类。其中，时域解法一般采用时域递推方法，而复频域解法则采用单边z变换对状态方程和输出方程进行变换，再采用与连续时间系统状态方程复频域求解相似的方法进行求解。本节介绍这两种求解离散时间系统状态方程与输出方程的方法。

9.5.1 离散时间系统状态方程的时域求解

把式(9.19)和式(9.20)给出的离散时间系统状态方程与输出方程的矩阵形式再次给出如下

$$\boldsymbol{q}(n+1)=\boldsymbol{A}\boldsymbol{q}(n)+\boldsymbol{B}\boldsymbol{x}(n) \tag{9.70}$$

$$\boldsymbol{y}(n)=\boldsymbol{C}\boldsymbol{q}(n)+\boldsymbol{D}\boldsymbol{x}(n) \tag{9.71}$$

设 $n=n_0$，在给定初始状态 $\boldsymbol{q}(n_0)$ 后，对式(9.70)进行递推，有

$$\boldsymbol{q}(n_0+1)=\boldsymbol{A}\boldsymbol{q}(n_0)+\boldsymbol{B}\boldsymbol{x}(n_0)$$

$$\boldsymbol{q}(n_0+2)=\boldsymbol{A}\boldsymbol{q}(n_0+1)+\boldsymbol{B}\boldsymbol{x}(n_0+1)=\boldsymbol{A}^2\boldsymbol{q}(n_0)+\boldsymbol{A}\boldsymbol{B}\boldsymbol{x}(n_0)+\boldsymbol{B}\boldsymbol{x}(n_0+1)$$

$$\vdots \qquad\qquad \vdots \qquad\qquad \vdots$$

对于任意 n 值，当 $n>n_0$ 时，有

$$\boldsymbol{q}(n)=\boldsymbol{A}\boldsymbol{q}(n-1)+\boldsymbol{B}\boldsymbol{x}(n-1)=\boldsymbol{A}^{n-n_0}\boldsymbol{q}(n_0)+\sum_{i=n_0}^{n-1}\boldsymbol{A}^{n-1-i}\boldsymbol{B}\boldsymbol{x}(i) \tag{9.72}$$

若起始时刻为 $n_0=0$，则有

$$\boldsymbol{q}(n)=\boldsymbol{A}^n\boldsymbol{q}(0)u(n)+\left[\sum_{i=0}^{n-1}\boldsymbol{A}^{n-1-i}\boldsymbol{B}\boldsymbol{x}(i)\right]u(n-1) \tag{9.73}$$

上式右边第一项为系统的零输入解，第二项为系统的零状态解。再把式(9.73)代入输出方程式(9.71)，有

$$\boldsymbol{y}(n)=\boldsymbol{C}\boldsymbol{q}(n)+\boldsymbol{D}\boldsymbol{x}(n)=\boldsymbol{C}\boldsymbol{A}^n\boldsymbol{q}(0)u(n)+\left[\sum_{i=0}^{n-1}\boldsymbol{C}\boldsymbol{A}^{n-1-i}\boldsymbol{B}\boldsymbol{x}(i)\right]u(n-1)+\boldsymbol{D}\boldsymbol{x}(n)u(n) \tag{9.74}$$

同样，等式右边第一项为系统的零输入响应，第二项和第三项为系统的零状态响应。

式(9.73)和式(9.74)给出了系统状态方程和输出方程解的显式表达式。对这两个表达式的进一步求解需要计算$\boldsymbol{A}^n$，称为离散时间系统的状态转移矩阵，一般可利用凯莱-哈密顿定理进行时域求解，读者可参阅相关文献。本书将在9.5.2节介绍$\boldsymbol{A}^n$的复频域求解方法。

9.5.2 离散时间系统状态方程的复频域求解

对式(9.70)和式(9.71)所示离散时间系统状态方程和输出方程做单边 z 变换，有

DT系统状态方程的求解知识点

$$z\boldsymbol{Q}_{\mathrm{u}}(z)-z\boldsymbol{q}(0)=\boldsymbol{A}\boldsymbol{Q}_{\mathrm{u}}(z)+\boldsymbol{B}\boldsymbol{X}_{\mathrm{u}}(z) \tag{9.75}$$

$$\boldsymbol{Y}_{\mathrm{u}}(z)=\boldsymbol{C}\boldsymbol{Q}_{\mathrm{u}}(z)+\boldsymbol{D}\boldsymbol{X}_{\mathrm{u}}(z) \tag{9.76}$$

整理式(9.75)，有

$$\boldsymbol{Q}_{\mathrm{u}}(z)=(z\boldsymbol{I}-\boldsymbol{A})^{-1}z\boldsymbol{q}(0)+(z\boldsymbol{I}-\boldsymbol{A})^{-1}\boldsymbol{B}\boldsymbol{X}_{\mathrm{u}}(z) \tag{9.77}$$

对上式求取单边逆 z 变换，有

$$\boldsymbol{q}(n)=\mathscr{U}\mathscr{Z}^{-1}\left[(z\boldsymbol{I}-\boldsymbol{A})^{-1}z\boldsymbol{q}(0)\right]+\mathscr{U}\mathscr{Z}^{-1}\left[(z\boldsymbol{I}-\boldsymbol{A})^{-1}\boldsymbol{B}\boldsymbol{X}_{\mathrm{u}}(z)\right] \tag{9.78}$$

对比式(9.78)与式(9.73)，可知式(9.78)等式右边第一项中$(z\boldsymbol{I}-\boldsymbol{A})^{-1}z$实际上就对应于式(9.73)中的状态转移矩阵$\boldsymbol{A}^n$。即

$$\boldsymbol{A}^n=\mathscr{U}\mathscr{Z}^{-1}\left[(z\boldsymbol{I}-\boldsymbol{A})^{-1}z\right]=\mathscr{U}\mathscr{Z}^{-1}\left[(\boldsymbol{I}-z^{-1}\boldsymbol{A})^{-1}\right] \tag{9.79}$$

把式(9.77)代入式(9.76)，可得输出方程的复频域表示形式为

$$\boldsymbol{Y}_{\mathrm{u}}(z)=\boldsymbol{C}(z\boldsymbol{I}-\boldsymbol{A})^{-1}z\boldsymbol{q}(0)+\left[\boldsymbol{C}(z\boldsymbol{I}-\boldsymbol{A})^{-1}\boldsymbol{B}+\boldsymbol{D}\right]\boldsymbol{X}_{\mathrm{u}}(z) \tag{9.80}$$

对上式求取单边逆 z 变换，有

$$\boldsymbol{y}(n)=\mathscr{U}\mathscr{Z}^{-1}\left[\boldsymbol{C}(z\boldsymbol{I}-\boldsymbol{A})^{-1}z\boldsymbol{q}(0)\right]+\mathscr{U}\mathscr{Z}^{-1}\left\{\left[\boldsymbol{C}(z\boldsymbol{I}-\boldsymbol{A})^{-1}\boldsymbol{B}+\boldsymbol{D}\right]\boldsymbol{X}_{\mathrm{u}}(z)\right\} \tag{9.81}$$

在式(9.80)和式(9.81)中，等式右边第一项为系统的零输入响应，其复频域形式记为$\boldsymbol{Y}_{\mathrm{u}}^{(\mathrm{zi})}(z)$，而第二项为系统的零状态响应，其复频域形式记为$\boldsymbol{Y}_{\mathrm{u}}^{(\mathrm{zs})}(z)$，分别如式(9.82)和式

(9.83)所示

$$\boldsymbol{Y}_{\mathrm{u}}^{(\mathrm{zi})}(z)=\boldsymbol{C}(z\boldsymbol{I}-\boldsymbol{A})^{-1}z\boldsymbol{q}(0) \tag{9.82}$$

$$\boldsymbol{Y}_{\mathrm{u}}^{(\mathrm{zs})}(z)=[\boldsymbol{C}(z\boldsymbol{I}-\boldsymbol{A})^{-1}\boldsymbol{B}+\boldsymbol{D}]\boldsymbol{X}_{\mathrm{u}}(z) \tag{9.83}$$

系统函数矩阵为

$$\boldsymbol{H}_{\mathrm{u}}(z)=\boldsymbol{C}(z\boldsymbol{I}-\boldsymbol{A})^{-1}\boldsymbol{B}+\boldsymbol{D} \tag{9.84}$$

例 9.10 已知 $\boldsymbol{A}=\begin{bmatrix}1/2 & 0\\ 1/4 & 1/4\end{bmatrix}$，试求$\boldsymbol{A}^n$。

解 由式(9.79)，有

$$\boldsymbol{A}^n=\mathscr{UZ}^{-1}[(\boldsymbol{I}-z^{-1}\boldsymbol{A})^{-1}]=\mathscr{UZ}^{-1}\begin{bmatrix}1-\frac{1}{2}z^{-1} & 0\\ -\frac{1}{4}z^{-1} & 1-\frac{1}{4}z^{-1}\end{bmatrix}^{-1}$$

$$=\mathscr{UZ}^{-1}\left\{\frac{1}{\left(1-\frac{1}{2}z^{-1}\right)\left(1-\frac{1}{4}z^{-1}\right)}\begin{bmatrix}1-\frac{1}{4}z^{-1} & 0\\ \frac{1}{4}z^{-1} & 1-\frac{1}{2}z^{-1}\end{bmatrix}\right\}$$

$$=\mathscr{UZ}^{-1}\begin{bmatrix}\frac{1}{1-\frac{1}{2}z^{-1}} & 0\\ \frac{\frac{1}{4}z^{-1}}{\left(1-\frac{1}{2}z^{-1}\right)\left(1-\frac{1}{4}z^{-1}\right)} & \frac{1}{1-\frac{1}{4}z^{-1}}\end{bmatrix}$$

$$=\begin{bmatrix}\left(\frac{1}{2}\right)^n & 0\\ \left(\frac{1}{2}\right)^n-\left(\frac{1}{4}\right)^n & \left(\frac{1}{4}\right)^n\end{bmatrix}=\left(\frac{1}{4}\right)^n\begin{bmatrix}2^n & 0\\ 2^n-1 & 1\end{bmatrix},\quad n\geqslant 0$$

例 9.11 已知离散时间因果 LTI 系统的状态方程和输出方程为

$$\begin{bmatrix}q_1(n+1)\\ q_2(n+1)\end{bmatrix}=\begin{bmatrix}0 & 1\\ -1/6 & 5/6\end{bmatrix}\begin{bmatrix}q_1(n)\\ q_2(n)\end{bmatrix}+\begin{bmatrix}0\\ 1\end{bmatrix}x(n),\quad \begin{bmatrix}y_1(n)\\ y_2(n)\end{bmatrix}=\begin{bmatrix}-1 & 5\\ 2 & 0\end{bmatrix}\begin{bmatrix}q_1(n)\\ q_2(n)\end{bmatrix}$$

系统的初始状态为$\begin{bmatrix}q_1(0)\\ q_2(0)\end{bmatrix}=\begin{bmatrix}2\\ 3\end{bmatrix}$，系统输入信号为 $x(n)=u(n)$。试求系统的零输入响应、零状态响应和完全响应。

解 由式(9.82)可得系统的零输入响应为

$$\boldsymbol{Y}_{\mathrm{u}}^{(\mathrm{zi})}(z)=\boldsymbol{C}(z\boldsymbol{I}-\boldsymbol{A})^{-1}z\boldsymbol{q}(0)=\begin{bmatrix}-1 & 5\\ 2 & 0\end{bmatrix}\begin{bmatrix}z & -1\\ 1/6 & z-5/6\end{bmatrix}^{-1}\begin{bmatrix}2\\ 3\end{bmatrix}z$$

$$=\begin{bmatrix}\frac{21z}{z-1/2}-\frac{8z}{z-1/3}\\ \frac{28z}{z-1/2}-\frac{24z}{z-1/3}\end{bmatrix}$$

由单边逆 z 变换，可得零输入响应的时域形式为

$$\boldsymbol{y}_{\mathrm{zi}}(n)=\mathscr{UZ}^{-1}[\boldsymbol{Y}_{\mathrm{u}}^{(\mathrm{zi})}(z)]=\begin{bmatrix}21(1/2)^n-8(1/3)^n\\ 28(1/2)^n-24(1/3)^n\end{bmatrix},\quad n\geqslant 0$$

由式(9.83)可得系统的零状态响应为

$$\boldsymbol{Y}_{\mathrm{u}}^{(\mathrm{zs})}(z)=[\boldsymbol{C}(z\boldsymbol{I}-\boldsymbol{A})^{-1}\boldsymbol{B}+\boldsymbol{D}]X_{\mathrm{u}}(z)=\begin{bmatrix}-1 & 5\\ 2 & 0\end{bmatrix}\begin{bmatrix}z & -1\\ 1/6 & z-5/6\end{bmatrix}^{-1}\begin{bmatrix}0\\1\end{bmatrix}\frac{z}{z-1}$$

$$=\frac{1}{\left(z-\frac{1}{2}\right)\left(z-\frac{1}{3}\right)(z-1)}\begin{bmatrix}5z^2-z\\ 2z\end{bmatrix}=\begin{bmatrix}\dfrac{12z}{z-1}-\dfrac{18z}{z-\frac{1}{2}}+\dfrac{6z}{z-\frac{1}{3}}\\[2ex] \dfrac{6z}{z-1}-\dfrac{24z}{z-\frac{1}{2}}+\dfrac{18z}{z-\frac{1}{3}}\end{bmatrix}$$

由单边逆 z 变换,可得零状态响应的时域形式为

$$\boldsymbol{y}_{\mathrm{zs}}(n)=\mathscr{UZ}^{-1}[\boldsymbol{Y}_{\mathrm{u}}^{(\mathrm{zs})}(z)]=\begin{bmatrix}12-18(1/2)^n+6(1/3)^n\\ 6-24(1/2)^n+18(1/3)^n\end{bmatrix},\quad n\geqslant 0$$

系统的完全响应为

$$\boldsymbol{y}(n)=\boldsymbol{y}_{\mathrm{zi}}(n)+\boldsymbol{y}_{\mathrm{zs}}(n)=\begin{bmatrix}y_1(n)\\ y_2(n)\end{bmatrix}=\begin{bmatrix}12+3(1/2)^n-2(1/3)^n\\ 6+4(1/2)^n-6(1/3)^n\end{bmatrix},\quad n\geqslant 0$$

利用 MATLAB 编程,可以比较方便地求得例 9.11 所示离散时间系统的状态方程和输出方程的数值解,参见以下程序段:

```
clear;  A = [0 1; -1/6 5/6];  B = [0; 1];  C = [-1 5; 2 0];  D = zeros(2,1);
q0 = [2; 3];  N = 15;  k = 0:N-1;  x = ones(1, N);  sys = ss(A,B,C,D, [ ]);
[y,k,q] = lsim(sys,x,[ ],q0);  % 获得离散时间系统状态方程的数值解
subplot(1,2,1);  y1 = y(:, 1);  stem(k,y1 - 12,'fill');  xlabel('k');  ylabel('y_{1} (n) -
12');  grid;  axis([0 N -2 2]);
subplot(1,2,2);  y2 = y(:, 2);  stem(k,y2-6,'fill');  xlabel('k');  ylabel('y_{2} (n)-6');
  grid;  axis([0 N -2 2]);
```

运行以上程序段,可以分别得到例 9.11 的输出信号 $y_1(n)$ 和 $y_2(n)$ 的曲线形式为如图 9.9 所示。

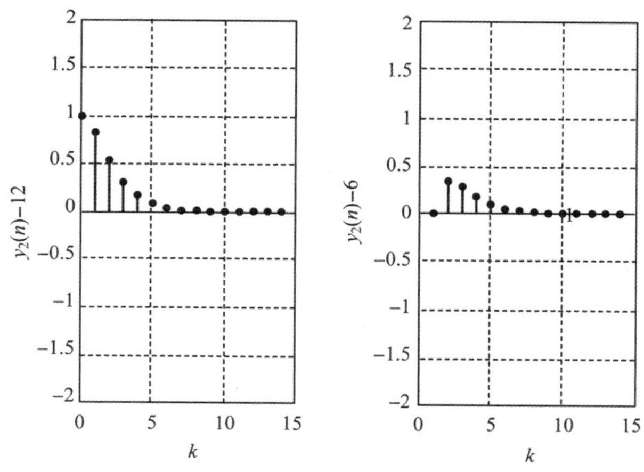

图 9.9 经由 MATLAB 编程得到的例 9.11 所示离散时间系统输出信号的数值解

本章小结

本章系统介绍了线性系统的状态变量分析法。与系统的输入-输出分析法不同，系统的状态变量分析法依据对系统的状态变量分析来实现对系统诸性能的分析和系统输出的求解。相对于输入-输出分析法，系统的状态变量分析法更适用于描述MIMO系统，可以把复杂的数学表达式表示成简单的矩阵形式，也可以用来表示与分析线性时变系统，甚至非线性系统，且非常适合计算机处理。本章介绍了系统的状态和状态变量的概念，给出了系统状态方程的一般形式，并重点介绍了连续时间系统状态方程建立的多种方法，重点介绍了连续时间系统状态方程和输出方程的求解方法，还介绍了离散时间系统状态方程与输出方程的建立方法与求解方法。对于本章内容的学习和掌握，对于后续课程中基于系统状态方程的信号处理理论与方法的进一步学习具有重要意义。

习 题

9.1 给定连续时间系统直接型框图如图9.10所示。试写出该系统的状态方程和输出方程，并写为矩阵形式。

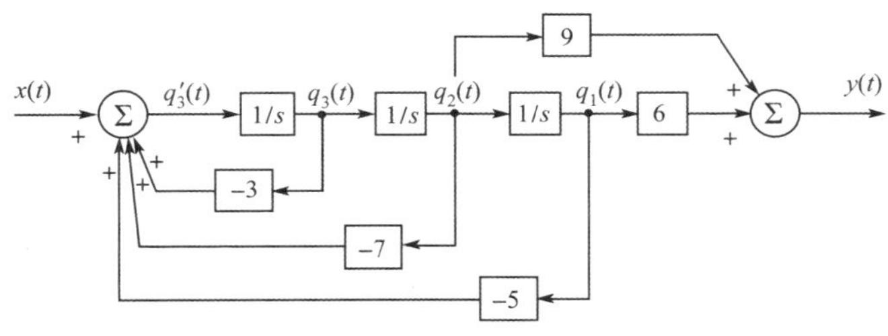

图9.10 给定系统的方框图

9.2 给定连续时间系统的系统函数为 $H(s)=\dfrac{1}{s+2}+\dfrac{1}{s+5}-\dfrac{3}{s+7}$。试绘制该系统的并联型方框图，并写出该系统的并联型状态方程和输出方程。

9.3 给定连续时间系统的方框图如图9.11所示。试写出该系统的级联型状态方程和输出方程。

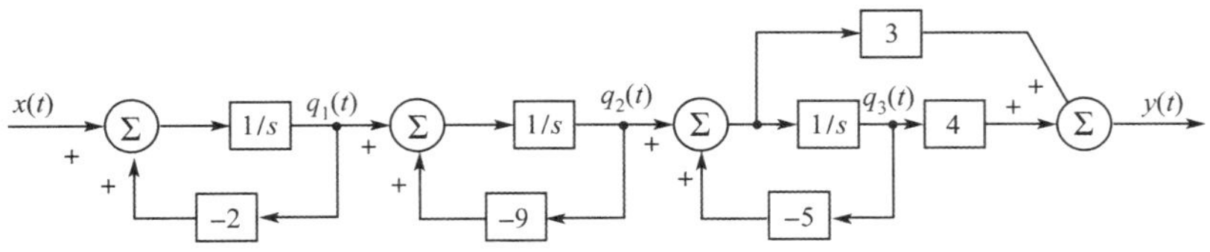

图9.11 给定系统的级联型方框图

9.4 给定连续时间系统如图 9.12 所示。试写出该系统的状态方程和输出方程。

9.5 给定二阶电路系统如图 9.13 所示。试写出该系统的状态方程。

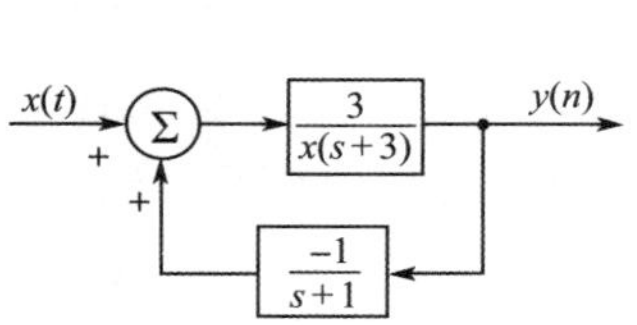

图 9.12 给定系统的方框图

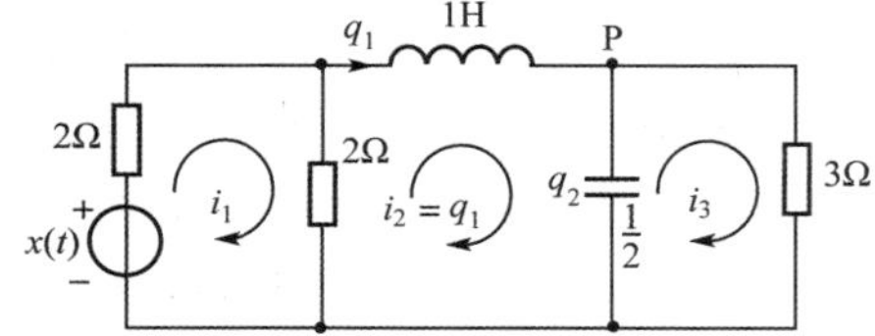

图 9.13 给定二阶电路系统的电路图

9.6 已知系统的微分方程为 $2\frac{\mathrm{d}^3y(t)}{\mathrm{d}t^3}+4\frac{\mathrm{d}^2y(t)}{\mathrm{d}t^2}+6\frac{\mathrm{d}y(t)}{\mathrm{d}t}+8y(t)=\frac{\mathrm{d}^2x(t)}{\mathrm{d}t^2}+10x(t)$。试写出该系统的系统函数，并写出该系统的直接型状态方程和输出方程。

9.7 已知系统的系统函数为 $H(s)=\frac{s^3+13s^2+38s+14}{s^3+6s^2+11s+6}$，试写出系统的状态方程和输出方程。

9.8 给定离散时间系统的系统框图如图 9.14 所示。试写出该系统的状态方程和输出方程。

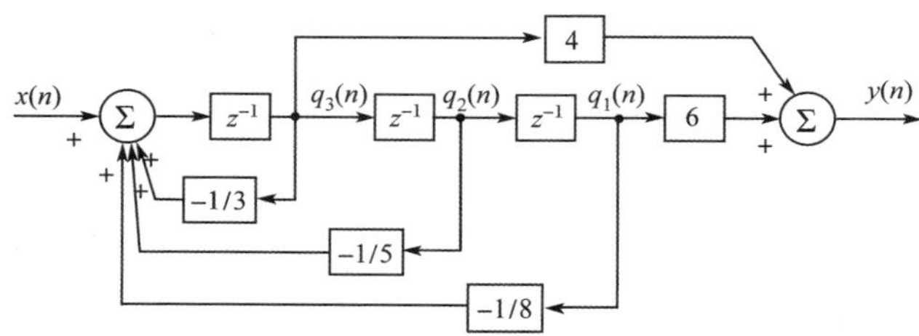

图 9.14 给定离散时间系统的方框图

9.9 给定离散时间系统的系统框图如图 9.15 所示。试写出该系统的状态方程和输出方程。

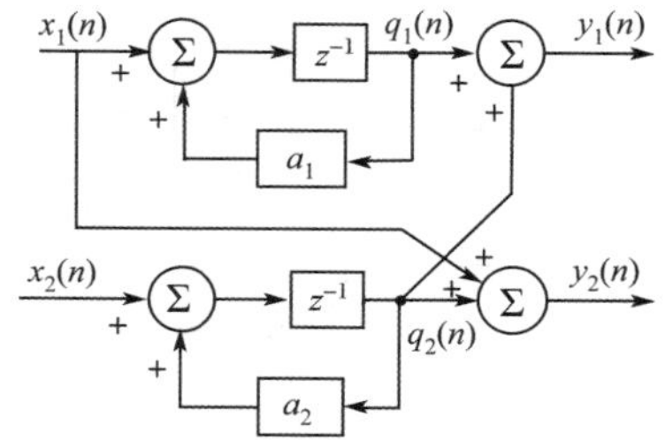

图 9.15 给定离散时间系统的方框图

9.10 已知连续时间系统的状态方程和输出方程分别为 $\begin{bmatrix} q_1'(t) \\ q_2'(t) \end{bmatrix}=\begin{bmatrix} 1 & 0 \\ 1 & -3 \end{bmatrix}\begin{bmatrix} q_1(t) \\ q_2(t) \end{bmatrix}+\begin{bmatrix} 1 & 0 \\ 0 & 1 \end{bmatrix}\begin{bmatrix} x_1(t) \\ x_2(t) \end{bmatrix}$ 和 $\begin{bmatrix} y_1(t) \\ y_2(t) \end{bmatrix}=\begin{bmatrix} -1/4 & 1 \\ 2 & -1 \end{bmatrix}\begin{bmatrix} q_1(t) \\ q_2(t) \end{bmatrix}$。设系统的初始状态和输入信号分别为 $\begin{bmatrix} q_1(0) \\ q_2(0) \end{bmatrix}=\begin{bmatrix} 1 \\ 2 \end{bmatrix}$，$\begin{bmatrix} x_1(0) \\ x_2(0) \end{bmatrix}=\begin{bmatrix} u(t) \\ u(t) \end{bmatrix}$。试求系统的输出信号 $y(t)$。

9.11 给定离散时间系统的状态方程和输出方程分别为 $\begin{bmatrix} q_1(n+1) \\ q_2(n+1) \end{bmatrix}=\begin{bmatrix} 0 & 1/2 \\ -1/2 & 1 \end{bmatrix}\begin{bmatrix} q_1(n) \\ q_2(n) \end{bmatrix}+\begin{bmatrix} 0 \\ 1 \end{bmatrix}x(n)$ 和 $\begin{bmatrix} y_1(n) \\ y_2(n) \end{bmatrix}=\begin{bmatrix} 1 & 1 \end{bmatrix}\begin{bmatrix} q_1(n) \\ q_2(n) \end{bmatrix}$。试求：(a) 该系统的状态转移矩阵 $\boldsymbol{A}^n$；(b) 描述该系统的差分方程。

参考文献

[1] A. V. Oppenheim, A. S. Willsky, S. H. Nawab, Signals and Systems (Second Edition) [M], 北京:电子工业出版社,2004.

[2] 管致中,夏恭恪,孟桥,信号与线性系统(第 6 版)[M],北京:高等教育出版社,2015.

[3] 郑君里,应启珩,杨为理,信号与系统(第 2 版)[M],北京:高等教育出版社,2000.

[4] 陈后金,胡健,薛健,李居朋,信号与系统(第 3 版)[M],北京:高等教育出版社,2020.

[5] 吴大正,杨林耀,张永瑞,王松林,郭宝龙,信号与线性系统(第 5 版),北京:高等教育出版社,2019.

[6] 彭启琮,邵怀宗,李明奇,信号分析[M],北京:电子工业出版社,2006.

[7] 吉建华,贾月辉,孙林娟,候景忠,信号与系统分析[M],北京:电子工业出版社,2017.

[8] 吴京,安成锦,周剑雄,邓新浦,信号与系统分析(第 3 版)[M],北京:清华大学出版社,2021.

[9] A. V. Oppenheim, G. C. Verghese 著,李玉柏,武畅译,信号、系统及推理[M],北京:机械工业出版社,2017.

[10] 邱天爽等,信号与系统学习辅导及典型题解[M],北京:电子工业出版社,2003.

[11] E. A. Lee, P. Varaiya 著,吴利民,杨瑞娟,王振华,向佳彬译,信号与系统结构精解[M],北京:电子工业出版社,2006.

[12] 张延华,刘鹏宇,信号与系统[M],北京:机械工业出版社,2015.

[13] 郭宝龙,闫允一,朱娟娟,工程信号与系统[M],北京:高等教育出版社,2014.

[14] 宋琪,陆三兰,信号与系统学习与考研指导[M],武汉:华中科技大学出版社,2022.

[15] 高宝建,彭进业,王琳,潘建寿,信号与系统:使用 MATLAB 分析与实现[M],北京:清华大学出版社,2020.

[16] 邱天爽,郭莹,信号处理与数据分析[M],北京:清华大学出版社,2015.

[17] 李建华,邱天爽,谢公福,李小兵,信号与系统学习指导[M],大连:大连理工大学出版社,2004.

[18] 胡广书,数字信号处理一理论、算法与实现[M](第 3 版),北京:清华大学出版社,2012.

[19] 邱天爽,栾声扬,田全,张家成,相关熵与循环相关熵信号处理导论[M]. 北京:电子工业出版社,2022.

[20] 邱天爽,唐洪,刘海龙,医学信号分析与处理[M]. 北京:电子工业出版社,2020.

[21] Simon Haykin, Barry Van Veen 著,林秩盛等译,信号与系统(第二版)[M],北京:电子工业出版社,2013.

[22] 徐守时,信号与系统(第 2 版)[M],北京:清华大学出版社,2016.